高效轧制国家工程研究中心先进技术丛书

高品质热轧板带钢
理论基础及品种开发

唐 荻 武会宾 编著

北 京
冶金工业出版社
2016

内 容 简 介

物理模拟技术是高附加值钢铁品种开发的重要科学方法和工程手段。本书在简要介绍物理模拟的方法及材料学基本理论的基础上，重点介绍了一些典型高品质热轧板带钢的成分、工艺、性能特点，以及部分高品质钢的应用技术，钢种包括高强工程机械钢、船板及海洋工程用钢、高性能管线钢、压力容器用钢、高性能桥梁钢、塑料模具钢、石油套管钢以及核电用钢等。

本书可供从事物理模拟实验、钢种开发、工艺设计、生产技术人员使用，也可作为大专院校相关专业师生的参考用书。

图书在版编目（CIP）数据

高品质热轧板带钢理论基础及品种开发/唐荻，武会宾编著 . —北京：冶金工业出版社，2016.10
（高效轧制国家工程研究中心先进技术丛书）
ISBN 978-7-5024-7339-6

Ⅰ．①高… Ⅱ．①唐… ②武… Ⅲ．①带钢—热轧—生产工艺—研究 Ⅳ．①TG335.5

中国版本图书馆 CIP 数据核字（2016）第 244688 号

出 版 人　谭学余
地　　址　北京市东城区嵩祝院北巷 39 号　邮编　100009　电话　（010）64027926
网　　址　www.cnmip.com.cn　电子信箱　yjcbs@cnmip.com.cn
责任编辑　李培禄　李　臻　美术编辑　吕欣童　版式设计　杨　帆　彭子赫
责任校对　禹　蕊　责任印制　李玉山
ISBN 978-7-5024-7339-6
冶金工业出版社出版发行；各地新华书店经销；固安华明印业有限公司印刷
2016 年 10 月第 1 版，2016 年 10 月第 1 次印刷
787mm×1092mm　1/16；21.75 印张；523 千字；330 页
72.00 元

冶金工业出版社　投稿电话　（010）64027932　投稿信箱　tougao@cnmip.com.cn
冶金工业出版社营销中心　电话　（010）64044283　传真　（010）64027893
冶金书店　地址　北京市东四西大街 46 号（100010）　电话　（010）65289081（兼传真）
冶金工业出版社天猫旗舰店　yjgycbs.tmall.com

（本书如有印装质量问题，本社营销中心负责退换）

序言一

高效轧制国家工程研究中心（以下简称轧制中心）自 1996 年成立起，坚持机制创新与技术创新并举，采用跨学科的团队化科研队伍进行科研组织，努力打破高校科研体制中以单个团队与企业开展短期项目为主的科研合作模式。自成立之初，轧制中心坚持核心关键技术立足于自主研发的发展理念，在轧钢自动化、控轧控冷、钢种开发、质量检测等多项重要的核心技术上实现自主研发，拥有自主知识产权。

在立足于核心技术自主开发的前提下，借鉴国际上先进的成熟技术、器件、装备，进行集成创新，大大降低了国内企业在项目建设过程的风险与投资。以宽带钢热连轧电气自动化与计算机控制技术为例，先后实现了从无到有、从有到精的跨越，已经先后承担了国内几十条新建或改造升级的热连轧计算机系统，彻底改变了我国在这些关键技术方面完全依赖于国外引进的局面。

针对首都钢铁公司在搬迁重建后产品结构调整的需求，特别是对于高品质汽车用钢的迫切需求，轧制中心及时组织多学科研发力量，在 2005 年 9 月 23 日与首钢总公司共同成立了汽车用钢联合研发中心，积极探索该联合研发中心的运行与管理机制，建组同一个研发团队，采用同一个考核机制，完成同一项研发任务，使首钢在短时间内迅速成为国内主要的汽车板生产企业，这种崭新的合作模式也成为体制机制创新的典范。相关汽车钢的开发成果迅速实现在国内各大钢铁公司的应用推广，为企业创造了巨大的经济效益。

实践证明，轧制中心的科研组织模式有力地提升了学校在技术创新与服务创新方面的能力。回首轧制中心二十年的成长历程，有艰辛更有成绩。值此轧制中心成立二十周年之际，我衷心希望轧制中心在未来的发展中，着眼长远、立足优势，聚焦高端技术自主研发和集成创新，在国家技术创新体系中发挥应有的更大作用。

高效轧制国家工程研究中心创始人

徐金梧 教授

2016 年 9 月

⬛ 序言二 ⬛

　　高效轧制国家工程研究中心成立二十年了。如今她已经走过了一段艰苦创新的历程，取得了骄人的业绩。作为当初的参与者和见证人，回忆这段创业史，对启示后人也是有益的。

　　时间追溯到1992年。当时原国家计委为了尽快把科研成果转化为生产力（当时转化率不到30%），决定在全国成立30个工程中心。分配方案是中科院、部属研究院和高校各10个。于是，原国家教委组成了评审小组，组员单位有北京大学、清华大学、西安交通大学、天津大学、华中理工大学和北京科技大学。前5个单位均为教委直属，北京科技大学是唯一部属院校。经过两年的认真评审，最初评出9个，评审小组中前5个教委高校当然名列其中。最终北京科技大学凭借获得多项国家科技进步奖的实力和大家坚持不懈的努力，换来了评审的通过。这就是北京科技大学高效轧制国家工程研究中心的由来。

　　二十年来，在各级领导的支持和关怀下，轧制中心各任领导呕心沥血，带领全体员工，克服各种困难，不断创新，取得了预期的效果，并为科研成果转化做出了突出贡献。我认为取得这些成绩的原因主要有以下几点：

　　（1）有一只过硬的团队，他们在中心领导的精心指挥下，不怕苦，连续工作在现场，有不完成任务不罢休的顽强精神，也赢得了企业的信任。

　　（2）与北科大设计研究院（甲级设计资质）合为一体，在市场竞争中有资格参与投标并与北科大科研成果打包，有明显优势。

　　（3）有自己的特色并有明显企业认知度。在某种意义上讲，生产关系也是生产力。

　　总之，二十年过去了，展望未来，竞争仍很激烈，只有总结经验，围绕国民经济主战场各阶段的关键问题，不断创新、攻关，才能取得更大成绩。

高效轧制国家工程研究中心轧机成套设备领域创始人

钱建钧 教授

2016年9月

━━ 序言三 ━━

　　高效轧制国家工程研究中心走过了二十年的历程，在行业中取得了令人瞩目的业绩，在国内外具有较高的认知度。轧制中心起步于消化、吸收国外先进技术，发展到结合我国轧制生产过程的实际情况，研究、开发、集成出许多先进的、实用的、具有自主知识产权的技术成果，通过将相关核心技术成果在行业里推广和转移，实现了工程化和产业化，从而产生了巨大的经济效益和社会效益。

　　以热连轧自动化、高端金属材料研发、成套轧制工艺装备、先进检测与控制为代表的多项核心技术已取得了突出成果，得到冶金行业内的一致认可，同时也培养、锻炼了一支过硬的科技成果研发、转移转化队伍。

　　在中心成立二十周年的日子里，决定编辑出版一套技术丛书，这套书是二十年中心技术研发、技术推广工作的总结，有非常好的使用价值，也有较高的技术水准，相信对于企业技术人员的工作，对于推动企业技术进步是会有作用的。参加本丛书编写的人员，除了具有扎实的理论基础以外，更重要的是长期深入到生产第一线，发现问题、解决问题、提升技术、实施项目、服务企业，他们中的很多人以及他们所做的工作都可以称为是理论联系实际的典范。

　　　　　　　　　　　　高效轧制国家工程研究中心轧钢自动化领域创始人

　　　　　　　　　　　　　　孙一康　教授

　　　　　　　　　　　　　　2016 年 9 月

序言四

我国在"八五"初期，借鉴美国工程研究中心的建设经验，由原国家计委牵头提出了建立国家级工程研究中心的计划，旨在加强工业界与学术界的合作，促进科技为生产服务。我从1989年开始，参与了高效轧制国家工程研究中心的申报准备工作，1989~1990年访问美国俄亥俄州立大学的工程中心、德国蒂森的研究中心，了解国外工程转化情况。后来几年时间里参加了多次专家论证、现场考察和答辩。1996年高效轧制国家工程研究中心终于获得正式批准。时隔二十年，回顾高效轧制国家工程研究中心从筹建到现在的发展之路，有几点感想：

（1）轧制中心建设初期就确定的发展方向是正确的，而且具有前瞻性。以汽车板为例，北京科技大学不仅与鞍钢、武钢、宝钢等钢铁公司联合开发，而且与一汽、二汽等汽车厂密切联系，做到了科研、生产与应用的结合，促进了我国汽车板国产化进程。另外需要指出的是，把科学技术发展要适应社会和改善环境写入中心的发展思路，这个观点即使到了现在也具有一定的先进性。

（2）轧制中心的发展需要平衡经济性与公益性。与其他国家直接投资的科研机构不同，轧制中心初期的主要建设资金来自于世行贷款，因此每年必须偿还100万元的本金和利息，这进一步促进轧制中心的科研开发不能停留在高校里，不能以出论文为最终目标，而是要加快推广，要出成果、出效益。但是同时作为国家级的研究机构，还要担负起一定的社会责任，不能以盈利作为唯一目的。

（3）创新是轧制中心可持续发展的灵魂。在轧制中心建设初期，国内钢铁行业无论是在发展规模上还是技术水平上，普遍落后于发达国家，轧制中心的创新重点在于跟踪国际前沿技术，提高精品钢材的国产化率。经过了近二十年的发展，创新的中心要放在发挥多学科交叉优势、开发原创技术上面。

轧制中心成立二十年以来，不仅在科研和工程应用领域取得丰硕成果，而且培养了一批具有丰富实践经验的科研工作者，祝他们在未来继续运用新的机制和新的理念不断取得辉煌的成绩。

高效轧制国家工程研究中心汽车用钢研发领域创始人

王先进 教授

2016年9月

序言五

1993 年末，当时自己正在德国斯图加特大学作访问学者，北京科技大学压力加工系主任、自己的研究生导师王先进教授来信，希望我完成研究工作后返校，参加高效轧制国家工程研究中心的工作。那时正是改革开放初期，国家希望科研院所不要把写论文、获奖作为科技人员工作的终极目标，而是把科技成果转移和科研工作进入国家经济建设的主战场为己任，因此，国家在一些大学、科研院所和企业成立"国家工程研究中心"，通过机制创新，将科研成果经过进一步集成、工程化，转化为生产力。

二十多年过去了，中国钢铁工业有了天翻地覆的变化，粗钢产量从 1993 年的 8900 万吨发展到 2014 年的 8.2 亿吨；钢铁装备从全部国外引进，变成了完全自主建造，还能出口。中国的钢材品种从许多高性能钢材不能生产到几乎所有产品都能自给。

记得高效轧制国家工程研究中心创建时，我国热连轧宽带钢控制系统的技术完全掌握在德国的西门子，日本的东芝、三菱，美国的 GE 公司手里，一套热连轧带钢生产线要 90 亿元人民币，现在，国产化的热连轧带钢生产线仅十几亿元人民币，这几大国际厂商在中国只能成立一个合资公司，继续与我们竞争。那时国内中厚板生产线只有一套带有进口的控制冷却设备，而今 80 余套中厚板轧机上控制冷却设备已经是标准配置，并且几乎全部是国产化的。那时中国生产的汽车用钢板仅仅能用在卡车上，而且卡车上的几大难冲件用国外钢板才能制造，今天我国的汽车钢可满足几乎所有商用车、乘用车的需要……这次编写的 7 本技术丛书，就是我们二十年技术研发的总结，应当说工程中心成立二十年的历程，我们交出了一份合格的答卷。

总结二十年的经验，首先，科技发展一定要与生产实践密切结合，与国家经济建设密切结合，这些年我们坚持这一点才有今天的成绩；其次，机制创新是成功的保证，好的机制才能保证技术人员将技术转化为己任，国家二十年前提出的"工程中心"建设的思路和政策今天依然有非常重要的意义；第三，坚持团队建设是取得成功的基础，对于大工业的技术服务，必须要有队伍才能有成果。二十多年来自己也从一个创业者到了将要离开技术研发第一线的年纪了，自己真诚地希望，轧制中心的事业、轧制中心的模式能够继续发展，再创辉煌。

高效轧制国家工程研究中心原主任

教授

2016 年 9 月

前　言

热轧板带钢是钢铁产品的主要品种之一，广泛应用于工程机械、船舶及海洋工程、油气管线、建筑等领域。在物理冶金理论基础上，利用物理模拟手段，分析钢铁材料在生产过程中的热变形行为及其对微观结构与性能的影响规律，从而为高品质热轧板带钢工业化大生产过程中的成分优化和组织调控技术提供理论依据和技术支撑。

本书共分 10 章，第 1 章介绍了物理模拟的基本概念、相似理论基础等热轧板带钢的物理模拟基础。第 2 章介绍了钢铁材料的强化机理、合金元素在钢中的作用、常见的组织类型及特点、控轧控冷以及热处理工艺等热轧板带钢的理论基础。第 3 章至第 10 章分别介绍了 8 个领域的典型高品质热轧板带钢的成分、工艺、组织、性能特点，主要包括高强工程机械及耐磨钢、船板及海洋工程用钢、高性能管线钢、压力容器用钢、高性能桥梁钢、塑料模具钢、石油套管钢以及核电用钢。

本书主要由北京科技大学高效轧制国家工程研究中心唐荻和武会宾编写，孙蓟泉承担了第 2 章中物理模拟的相似理论基础的编写，张鹏程承担了第 5 章高性能管线钢的编写以及本书的文字编辑工作，吴华杰参加了第 6 章压力容器用钢的校对工作。

本书汇集了中心多位老师及研究生们多年来的科研成果，蔡庆伍、余伟、胡水平等为本书提供了宝贵的技术资料，在此表示衷心感谢！巨彪、许立雄、牛刚、曹嘉明、董陈、董波、龚娜、其布日、张达、智强、王卫兵、吴滔等多名研究生为本书的文字编辑工作做出了贡献，在此一并表示感谢！

本书的编写侧重于展示北京科技大学高效轧制国家工程研究中心在该领域的部分技术内容，因此可能会有很多该领域的技术精华未被录入。本书可以为从事物理模拟实验、钢种开发、工艺设计、生产工作的科研人员和技术人员提供技术参考，也可作为大专院校材料加工工程专业师生的参考用书。

由于我们专业知识有限，编写时间仓促，书中一定存在一些不足之处，诚恳希望读者予以指正。

编著者

2016 年 8 月 30 日

目　录

1 热轧板带钢的物理模拟基础

1.1 物理模拟的基本概念

物理模拟（Physical Simulation）是一个内涵十分丰富的广义概念，也是一种重要的科学方法和工程手段。通常，物理模拟是指缩小或放大比例，或简化条件，或采用替代材料，用试验模型来代替原型的研究。例如，新型飞机设计的风洞试验，塑性成型过程中的密栅云纹法技术，电路设计中的拓扑结构与试验电路，以及宇航员的太空环境模拟试验舱等，均属于物理模拟的范畴。

物理模拟是以相似理论为基础的实验分析方法，将物理模拟和数值模拟结台，是塑性成型规律及其理论研究的有力手段。塑性成型物理模拟一般包括两方面，一是模拟研究塑性成型过程的物理化学现象和性能；二是模拟研究塑性成型过程中位移、应变和应力等力学数学内容，主要研究不同的约束条件、加载方式或不同工艺方法下，变形金属内的应力、应变特征和金属流动规律等。常用的方法有机械式的网格法、层状材料法等；光学式的云纹法、光塑性法、光敏涂层法、全息法等。

材料加工是材料科学与技术的一大分支，包括凝固、锻造、挤压、轧制、拉拔、冲压、焊接等。对材料和热加工工艺来说，物理模拟通常指利用小试件，借助于某试验装置再现材料在制备或热加工过程中的受热，或同时受热与受力的物理过程，充分而精确地暴露与揭示材料或构件在热加工过程中的组织与性能变化规律，评定或预测材料在制备或热加工时出现的问题，为制定合理的加工工艺以及研制新材料提供理论指导和技术依据。物理模拟试验分为两种，一种是在模拟过程中进行的试验，另一种是模拟完成后进行的试验。

对材料的组织与性能来说，它不仅与其成分有关，而且与其加工工艺有很大的关系。优化其工艺参数，不仅可以提高材料的性能，而且可以减少合金的含量，减少后续工序，降低成本。对钢铁材料来说，就是将控制轧制与形变热处理结合起来，利用形变后奥氏体组织结构的变化获得要求的组织与性能，是一种形变和相变结合的强化工艺。近几十年来，物理模拟已逐渐在材料科学与工程领域得到应用，从而推动材料学科的研究由"经验"分析走向"科学"，由"定性"分析走向"定量"分析。模拟技术的应用，不仅能预测某特定工艺所得到的参量的最终结果，而且能显示出工艺过程的变化情况，使人们对工艺过程的变化规律能有更深入的了解，从而可使人们制订工艺不只单凭经验而是建立在更为科学、更为可靠的基础上，从而大大减少试制的费用和周期。利用现代物理模拟技术，用少量试验即可代替过去一切都需要大量重复性实验方法，不但可节省大量人力、物力，还可通过模拟技术研究目前尚无法采用直接实验进行研究的复杂问题。

1.2 物理模拟的相似理论基础

物理模拟是通过具有某种重要特征的客体来代替真实的过程或现象,其中被代替的真实过程或物理现象称为原型,用以代替原型的客体称为模型。物理模拟除对尺寸较小的工件可用实物进行直接实验外,通常都必须选择适当的模型来进行模拟实验。在模拟实验中,相似理论是指导模拟实验、分析实验结果,并将实验结果推广应用于实际的基本理论。

1.2.1 相似的一般概念

相似理论是模型实验的理论基础,借助于相似理论来指导模拟实验。模拟实验应包括三个方面的内容:首先是设计实验方案,包括选择模型材料、决定模型几何尺寸、确定实验步骤等;其次是测量有关参数;最后将实验数据进行处理,利用获得的实验结论,指导实际工艺的制订。

物理量蕴于现象之中。现象的相似是通过多种物理量的相似来表现的。表示现象特征的各种物理量,一般说来不是孤立的、互不关联的,而是处在为自然规律所决定的一定关系之中,所以各种相似常数的大小,是不能随意选择的,由于在许多情况下这种关系表现为数学方程的形式,当现象相似时,这些方程具有同一的形式,因而各相似常数间存在着某种数学上的约束关系,或数学联系。

模型实验,首先必须使模型和原型保持相似,所谓相似,是指一个物系中的现象其全部物理量(如尺寸、力、速度及时间等)的数值,与第二个系统中相对应的诸物理量必须成比例。两个现象物理相似是指现象的物理本质相同,且各对应点上和各对应瞬间与该现象有关的各同名物理量分别保持相同的比例,亦即各对应点上与该现象相关的各同名物理量保持相似。

1.2.2 相似三定理

由于相似现象中的各有关物理量必须服从一定的物理定律,它们之间受一定的关系方程约束,因此各有关相似常数之间也存在一定关系。相似三定理是相似理论的基础,它们分别说明相似现象具有什么性质,个别现象的研究结果如何推广到所有相似现象上去,以及满足什么条件现象才相似。

相似第一定理:以现象彼此相似为前提,研究彼此相似现象具有的性质,所以也称相似正定理。

相似第一定理可以表述为:彼此相似的现象其相似准数的数值相同。这一结论是根据彼此相似的现象具有的性质得出的。根据物理相似的概念,彼此相似的现象在各对应点上和各对应瞬间的同名物理量分别保持相同的比例,且必然是同一性质的现象,服从于同一规律,描述各个量之间关系的方程组文字上完全相同。要保持两现象相似,称为相似准数的无量纲综合数群都等于同一数值,即相似准数相等,并由此规则选择模型试验中各物理量的比例。因此,在相似研究中的一个重要问题,就是确定相似准数。

相似第二定理:关于物理量之间函数关系结构的定理。它说明应把模型试验结果整理成什么形式的关系式,就能推广到其他相似现象上去。

相似第二定理也称 π 定理，能够正确地反映物理规律的物理方程，应该是一个完全方程，即符合量纲均衡规则的方程。量纲均衡的物理方程是指方程中各项的量纲相同，同名物理量用同一种测量单位，当物理量的测量单位变化时，一个完全方程的文字结构保持不变。

相似第二定理可以表述为：设一物理系统有 n 个物理量，其中有 k 个物理量的量纲是相互独立的，那么该物理量可表示成相似准则 π_1、π_3、…、π_{n-k}、之间的函数关系，即：

$$F(\pi_1、\pi_2、\cdots、\pi_{n-k}) = 0 \qquad (1\text{-}1)$$

一个完全物理方程的文字结构不随量度单位的选择而变，但各物理量的数值却随单位的选择而变。在准数方程式中各项都是无量纲 π 数，故其数值也不随单位的选择而变。因为对于所有彼此相似的现象，相似准数都保持相同的数值，它们的准数关系式也应是相同的。如果把某现象的实验结果整理成准数关系式，那么得到的准数关系式就可推广到其他相似的现象上去。除此之外，准数关系式是由一个多元的物理函数关系式转化而来的少元的具有无量纲 n 项的准数关系式，它可使实验次数大为减少，大大简化实验过程。

相似第三定理：说明满足什么条件现象才相似，即研究相似条件，也就是在物理模拟中必须遵守的条件。相似第三定理也称相似逆定理。

相似第三定理可以表述为：凡同一类现象，当单值条件相似，且由单值条件中物理量所组成的相似准数在数值上相等时，则现象必定相似。

所谓单值条件是将一个个别现象从同类现象中区分出来，亦即将现象群的通解（由分析代表该现象群的微分方程或方程组得到）转变为特解的具体条件。单值条件包括几何条件、物理条件、边界条件和起始条件等。

单值条件中的物理量称为"定性量"，由单值条件中物理量组成的相似准数称为"定性准数"，而包含被决定量的相似准数称为"非定性准数"。

相似第三定理明确地规定了两个现象相似的必要和充分条件。我们考察一个新现象时，只要肯定了它的单值条件和已研究过的现象相似，且由单值条件所组成的相似准数的值和已研究过的现象相等，就可以肯定这两个现象相似。因此，可以把已经研究过的现象的实验结果应用到这一种现象上来，而不需要对这一新的现象再重复那些实验。

1.2.3　相似准数的推导方法

物理模拟中相似准数的推导是非常重要的，一般采用方程分析法和量纲分析法。

方程分析法：又可分为相似转换法和积分类比价，而积分类比法是一种比较简单的办法，一般都用它来代替相似转换法。积分类比法确定相似准则的一般规则如下：将物理方程简化成无量纲形式，并将该方程中的任一项遍除其他各项，得出每一个无量纲的比例式即为相似准则，如方程式中涉及导数可用相应量比值。

量纲分析法：是当研究的现象还没有找到描述它的方程式，但对该现象有影响的物理量是比较清楚的，这时，仍然可以根据相似理论，按量纲分析法来确定相似现象的相似准则。建立各物理量之间的基本关系，为寻找描述现象的数学方程提供依据。量纲分析法是以物理方程的齐次性作为其依据，人所共知，物理方程式中各项的量纲必须相同，这是任何完善正确的物理方程式所必然具有的条件，因为物理方程式中各个项的量纲必须一致，亦即所谓量纲和谐，是量纲分析法的基础。

1.2.4 塑性加工物理模拟中的相似条件

关于塑性加工物理模拟中的相似条件，Unksov、Kirpichev 以及 Hyushin 等人，均提出了在简单情况下塑性加工的相似条件，1951 年铃木也提出了包括应变速率、惯性效果、工具以及机械系统的相似条件，但是考虑的因素越多则实现完全相似的难度越大，因此后来的研究者，都依据实验时对一些不重要的相似参数予以舍弃。

日本工藤英明和曾田长一郎提出了关于在塑性加工中的相似条件，他们提出所讨论的材料满足下列要求：

（1）服从 Von-Mises 屈服准则；

（2）服从 Prandtl-Reuss 条件；

（3）积分等效塑性应变硬化条件；

（4）等效塑性应变速率的依存条件。

假定接触面摩擦服从库仑定律或其他摩擦应力定律，则在等温、准静加工的相似条件为：

（1）在弹性区内二者的泊松比必须相等；

（2）二者的 Y/E 或 Y/G 必须相等（其中 Y 为材料的变形抗力，E 为拉压弹性模量，G 为剪切弹性模量）；

（3）二者的应力边界条件和工具运动条件相似；

（4）二者塑性区中的应力应变关系相似；

（5）二者塑性区中的应力应变速率关系相似；

（6）二者的常数 A/T 必须相等（其中 A 为使应变无量纲化的常数，A 表示时间，应力被看作是 $A\dot{\varepsilon}$ 的函数，$\dot{\varepsilon}$ 为应变速率；T 代表时间的基准量，如成型时间）；

（7）在库仑摩擦定律下，二者材料与模具之间的摩擦系数必须相等；

（8）在剪切摩擦条件下，二者 τ_f/Y 必须相等（其中 τ_f 为剪切应力）。

若（1）~（8）的相似条件均能满足，则在相似的热加工中，金属变形力 P 可由下式给出：

$$P = \frac{P_M}{K_Y K_L^2} \tag{1-2}$$

式中，P_M 为模型实验中测得的载荷；K_Y 为应力基准量的比例尺，如二者的屈服应力比；K_L 为模型尺寸的比例尺，如二者原料的直径比。

这里所谓"等温"是指工具的周围气氛与材料的温度相同，而且由于低速变形的小应变，设温度不下降也不上升，或者说尽管温度有变化，但材料的性质不发生变化，或材料性质的变化可以忽视的情况下，适用上述的相似条件。又所谓"准静"是指应力平衡微分方程中不包括惯性力项。但是仍考虑应变速率对变形抗力的影响。如果考虑应力平衡微分方程中的惯性力，同时又是在非等温加工状态时，则其相似条件除应满足（1）~（8）外，还需增加相应惯性力和温度等条件。

1.2.5 物理模拟方法概述

物理模拟是材料和热加工工艺研究的重要方法，而热力模拟试验机则是实现物理模拟的重要技术手段，在理论研究、新品种研发和工艺设计与优化中起着重要作用。热力模拟试验机是由材料试验机发展起来的一种结合热以及应力的动态模拟试验机，是将热以及力的功能集中于一体的一种多功能试验设备。热力模拟试验机需要解决加热和加载两个方面的问题，其发展与"热"模拟技术和"力"模拟技术即普通材料试验机的发展息息相关。下面介绍在热轧板材品种开发方面常用的三种物理模拟系统：Gleeble 热模拟系统、平面压缩模拟系统和热轧试验机中试模拟系统。

1.2.6 Gleeble 热模拟系统及其应用

美国 Dynamic Systems Inc. 的 Gleeble 系列热模拟试验装置代表了当今世界的先进水平，是目前世界上功能较齐全、技术最先进的热模拟实验装置之一。Gleeble 热力模拟试验机目前已成系列化，市场上现在主要有 Gleeble-1500、Gleeble-2000、Gleeble-3000、Gleeble-3200、Gleeble-3500、Gleeble-3800 等。Gleeble-3800 是目前最先进、功能最齐全的热力模拟试验机，其示意图如图 1-1 所示。Gleeble-3800 配有通用单元和液压楔单元，两者共用一个主机，可以方便地进行转换。液压楔单元拥有一个与主液压源同步的液压楔（Hydrawedge），主要是用来做压缩试验，尤其是高速的单/多道次、大变形的轧制、锻造过程模拟。除此之外的其他实验均可在通用单元上完成。Gleeble-3800 热/力学模拟机主要由液压闭环伺服系统、通用系统、液压楔系统、数控系统、数据采集与处理系统、加热与冷却系统、真空系统组成，它能对力、应力、应变、位移和温度等参数进行实时监测。

图 1-1　Gleeble-3800 热力模拟试验装置图

新型的 Gleeble 试验机已实现了功能模块化，可以针对不同的材料研究和工作目的配置专用模块。Gleeble 试验机的主要应用包括材料实验和程序模拟两方面。材料实验主要有：多种几何形状试片的热拉伸实验、热压缩实验、应力-应变曲线研究、熔化和结晶、热延性实验、热处理、材料相变、消除应力的研究和疲劳问题。程序模拟主要应用有：连续铸造、热滚弯、锻造、挤压成型、焊接热影响区、电阻对焊、扩散焊、热处理、粉末冶金和粉末烧结。

　　虽然我国自主研制的热力模拟试验机功能单一、性能相对落后，但是我国是世界上拥有高性能热力模拟试验机最多的国家之一，也是应用热力模拟技术进行研制工作最活跃的国家之一。近几十年来，我国各大钢铁公司、高等院校和研究部门陆续引进了几十余台美国的 Gleeble 系列热力模拟试验机，为推动物理模拟技术在我国的推广应用发挥了重要作用，给科研及生产带来了显著的经济效益与社会效益。

1.2.7　平面压缩模拟系统特点及应用

　　热力模拟试验机作为新品种的开发以及工艺的优化在材料研究领域起到了重要的作用，尤其是平面应变技术与板带轧制的相似性，使得其在板带钢模拟过程中的地位越来越重要。目前对平面应变模拟技术的研究还不是很多，实验室普遍采用的是轧制以及其他方法来进行研究，但是这些研究方法存在一些缺陷：试样的厚度很小，无法与现场试样相比；变形量很小，无法对材料进行多道次大压下的实验；试样比较小，实验后的试样仅能做显微分析与硬度分析，无法用来做随后的拉伸、冲击等实验分析，不能很好地将材料的组织与性能结合起来。

　　针对此情况，高效轧制国家工程研究中心成功研制了一种适合板带钢轧制过程热力模拟的试验技术——大试样平面应变热模拟试验技术，其结构示意如图 1-2 所示。大试样平面应变热模拟系统主要包括加热系统、机械系统、液压系统、检测与控制系统、冷却系统等。由于感应加热速率快、温度可控等特点，热模拟系统中采用中频感应加热炉对试样进行加热；机械系统采用传统的四柱式液压机，设计简单，运行稳定；液压系统采用插装阀进行控制，液流损失少，管道与阀之间的连接简单，并且具有运行速度快、振动小等特点；对于检测系统，采用力传感器对变形过程中的压力进行检测，采用位移传感器对变形过程中的压下量进行检测，采用热电偶对整个过程中的温度进行检测，采用工控机与数据采集板卡对整个过程中的变量进行采集与储存，同时形成闭环控制过程。冷却系统采用水气混合冷却的方式，进行不同的冷却模式，具有冷却速率调节范围广等优点。

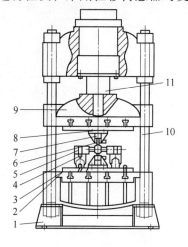

　　大试样平面应变热模拟试验机是集材料科学、机械、液压、检测、控制、计算机等技术于一体的多学科技术，变形后的试样不仅能进行显微组织分析，还可以进行力学性能检测。它能更好地将材料成分、工艺、组织、性能结合在一起进行研究与分析；而且试样大，整个过程都是模拟现场热轧板带钢生产过程，与现场的实际生产条件很接近。近年来我国板带钢研发中一些相关理论的研究，如形变强化相变技术、形变诱导铁素体相变、弛豫—析出—控制相变等技术，都需要连续变形或者低温大压下量下变形，因此大试样平面应变热模拟试验机的研发成功对板带钢生产工艺的优化、新品种的开发、材料的

图 1-2　大试样平面压缩热模拟
试验机结构示意图

1—底座；2—底板；3—导轨；4—滑块；
5—夹持钳口；6—压模；7—锻模支撑架；
8—内六角螺钉；9—压机；
10—立柱；11—液压缸

理论研究都具有重要意义。

1.2.8 热轧试验机中试模拟及应用

随着国民经济的发展，人们对钢材品种性能的要求也越来越高，一般产品的开发和工艺优化，需要通过热力模拟—热轧实验—工业试验的途径进行。作为现代的实验轧机，应具有足够高的刚度与轧制力，具有精确的压下控制能力，可以使冷却速度在空冷到直接淬火的范围内进行无级调整，可以对冷却速度和开冷、终冷等工艺参数进行精确的控制，这样才能更好地为产品开发及工艺优化服务。

热轧板材开发中所用的热轧板带轧机一般由主要设备和辅助设备组成。主要设备包括工作机座（机架、轴承、调整装置、导卫）、传动装置（齿轮、减速机、联轴节）和主电机；辅助设备为主机列之外的其他设备，包括酸洗、冷轧、电解清洗、退火、平整、横切、纵切和表面镀层等工序。

高效轧制国家工程研究中心的热轧板材实验轧机如图 1-3 所示。该轧机辊身长350mm，是一台四辊/两辊可更换、带前后辊道的单机架可逆式热轧机，能够兼顾粗轧和精轧。轧机没有专门的除鳞、剪切和卷取等设备；轧后快冷采用超快冷、层流、水幕三位一体的冷却装置，可以实现任意冷却方式的匹配，最高冷却速度可达到50℃/s。轧制后可以对试样进行组织和性能分析测试，得到合理和优化的轧制工艺参数，为工业生产提供合理的参考。与其他物理模拟设备相比，热轧试验机操作简单、灵活，能够真实地反映出实际生产中的轧制过程，但是其在轧制过程中不能连续准确地采集温度、变形抗力等实验参数。

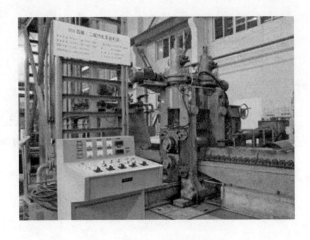

图 1-3　热轧中试试验机

1.3　物理模拟技术的典型应用

对材料和热加工工艺研究来说，都是借助于热力模拟试验装置再现材料制备或热加工过程中的受热，或同时受热与受力的物理过程，充分而精确地暴露与揭示材料或构件在热加工过程中的组织与性能变化规律，评定或预测材料在制备或热加工时出现的问题，为制定合理的加工工艺以及研制新材料提供理论指导和技术依据。下面将分别介绍物理模拟技术在板材不同研究领域中的应用，并对热力模拟试验装置在不同领域里的使用特点进行比较分析。

1.3.1   连铸领域

浇铸是最常见的铸造方式，也是物理模拟的主要研究对象。铸造物理模拟的主要任务是尽可能妥善地控制熔化与结晶，再现凝固结晶条件，研究金属的铸造特性和高温性能，优化合金成分，确定合理的铸造工艺。铸造模拟的主要参数是冷却速度、温度梯度以及冷却时的应力与应变。在 Gleeble 试验机上进行模拟连铸试验时，试样多为圆棒状或矩形截面，圆棒状试样多用于研究金属的高温性能，矩形截面试样主要用于连铸的模拟。为防止高温时金属的氧化，铸造物理模拟必须在真空或惰性气氛中进行。

Gleeble 模拟连铸试验的试样装配图和喷水冷却时热流方向示意图分别如图 1-4 和图 1-5 所示，它比较形象地模拟了连铸时铸坯的形状、受力状态与冷却方式。上表面喷水（或喷气）是为了模拟连铸工艺二次冷却并获得与表面相垂直的柱晶生长。试样两端的销钉孔用于固定支点，对试样施加载荷。试验时，用坩埚或石英片将试样中间熔化部分支撑住，以防钢液的流出，铂-铂铑热电偶焊在试样的底部。试样熔化后，先喷气在试样表面形成一薄壳，随即迅速喷水。在试样凝固过程中或凝固后继续冷却到矫直温度时，可根据试验要求对试样加压或拉伸。压缩时，试样上表面将产生拉应力；拉伸时，试样下表面产生拉应力。冷却到室温后，检查试样表面是否有裂纹或裂纹数量的多少，进而评定该钢种在连铸时的裂纹敏感倾向。

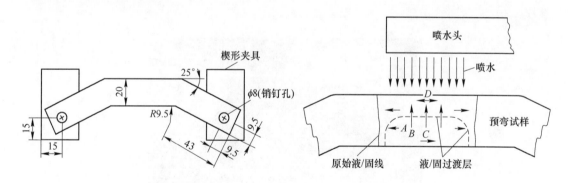

图 1-4   连铸模拟试样装配图   图 1-5   连铸模拟喷水冷却示意图

1.3.2   热变形领域

1.3.2.1   奥氏体再结晶过程模拟

奥氏体再结晶过程在控制轧制过程中占有重要的地位。人们可以根据再结晶图合理确定工艺制度，包括加热温度、开轧温度、终轧温度及各段温度中的变形量和奥氏体化再结晶区轧制的变形量，并且确定轧后冷却制度。利用 Gleeble 热模拟试验机控制每道次变形量、变形温度、变形道次间隔时间、变形速率及进行多道次变形。用水淬保留其瞬间的金属高温组织，配合金相观察确定动态再结晶的工艺条件。用热模拟试验机进行变形，在不同条件下得到应力-应变曲线，测得的 ε_c 是奥氏体发生动态再结晶的临界变形量，ε_s 是奥氏体完全动态再结晶的变形量，根据不同变形温度及不同变形速率求出一系列点，作出动态再结晶图。图1-6和图1-7分别为D36船板钢奥氏体再结晶模拟的工艺图和动态再结晶图，图1-6中 ε_c 曲面以下为不发生动态再结晶的工艺范围，ε_c 和 ε_s 曲面之间为发生部分动态再结晶的区域。结果表明，如果变形工艺参数控制在 ε_s 曲面以上的话，可以获得明显的奥氏体动态再结晶细化的晶粒效果。

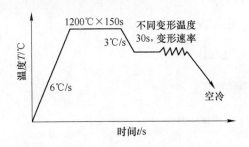

图1-6 D36船板钢奥氏体再结晶的工艺图

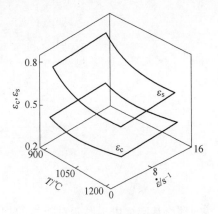

图1-7 D36船板钢奥氏体动态再结晶图

1.3.2.2 变形抗力的测定

变形抗力是设计轧机设备、确定电机负荷和制定合理轧制工艺规程的重要依据。当采用TMCP工艺时，要求严格的加热和变形工艺制度。为满足组织与性能的要求，需采用形变再结晶细化晶粒，并在奥氏体未再结晶区有足够的累积变形量，这些因素都对轧制压力有很大的影响。因此，研究材料加工时的变形抗力规律，具有重要的学术意义和工程价值。利用热加工模拟试验机可以准确地测定并绘制试样变形过程的 σ-ε 曲线，用此来研究工业轧制条件下变形温度、变形量、变形速率、冷却温度、冷却速度等工艺参数及钢材本身的化学成分和热轧过程各道次变形抗力的相互关系。

对于小尺寸试样可以利用Gleeble试验机来测定其变形抗力，利用Gleeble试验机研究变形温度对D36船板钢变形抗力的影响。从图1-8测得的真应力-真应变曲线可以看出，在相同的变形速率下，随着变形温度的升高，应力-应变曲线的峰值应力越低，峰值应变越小，动态再结晶越容易发生。对于需要大尺寸、大压下和多道次的模拟试样可以利用大试样平面压缩热模拟试验机来测定其变形抗力，相对其他的物理模拟而言，它更加接近实际的轧制过程，变形量大，变形后的试样可用来进行力学性能分析等。图1-9为利用平面压缩试验机测定的D36船板用钢热模拟变形时的6道次流变应力曲线。

1.3.2.3 相变参数的测定及CCT曲线绘制

相变点的测量是制定CCT曲线的依据，是制定冷却工艺、控制冷却、品种开

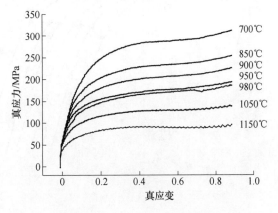

图1-8 12Cr1MoV不同温度下的真应力-真应变曲线

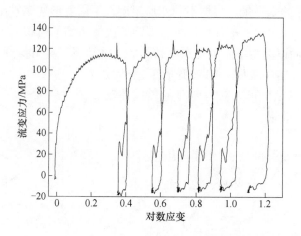

图1-9   D36船板钢6道次流变曲线

发的理论基础。由于形变对随之的相变有影响作用，因此变形后相变点的测定尤为重要；同时形变后的冷却对形变材料组织与性能也有明显的影响，所以将形变与热处理结合起来分析对开发新品种、研究新材料有重要意义，是材料潜力开发的最有效的工具。因此，形变后相变点（即动态CCT曲线）的测定，在材料研究领域中占有十分重要的地位。目前测量相变点的方法很多，主要有膨胀法、磁性法、热分析法和金相法等。

Gleeble热模拟试验机采用的是热膨胀法测量相变点，其测量相变点准确，操作简单，适合小尺寸试样的测量。大试样平面压缩热模拟试验机采用的是热分析法测量相变点，这种方法根据物质在升温和降温过程中，如果发生了物理的或化学的变化，有热量的释放和吸收，就会改变原来的升、降温过程，从而在温度记录曲线上有异常反映来对其相变点进行检测，它对试样尺寸与形状无要求，适合大变形系统相变点的检测。图1-10为利用Gleeble试验机测定的D36船板钢动态CCT曲线，由图可知以不同速度冷却时，D36船板钢存在三种相变区：奥氏体向铁素体和珠光体（F＋P）的转变、针状铁素体（AF）、贝氏体转变（B）。

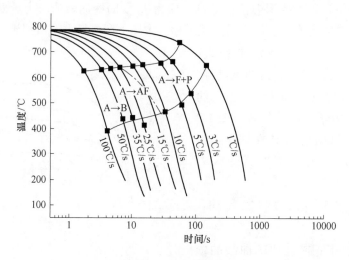

图1-10   D36船板钢动态CCT曲线

参 考 文 献

［1］ 牛济泰. 材料和热加工领域的物理模拟技术［M］. 北京：国防工业出版社，2001.

［2］ 李尚健. 金属成形过程模拟［M］. 北京：机械工业出版社，1999.

［3］ 鹿守理. 相似理论在金属塑性加工中的应用［M］. 北京：冶金工业出版社，1995.

［4］ 杨军，王永强，李献民，等. Gleeble-3800 热/力模拟机的性能特点及使用［J］. 工艺技术研究，2014
(2)：34～38.

［5］ Chen W C. Gleeble System and Application，Gleeble System Training School［M］. N. Y.，USA，Gleebe
Systems Training School，2010：58～63.

［6］ 潘红波，唐荻，胡水平，等. 平面应变压缩技术的研究［J］. 锻压技术，2008，33(2)：75～79.

［7］ 邹家祥. 轧钢机械［M］. 北京：冶金工业出版社，2004.

［8］ Jin Guo，Shuiping Hu，Zhenli Mi，Dongbin Zhang. Effect of Different Cooling Paths on the Microstructure
and Properties of a Plain Carbon Steel［J］. Materials Science Forum，2013，762：171～175.

［9］ 高增，牛济泰. 材料物理模拟技术的发展及其在中国的应用［J］. 机械工程材料，2014(11)：1～6.

［10］ 赵宝纯，李桂艳，杨静. Gleeble-3800 热模拟试验机的应用研究［J］. 鞍钢技术，2010(5)：28～31.

2 热轧板带钢的理论基础

2.1 钢铁材料的强韧化机理

2.1.1 钢铁材料的强化机理

材料的屈服过程是一种塑性变形过程，它是在结晶学的优先平面上产生一种间断的滑移步骤，从而形成了位错运动。因此增加位错运动的困难就意味着屈服强度的提高。根据金属点阵中阻碍位错运动的障碍物的类别，金属学方面可应用的强化机制可有固溶强化、位错强化、细晶强化、沉淀强化等几种。

2.1.1.1 固溶强化

要提高金属的强度可使金属与另一金属（非金属）形成固溶体合金。按照溶质的存在方式，固溶可分为间隙固溶和置换固溶。这种采用添加溶质元素使固溶体强度升高的现象称为固溶强化。固溶强化的机理是溶质原子溶入铁的基体中，造成基体晶格畸变，从而使基体的强度提高，同时溶质原子与运动位错间的相互作用，阻碍了位错的运动，从而使材料的强度提高。

固溶强化的效果如何取决于一系列的条件，根据大量的实验结果发现有如下规律：

（1）溶质元素溶解量增加固溶体的强度也增加。对于无限固溶体，当溶质原子浓度（摩尔分数）为50%时强度最大；对于有限固溶体，其强度随溶质元素溶解量增加而增大。

（2）溶质元素在溶剂中的饱和溶解度越小其固溶强化效果越好（图2-1）。

（3）形成间隙固溶体的溶质元素（如 C、N、B 等元素在 Fe 中）其强化作用大于形成置换式固溶体（Mn、Si、P 等元素在 Fe 中）的溶质元素。

（4）溶质与基体的原子大小差别越大，强化效果也就越显著。

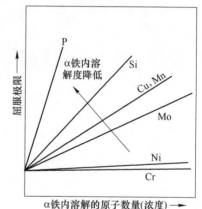

图 2-1 由置换元素来实现铁的固溶强化示意图

对于非合金的和低合金的钢而言，可以把固溶强化看作是基体的强化机制。钢中最主要的合金元素 Mn、Si、Cr、Ni、Cu 和 P 都能构成置换固溶体，并使屈服强度和抗拉强度呈线性增加，如图2-2所示。C、N 等元素在 Fe 中形成间隙固溶体，在过饱和的固溶体中，由于 C、N 原子有很好的扩散能力，可以直接在位错附近和位错中心聚集，形成柯氏气团，对运动的位错起钉扎作用，使屈服强度、抗拉强度提高。各种实验表明，每增加0.1% C 能使抗拉强度平均提高70MPa，屈服强度平均提高28MPa。

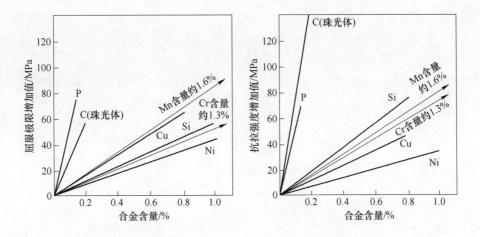

图 2-2　不同的合金元素对提高钢的屈服强度和抗拉强度的影响

2.1.1.2　位错强化

由位错相互作用所引起的强化称为位错强化。位错在晶体中运动时，不可避免地要和位错网络上的其他位错发生交互作用。要精确地估计这些交互作用对运动位错所造成的阻力是十分困难的，因为这需要知道位错的分布状态。此外，一根位错在晶体中运动时，它自身的应力场也将影响周围的位错，并可能迫使周围的位错发生某些运动。这里将根据平行位错间的交互作用和垂直交截位错之间的作用来估计位错密度与位错运动阻力之间的关系。

晶体的位错网络中总有一些不动位错，例如面心立方金属中的洛玛-科垂耳位错或弗兰克位错。当运动位错通过它们附近时，不动位错的应力场会对同号位错产生阻力。图 2-3 示出在滑移面两侧各有一个不动位错 A 和 B，当滑移面上一个 C 位错向 A、B 位错运动时，A、B 位错对它的阻力可写为：

$$f_{\mathrm{D}} = \frac{2Gb^2}{2\pi(1-\nu)} \times \frac{1}{r}\cos\theta\cos2\theta \tag{2-1}$$

由几何关系可得：

$$r = \frac{l}{2\sin\theta} \tag{2-2}$$

将式（2-2）代入式（2-1）可得：

$$f_{\mathrm{D}} = \frac{2Gb^2}{2\pi(1-\nu)} \times \frac{1}{l}\sin4\theta \tag{2-3}$$

因此，A、B 位错对 C 位错向右运动的最大阻力为：

$$f_{\mathrm{D}} = \frac{2Gb^2}{2\pi(1-\nu)} \times \frac{1}{l} \tag{2-4}$$

可见，位错运动阻力与不动位错间距 l 有关。假设晶体中位错的分布如图 2-4 所示，则可得：

$$\rho = 1/l^2 \tag{2-5}$$

可将式（2-5）代入式（2-4）可得：

$$f_D = \frac{2Gb^2}{2\pi(1-\nu)}\rho^{1/2} \tag{2-6}$$

考虑到晶体中位错的分布情况远比图 2-4 复杂，因此可用一个系数 α 来代替 $\frac{1}{2\pi(1-\nu)}$ 项，可将式（2-6）改写为：

$$f_D = \alpha Gb^2\rho^{1/2} \tag{2-7}$$

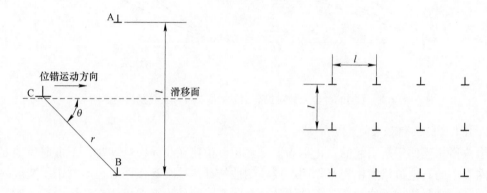

图 2-3   位错应力场对运动位错的影响   图 2-4   位错平均间距与位错密度的关系

穿过滑移面的林位错也会阻碍滑移面上的位错运动，因此位错交截产生曲折位错，使位错的长度增加，导致位错的应变能增加，这部分能量由运动位错克服林位错的阻力做功所提供。考虑到图 2-5 所示的 AF 位错与间距为 l 的林位错的交截后，AF 位错上形成三段割阶，单位位错线上因割阶而增加的能量为：

$$\Delta u = \alpha Gb^2 b \frac{1}{l} \tag{2-8}$$

单位长度 AF 位错克服林位错的阻力所做功为：

$$\Delta w = f_D b \tag{2-9}$$

因为 $\Delta u = \Delta w$，并考虑到 $1/l = \rho^{1/2}$，故可得：

$$f_D = \alpha Gb^2\rho^{1/2} \tag{2-10}$$

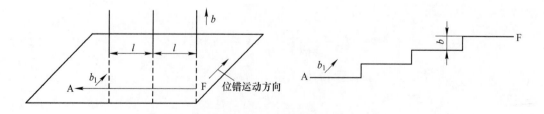

图 2-5   刃型位错切割林位错

因为割阶处于位错畸变区域，它的长程应力场被位错线的其余部分所掩蔽，所以只计算中心区域的能量就足够，因此式（2-10）中的 α 值较低，为 0.1 ~ 0.2。

若考虑到 AF 位错切割林位错时，在林位错上形成的曲折位错，那么林位错对位错运动的阻力较式（2-10）计算的更大。

式（2-7）和式（2-10）中的 α 值可能变化很大，但它们所反映的位错运动阻力与位错密度之间的关系具有普遍意义。式（2-7）和式（2-10）称为培莱-赫许公式。

2.1.1.3 细晶强化

和单晶体的塑性变形不同，多晶体晶粒中的位错滑移除了要克服晶格阻力、滑移面上杂质原子对位错的阻力外，还要克服晶界的阻力。晶界是原子排列紊乱的地区，而且晶界两边晶粒的取向完全不同。晶粒越小，晶界就越多，晶界阻力也越大，为使材料变形所施加的切应力增加，因而会使材料的屈服强度提高。式（2-11）是根据位错理论计算得到的屈服强度与晶粒尺寸的关系，称为 Hall-Petch 公式：

$$\sigma_{s} = \sigma_{i} + K_{1}D^{-1/2} \tag{2-11}$$

式中，σ_{s} 为屈服强度；D 为平均晶粒尺寸；σ_{i} 为常数，相当于单晶的屈服强度；K_{1} 为斜率，表征晶界对强度影响程度的系数，和晶界结构有关，而和温度关系不大。

以 σ_{s} 和 $D^{-1/2}$ 为坐标作图，如图 2-6 所示，其斜率为 K_{1}。试验表明，在应变速率为 $6 \times 10^{-4}/s$ 以内、晶粒尺寸范围为 $3\mu m$ 到无限大（单晶）时，室温下的 K_{1} 值为 $14.0 \sim 23.4 N \cdot mm^{-3/2}$。

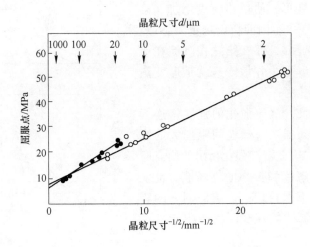

图 2-6 几种软钢的晶粒尺寸和下屈服点的关系

2.1.1.4 沉淀强化

细小的沉淀物分散于基体之中，阻碍位错运动，而产生强化作用，这就是沉淀强化。弥散强化与沉淀强化并没有太大的区别，只是后者是内生的沉淀相，前者为外加质点。在普通低合金钢中加入微量 Ni、V、Ti，这些元素可以形成碳的化合物、氮的化合物或碳氮化合物，在轧制中或轧后冷却时它们可以沉淀析出，起到第二相沉淀强化作用。此外，这些质点在低合金钢的控制轧制中还起到抑制奥氏体再结晶、阻止晶粒长大等多方面的作用，因此是不容忽视的。沉淀强化的机制是位错和颗粒之间的相互作用，可以通过两种机制来描述：（1）对提高强度有积极作用的绕过过程或称 Orowan 机制；（2）对提高强度作用较小的剪切过程。

根据 Orowan-Ashby 的计算，第二相质点所产生的强度增加值为：

$$\sigma = 5.9\varphi^{1/2}/\bar{x} \times \ln[\bar{x}/(2.5 \times 10^{-4})] \times 6894.76 \qquad (2\text{-}12)$$

式中，σ 是位错克服第二相质点所必须增加的正应力，Pa。

第二相质点引起的强化效果与质点的平均直径 $\bar{x}$ 成反比，与其体积分数 φ 的平方根成正比。质点越小，体积分数越大，第二相引起的强化效果越大。但是 $\bar{x}$ 与 L（质点之间间距）亦不能过小，否则位错不能在质点之间弯曲。质点本身强度不足也会使位错不是绕过质点而是从质点上剪切而过。这两者都会降低沉淀强化的效果。研究表明：第二相质点尺寸较小时，切过机制起强化效应，并随着质点尺寸的增加而增加；第二相质点较大时，绕过机制起作用，强化效应随质点尺寸减小而增大。只有当质点尺寸在临界转换尺寸 d_c 附近时，才能获得最大的沉淀强化效果。也可以说，对于一点成分的质点，只有质点直径和质点间距恰好是不出现切断程度那么大时，才会产生最高的强化作用。根据计算和实验，一般质点间距最佳值为 20~50 个原子间距，体积分数的最佳值在 2% 左右。

此外，沉淀相的部位、形状对强度都有影响。其一般规律是：沉淀颗粒分布在整个基体上比晶界沉淀的效果好；颗粒形状球状比片状有利于强化。形变热处理是在第二相质点沉淀前对材料施以塑性变形，使位错密度增加，第二相沉淀形核位置增多，因而析出物更为弥散。如果形变还能造成亚晶，那么第二相沉淀在亚晶界上，其分布密度更为弥散。这就是形变热处理造成强化的原因之一。

随着时间的延长，沉淀强化的强度将连续下降。这是因为颗粒长大，颗粒间距加大的缘故，如图 2-7 所示。因此沉淀强化析出的质点应具有尽可能小的溶解度和很小的凝聚性。也就是说能在各种温度下保持稳定。结构钢中的碳化物、氮化物和碳氮化物在实际使用中能满足这些要求。

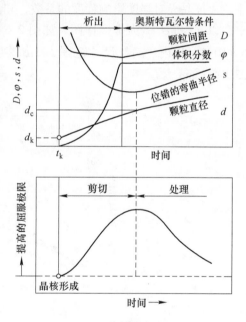

图 2-7　屈服强度随析出和颗粒增大而变化的示意图

2.1.2　钢铁材料的韧化机理

韧性是材料塑性变形和断裂（裂纹形成和扩展）全过程中吸收能量的能力。金属的韧性随加载速度的提高、温度的降低、应力集中程度的加剧而下降。为防止结构钢材在使用状态下发生脆性断裂，要求材料要有一定的韧性。为保证构件的安全就需要测定断裂韧性，但它的测定比较复杂，不适用于工程和工厂生产中。而冲击韧性指标严格说它不是材料的本质性能指标，并且受试样形状和尺寸的影响十分明显，但是它的测定比较方便，因此在工程上还是被广泛采用。材料的冲击韧性指标主要是冲击功，即缺口冲击韧性 $A_K(J)$ 或 $\alpha_K(J/cm^2)$ 值，以及韧脆转变温度 T_C。确定韧脆转变温度的方法很多，一般采用缺口面积上出现 50% 结晶缺口时的温度为 T_C，以 50% FATT 表示。图 2-8 是材料系列冲击试验结果与所对应的几种脆性转换温度。

许多机械零件和工具在工作中往往要受到冲击载荷的作用，如活塞销、锤杆、冲模和锻模等。材料抵抗冲击载荷作用的能力称为冲击韧性，常用一次摆锤冲击弯曲试验来测定。测得试样冲击吸收功，用符号 A_K 表示。用冲击吸收功除以试样缺口处截面面积 S_0，即得到材料的冲击韧度 a_K：

$$a_K = A_K/S_0 \qquad (2\text{-}13)$$

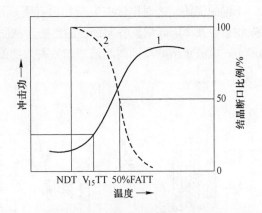

图 2-8　冲击功、结晶断口比例随试验温度变化曲线
1—冲击功曲线；2—断口形貌曲线

桥梁、船舶、大型轧辊、转子等有时会发生低应力脆断，这种断裂的名义断裂应力低于材料的屈服强度。尽管在设计时保证了足够的伸长率、韧性和屈服强度，但仍不免破坏。究其原因是构件或零件内部存在着或大或小、或多或少的裂纹和类似裂纹的缺陷。裂纹在应力作用下可失稳而扩展，导致机件破断。

材料抵抗裂纹失稳扩展断裂的能力，用 K_{IC} 表示，是材料本身的特性，由材料的成分、组织状态决定，与裂纹的尺寸、形状及外加应力大小无关。断裂韧性是材料的一种性能，与强度一样取决于材料的组织结构，而材料的成分和生产加工工艺又决定了材料的组织结构，故改善材料的韧性必然从工艺入手改变材料的结构，以达到改善材料韧性的目的。

2.1.2.1　成分控制

合金元素加入基体(铁)中形成固溶体可强化合金,甚至可析出第二相而强化合金,但同时合金元素含量的增加也造成基体内缺陷的增加,降低材料的塑韧性。V、Nb、Ti、Al、Zr 等元素能够细化晶粒,既能提高强度又能提高韧性;S、P 对韧性有害,应尽量降低其含量。

Mn、Cr 与 Fe 的化学性质和原子半径相近，在钢中形成置换固溶体，造成的点阵畸变小，因而对韧性的损害小。对铁素体-珠光体型微合金钢而言，Mn、Cr 可以细化晶粒，减小珠光体片层间距，有利于提高韧性。因此，适当增加 Mn、Cr 含量，在提高强度的同时，还可以使韧性有所增加。

钢中一般都含有多元合金元素，合金组元之间有交互作用，合金元素也可以通过不同途径影响断裂韧性，故具体钢种需具体分析，以使合金元素具有适当含量。

2.1.2.2　气体和夹杂物控制

钢中的气体主要是氢、氧、氮，夹杂物主要是氧化物和硫化物。氢和氮主要以溶解状态存在，而氧主要以化合物状态存在。

钢中的氢会引起白点和氢脆，应尽量降低其含量；氮与位错结合力强，通过形成气团而阻止位错运动，降低韧性，形成固态氮化物时对韧性危害更大，只有与 V 形成 VN，能提高钢的强度并阻止奥氏体再结晶，轻度细化晶粒；氧常以氧化物形式存在，降低钢的韧性，含量越多，对韧性的影响越大。一般来说，钢中的气体和夹杂物对钢的韧性都是有害的。钢的冶炼方法、浇铸方法直接影响钢中的气体含量和夹杂物含量。目前，采用各种冶炼和浇铸新工艺（真空冶炼、搅拌技术等）使钢中气体和夹杂大量减少，生产出较纯净的钢材。不同的浇铸工艺对钢锭中夹杂物也有明显影响。图 2-9 是四种不同铸造工艺对 16Mn 钢夹杂物总数及 20mm 钢板各向韧性的影响。从图中可以看出，顶注的凝固时间最长，故夹杂物最多；电渣重溶的凝固时间最短，故夹杂物最少，韧性最好，韧性的各向异性也最低。

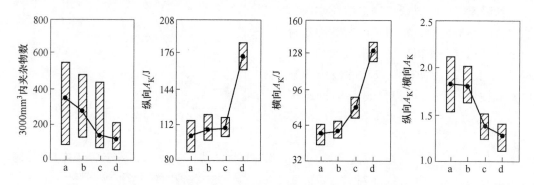

图 2-9　铸造工艺对夹杂物总量及韧性各向异性的影响
a—顶注；b—连续铸锭；c—压力浇铸；d—电渣重溶

　　调整钢的化学成分也可以减轻夹杂物对韧性的不良影响。如硫是钢中的有害元素，锰的加入可以与硫形成具有塑性的 MnS 夹杂，减轻硫的有害影响。但被加工变形后的 MnS 会引起钢板纵、横向韧性差异。而锆（Zr）和稀土元素的加入可以固定硫，热轧后仍保持球状，改善横向韧性。

2.1.2.3　细化晶粒

　　晶粒的细化使晶界数量增加，而晶界是位错运动的阻碍，因而使屈服强度提高。晶界还可以把塑性变形限定在一定的范围内，使变形均匀化，提高材料的塑性，晶界又是裂纹扩展的阻力，因而可以改善材料的韧性。晶粒细小时，单位体积中晶粒越多，金属的总变形量可以分布在更多的晶粒内，晶内不同区域之间的变形不均匀性减小；晶粒内部和晶界附件的变形量差减小，晶粒的变形也会比较均匀，减小应力集中，这些推迟了裂纹的形成与扩展，使金属在断裂之前可以发生较大的塑性变形。强度和塑性提高，断裂要消耗更大的功，因而韧性也较好。

2.2　合金元素在钢铁材料中的作用

2.2.1　钢中的五大元素

　　钢中的五大元素一般是指 C、Mn、Si、P、S，是由原料带入或脱氧残留的元素，它们是钢铁的固有元素。

2.2.1.1　碳（C）

　　碳是钢铁的主要成分之一，它直接影响着钢铁的性能。碳在钢中可作为硬化剂和加强剂，正是由于碳的存在，才能用热处理的方法来调节和改善其力学性能，钢中碳含量增加，屈服点和抗拉强度升高，但塑性和冲击性降低。当碳含量降低到 0.05% ~ 0.1% 时，钢铁材料具有良好的低温韧性，如图 2-10 所示。

　　如图 2-11 所示，按碳含量和碳当量的不同，可把钢的焊接性划分为易焊区（Ⅰ区）、可焊区（Ⅱ区）和难焊区（Ⅲ区）3个区域，碳含量为0.10%~0.12%以下的区域为易焊区，碳含量大于0.10%~0.12%且碳当量小于0.49%的区域为可焊区，碳含量大于0.10%~0.12%且碳当量大于0.49%的区域为难焊区。

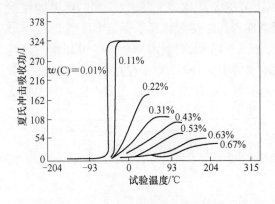

图 2-10 碳含量对钢的低温韧性的影响

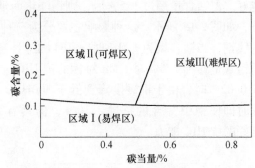

图 2-11 钢中碳含量与钢中碳当量的关系图

当碳含量超过0.23%时，钢的焊接性能变坏，因此用于焊接的低合金结构钢，碳含量一般不超过0.20%。碳含量高还会降低钢的耐大气腐蚀能力，在露天料场的高碳钢就易锈蚀。

2.2.1.2 锰（Mn）

锰能改善铁水流动性，对转炉炼钢带来了很大的好处。冶炼前期，Mn 和 O_2 反应生成 MnO 与渣中 CaO 生成低熔点复合产物，从而有利于化渣，达到前期去 P 的目的；冶炼终点，由于 Mn 元素的大量氧化，人们一般要向钢水中补加 Fe-Mn 合金，以使 Mn 含量达到钢种需 Mn 的规格范围。少量 Mn 由原料矿石中引入，主要是在冶炼钢铁过程中作为脱硫脱氧剂有意加入，一般钢中锰含量为0.30%~0.50%，钢铁中主要以 MnS 状态存在，如图 2-12 所示。如 S 含量较低，过量的锰可能组成 MnC、MnSi、FeMnSi 等，成固溶体状态存在，消除硫的有害作用。

锰还能降低钢的 $\gamma \rightarrow \alpha$ 的相变温度而使 α 晶粒细化，并改变相变后的微观组织。锰的这种固溶强化、细晶强化和相变强化对钢的屈服强度和抗拉强度的综合效果如图 2-13 所

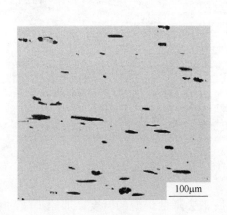

图 2-12 钢中 MnS 夹杂示意图

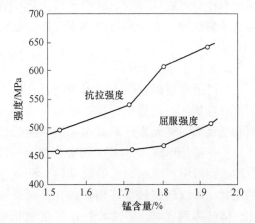

图 2-13 锰含量对管线钢强度的影响
(0.02%C, 0.04%Nb, 0.01%Ti, 0.001%B)

示。Mn 作为钢中主要的合金元素，能构成置换固溶体，可强化铁素体，并使屈服强度和抗拉强度呈线性增加。含锰 11% ~14% 的钢有极高的耐磨性，用于挖土机铲斗、球磨机衬板等。锰量增高，会减弱钢的抗腐蚀能力，降低焊接性能。如图 2-14 所示，一般用低碳高锰类型的钢作为焊接结构钢，$w(\text{Mn})/w(\text{C})$ 比值越大（达 2.5 以上），钢的低温韧性就越好。但锰含量超过 1.5% 后，则钢硬化而延展性变坏。锰含量对于钢抗 HIC 性能也有影响，如图 2-15 所示。这种影响主要分为三种情况：（1）碳含量为 0.05% ~0.15% 的热轧管线钢，当锰含量为 1.0% 时，HIC 敏感性会突然增加；（2）对于经过淬火和回火的钢，当锰含量达到 1.6% 时，Mn 对钢的抗 HIC 能力没有明显影响；（3）在偏析区，碳含量低于 0.02% 时，由于钢硬度降到低于 300HV，此时即使钢中锰含量超过 2.10%，仍具有良好的抗 HIC 能力。

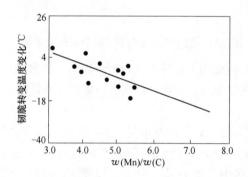

图 2-14 $w(\text{Mn})/w(\text{C})$ 对钢的韧脆转变温度的影响

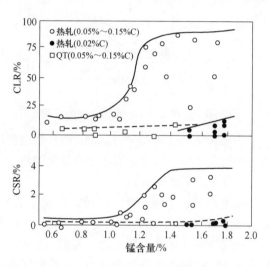

图 2-15   锰含量对钢抗 HIC 性能的影响

高锰钢在轧制后容易产生带状组织，带状组织的存在会使钢材显现出各向异性，和带状垂直方向的力学性能较差，异常带状组织的钢在冷弯或拉伸变形时由于应力集中容易萌生裂纹源，影响钢材的使用性能，如图 2-16 所示。

2.2.1.3   硅（Si）

硅可由原料矿石引入或因脱氧及特殊需要而有意加入，在炼钢过程中加硅作为还原剂和脱氧剂。Si 元素还具有增加钢液流动性作用，一部分形成 SiO_2 非金属夹杂物，一部分溶于钢液中，增加钢液的流动性。Si 含量的提高，可以增加转炉炼钢热源，提高废钢

图 2-16   Mn 偏析导致带状组织示意图

比，降低炼钢成本。但铁水中的 Si 被氧化成 SiO_2 后，会降低炉渣的碱度，加速炉渣对炉衬的侵蚀。实践表明，当铁水中 Si 含量高于 0.8% 时，炉衬寿命会明显下降；另外，冶炼初期，渣中 SiO_2 含量超过一定浓度时，含较高 SiO_2 的炉渣与 CaO 相互作用易形成硅酸钙

的致密外壳，从而阻碍熔剂向石灰块内浸透，使冶炼初期脱 P、脱 S 效果明显下降；当铁水中 Si 含量大于 0.5% 时，吹炼过程发生喷溅的概率迅速增加，从而导致金属收得率降低；但当转炉用铁水中 Si 含量控制在 0.4% ~0.5% 时，可降低石灰消耗，减少喷溅，提高炉衬寿命，促进早化渣，顺利地达到去除有害元素 S、P 的目的。

冷至室温后溶于铁素体内，Si 可以提高铁素体的强度，在调质结构钢中加入 1.0% ~1.2% 的硅，强度可提高 15% ~20%。碳钢中每增加 0.1%Si，可使热轧钢的抗拉强度提高 8 ~9MPa，屈服强度提高 4 ~5MPa，伸长率下降约 0.5%，钢的面缩率和冲击韧性下降不明显，但是含量超过 0.8% ~1.0% 时，则引起面缩率下降，特别是冲击韧性显著降低。硅和钼、钨、铬等结合，有提高抗腐蚀性和抗氧化的作用，可制造耐热钢。含硅 1% ~4% 的低碳钢，具有极高的磁导率，用于电器工业做硅钢片。硅量增加，会降低钢的焊接性能。Si 是铁素体形成元素，高温下能形成致密的氧化膜，从而提高钢的抗氧化性。

2.2.1.4 硫（S）

硫主要由焦炭或原料矿石引入钢铁，主要以 MnS 或 FeS 状态存在。硫在通常情况下也是有害元素，易与 Fe 在晶界上形成低熔点共晶（985℃），热加工时（1150 ~1200℃），由于其熔化而导致开裂，称为热脆性，降低钢的延展性和韧性，在锻造和轧制时造成裂纹。硫对焊接性能也不利，并会降低耐腐蚀性。所以通常要求硫含量小于 0.01%，优质钢要求小于 0.005%。但在易切削钢中需要加入 0.08% ~0.20% 的硫，以改善切削加工性。

硫是管线钢中影响抗 HIC 能力和抗 SSCC 能力的主要元素。硫含量与裂纹敏感率的关系如图 2-17 所示。随着硫含量的增加，裂纹敏感率显著增加；只有当硫含量低于 0.0012% 时，HIC 才明显降低。值得注意的是硫易与锰结合生成 MnS 夹杂物，当 MnS 夹杂变成粒状夹杂物时，随着钢强度的增加，单纯降低硫含量不能防止 HIC。如 X65 管线钢，当硫含量降到 20×10^{-6} 时，其裂纹长度比仍高达 30% 以上。硫还影响管线钢的冲击韧性，从图 2-18 可以看出硫含量升高冲击韧性值急剧下降。此外，条状（尤其是沿晶界分布的）硫化物是产生氢致裂纹的必要条件，如图 2-19 所示，对钢水进行钙处理将其改变为球形，可降低其危害。

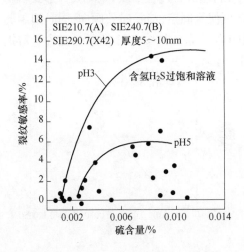

图 2-17　硫含量对裂纹敏感率的影响

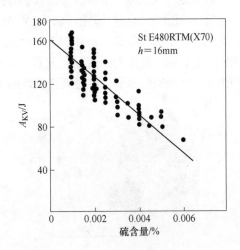

图 2-18　-20℃横向冲击韧性与硫含量的关系

2.2.1.5　磷（P）

生铁中的磷主要来自铁矿石。磷在钢中是一个有害杂质，它的存在会显著降低钢的力学性能，特别是降低钢的冲击韧性，尤其在低温下使用时，有害作用更是大为增加，产生"冷脆"现象。磷的偏析很大，造成钢坯化学成分不均匀，当磷含量大于0.015%时，磷的偏析会急剧增加，并促使偏析带硬度增加，在偏析区其淬硬性约为碳的2倍。所以，绝大多数钢种对磷含量都有严格的要求，仅在某些特殊用途钢中，磷元素起着有益的作用，如耐候钢。

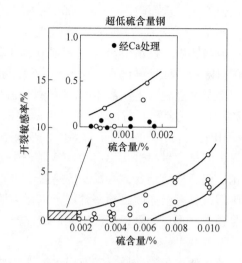

图 2-19　经 Ca 处理的硫含量
对开裂敏感率的影响

2.2.2　钢中的气体元素

一般钢中气体元素是指氮（N）、氧（O）、氢（H）三种元素，它们以溶液和剩余相夹杂物的形式处于固体的和熔融的金属系统中。

2.2.2.1　氮（N）

当金属中氮含量超过一定限度并且在加热升温时会出现"蓝脆"现象，金属的塑性下降，脆性增加。同时氮含量较高时将使金属的宏观组织疏松，甚至产生气泡；在硅钢中含有氮化铝将导致矫顽力增大和磁导率降低；较大尺寸的氮化铝使帘线钢在拉拔过程中增加断丝率。但是，氮作为一种形成和稳定的奥氏体能力很强的元素，其能力约等于镍的20倍，在一定限度内可以代替部分镍。在不降低塑性的条件下，提高钢的硬度、强度和耐腐蚀性；氮与铬、钨、钼、钒、钛等元素形成弥散稳定的氮化物后，能大大提高钢的蠕变和持久强度。

室温下氮在铁素体中溶解度很低，钢中过饱和氮在常温放置过程中以 FeN、Fe$_4$N 形式析出使钢变脆，称此现象为时效脆化。加 Ti、V、Al 等元素可使氮固定，消除时效倾向，同时抑制奥氏体受热过程中的晶粒长大，如图 2-20 所示为钢中 TiN 夹杂。如图 2-21 所示，氮含量对钢的韧性产生影响。氮作为固溶强化元素，可提高钢材的强度；作为间隙原子，可显著降低钢的塑性。

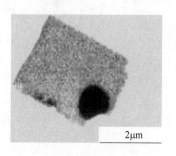

图 2-20　钢中 TiN 夹杂示意图

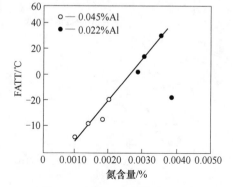

图 2-21　氮含量与 FATT 的关系

2.2.2.2 氧（O）

氧含量对金属材料的化学性能和力学性能影响很大，一般在做检测时都要求金属材料中氧的含量尽可能低，防止材料的氧化和锈蚀也是钢的基本要求。如果氧含量增加，钢的抗冲击值将大大降低，FATT明显提高，抗疲劳性能恶化，导致钢的使用寿命会大大降低。氧在钢中以氧化物的形式存在，其与基体结合力弱，不易变形，易成为疲劳裂纹源。尤其是当夹杂物直径大于15μm后，会严重恶化钢的各种性能。

2.2.2.3 氢（H）

一般情况下，进入金属中的氢是极为有害的。金属材料经常发生的氢损伤现象，就是与氢有关的断裂现象。主要表现为材料的力学性能发生恶化：氢通过软化或硬化机制改变材料的屈服强度，塑性明显降低，诱发裂纹萌生，最后导致断裂、滞后破坏、塑性-脆性转变和低温脆性断裂等。另外，氢在高温下渗透性很强，焊接过程中很容易产生各种氢致缺陷，焊缝中扩散氢是直接影响焊接接头抗冷裂纹性能的主要因素之一。

常温下氢在钢中的溶解度也很低，钢铁及合金中氢含量一般小于0.0010%，如果超过0.003%，以原子态溶解时，降低韧性，会出现"白点"或"氢脆"，如图2-22所示，易发生脆性断裂，裂纹在氢化物处成核并扩展，严重影响钢材的质量。管线钢中氢的质量分数越高，HIC产生的几率越大，腐蚀率越高，平均裂纹长度增加越显著，图2-23是氢的质量分数与平均裂纹长度的关系。自真空处理技术出现以后，钢中氢已可稳定控制在0.0002%以下。

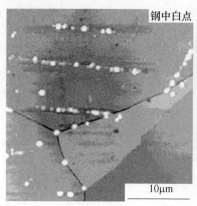 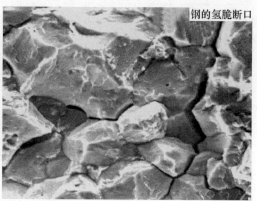

图2-22 氢元素在钢中引起的"白点"和"氢脆"现象

2.2.3 钢中的微合金元素

钢中常用的微合金元素一般溶于铁素体，起到固溶强化的作用，非碳化物形成元素及过剩的碳化物形成元素都溶于铁素体，形成合金铁素体。如图2-24所示，各种合金元素对铁素体冲击韧性产生不同程度的影响，Mn、Cr、Ni在适当范围内可提高钢的韧性。

微合金元素Nb、V、Ti为强碳化物形成元素，未溶微合金碳、氮化物将通过质点钉扎

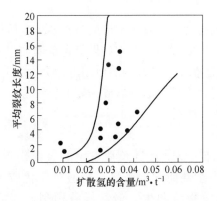

图 2-23　可扩散的氢含量与平均裂纹长度的关系　　图 2-24　合金元素对铁素体冲击韧性的影响

晶界的机制而明显阻止奥氏体晶粒的粗化过程。图 2-25 为各种微合金钢中晶粒尺寸随加热温度的变化关系。可见 Nb、Ti 可明显抑制 γ 晶粒长大，V 的作用较弱。另一个作用是在轧制钢板时提高未再结晶区温度，延迟 γ 的再结晶。控轧过程中应变诱导沉淀析出的微合金碳氮化物可通过质点钉扎晶界和亚晶界的作用而显著地阻止形变 γ 的再结晶，从而获得细小的相变组织。充分发挥微合金元素的作用，可使管线钢获得最佳的强韧性，图 2-26 所示为钛含量对韧性的影响。

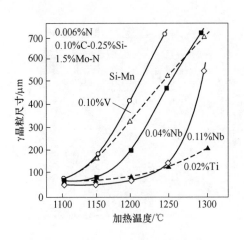

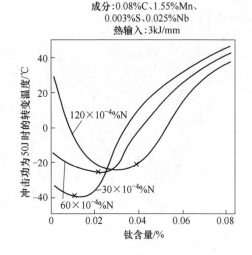

图 2-25　γ 晶粒尺寸与加热温度的关系　　　　图 2-26　钛含量对韧性的影响

　　镍是奥氏体稳定元素，主要用来提高韧性。当镍、铬复合添加时，促进针状铁素体转变。但镍含量增高易产生较黏的氧化铁皮。

　　铬是碳化物形成元素，高铬钢中会形成 Cr_7C_3 或 $Cr_{23}C_6$ 等碳化物，还可以与碳形成复合碳化物。在低碳钢中加入铬能提高强度，但延展性有所降低；铬在耐腐蚀方面有着得天独厚的条件，得到广泛的使用，图 2-27 为 60℃时钢腐蚀产物膜中铬的分布图，铬可以偏聚到晶界处抵御腐蚀。从腐蚀产物膜可以看出，同样的腐蚀环境下，含铬钢的腐蚀产物膜更为平整，腐蚀产物厚度明显小于不含铬钢，如图 2-28 所示。

　　锆为强碳化物形成元素，微量锆的加入可以降低钢在加热过程中的晶粒长大倾向性，

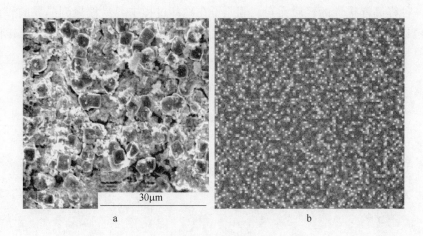

图 2-27 含铬钢的 CO_2 腐蚀断面形貌

a—腐蚀产物膜；b—铬的分布

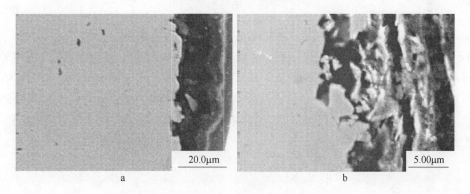

图 2-28 含铬/不含铬钢的 CO_2 腐蚀断面形貌

a—含铬；b—不含铬

如图 2-29 所示。另外，锆对提升钢材的抗大线能量焊接性能有利。

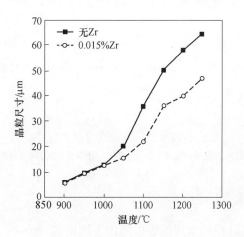

图 2-29 锆对晶粒尺寸的影响

硼是一种提高淬透性的轻质元素，硼原子在冷却过程中容易偏聚到晶界的界面上，硼的这种偏聚是一种典型的非平衡偏聚。采用径迹显微照相法这项特殊技术，可以间接观测出钢中硼原子的分布，如图 2-30 所示。

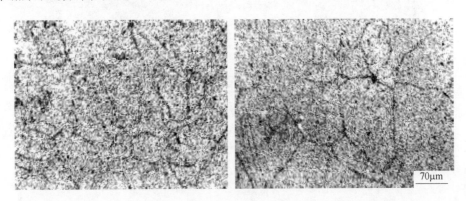

图 2-30　硼的径迹示意图

铜可以提高钢的耐蚀性、强度，改善焊接性、成型性与机加工性能等。面心立方 ε-Cu 从 α-Fe 中析出可使钢材强化。铜还可以显著改善钢抗 HIC 的能力。钼为强碳化物形成元素，可使铁素体和珠光体区域右移，有形成贝氏体的趋势。当钢中碳含量很低时，在轧后空冷过程中可避免形成马氏体，而形成微细结构的贝氏体和针状铁素体，从而保证钢的良好延性。钼含量会对钢板的力学性能产生影响，如图 2-31 所示，随着钼含量增加，钢板的屈服和拉伸性能会提高，屈强比反而下降，冲击功下降，到一定程度会趋于稳定。

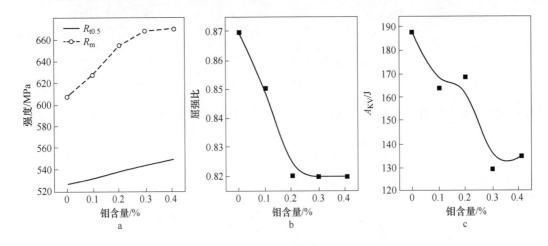

图 2-31　钼含量与钢的力学性能的关系

a—钼含量与屈服强度和抗拉强度的关系；b—钼含量与屈强比的关系；c—钼含量与冲击功的关系

2.2.4　钢中的低熔点元素

低熔点金属元素主要是指元素周期表中第四主族的锡（Sn）、铅（Pb）和第五主族的砷（As）、锑（Sb）及铋（Bi）五个元素，这些元素的氧化位比铁低，在炼钢过程中不能有效去除而有所富集，被带到轧制成的钢材中，"恶化"了钢的质量。Sn、Pb、As、Sb、Bi 等元素，虽然含量不高，但由于它们分布不均匀，多在晶界与表面富集，因而对钢的加工和性能带来极大的危害，主要表现在：增加钢的热脆倾向，恶化钢坯、钢材的热加工性能；造成低温脆性和回火脆性；降低钢的热塑性，导致连铸坯表面开裂；降低钢材的抗腐蚀性能。

大多数低熔点金属元素以偏析的形式存在于钢中并发挥作用，它们既可在钢液的凝固过程中偏析，又可在随后的固态相变过程中偏析。不同的低熔点金属元素的偏析能力可以用偏析系数定量比较，凝固偏析系数取决于残余元素在固相和液相两相之间的分配系数，一般先结晶的固相中所含低熔点金属的量较少，而后结晶的部分所含低熔点金属较多，最后形成典型的铸锭偏析宏观结构。镇静钢锭凝固时，低熔点金属元素偏析规律的特征是：钢锭由表及里、由下往上，元素含量逐渐增加。具体表现在激冷层无偏析，柱状晶带呈正偏析并且朝轴心逐渐增加，锭身下部呈负偏析，到上部柱状晶带朝轴心方向的负偏析变化不明显；钢锭由中向下部区域偏析明显递减，且区域为正偏析。

对于钢液的凝固过程而言，Pb、Sn 等低熔点金属元素（Sn 为 232℃，Pb 为 327℃）在钢锭凝固结晶过程中，溶质元素分布不均匀。由于溶质元素在液相和固相的溶解度与凝固过程中的选分结晶，结晶初期形成的树枝较钝，后结晶的含有较多的溶质元素，形成晶粒内部浓度的不均匀或在凝固冷却过程中出现晶界沉淀。

低熔点金属元素在加热或固态相变过程中，也可能产生晶界偏析。但与凝固偏析相比，由于它们只能做近程扩散，所以这种偏析一般需要特定的温度和时间，偏析的位置一般在原始奥氏体晶界等晶体缺陷位置。根据 Seach-Hondros 模型，晶界富集因数（晶界浓度与晶内浓度之比）与 Pb、Sn 元素在钢中的溶解度成正比。如果知道低熔点金属在钢中的固溶度，利用经验关系 $\lg B = a\lg C_m + b$，就可以大致估计它的晶界富集因数，C_m 为残余元素的溶解度，a 和 b 均为常数，其中 $a = -0.868$，$b = 0.898$。

热加工时，引起钢材"表面热脆（或网裂）"的直接影响因素是 Sn、As、Sb 等元素的作用，主要是降低 Cu 在奥氏体中的溶解度和富 Cu 相的熔点，从而加剧了钢的表面热脆倾向，Sn 的这种作用较为显著。对于较大的钢锭，在凝固结晶过程中偏析程度提高，此钢锭、钢坯在加热过程中，低熔点元素的表面富集率增大。钢锭、钢坯在锻造过程中出现表面裂纹，最终使表面出现断裂开口，以致锻件在锻造过程中报废。造成钢材表面热脆的具体原因如下：

低熔点元素在合适的氧化性气氛下加热时，伴随铁的氧化及氧的扩散过程，未发生氧化的残余元素将逐渐沉积于金属基体与氧化铁皮的接口，钢材加热时间越长，氧化铁皮越厚，相应在表面富集的残余元素也将越多。钢中残存的 Sn、Cu 等的氧化位比铁低而不氧化，这些元素不断聚集在氧化铁皮层下的金属中。如果 Sn 的含量超过它在铁中的溶解极限时，就会在氧化铁皮和金属界面间形成熔融的液相。在热加工的拉应力作用下，这些液相则会湿润晶界而产生表面热脆裂纹，最终在钢材表面留下网状分布的微裂纹。

低熔点金属的原子序数和原子半径比铁大，使晶体内引起较大晶格畸变，内能增加；又因为钢锭表面比晶体内结构疏松，存在较大空隙，可使内能减少，促使晶体内溶质原子自发地向钢锭表面迁移，从而富集于钢材表面，导致钢材出现表面热脆。低熔点金属在凝固过程中的偏析和固态相变过程中的偏析，以及在高温加热过程中富集于晶界，钢锭或钢坯在锻造、轧制过程中，残余元素 Sn、Cu、As 均出现表面富集及晶界氧化，导致高温脆性。

钢的回火脆性在合金钢中极为常见，且十分有害，这可能是由于磷、锡、锑和砷等元素中的一种或几种在晶界共聚引起的，也有可能是这些元素与合金元素（促进回火脆性的元素）交互作用的结果。如过渡金属 Mn、Ni 等本身不是脆性元素，但它在铁中与 P、Sn、Sb 等元素发生化学亲和作用并与之在晶界共同偏聚而造成回火脆性，锡既是引起第一类回火脆性又是引起第二类回火脆性的有害杂质元素。

第二类回火脆性的脆化过程是一个受扩散控制发生于晶界的能使晶界弱化的可逆过程，它是一种晶界脆化，脆化与温度、时间、钢料化学成分等有关。合金钢中存在的微量残留元素锡是产生第二类回火脆性（高温回火脆性）的主要原因，在高温回火脆性区，残余元素有足够的扩散能力，如果有足够长的时间锡将逐渐由晶内向晶界偏析，最终导致晶界脆化。

钢中 Sn、Sb、As 等低熔点元素和 P 的晶界偏聚，对合金钢在氢气中服役时产生的持久应力腐蚀的危害，比它们在大气中所引起的回火脆性更为严重。已经被 Sn、Sb、As 和 P 弱化了的晶界，在氢气气氛中由于溶解在钢中的 H 向晶界扩散，晶粒间结合力被进一步削弱，引起晶界脆化更严重。

2.3 传统钢铁材料的组织类型及特点

钢经加热奥氏体化后，迅速冷却至临界点（A_{r1} 或 A_{r3} 线）以下，等温保持时过冷奥氏体发生的转变称为等温冷却转变。加热一组已知成分钢的薄试样，使之形成均匀的单相奥氏体，然后分别迅速冷却到 A_1 以下的不同温度，并保温使过冷奥氏体发生等温转变，分别测出其相变开始和终止时间，即可得到等温转变曲线。因曲线形状类似于字母"C"，故称为 C 曲线。

图 2-32 所示为共析钢等温转变图。C 曲线自上而下可分为 4 个区域：A_1 线以上为奥氏体稳定存在的区域；A_1~550℃ 之间为珠光体转变区，转变产物为珠光体；550℃~M_s 之间为贝氏体转变区，转变产物为贝氏体；M_s~M_f 之间为马氏体转变区，转变产物为马氏体。可将三种转变组织根据等温温度的不同，相应地分为高温转变组织、中温转变组织以及低温转变组织。

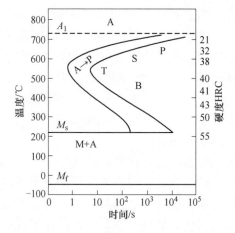

图 2-32 共析钢过冷奥氏体等温转变曲线

对于亚共析钢，由图 2-33a 可知，在高温转变区有一条先共析铁素体线，转变得到的组织为先共析铁素体和珠光体。而过共析钢在高温转变区有一条先共析渗碳体线，最后得到的组织为先共析渗碳体和珠光体（图 2-33b）。

等温转变温度—组织—性能变化规律：等温转变温度越低，其转变组织越细小，强度、硬度也越高。

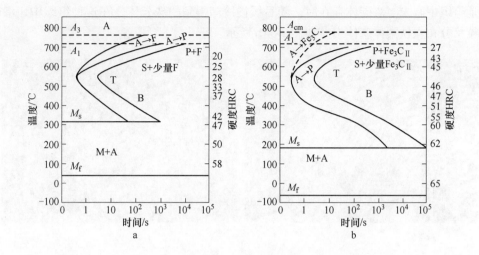

图 2-33 亚/过共析钢过冷奥氏体等温转变曲线
a—亚共析钢；b—过共析钢

2.3.1 高温转变组织

高温转变组织为过冷奥氏体在临界温度 A_{r1} 以下比较高的温度范围内进行转变得到的组织。

2.3.1.1 珠光体转变

共析钢高温转变温度范围在 $A_1 \sim 550℃$，获得的组织类型为珠光体型 （F + P） 组织，此转变可表示为：

$$A \rightarrow P(\alpha + Fe_3C) \tag{2-14}$$

奥氏体到珠光体型相变包括两方面的变化：一是晶体结构的变化，由面心立方结构的奥氏体转变为体心立方的铁素体与复杂正交结构的渗碳体；二是碳含量的变化，由碳含量均匀（$w(C) = 0.77\%$）的奥氏体，转变为碳含量很低（$w(C) < 0.0218\%$）的铁素体和碳含量很高的（$w(C) = 6.69\%$）渗碳体。

由此可知，珠光体的转变包括碳原子的重新分布以及铁的点阵重构两个过程。这两个过程是通过碳原子和铁原子的扩散来完成的，所以珠光体转变属于典型的扩散型相变。工程上使用的钢大多是非共析钢，这类钢在发生珠光体转变前，会有先共析铁素体或先共析渗碳体的析出，当未转变奥氏体的成分改变到共析成分时，才会发生珠光体转变。珠光体转变前的这种析出，称为先共析转变。一般使用的低碳钢为亚共析钢，其转变得到的组织为铁素体-珠光体型组织。

2.3.1.2 珠光体的组织形态

珠光体是铁素体和渗碳体的两相混合物。根据在铁素体基体上分布的渗碳体形状，可分为片状珠光体和粒状珠光体两种。片状珠光体是在奥氏体化过程中剩余渗碳体溶解和碳浓度均匀化比较完全的条件下，冷却分解得到的珠光体，其金相形态为铁素体和渗碳体交替排列成的层片状，如图 2-34a 所示；粒状珠光体是当奥氏体化温度较低、成分不太均匀，尤其是组织中有未溶渗碳体存在时，随后缓慢冷却得到的珠光体，在这种组织中，渗碳体呈颗粒状分布在铁素体基体中，如图 2-34b 所示。

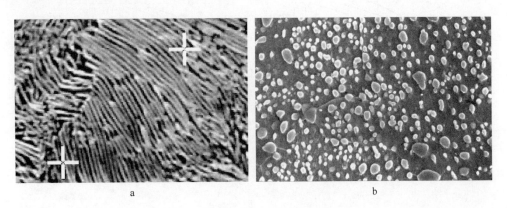

图 2-34   珠光体组织

a—片状珠光体；b—粒状珠光体

根据片状珠光体转变温度的不同，其片层间距的大小也有所差异。转变温度越低（即过冷度越大），片层间距越小，珠光体越细。根据珠光体片层间距的大小，可将片状珠光体细分为以下三类。

（1）珠光体：转变温度范围在 $A_1 \sim 650℃$，片层较粗。片层间距平均大于 $0.3\mu m$，在放大 400 倍以上光学显微镜下可分辨出层片。

（2）索氏体：转变温度范围在 $650 \sim 600℃$，层片比较细。片层间距平均为 $0.1 \sim 0.3\mu m$，在大于 1000 倍的光学显微镜下可分辨出片层。

（3）屈氏体：转变温度范围在 $600 \sim 550℃$，所形成的层片更细，片层间距平均小于 $0.1\mu m$，即使在高倍光学显微镜下也难于分辨出层片来。

综上所述，珠光体、索氏体、屈氏体三种组织只有粗细之分，并无本质区别。

2.3.1.3   高温转变组织的性能

A   珠光体的力学性能

珠光体的力学性能主要取决于钢的化学成分和热处理后所获得的组织形态。对具有珠光体组织的共析碳钢而言，其力学性能与珠光体的片层间距、珠光体团的直径以及珠光体中铁素体片的亚结构尺寸等有关。

片状珠光体的性能主要取决于珠光体的片层间距。随着珠光体团直径及片间距离的减小，珠光体的强度、硬度提高，塑性和韧性也越来越好。这是由于铁素体与渗碳体片薄时，相界面增多，对位错运动的阻力增大，抗塑性变形能力提高，因而强度和硬度都增高；同时，片层间距越小，渗碳体片越薄，越容易随同铁素体一起变形而不脆裂，增大了钢的塑性变形能力，所以塑性和韧性也越来越好。

片状珠光体的屈服强度与片层间距的关系符合 Hall-Petch 关系：

$$\sigma_s = \sigma_0 + kS_0^{-1/2} \tag{2-15}$$

式中，S_0 为片层间距；k 为比例系数。

与片状珠光体相比，在成分相同的情况下，粒状珠光体的强度、硬度稍低，但塑性较好。这是由于粒状珠光体中铁素体与渗碳体的相界面较片状珠光体少，对位错动力的阻力较小，故强度应较低。粒状珠光体的塑性较好，是因为铁素体呈连续分布，渗碳体颗粒均匀地分布在铁素体基体上，位错可以在较大范围内移动，因此塑性变形量较大。当抗拉强度相同时，粒状珠光体比片状珠光体的疲劳强度更高。在相同硬度下，粒状珠光体比片状珠光体的综合力学性能优越得多。钢的韧脆化温度随碳质量分数的增加而大大提高，定量研究表明，珠光体体积每增加1%，韧脆转化温度升高约2℃。

B 亚共析钢的性能

亚共析钢的性能与碳含量的关系是：碳含量越少，钢组织中珠光体比例也越小，钢的强度也越低，但塑性越好。亚共析钢常用的结构钢碳含量大都在0.5%以下，由于碳含量低于0.77%，所以组织中的渗碳体量也少于12%，于是铁素体除去一部分要与渗碳体形成珠光体外，还会有多余的出现，所以这种钢的组织是铁素体+珠光体。碳含量越少，钢组织中珠光体比例也越小，钢的强度也越低，但塑性越好。

2.3.2 中温转变组织

中温转变组织为过冷奥氏体在珠光体转变温度以下、M_s以上的转变温度范围内转变获得的组织，此温度范围内发生贝氏体转变。

2.3.2.1 贝氏体转变

共析钢中温转变温度范围在550℃～M_s，获得的组织类型为贝氏体型组织。同珠光体转变相似，贝氏体也是由铁素体和渗碳体组成的机械混合物，在转变过程中发生碳在铁素体中的扩散。但贝氏体转变特征和组织形态又与珠光体不同。贝氏体向铁素体的晶格改组是通过切变方式进行的。新相铁素体和母相奥氏体保持一定的位向关系。但贝氏体是两相组织，通过碳原子扩散，可以发生碳化物沉淀。因此，贝氏体转变具有扩散和共格的特点，即贝氏体转变是碳原子扩散而铁原子不扩散的半扩散型相变。

由于贝氏体，尤其是下贝氏体组织具有良好的综合力学性能，故生产中常将钢奥氏体化后过冷至中温转变区等温停留，使之获得贝氏体组织，这种热处理操作称为贝氏体等温淬火。对于有些钢来说，也可在奥氏体化后以适当的冷却速度（通常是空冷）进行连续冷却来获得贝氏体组织。采用等温淬火或连续冷却淬火获得贝氏体组织后，除了可使钢得到良好的综合力学性能外，还可在较大程度上减少像一般淬火（得到马氏体组织）那样产生的变形和开裂倾向。因此，研究贝氏体转变及其在生产实践中的应用，对于改善钢的强韧性，促进热处理理论和工艺的发展均有着重要的现实意义。

2.3.2.2 贝氏体的组织形态

根据转变温度不同，可将贝氏体分为上贝氏体和下贝氏体两种，如图2-35所示。

上贝氏体：转变温度范围在550～350℃，金相组织呈羽毛状，羽毛间有黑色渗碳体。在此温度范围内转变时，转变初期与高温范围的转变基本相同。但此时的温度已较低，碳在奥氏体中的扩散已变得困难。当超过奥氏体溶解度极限时，将自奥氏体中析出碳化物形成羽毛状的上贝氏体。

影响上贝氏体组织形态的因素有：（1）碳含量的影响。随钢中碳含量的增加，上贝氏体中的铁素体板条更多、更薄，渗碳体的形态由粒状向链球状、短杆状过渡，甚至连续分布。渗碳体的数量随碳含量的增加而增多，不但分布于铁素体板之间，而且可能分布于各

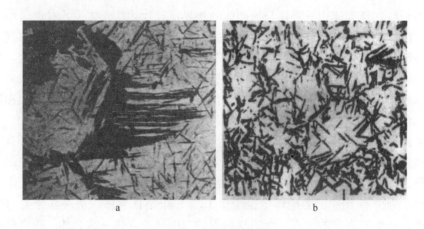

图 2-35 贝氏体组织
a—上贝氏体；b—下贝氏体

铁素体板条内部。（2）形成温度的影响。随形成温度的降低，铁素体板条变薄、变细小，渗碳体更细小、更密集。

下贝氏体：转变温度范围在 $350℃ \sim M_s$，金相组织呈黑色针状或片状，铁素体加上细的碳化物。在此温度范围内的转变与上述上贝氏体转变有较大的差异。由于温度低，初形成的铁素体的碳含量高，故贝氏体铁素体的形态已由板条状转变为透镜片状。此时，不仅碳原子难以在奥氏体中扩散，就是在铁素体中也难以做较长距离的扩散。而贝氏体铁素体中的过饱和度又很大。碳原子不能通过界面进入奥氏体，只能以碳化物的形式在贝氏体铁素体内部析出。随着碳的析出，贝氏体铁素体的自由能将下降且比容缩小导致的弹性应变能下降，这使已形成的贝氏体铁素体进一步长大，得到下贝氏体组织。

2.3.2.3 中温转变组织的性能

贝氏体的力学性能主要取决于其组织形态。贝氏体是铁素体和碳化物组成的双相组织，其中各相的形态、大小和分布都影响贝氏体的性能。

上贝氏体形成温度较高，铁素体晶粒和碳化物颗粒较粗，且分布在铁素体条之间，分布极不均匀。这种组织形态使铁素体条易产生脆断，铁素体条本身也可能成为裂纹扩展的路径。所以上贝氏体不但硬度低，而且冲击韧性也显著降低。所以在工程材料中一般应避免上贝氏体组织的形成。而下贝氏体铁素体中碳的过饱和度增加，碳的固溶强化效果比较显著。此外，下贝氏体铁素体针细小且均匀分布，位错密度很高，而碳化物颗粒较小，且数量较多，所以对下贝氏体强度的贡献也较大。因此，下贝氏体不但强度高，同时具有良好的塑性和韧性，即具有良好的综合力学性能。所以生产中常用等温淬火得到下贝氏体组织来改善工件的力学性能。

2.3.3 低温转变组织

低温转变组织为过冷奥氏体在 M_s 温度以下的转变温度范围内转变获得的组织，此温度范围内发生马氏体转变。

2.3.3.1 马氏体转变

经奥氏体化后的钢，如激冷至 M_s 温度以下，因温度太低，转变中不可能析出形成铁素体而多出的碳，被截留的碳使晶格发生畸变，形成体心正方晶格（一种畸变了的体心立方晶格），这种碳在 α-Fe 中的过饱和固溶体称为马氏体，记为 M。这种在 M_s 线以下过冷奥氏体发生的转变称为马氏体转变，马氏体转变通常在连续冷却时进行，是一种低温转变。

马氏体转变同其他固态相变一样，相变驱动力也是新相与母相的化学自由能差。相变的阻力也是新相形成时的界面能及应变能。尽管马氏体在形成时与奥氏体存在共格界面，界面能很小，但是由于共格应变能较大，特别是马氏体与奥氏体比体积相差较大且需要克服切变阻力，从而产生大量晶体缺陷，增加弹性应变能，导致马氏体转变的相变阻力很大，需要足够大的过冷度才能使相变驱动力大于阻力，以发生奥氏体向马氏体的转变。因此，与其他相变不同，马氏体转变并不是在略低于两相自由能相等的温度 T_0 下发生，而所需的过冷度较大，必须过冷到远低于 T_0 的 M_s 点以下才能发生。马氏体转变开始温度 M_s 可定义为马氏体与奥氏体的自由能差达到相变所需的最小驱动力时的温度。马氏体转变是在低温下进行的一种转变。

2.3.3.2 马氏体的组织形态

由于钢的种类、化学成分和马氏体形成条件的不同，马氏体的组织形态也多种多样。但大量的研究结果表明，钢中马氏体主要有两种基本形态：板条状马氏体和片状马氏体，如图 2-36 所示。

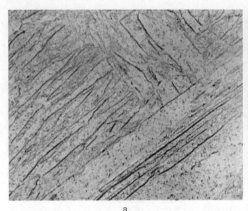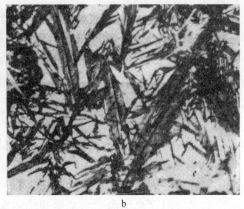

a   b

图 2-36 马氏体组织
a—板条状马氏体；b—片状马氏体

板条状马氏体是在低、中碳钢及马氏体时效钢、不锈钢、Fe-Ni 合金中形成的一种典型的马氏体组织。低碳钢中典型的马氏体组织其特征是每个单元的形状呈窄而细长的板条状，并且许多板条总是成群地、相互平行地连在一起，故称为板条状马氏体，也有群集状马氏体之称。

片状马氏体是在中、高碳（合金）钢及 Fe-Ni（大于 29%）合金中形成的一种典型的马氏体组织。对碳钢来说，一般当碳的质量分数小于 1.0% 时是与板条状马氏体共存的，而大于 1.0% 时才单独存在。高碳钢中典型的片状马氏体组织其特征是相邻的马氏体片一般互不平行，而是呈一定的交角排列，它的空间形态呈双凸透镜片状，故简称为片状马氏体。由于它与试样磨面相截而往往呈现为针状或竹叶状，故也称为针状或竹叶状马氏体。又由于这种马氏体的亚结构主要为孪晶，故还有孪晶马氏体之称。

影响马氏体形态的因素：过冷奥氏体向马氏体转变时，是形成板条状马氏体还是形成片状马氏体，主要取决于转变温度。而马氏体的转变温度又主要取决于奥氏体的化学成分，其中，碳含量的影响最大。碳含量小于 0.2% 的奥氏体几乎全部形成板条状马氏体，而碳含量大于 1.0% 的奥氏体几乎只形成片状马氏体。碳含量在 0.2%~1.0% 之间的奥氏体则形成两种马氏体的混合组织，碳含量越高，板条状马氏体量越少而片状马氏体量越多。

应当指出，奥氏体的碳含量不等于钢的碳含量。高碳钢经过低温短时的奥氏体化，可以得到低碳含量的奥氏体，发生马氏体转变时可以形成大量的板条状马氏体。反之，低碳钢经过低温短时奥氏体化，也会得到局部高碳的奥氏体，发生马氏体转变时会形成许多片状马氏体。

溶入奥氏体中的合金元素，除钴、铝外，都降低马氏体的开始形成温度 M_f 点，因而都促进片状马氏体的形成。然而也有例外，例如，钴虽然升高 M_s 点，但并不减少片状马氏体的形成。而在低碳镍钢中，镍使 M_s 点降低到室温附近，但发生马氏体转变时形成的仍是板条状马氏体。可见，决定马氏体形态的，并不完全是形成温度的高低，还有许多因素尚未研究清楚。

2.3.3.3　低温转变组织的性能

马氏体最主要的性能特点就是强度、硬度高，它的强度和硬度主要取决于马氏体的碳含量。随着马氏体碳含量的提高，其强度与硬度也随之提高。低碳马氏体因其过饱和度小，内应力低，同时存在位错强化，所以具有良好的强度及一定的塑性、韧性；高碳马氏体因过饱和度大，晶格畸变严重，且内应力也高，其组织内部极不稳定，所以硬度高、脆性大并且塑性、韧性差。

马氏体高强度、高硬度的原因是多方面的，其中主要包括碳原子的固溶强化、相变强化以及时效强化。间隙原子碳固溶在 $\alpha\text{-Fe}$ 点阵的扁八面体间隙中，不仅使点阵膨胀，还使点阵发生不对称畸变，形成一个强烈的应力场。该应力场与位错发生强烈的交互作用，从而提高马氏体的强度，即产生固溶强化作用。

马氏体转变时在晶体内造成晶格缺陷密度很高的亚结构，板条状马氏体的高密度位错网、片状马氏体的微细孪晶都将阻碍位错运动，从而使马氏体强化，此即相变强化。

时效强化也是一个重要的强化因素。马氏体形成以后，碳及合金元素的原子向位错或其他晶体缺陷处扩散偏聚或析出，钉扎位错，使位错难以运动，从而造成马氏体强化。

此外，原始奥氏体晶粒越细，马氏体束或马氏体片的尺寸越小，则马氏体强度越高。这是由于马氏体相界面阻碍位错运动而造成的。

马氏体的塑性和韧性主要取决于它的亚结构。大量试验结果表明，在相同屈服强度条件下，位错马氏体比孪晶马氏体的韧性好很多。孪晶马氏体具有高的强度，但韧性很差，其性能特点是硬而脆。这是由于高碳片状马氏体的孪晶亚结构使滑移系大为减少以及回火时碳化物沿孪晶面不均匀析出造成的。孪晶马氏体中碳含量高、晶格畸变大、淬火应力大以及存在高密度显微裂纹也是其韧性差的原因。而位错马氏体中的碳含量低，可以进行自回火，而且碳化物分布均匀；其次，胞状亚结构位错分布不均匀，存在低密度位错区，为位错提供了活动余地。由于位错的运动能够缓和局部应力集小，延缓裂纹形核或削弱已有裂纹尖端应力峰而对韧性有益；此外，淬火应力小，不存在显微裂纹，裂纹也不易通过马氏体条而扩展。因此位错马氏体具有很高的强度和良好的韧性，同时还具有脆性转折温度低、缺口敏感性和过载敏感性小等优点。因此通过一定手段，在保证足够强度的情况下，减少孪晶马氏体数量，将是进一步提高韧性发挥材料潜力的有效途径。

在各种组织中，以马氏体的比体积最大，奥氏体的比体积最小，而马氏体的比体积又随碳含量的增加而增大。所以，马氏体形成时因其比体积的增大，将会导致淬火零件的体积膨胀产生较大的内应力，从而使其扭曲、变形甚至开裂，高碳钢变形和开裂的倾向会更大。

以上三种转变组织为较为典型的钢铁材料的组织类型分类方法，将其转变特征列于表2-1。

表2-1 三种转变组织特征

转变类型	转变温度/℃	转变产物	符　号	显微组织特征
高温转变	$A_1 \sim 650$	珠光体	P	粗片状铁素体与渗碳体混合物
	$650 \sim 600$	索氏体	S	600倍光学金相显微镜下才能分辨的细片状珠光体
	$600 \sim 550$	屈氏体	T	在光学显微镜下已无法分辨的细片状珠光体
中温转变	$550 \sim 350$	上贝氏体	B上	羽毛状组织
	$350 \sim M_s$	下贝氏体	B下	黑色针状或竹叶状组织
低温转变	M_s以下	马氏体	M	板条状或片状组织

2.3.4 常见的低碳钢组织

当钢中的碳含量降低至0.08%（甚至于0.05%）以下后，钢的组织类型出现了不同于传统组织的新形态。可将组织类型分为多边形铁素体（PF）、准多边形铁素体（QF）、魏氏铁素体（WF）、贝氏铁素体（BF）、针状铁素体（AF）、粒状贝氏体（GB）、回火贝氏体（TB）、马氏体（M）、马-奥岛（MA）以及回火马氏体（TM）等几类。

（1）多边形铁素体（PF）：在等温温度较高或冷却速度较慢的条件下形成的铁素体称为多边形铁素体（PF）。在此条件下，有利于铁原子扩散且奥氏体晶粒较细小，容易形成等轴状的铁素体，等轴晶粒在晶粒边界形核并长大。多边形铁素体内的位错密度很低并且无明显位错亚结构。多边形铁素体组织如图2-37所示。

（2）准多边形铁素体（α_q）（QF）：准多边形铁素体是沿原γ晶界向晶内发展，可以穿过原γ晶界形成的不规则状铁素体。准多边形铁素体内部位错密度较低，但比多边形铁素体高。其内部有时存在一些M/A小岛。准多边形铁素体组织如图2-38所示。

（3）魏氏铁素体（WF）：魏氏铁素体是在等轴铁素体的形成温度以下形成的，呈粗大的、长条形态的铁素体晶粒。魏氏铁素体看上去一律是白色的，在单个晶粒内没有亚结构。大多数的魏氏铁素体晶粒是在奥氏体晶粒边界形核，形成魏氏铁素体为板片状。其位错密度相对较低，有时存在少量析出。

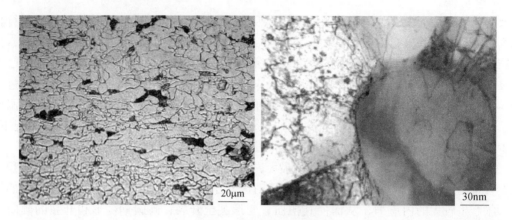

图 2-37　多边形铁素体组织

图 2-38　准多边形铁素体组织

　　由于铁素体板条快速向原奥氏体晶粒内部生长且在某一方向上速度特别大，因而其在形态上是平行的尖角状，并且在铁素体板条间可以有残留奥氏体、马氏体和珠光体相。一般认为，一次魏氏铁素体直接从原奥氏体晶界伸入奥氏体晶粒内；二次魏氏铁素体在晶界铁素体上形成。一次板条魏氏铁素体也可直接在晶内夹杂物处形成。二次板条魏氏铁素体也可在已经形成的晶内铁素体上形成。魏氏铁素体组织如图 2-39 所示。

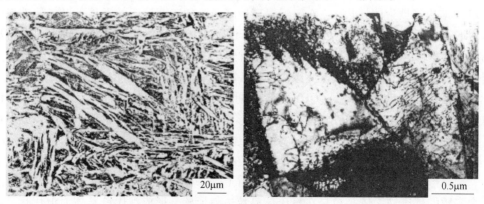

图 2-39　魏氏铁素体组织

（4）贝氏铁素体（α_B^0）又称板条贝氏体（BF）：贝氏铁素体呈平行板条组成板条束，板条界面是小角晶界，束界为大角边界，板条间有条状或断续点状残 γ（M/A 相），一般保留原奥氏体晶界。其具有高位错密度。贝氏铁素体组织如图 2-40 所示。

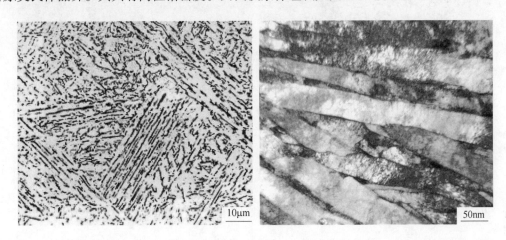

图 2-40 贝氏铁素体组织

（5）针状铁素体（AF）：针状铁素体是指低合金高强度钢中形成的一种不同于铁素体-珠光体的类贝氏体组织，是微合金化钢在控轧控冷过程中，在稍高于贝氏体温度范围，通过切变和扩散的混合相变机制而形成的具有高密度位错的非等轴铁素体。其晶粒为细小的非等轴晶，在光学显微镜下的特征是不规则的铁素体块；细小的板条之间互相交割，互相牵制。TEM 下互相"联锁"的板条状组成物，分布在原奥氏体晶粒内，针状铁素体板条的（长短）轴比为3∶1（板条状）或5∶1（板片状），晶内具有较高密度的位错，位错呈缠结状。其形成机制目前尚有争论。针状铁素体组织如图 2-41 所示。

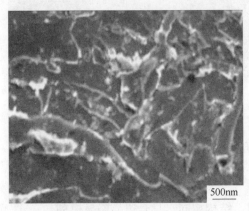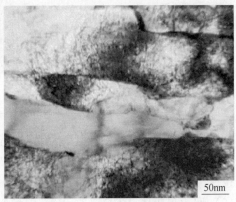

图 2-41 针状铁素体组织

（6）粒状贝氏体（α_B）（GF）：粒状贝氏体一般在低、中碳合金钢中存在，它是在稍高于其典型上贝氏体形成温度下形成的。其在金相下是块状组织，内部有 M/A 团或岛，电镜下可见，团内部由拉长的不规则形状铁素体条片组成，M/A 在各不规则条片之间。粒

状贝氏体不保留原 γ 晶界，位错密度介于 α_q 和 α_B^0 之间。其形成机制目前尚有争论。粒状贝氏体组织如图 2-42 所示。

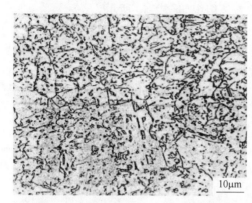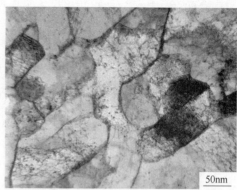

图 2-42 粒状贝氏体组织

（7）马氏体（M）：马氏体晶粒为细长的非等轴晶，具有不规则的结构。其长宽比大于 BF，硬度高于 BF。在 TEM 下晶内具有较高密度的位错，位错呈缠结状。马氏体组织如图 2-43 所示。

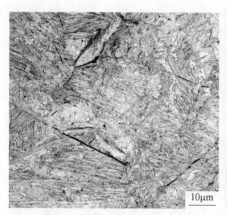

图 2-43 马氏体组织

（8）马-奥岛（MA）：马-奥岛为细小的晶粒，具有不规则的结构，一般位于晶内或晶界处，GB 晶内多，BF 晶界居多。TEM 下呈现长条状或三角状，EBSD 下可以明显标识其存在位置。马-奥岛组织如图 2-44 所示。

（9）回火贝氏体（TB）：与 BF 形貌相似，结构相同，只是边界略显模糊。在 TEM 下呈现板条状，板条内部位错回复、多边形化。回火贝氏体组织如图 2-45 所示。

（10）回火马氏体（TM）：片状马氏体经低温回火（150~250℃）后，得到回火马氏体。其具有针状特征，因此也称为针状马氏体。与 M 形貌相似，结构相同，只是边界略显模糊。TEM 下呈现板条状，板条内部位错回复、多边形化。回火马氏体组织如图 2-46 所示。

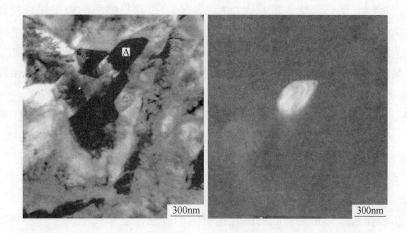

图 2-44 马-奥岛组织

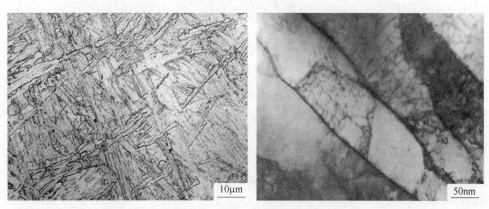

图 2-45 回火贝氏体组织

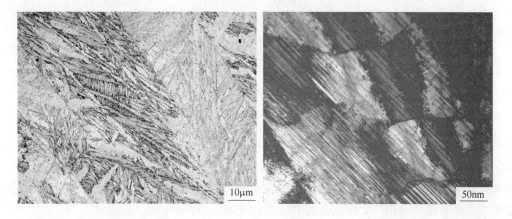

图 2-46 回火马氏体组织

2.4 控制轧制与控制冷却工艺

控制轧制（Controlled Rolling）是在热轧过程中通过对金属加热制度、变形制度和温度制度的合理控制，使热塑性变形与固态相变结合，以获得细小晶粒组织，使钢材具有优异的综合力学性能的轧制工艺。对低碳钢、低合金钢来说，采用控制轧制工艺主要是通过控制轧制工艺参数，细化变形奥氏体晶粒，经过奥氏体向铁素体和珠光体的相变，形成细化的铁素体晶粒和较为细小的珠光体球团，从而达到提高钢的强度、韧性和焊接性能的目的。

控制冷却（Controlled Cooling）是控制轧后钢材的冷却速度达到改善钢材组织和性能的目的。由于热轧变形的作用，促使变形奥氏体向铁素体转变温度（A_{r3}）提高，相变后的铁素体晶粒容易长大，造成力学性能降低。为了细化铁素体晶粒，减小珠光体片层间距，阻止碳化物在高温下析出，以提高析出强化效果而采用控制冷却工艺。

控制轧制和控制冷却相结合能将热轧钢材的两种强化效果相加，进一步提高钢材的强韧性和获得合理的综合力学性能。根据控制轧制和控制冷却理论和实践，目前，已将这一工艺应用到中、高碳钢和合金钢的轧制生产中，取得了明显的经济效果。

2.4.1　控制轧制

2.4.1.1　控制轧制的基本类型

控制轧制分类尽管目前尚不统一，但多数学者认为可分为：奥氏体再结晶区控制轧制（Ⅰ型控制轧制）、奥氏体未再结晶区控制轧制（Ⅱ型控制轧制）和 γ + α 两相区控制轧制，如图 2-47 所示。

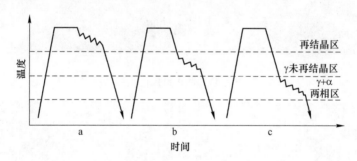

图 2-47　控制轧制方式示意图
a—奥氏体再结晶区控制轧制；b—奥氏体未再结晶区控制轧制；c—γ + α 两相区控制轧制

（1）奥氏体再结晶区控制轧制：奥氏体再结晶区控制轧制的主要目的是通过对加热时粗化的初始 γ 晶粒进行反复轧制、反复再结晶使晶粒细化。由 γ/α 相变可知，相变前 γ 晶粒越细，相变后得到的 α 晶粒也越细，但细化有一定的极限。因此，再结晶区轧制只是通过再结晶使 γ 晶粒细化，实际上是控制轧制的准备阶段。

（2）奥氏体未再结晶区控制轧制：在奥氏体未再结晶区进行控轧时，γ 晶粒沿轧制方向被压扁、伸长，晶粒扁平化使晶界有效面积增加，同时在 γ 晶粒内产生形变带，这就显著地增加了 α 晶粒的形核密度，并且随着在未再结晶区的总压下率增加，形核率进一步增加，相变后获得的 α 晶粒越细。由此可以得出，在未再结晶区总压下率越大，应变累积效果越好。奥氏体的晶内缺陷、形变硬化以及残余应变所诱发的奥氏体相变到铁素体的细晶机制越强，在轧后的冷却过程中越容易形成细小的铁素体加珠光体组织。含 Nb 钢的未再结晶温度区间大体在 950℃ 与 A_{r3} 之间。

（3）$\gamma + \alpha$ 两相区控制轧制：在 A_{r3} 温度以下两相区轧制，未相变的 γ 晶粒更加伸长，在晶粒内形成更多的变形带，大幅度地增加了相变后 α 晶粒的形核率；另外，已相变的 α 晶粒在变形时，在晶内形成了亚结构。在轧后的冷却过程中，前者相变后形成微细的多边形铁素体晶粒，而后者因回复变成内部含亚晶的 α 晶粒，因此两相区轧制后的组织为大倾角晶粒和亚晶粒的混合组织。两相区轧制与 γ 单相区轧制相比，钢材的强度有很大提高，低温韧性也有很大改善。但两相区轧制可能会产生织构，使钢板在厚度方向的强度降低。

在控制轧制中通常可以把以上三种控制方式一起进行连续控制轧制，并称之为控制轧制的三阶段，亦可根据需要选择合适的控轧技术路线。

2.4.1.2 控制轧制工艺参数的选择

控制轧制工艺参数的选择是根据钢种特性和最终产品性能的要求，选定加热制度和轧制制度，即选择加热温度、轧制的道次变形量、变形温度和变形速率等工艺参数。通过选定工艺参数来控制钢材轧后的组织形态，进而通过冷却来控制最终产品的性能。

（1）加热制度的控制：钢坯加热要控制加热速度、加热温度和加热时间，同时要考虑表面氧化、脱碳、断面温差等因素。确定加热温度应充分考虑钢坯高温加热时的原始奥氏体晶粒尺寸和碳、氮化物的溶解程度。采用控制轧制时的原始奥氏体晶粒越小越有利，在满足轧制温度历程的条件下应尽量降低加热温度，通常比常规加热温度降低 50～100℃；在轧机能力允许的条件下，普碳钢加热温度可以控制在 1050℃ 或更低；对含 Nb 的钢，1050℃ 时，Nb 的碳氮化物刚开始分解或固溶，1150℃ 时奥氏体晶粒长大且较均匀，1200℃ 开始晶粒粗化，因此 1150℃ 对细化晶粒有利。

（2）轧制温度控制：轧制温度是影响钢材组织和力学性能的重要工艺参数。轧制温度控制包括开轧温度控制、终轧温度控制，亦即要对热轧机组各机组的开轧和终轧温度控制。粗轧机通常是高温区奥氏体再结晶轧制，通过反复轧制、反复再结晶获得均匀细小的奥氏体晶粒，为精轧阶段控制轧制提供理想的组织。再结晶轧制的温度区间依钢材成分等因素的不同而各异，精轧阶段控制轧制通常应在未再结晶区或两相区轧制，未再结晶温度区间大体为 950℃～A_{r3}；$\gamma + \alpha$ 两相区，温度区间在 A_{r3}～A_{r1} 之间。控轧终轧温度依钢材成分和性能要求不同而各异。值得注意的是无论是在未再结晶区轧制还是在两相区轧制，必须有足够的总变形量，最大限度地发挥精轧阶段的应变累积效果，这样也必须严格控制精轧区的开轧温度和终轧温度。

（3）变形制度控制：变形制度控制就是控制热轧过程中的总变形量、道次变形量和变形速率。板带轧制过程中，在加热制度、开轧和终轧温度一定的条件下，合理地设定各道次变形量和道次间隔时间，通过再结晶区和未再结晶区及两相区控轧，可以得到所需的组织均匀细小的中间坯料，从而提高钢材的综合力学性能和韧性。一般在高温区的再结晶轧制即是动态和静态再结晶轧制，只要轧机能力允许应尽量增加道次压下量，避免道次变形量小于临界变形量，防止出现粗大晶粒。在这一温度范围，经多道次轧制，通过反复的静态再结晶或动态再结晶，可使奥氏体晶粒细化。

中温区轧制即在未再结晶区轧制，根据钢的化学成分不同，这一区域温度范围在

950℃ ~ A_{r3} 之间，该区轧制的特点主要是在轧制过程中不发生奥氏体再结晶现象。塑性变形使奥氏体晶粒拉长，形成变形带和 Nb、V、Ti 微量元素碳氮化物的应变诱发沉淀。变形奥氏体晶界是由奥氏体向铁素体转变时铁素体优先形核的部位，奥氏体晶粒被拉长，将阻碍铁素体晶粒长大，随着变形量增大，变形带的数量也增加，且分布更加均匀。这些变形带提供了相变时的形核地点，因而相变后的铁素体晶粒更加均匀细小。

未再结晶区轧制导致钢的强度提高和韧性改善，主要是由于铁素体晶粒细化。且随变形量加大，钢的屈服强度提高，脆性转变温度下降。在拉长的奥氏体晶粒边界，滑移带优先析出铌的碳化物颗粒，因而弥散微粒在 $\gamma \rightarrow \alpha$ 相变前主要沿原奥氏体晶界析出，可以阻止晶粒长大。在未再结晶区加大变形使 $\gamma \rightarrow \alpha$ 相变开始温度提高，累积变形量的加大也促使 A_{r3} 温度提高，相变温度提高，促使相变组织中多边形铁素体数量增加，珠光体数量相应减少。由于未再结晶区轧制不发生再结晶变形且有变形累加效应，为达到细化晶粒的目的，总变形量应不小于 50%。

奥氏体和铁素体两相区轧制时，一般在再结晶区、未再结晶区进行控制轧制，接着可能在奥氏体和铁素体两相的温度上限进行一定的压下变形。在这一温度范围，变形使奥氏体晶粒继续拉长，在晶粒内部形成新的滑移带，并在这些部位形成新的铁素体晶核。而先共析铁素体，经变形后，使铁素体晶粒内部形成大量位错，并且由于温度相对较高（两相区上限）这些位错形成了亚结构。亚结构促使强度提高，脆性转变温度降低。亚结构是引起强度迅速增加的主要原因。

2.4.2　控制冷却

轧后控制冷却的重要目的之一是通过控制冷却能够在不降低材料韧性的前提下进一步提高材料的强度。控制轧制特别对改善低碳钢、低合金钢和微合金钢材的强韧性最有效。高温终轧的钢材，轧后处于奥氏体完全再结晶状态，如果轧后慢冷（空冷），则变形奥氏体就会在相变前的冷却过程中长大，相变后得到粗大的铁素体组织。由于冷却缓慢，由奥氏体转变的珠光体粗大，片层间距加厚。这种组织的力学性能是较低的。对于低温终轧的钢材，终轧时奥氏体处于未再结晶温度区域，由于变形的影响 A_{r3} 温度提高，终轧后奥氏体很快就相变，形成铁素体。这种在高温下形成的铁素体成长速度很快。如果轧后采用的是慢冷，铁素体就有足够的长大时间，到常温时就会形成较粗大的铁素体，从而降低了控制轧制细化晶粒的效果。对微合金高强度钢采用控制轧制，并紧接着加速强行冷却，使轧后组织转变为更细的铁素体 + 贝氏体或单一的贝氏体，屈服强度更高，韧性和焊接性也更好。

对于中、高碳钢和中、高碳合金钢轧制后控制冷却的目的是防止变形后的奥氏体晶粒长大，降低以致阻止网状碳化物的析出和降低级别，保持其碳化物固溶状态，达到固溶强化目的，减小珠光体球团尺寸，改善珠光体形貌和片层间距等，从而改善钢材性能。

还有一些钢材则是利用轧后快冷实现在线余热淬火或表面淬火自回火，之后又发展了形变热处理。这些工艺既能节约能源、缩短生产周期，又能提高钢材性能。

轧件在轧后的平均冷却速度可用下式表示：

轧件冷却速度 =（轧件开冷温度 – 轧件终冷温度）/ 冷却时间

以 Si-Mn 钢和含 Nb-V 的高强度管线用钢种为例。无论 Si-Mn 钢还是含 Nb-V 钢，在不同的加热温度下，强度都随冷却速度提高而提高。在加速冷却时，随着冷却速度的增加，相变温度下降，铁素体生核速率 N' 增大，铁素体的形核点多，大的冷却速度也抑制了铁素体晶粒的长大，因而能得到更为细小的铁素体组织，从而提高了材料的强度。加速冷却也会使一些钢材（如含 Nb、V 钢）产生贝氏体，而生成的贝氏体的细化程度受有效界面面积值 S_v 和奥氏体组织均匀性的影响。S_v 值是刚进入未再结晶区轧制之前的奥氏体晶粒直径 d 和未再结晶奥氏体区累计压下率 ε 的函数。为抑制粗大贝氏体生成，d 必须均匀细化，ε 增大使奥氏体晶粒拉长，变形带增多，生成的贝氏体就细化。冷却速度加大，铁素体弥散析出，割断了奥氏体，相变后得到更细的贝氏体。但是过高的冷却速度，譬如大于 15℃/s，冷却的停止温度降到 500℃ 以下，就仅在奥氏体晶界和变形带周围少量生成铁素体，结果没有使贝氏体细化弥散，反而使粗大贝氏体的体积分数增加，同时也会显著增加贝氏体的生成量，使材料的强度增加的速度变大，而韧性恶化。

钢的快速冷却在使钢材的强度发生改变的同时，也使韧性发生改变。随着冷却速度增加，韧性指标会稍有下降。同时由于冷速提高，铁素体、贝氏体都得到了细化，钢材韧性仍然能保持较高的水平。这正是控轧控冷工艺的特点和优点。但是如果轧制后得到奥氏体混晶组织，那么水冷后会得到铁素体的混晶组织和粗大的贝氏体，使韧性下降，提高冷却速度并不能改变这种状况。在确定快冷速度时，还必须考虑不均匀冷却给材料性能和外形造成的不利影响，特别是对中厚钢板，过高的冷却速度使钢板心部与表面产生很大的温差，造成很大的内应力，降低钢板的冲击韧性。

通常情况下，开冷温度应尽量接近终轧温度，一方面是为了防止在终轧至开冷的这段间隙时间内奥氏体晶粒的长大，导致快冷后的组织粗大；另一方面，高的表面温度可以提高整个冷却区的平均冷却速度，也有利于组织的细化。因此，开冷温度实际上受到终轧温度的影响。开冷温度（终轧温度）的变化影响材料的强度和韧性。如低碳钢在 A_3 以上终轧快冷可得到晶界型铁素体和大量贝氏体组织，其中贝氏体铁素体呈板条状。当终轧温度降至 A_3 以下时得到组织为等轴铁素体和一定量的贝氏体。前者塑、韧性较高，后者强度较高，综合性能良好。但最近的研究发现，对一些低碳（或超低碳）微合金贝氏体钢，在奥氏体未再结晶区终轧后，在高温下停留适当时间再快冷，可以得到更细小的组织。

2.5 热处理工艺

板带钢热处理是将其放入加热炉中，通过加热、保温和冷却的方法，使钢材的内部组织结构发生变化，从而获得所需性能的技术。金属热处理是金属材料生产和机械制造过程的重要组成部分之一，相对于其他加工工艺，热处理过程一般不改变材料或工件的形状和整体的化学成分，而是通过改变材料或工件的显微组织和结构，或改变工件表面的化学成分，达到赋予或改善材料及工件不同使用性能的目的。热处理工艺一般包括加热、保温、冷却三个过程，有时只有加热和冷却两个过程。

加热是热处理的重要工序之一。加热温度随被处理的金属材料和热处理的目的不同而有所差异，但一般都加热到相变温度以上，以获得高温组织。此外，转变需要一定的时间，因此当钢板表面达到要求的加热温度时，还必须在此温度保持一定时间，使内外温度一致，使显微组织转变完全，这段时间称为保温时间。采用高能量密度加热和表面热处理时，加热速度极快，一般就没有保温时间了，而化学热处理的保温时间往往较长。

冷却也是热处理工艺过程中不可缺少的步骤，冷却方法因工艺不同而不同，主要是控制冷却速度。一般退火的冷却速度最慢，正火的冷却速度较快，淬火的冷却速度更快。冷却速度还因钢种不同而有不同的要求。对钢铁材料来说，整体热处理又可以分为退火、正火、淬火和回火四种基本工艺。

2.5.1 钢的退火与正火

工业上通常采用退火或者是正火的热处理方法来获得珠光体。退火或正火是将钢加热到一定温度并保温一定时间以后，以缓慢的速度冷却下来，使之获得达到或接近平衡状态的组织的热处理工艺。退火和正火在工艺上的主要区别是前者一般随炉冷却，而后者一般在空气中冷却；在组织上的区别是前者获得接近平衡状态的组织，而后者获得较细的珠光体型组织（根据化学成分不同，珠光体型组织的相对数量不等）。工业上采用退火和正火这种发生珠光体型转变的热处理，其目的并不在于获得这种组织，而是应用这种固态转变来消除工件的内应力，改善组织，提高加工性能，为下道工序做好组织和性能的准备。所以，退火和正火是一种先行工艺，具有承上启下的作用，其又被称为预备热处理。对于一些受力不大、性能要求不高的零件及一些普通铸件、焊件，退火或正火也可作为决定零件使用性能的最终热处理。

2.5.1.1 钢的退火

将组织偏离平衡状态的金属或合金加热到适当的温度，保持一定时间，然后缓慢冷却以达到接近平衡状态组织的热处理工艺称为退火。退火的目的在于均匀化学成分，改善力学性能及工艺性能，消除或减小内应力，并为零件最终热处理准备合适的内部组织。退火的加热温度一般在 A_{c1} 以上，冷却速度较慢且最终得到珠光体类组织。

钢件退火工艺种类很多，根据钢的成分和退火目的不同，常用的退火方法有完全退火、等温退火、球化退化、均匀化退火、去应力退火和再结晶退火等。

（1）完全退火：完全退火主要应用于亚共析成分的碳钢与合金钢铸件、锻件及焊接结构件等，目的在于消除加工造成的组织粗大、不均，改善力学性能及加工性能、消除应力，为切削加工和最终热处理做准备或作为性能要求不高工件的最终热处理。完全退火的工艺是将钢加热到 A_{c3} 以上 30 ~ 50℃，保温一定时间，随炉冷至 600℃ 以下，出炉在空气中冷却。完全退火加热后工件完全奥氏体化，缓慢冷却后获得接近于平衡组织，因此过共析钢不宜采用完全退火，以避免二次渗碳体以网状形式沿奥氏体晶界析出，降低钢的强度和韧性。

（2）等温退火：等温退火的加热温度与完全退火时大体相同，冷却时则在 A_{r1} 以下的某一温度等温停留，使之发生珠光体转变，然后出炉空冷到室温。等温退火可以缩短退火时间，所得组织也更均匀。

（3）球化退火：球化退火是将钢加热到 A_{c1} 以上 20 ~ 30℃，保温足够时间后随炉缓冷或采用等温退火的冷却方式。球化退火主要用于过共析钢及合金工具钢，如刀具、量具、模具等。其目的是使珠光体中的片状渗碳体和次生网状渗碳体发生球化，形成球化体（球状珠光体），从而降低硬度、提高塑性、改善切割加工性能和力学性能，为淬火作组织准备。

（4）均匀化退火：均匀化退火也称扩散退火，主要用于合金钢铸锭和铸件，目的是消除铸造过程中产生的枝晶偏析，使合金钢成分均匀。均匀化退火工艺是将钢加热到略低于固相线温度（A_{c3} 或 A_{ccm} 以上 150 ~ 250℃），保温 10 ~ 15h，然后随炉冷却到350℃出炉。均匀化退火的加热温度与保温时间，也可根据偏析程度与材质灵活确定。均匀化退火加热温度高、保温时间长，易使晶粒粗大。因此均匀化退火后还应进行完全退火或正火来细化晶粒。均匀化退火工艺能耗高、工件氧化脱碳严重、炉子损耗大，是成本比较高的热处理，主要用于质量要求高的合金钢铸锭、铸件或锻坯，对于一般低合金钢和碳钢避免使用。

（5）去应力退火：去应力退火是将钢加热到 500 ~ 650℃，保温后随炉缓冷。去应力退火又称为低温退火，由于加热温度没达到临界温度，故不发生组织变化，只是在加热状态下消除内应力。主要用于消除铸件、焊接结构件的内应力，消除精密零件在切削加工时产生的内应力，使这些零件在以后的加工和使用过程中不易发生变形。

（6）再结晶退火：冷变形后的金属加热到再结晶温度以上，保持适当的时间，使变形晶粒重新转变为均匀的等轴晶粒，这种热处理工艺就称为再结晶退火。再结晶退火的目的是消除加工硬化、提高塑性、改善切削加工及成型性能。该工艺加热温度通常比理论再结晶温度高 100 ~ 150℃，如一般钢材的再结晶退火温度为 650 ~ 700℃。再结晶退火多用于需要进一步冷变形钢件的中间退火，也可作为冷变形钢材及其他合金成品的最终热处理。

再结晶退火加热温度低于临界点 A_1，所以退火过程中只有组织上的改变，而没有相变发生。

2.5.1.2 钢的正火

正火(常化)工艺有以下四种。（1）正火 + 空冷，得到的组织为铁素体 + 珠光体（F + P）；（2）正火 + 快冷（NCC），得到的组织为细化的铁素体 + 珠光体 + 针状铁素体（F + P + AF）；（3）正火 + 回火，得到的组织为铁素体 + 珠光体(F + P) + 碳化物；（4）双正火 + 回火，得到的组织为回火马氏体/贝氏体(M/B) + 逆转变奥氏体（A）。

（1）正火 + 空冷：正火是将钢加热到 A_{c3}（亚共析钢）或 A_{ccm}（过共析钢）以上30 ~ 50℃，保温后出炉在空气中冷却至室温的热处理工艺。正火后一般获得的是接近平衡态的组织，通常认为该工艺的强度与化学成分密切相关。

$$T_s = 238 + 803 \times w(C) + 83 \times w(Mn) + 178 \times w(Si) + 122 \times w(Cr) + 320 \times$$
$$w(Mo) + 60 \times w(Cu) + 1180 \times w(Ti) + 1326 \times w(P) + 2500 \times$$
$$w(Nb) + 36000 \times w(B) \tag{2-16}$$

除此之外，还应考虑正火前的组织均匀性，正火前组织均匀性好，正火之后组织均匀性还会保持，正火前组织带状明显，正火后不一定能够消除带状组织，有时甚至加剧带状，如图 2-48 所示。

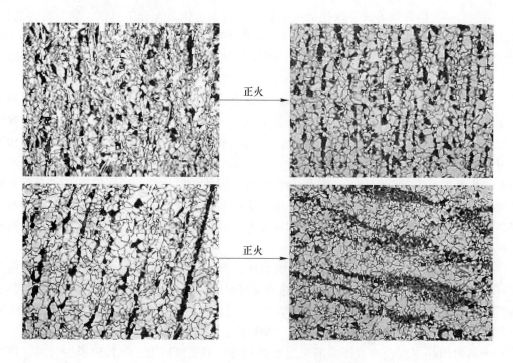

图 2-48 正火前后的组织

（2）正火 + 快冷（NCC）：相对于正火 + 空冷，组织类型由 F + P 转变为了 F + P + AF，组织明显细化。NCC 后的 Q345 金相组织如图 2-49 所示。

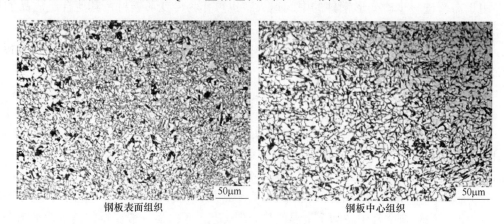

钢板表面组织　　　　　　　　　　　　　　　　钢板中心组织

图 2-49 NCC 后的组织

（3）正火 + 回火：对于耐热钢一般采用此工艺，如 15CrMo、12Cr1MoVg 等。合适的正火冷却速度得到低的蠕变速度和高的持久强度。回火决定着钢中碳化物的析出、弥散度以及合金元素在固溶体中的碳化物中的分配、残余奥氏体量的分解等组织因素的改变，这些组织因素直接影响着低合金耐热钢的热强性。冷却速度与蠕变速度和持久强度的关系曲线如图 2-50 所示。

（4）双正火 + 回火：双正火 + 回火是 9Ni 钢的生产工艺之一。第一次正火温度要高于

A_{c3}约为 900℃，而后空冷，目的是细化奥氏体晶粒。第二次正火温度稍低，在 790℃左右，目的是使其发生相转变，获得板条状马氏体/贝氏体组织。回火是在 550～580℃空冷或水冷，目的是为了获得 α 相和少量的富碳、镍奥氏体。低碳钢有时也可以通过双正火处理细化晶粒，均匀组织，改善性能。双正火 + 回火工艺如图 2-51 所示。

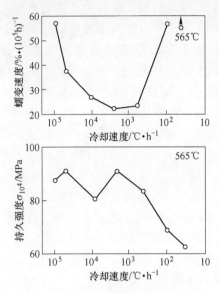

图 2-50　冷却速度与蠕变速度和
持久强度的关系曲线

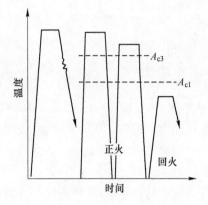

图 2-51　双正火 + 回火工艺示意图

2.5.2　钢的淬火与回火

　　钢的淬火就是将钢加热到临界温度（A_{c3}或 A_{c1}）以上，保温一定时间使之奥氏体化后，以大于临界冷却速度的冷速进行冷却的一种工艺过程。淬火钢的组织在多数情况下主要为马氏体，有时也有贝氏体或马氏体与贝氏体的复合组织。此外，还有少量残余奥氏体和未溶的第二相。淬火加热温度的选择应以得到细而均匀的奥氏体晶粒为原则，以便冷却后获得细小的马氏体组织。

　　亚共析钢的淬火加热温度为 A_{c3}以上 30～50℃，若在 A_{c1}～A_{c3}之间加热，淬火组织中会保留因不完全奥氏体化加热而存在的铁素体，使钢板淬火后强度和硬度降低，但可以提升韧性。由 C 曲线可知，要经淬火得到马氏体，并不需要在整个冷却过程中都进行快速冷却。过冷奥氏体在 C 曲线鼻部附近（650～400℃）最不稳定，必须快冷。而从淬火温度到 650℃之间及 400℃以下，过冷奥氏体比较稳定，并不需要快冷，特别是在 M_s 以下。图 2-52 所示为钢淬火时的理想冷却曲线。回火是将淬火钢加热至 A_{c1}点以下某一温度保温一定时间后，以适当方式冷到室温的热处理工艺。它是紧接淬火的下道热处理工序，同时决定了钢在使用状态下的组织和性能。

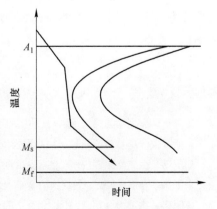

图 2-52　钢淬火时的理想冷却曲线

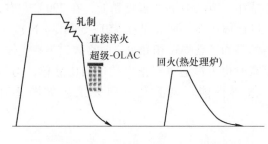

图 2-53   直接淬火-回火工艺示意图

直接淬火工艺是指钢板热轧终了后在轧制作业线上实现直接淬火的新工艺，这种工艺有效地利用了轧后余热，将变形与热处理工艺相结合，从而改善钢材的综合性能。近年来，直接淬火-回火工艺（图2-53）在中厚钢板生产中的应用逐渐增多，促进了中厚钢板生产方法由单纯依赖合金化和离线调质的传统模式转向了采用微合金化和形变热处理技术相结合的新模式。这不仅可使钢材的强度成倍提高，而且在低温韧性、焊接性能、抑制裂纹扩展、钢板均匀冷却以及板形控制等方面都比传统工艺优越。

超级-OLAC + HOP(Heat Treatment Online Process) 工艺：中厚板在直接淬火后立即以非常高的速度，即 $2 \sim 20℃/s$ 的加热速度回火。在回火中通过 HOP 工艺，加热速度要比传统加热炉提高 $1 \sim 2$ 个数量级。采用传统热处理得到的渗碳体颗粒较粗，其中大部分沉淀于贝氏体板条边界，而采用 HOP 工艺回火处理后得到的渗碳体颗粒是均匀分布的。该工艺可获得回火马氏体/贝氏体(M/B) + 球化碳化物 + 弥散奥氏体（A）组织。

传统工艺生产高强度钢板，中厚板中硬相如贝氏体和马氏体所占体积几乎达到100%，这样会降低钢材的屈强比和抗震性，不适合在建筑中采用。而超级-OLAC + HOP 工艺，加速冷却在贝氏体相变开始温度（B_s）和贝氏体转变结束温度（B_f）之间进行，此时中厚板显微结构由贝氏体和残余奥氏体组成。然后，通过 HOP 工艺迅速将中厚板加热到低于 A_{c1}，贝氏体中过饱和碳迅速扩散到残余奥氏体中。高淬透性的残余奥氏体随后在中厚板冷却到室温时转变成 M-A。其中 M-A 为硬相，所占体积百分比约为13%，其余为软相回火贝氏体。这种结构使中厚板具有780MPa 的强度，同时具有80%以下的低屈强比，变形能力良好。超级-OLAC + HOP 工艺技术先进，已生产出了用于建筑业的780MPa、低屈强比的中厚板和X80管线用中厚板。直接淬火-在线回火工艺如图2-54所示。

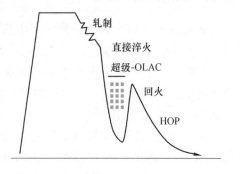

图 2-54   直接淬火-在线回火工艺示意图

参 考 文 献

[1] 崔忠圻. 金属学与热处理[M]. 2版. 哈尔滨：哈尔滨工业大学出版社，2010.

[2] 克斯提安·施特拉斯堡尔. 提高钢强度的途径[M]. 鞍山：鞍钢情报研究所，1980.

[3] 刘国勋. 金属学原理[M]. 北京：冶金工业出版社，1980.

[4] 宋维锡. 金属学[M]. 北京：冶金工业出版社，1980.

[5] 曹明盛. 物理冶金基础[M]. 北京：冶金工业出版社，1983.

[6] 赵刚. 材料成型的物理冶金学基础[M]. 北京：冶金工业出版社，2009.

［7］ 北京钢铁学院精密合金教研组. 金属材料的弹性韧性和强度（初稿），1977.

［8］ 肖纪美. 金属的韧性［M］. 上海：上海科学技术出版社，1980.

［9］ 雷廷权. 钢的形变热处理［M］. 北京：冶金工业出版社，1979.

［10］ 博齐瓦尔. 金属学［M］. 北京：冶金工业出版社，1958.

［11］ 翁宇庆. 超细晶钢—钢的组织细化理论与控制技术［M］. 北京：冶金工业出版社，2003.

［12］ 齐俊杰. 微合金化钢［M］. 北京：冶金工业出版社，2006.

［13］ 刘禹门. 结构钢的形变位错结构和强度［J］. 钢铁研究学报，2007(4):1～5.

［14］ 科垂耳. 晶体中的位错和范性流变［M］. 北京：科学出版社，1963.

［15］ 日本材料学会. 塑性加工金属学［M］. 北京：机械工业出版社，1983.

［16］ 莱斯利 W C. 钢的物理冶金学［M］. 北京：冶金工业出版社，1988.

［17］ 约翰 D 费豪文. 物理冶金基础［M］. 上海：上海科学出版社，1981.

［18］ 张立金. 浅谈钢铁中的五大元素［J］. 金属世界，1994(4):16.

［19］ 谷青梅. 钢铁五大元素的自动化学分析检测及其发展前景评析［J］. 科学之友，2011(17):51～52.

［20］ 朱施利. 40MnB 钢偏析形成带状组织的机理研究［J］. 物理测试，2009，27(6):9～12，24.

［21］ 褚武扬. 钢中氢致裂纹机构研究［J］. 金属学报，1981，17(1):10～17.

［22］ 韩纪鹏. 钢中低熔点元素的危害及含锡钢的发展研究［J］. 钢铁研究学报，2014，26(4):1～6.

［23］ 杨宗伦. 钢中稀土饰与低熔点金属元素锡相互作用规律研究［D］. 贵州：贵州大学，2006.

3 高强工程机械及耐磨钢

工程机械结构用钢属于低合金高强度钢类（High Strength Low Alloy Steel，HSLA），根据不同用途，性能指标也各有偏重，一般要求具有强韧性和良好的焊接性能。主要用于制造机械、煤炭、运输、矿山及各类工程施工等部门所需设备，如钻机、电炉、电动轮翻斗车、挖掘机、装载机、推土机、各类起重设备及煤矿液压支架等。工程机械用钢材一般占设备总成本的30%以上，其质量占总质量的70%以上。作为工程机械设备的主体部分，高强度钢板的性能水平对于提高工程机械的能力和效率、延长使用寿命、减轻设备自重、降低能耗和原材料消耗以及提高整机档次均具有重大作用。随着经济社会的发展迫切要求减轻设备自重，降低自身能耗，同时提高机械设备的工作能力、效率、延长使用寿命，因此对高强度高韧性钢的需求量也越来越大。国内较为先进的钢铁企业也研究和开发了新一代高强工程机械结构用钢，如Q550、Q690、Q800、Q960等都能够规模化生产。随着我国工程机械行业进一步发展，作为整机基础的钢结构件要求重量更轻，寿命更高，需要开发更高屈服强度级别的高强钢。

3.1 高强工程机械及耐磨钢发展概况

3.1.1 高强工程机械用钢发展概况

20世纪70年代以来，由于工程建设的规模不断扩大，现代化大型石油、化工、冶炼、电站及高层建筑的起重、安装作业逐年增多，对工程机械，特别是大吨位的轮式起重机的需要量与日俱增。露天矿的开采，需要大吨位的电铲及重载自卸车辆。这些工程机械向大型化、高参数、高效率方面发展，都需要越来越多的焊接高强度结构钢，因而极大地促进了工程机械用钢的发展。

美国钢铁公司在20世纪60年代研制了抗拉强度为784MPa的A514钢，采用压力淬火机进行调质处理，在当时是一大突破。该钢采用低碳低合金成分设计，利用热处理工艺改变组织而提高强度，所以仍有较好的韧性和可焊性，后来又发展了ASTMA517、ASTMA710、A736及A514（T-1）系列钢。美国于60~80年代开发了高屈服强度钢HY80-100（屈服强度为550~690MPa，成分（质量分数）为0.17%~0.18%C、2.35%~2.5%Ni、1.32%~1.5%Cr、0.25%~0.5%Mo等）系列，后来又开发了HY180和AF-1410（屈服强度为1250~1500MPa，碳的质量分数已经降到0.1%~0.16%，但是合金含量仍然很高，质量分数不低于10%）。随着HSLA钢制造技术的发展，美国海军开发了含Cu的HSLA80-100系列钢（HSLA-100，成分（质量分数）为≤0.06%C、大约1.61%Cu、3.41%Ni、0.55%Cr、0.6%Mo），在没有明显降低强度的情况下，明显改善了韧性和焊接性能，成功地取代了HY80-130（屈服强度为690~890MPa）系列，目前仍广泛用于工程机械领域。日本于1955年首先研制了Si-Mn系的HT60，1960年研制了与A514相当的HT80。由于

HT80 在有 H_2S 介质的都市煤气罐中使用，发生了氢致开裂的现象，于 1963 年研制了廉价无 Ni 的 Wel-ten80C。随后 HT100 也获得了实际应用，并且发展成了 Wel-ten 系列，屈服强度为 590~980MPa。德国也开发了 Ste460、Ste690 等钢种。综合看来，国外工程机械广泛采用焊接高强钢板，已形成了各具特色的低合金高强度机械用钢的系列产品。这些钢的抗拉强度一般为 590~1270MPa，具有很好的韧性、可焊接性、可成型性，可以满足工程机械用钢材的需要。但是这类钢主要是使用离线调质工艺生产的，生产周期长，合金含量高，成本较高。

我国工程机械用钢从"七五"开始，进行了高强度钢焊接结构钢板的研制、开发和生产工作，经过广大技术人员的努力国内多家钢铁企业已经相继开发了 HG60~80、HQ80~100 等系列用钢，并形成了规模化的生产能力。

（1）Q500D 和 Q550D 级工程机械用钢：主要用于工程结构、煤机制造行业，如大型推土机底板、汽车起重机的液压支架、挖掘机底板、液压支架等。目前，宝钢、舞钢、鞍钢、湘钢、武钢等国内多家企业均可批量生产，其生产工艺根据不同的厚度规格和不同的组织形态各有不同。表 3-1~表 3-4 列出了两种典型 Q500D 和 Q550D 级工程机械用钢的化学成分、力学和工艺性能指标。

表 3-1　Q500D 级工程机械用钢化学成分　　　　　　　　（%）

编号	C	Si	Mn	P	S	Cu	B	Nb	V	Ti
1	0.01~0.18	0.15~0.55	1.20~1.60	≤0.03	≤0.030	≤0.30	适量	适量	适量	适量
2	0.05~0.07	0.26~0.35	1.39~1.49	≤0.02	≤0.015	≤0.15	≤0.001	≤0.055		≤0.02

表 3-2　Q500D 级工程机械用钢力学和工艺性能

编　号	厚度/mm	屈服强度/MPa	抗拉强度/MPa	伸长率/%	纵向冲击功 A_{KV}/J	180°冷弯
1	≤16	≥450	≥590	18	≥47（-5℃）	$d=3a$
	>16~35	≥430	≥570	16	≥27（-5℃）	
	>35~40	≥410	≥410	16	≥27（-5℃）	
2		≥450	≥590	≥20	≥60（-40℃）	$d=2a$

表 3-3　Q550D 级工程机械用钢化学成分　　　　　　　　（%）

编号	C	Si	Mn	P	S	Cu	Nb	Ni	Mo	B	V	Ti
3[①]	≤0.08	≤0.5	1.3~1.8	≤0.030	≤0.025	≤0.07	≤0.10	≤0.50	≤0.35	≤0.003	≤0.08	≤0.08
4	≤0.05	0.2~0.45	1.5~1.6	≤0.006	≤0.006	≤0.70	≤0.08	≤0.50	≤0.40	≤0.02	≤0.006	≤0.02

① 厚度 3~18mm。

表3-4 Q550D级工程机械用钢力学和工艺性能

编 号	厚度/mm	屈服强度/MPa	抗拉强度/MPa	伸长率/%	纵向冲击功 A_{KV}/J	180°冷弯
3	3~18(卷)	≥590	670~830	≥17	≥47(-40℃)	$d=2a$ 完好
	10~25(板)	≥590	≥685	≥16	≥47(-20℃)	$d=2a$ 完好
	25~50(板)	≥410	≥410	16	≥47(-20℃)	$d=2a$ 完好
4	12~50	595~775	705~830	19~45	≥50(-20℃)	$d=2a$ 完好

（2）Q690D级工程机械用钢：主要应用于大型电铲、钻机、推土机的铲斗、起重机吊臂和转台、煤机结构件等。目前，国内多家企业可以批量生产。表3-5和表3-6列出了两种典型Q690D级工程机械用钢的化学成分、力学和工艺性能指标。

表3-5 Q690D级工程机械用钢的化学成分 （%）

编号	C	Si	Mn	P	S	Mo	B	Cr	V	Ti
5	≤0.12	≤0.55	≤0.55	≤0.025	≤0.02	适量	适量	适量	适量	适量
6	≤0.12	0.15~0.35	0.80~1.50	≤0.03	≤0.015	0.20~0.60	≤0.005	0.20~0.60		

表3-6 Q690D级工程机械用钢力学和工艺性能

编 号	厚度/mm	屈服强度/MPa	抗拉强度/MPa	伸长率/%	纵向冲击功 A_{KV}/J	180°冷弯
5	16~30	≥690	770~940	≥14	≥40(-0℃)	$d=3a$ 完好
6	12~50	≥685	≥785	≥15	≥30(-40℃)	$d=3a$ 完好

（3）Q960D级工程机械用钢：目前，宝钢、舞钢等多家企业已经研发出了Q960D级工程机械用钢。表3-7和表3-8列出了两种典型的Q960D级工程机械用钢的化学成分、力学和工艺性能指标。

表3-7 Q960D级工程机械用钢化学成分 （%）

编号	C	Si	Mn	P	S	Mo	Ni	Cr	V	Ti
7	0.10~0.18	0.15~0.55	0.8~1.4	≤0.03	≤0.03	0.3~0.6	0.7~1.5	0.4~0.8	0.03~0.08	0.15~0.5
8	0.1~0.2	0.2~0.7	1.0~1.7	≤0.025	≤0.02	≤0.5	≤0.5	≤1.0		

表3-8 Q960D级工程机械用钢力学和工艺性能

编 号	厚度/mm	屈服强度/MPa	抗拉强度/MPa	伸长率/%	纵向冲击功 A_{KV}/J	180°冷弯	硬度 HB
7	8~50	≥880	≥950	≥10	≥20(-40℃)	$d=4a$ 完好	
8	10~20	≥980	≥980	≥10	≥25(-20℃)	$R=500mm$	360~420

3.1.2 高强耐磨钢的国内外发展概况

按照耐磨钢组织来分主要有奥氏体耐磨钢、贝氏体耐磨钢、马氏体耐磨钢以及贝氏体-马氏体耐磨钢等；按照材料成分来分有高锰钢，超高锰钢，低、中合金耐磨钢等；按照成型方式又可分为铸造耐磨钢和轧制耐磨钢等。不同于铸造的是，轧制生产要求被加工的金属具有较好的轧制塑性，除了能改变材料形状及尺寸外，还可以改善铸锭或铸坯初始铸态状态、细化晶粒、改善相组成和分布，因而能明显提高产品性能。冶金、水泥、矿山、电力等行业消耗大量衬板、锤头、工程机械箱壁板等，这些耐磨钢应用领域并不需要部件具有复杂的形状，且用量巨大，也为轧制耐磨钢板的发展提供了广阔的市场。低、中碳合金耐磨钢自 20 世纪 60 年代以铸钢的形式推广发展以来，之所以具有相当大的发展潜力和应用前景，这与它相较于铸铁和高锰钢更适宜于用轧制工艺生产有关。低的碳含量（碳的质量分数小于 1%）使其在硬度足够高时冲击韧性绝对优于同等硬度的各类铸铁，与先进成熟的轧制工艺结合可生产出耐磨性高、塑韧性良好、种类丰富的耐磨钢系列产品。对于低、中合金耐磨钢，可以方便地实现轧制生产是其一大发展优势，一方面可以较为经济的规模化生产，获得性能稳定的产品；另一方面也可以推广到目前使用耐磨性稍差的普通钢板的耐磨部件上，减少磨损材料损失和能源消耗。

当前，国外著名厂家生产的轧制耐磨钢板主要有：瑞典奥克隆德的 HARDOX 系列，产品牌号为 HARDOX HiTuf、HARDOX 400 ~ 600、HARDOX Extreme，硬度范围覆盖 310 ~ 650HBW；德国迪林根的 DILLIDUR 系列，突出产品有 DILLIDUR 400V 和 DILLIDUR 500V，平均硬度分别为 400HBW、500HBW；德国蒂森克虏伯的 XAR 系列，产品牌号为 XAR 300 ~ 600，可供选择的钢板硬度范围在 300 ~ 600HBW；日本 JFE 的 EVERHARD 系列，牌号为 EH360 ~ 500 的产品应用最为广泛，硬度从 300HBW 到 500HBW 不等，其 EH-SP 牌号的超级耐磨钢硬度可达 600HBW，耐磨性超过 EH500。

一直以来，我国基础零件的耐磨性普遍明显低于国外先进产品的水平，轧制耐磨钢板的发展也与国外差距较大。我国现行高强耐磨钢技术标准（GB/T 24186—2009《工程机械用高强度耐磨钢板》）是由中国钢铁工业协会结合当时我国轧制耐磨钢板现状提出的，标准中对最高级别达到 NM600 牌号的不同级别耐磨钢板的成分、性能等做了规定，同时强调了超高强韧耐磨钢大多以淬火或淬火 + 回火状态交货的工艺方式，及钢板经淬火后获得板条状马氏体和少量分布在板条间的残余奥氏体的组织类型的规定。表 3-9 列出了标准中对钢板性能的要求。

表 3-9　工程机械用高强度耐磨钢板的力学性能（GB/T 24186—2009）

牌　号	厚度/mm	抗拉强度/MPa	断后伸长率/%	-20℃冲击功/J	表面硬度 HBW
NM300	≤80	≥1000	≥14	≥24	270 ~ 330
NM360	≤80	≥1100	≥12	≥24	330 ~ 390
NM400	≤80	≥1200	≥10	≥24	370 ~ 430
NM450	≤80	≥1250	≥7	≥24	420 ~ 480
NM500	≤70	—	—	—	≥470
NM550	≤70	—	—	—	≥530
NM600	≤60	—	—	—	≥570

注：抗拉强度、伸长率、冲击功作为性能的特殊要求，如未在合同中注明，则只保证布氏硬度。

经过近几年的研发，我国耐磨钢领域的技术发展取得了长足进步，国内主要钢厂生产的高强度耐磨钢产品无论是强度级别还是产品质量都有了很大的提升。武钢、鞍钢、宝钢、舞钢、莱钢、南钢等多家企业均能够稳定供应 NM500 强度级别以下的耐磨钢板，部分厂家进行了 NM550 强度级别的耐磨钢板的试制，但其同板及异板的性能稳定性相对较差，目前还不能实现规模化生产，因此 NM500 以上级别高强耐磨钢对进口的依赖较重。

3.2　1000MPa 级超高强工程机械用钢的成分组织调控

3.2.1　1000MPa 级超高强工程机械用钢的相变规律

1000MPa 级超高强工程机械用钢成分设计的主要思路：对于 TMCP + T 和控轧 + 直接淬火 + 回火工艺（CR + DQ + T），采用低碳 Mn-Mo-Nb-Cu-B 系成分设计，微合金化的同时添加适量的 Cu 和 Ni 元素，以提高强度和改善低温韧性；对于 TMCP + 离线调质（TMCP + QT）和控轧 + 空冷 + 离线调质（CR + AC + QT）工艺，采用 C-Mn-Ni-Mo-B 系成分设计，低碳的同时添加适量的 Cr、Mo 等合金元素以提高淬透性，降低合金总含量，改善钢的韧性和焊接性能，主要成分见表3-10。在实验室真空感炉进行冶炼，并锻造成钢锭。

表 3-10　实验钢主要成分（质量分数）　　　　　　　　　　（%）

工　艺	C	Si	Mn	Mo	Cr	Cu	Ni	B	S	P	MA
TMCP + T CR + DQ + T	0.06	0.24	1.8	0.3	—	0.8	0.79	0.0014	0.005	0.008	0.124 (Nb,V,Ti)
TMCP + QT CR + AT + QT	0.16	0.25	1.1	0.5	0.4	—	0.8	0.0018	0.005	0.008	0.066 (V,Ti)

在两种不同成分的锻坯上切取若干直径为 5mm、长度为 10mm 的小圆柱，在 DIL805 热膨胀仪上，将材料加热至 900℃ 保温 2min，然后分别以 0.5℃/s、3℃/s、5℃/s、8℃/s、10℃/s、15℃/s、20℃/s、30℃/s、50℃/s、70℃/s 的冷速连续冷却至室温。通过测定连续冷却过程中膨胀量与温度的变化曲线，采用切线法确定试样钢的相变点。完成实验后，用 7% 硝酸酒精对试样进行侵蚀，结合试样的扫描照片，对热膨胀数据进行处理绘制 CCT 曲线。图 3-1 和图 3-2 是根据上述实验条件和步骤绘出的两种不同成分体系下静态 CCT 曲线。

低碳 Mn-Mo-Nb-Cu-B 系实验钢的静态 CCT 曲线图主要存在四个转变区（图3-1）：在 0.5 ~ 3℃/s 的冷速范围以内，可以得到 PF 与 QF 组织，其转变开始温度在 547 ~ 511℃ 之

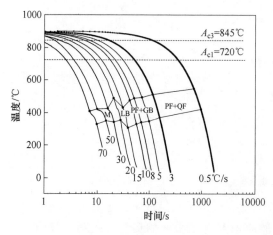
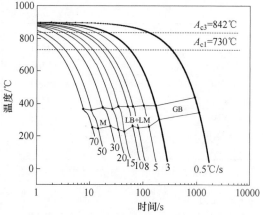

图 3-1　低碳 Mn-Mo-Nb-Cu-B 系钢 CCT 曲线　　　　图 3-2　C-Mn-Ni-Mo-B 系实验钢 CCT 曲线

间；在 5~8℃/s 冷速下，可以得 PF + GB 组织；在 10~30℃/s 冷速下，可以得到板条状贝氏体组织，其转变温度在 475~341℃之间；当冷速大于 30℃/s 时，组织转变为 LB + LM 或 LM 组织。可以看出贝氏体转变温度较高，在 3℃/s 的冷速下就发生贝氏体转变，且发生贝氏体转变的温度区间一般在 353~550℃之间，对冷却速度的要求较低，在 3~30℃/s 的冷却速度下均可以得到贝氏体转变组织。在 0.5~15℃/s 冷速范围内，随着冷速增加相变温度逐渐降低的趋势明显。对于 C-Mn-Ni-Mo-B 系实验钢的 CCT 曲线（图 3-2），则主要分为三个相变区：GB、LB、LB + LM，并且转变温度较低，贝氏体转变开始温度在 438~382℃之间。0.5~3℃/s 冷速范围内，转变温度随冷速增加而降低，但当冷速大于 3℃/s 时，冷速对组织开始转变温度则影响不大。

对比两种成分实验钢 CCT 曲线可以发现：（1）两者 A_{c3} 温度基本相同，而 A_{c1} 温度则相差 10℃，其原因主要是：低碳 Mn-Mo-Nb-Cu-B 系实验钢中 Mn 含量相对较高并含有一定量的 Mo，而 Mn、Mo 具有降低钢临界转变温度的作用，因此其 A_{c1} 温度稍低；（2）两种成分钢中加入了适量的 B 以及中强及强碳化物形成元素，可明显抑制铁素体在奥氏体晶界上的形核，使铁素体转变曲线明显右移，在转变过程中，两者均没有出现珠光体区，Cr 能显著提高过冷奥氏体的稳定性，使转变孕育期延长，同时使珠光体转变向高温方向移动，贝氏体转变向低温方向移动，从而使珠光体转变与贝氏体转变分离；（3）C-Mn-Ni-Mo-B 系实验钢的连续转变温度明显低于低碳 Mn-Mo-Nb-Cu-B 系实验钢，并且其贝氏体转变温度范围比后者窄，其原因主要是前者含有相对较高的 Mo、Cr 含量，淬透性较高，降低了临界转变温度。

两种不同成分实验钢在不同冷速下得到的连续转变组织如图 3-3 所示。对于低碳 Mn-Mo-Nb-Cu-B 系实验钢，在冷速为 0.5~3℃/s 时组织主要为多边形铁素体和准多边形铁素

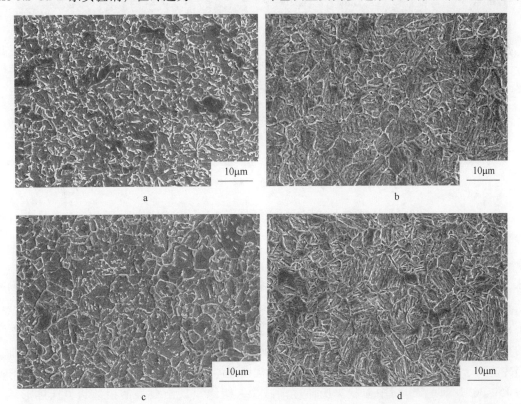

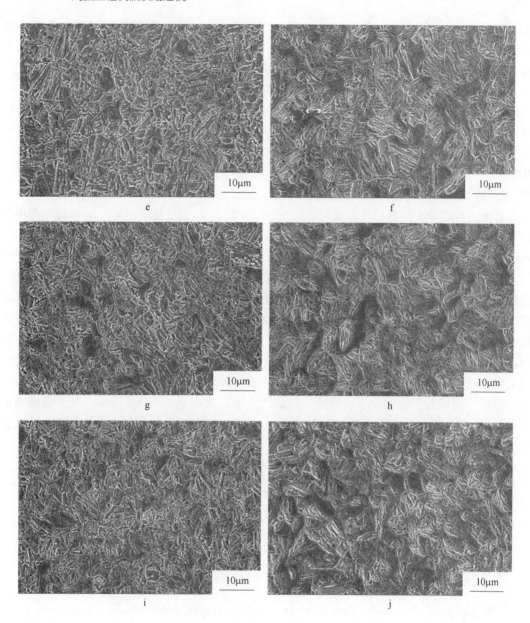

图 3-3　两种不同成分实验钢不同冷速条件下的显微组织
a, c, e, g, i—分别为低碳 Mn-Mo-Nb-Cu-B 系实验钢在 0.5℃/s、3℃/s、8℃/s、15℃/s、30℃/s 冷速下组织；
b, d, f, h, j—分别为 C-Mn-Ni-Mo-B 系实验钢在 0.5℃/s、3℃/s、8℃/s、15℃/s、30℃/s 冷速下组织

体，随着冷速增大，准多边形铁素体组织增多；当冷速为 3～8℃/s 时，组织以准多边形铁素体和粒状贝氏体为主，组织细化（图 3-3a），同时 MA 小岛的体积分数增多，尺寸减小，这是因为冷速越大，贝氏体开始转变温度越低，相变的驱动力越大，奥氏体中碳原子的扩散能力差，因而奥氏体只在短距离内富碳，造成 MA 小岛尺寸减小，数量相应增加。当冷速大于 10℃/s 时，组织逐渐转化为板条状贝氏体组织。图 3-3e 和图 3-3g 显示当冷速为 15～30℃/s 时，组织中粒状贝氏体逐渐减少，组织呈现出典型的板条状贝氏体形貌。

当冷速大于 30℃/s 时开始发生马氏体转变，组织变得混乱（图 3-3i）。对于 C-Mn-Ni-Mo-B 系实验钢，由于有利于提高组织淬透性的合金含量较高，在冷速较低时（0.5℃/s）即已发生了贝氏体转变，主要组织为粒状贝氏体和少量板条准多边形铁素体（图 3-3b）。当冷速为 3℃/s 时，组织主要为板条状贝氏体与粒状贝氏体的混合组织（图 3-3d）。当冷速达到 8℃/s 时组织基本上为板条状贝氏体组织（图 3-3f）。冷速为 15～30℃/s 时，组织混乱度明显增加，发生马氏体转变，随冷速加大组织为贝-马氏体混合组织或马氏体组织（图 3-3h、j）。

3.2.2 轧制工艺对实验钢组织和性能的影响

将钢锭热锻成 90mm × 90mm × 120mm 热轧坯，在北京科技大学高效轧制国家工程研究中心 350mm 试验轧机上进行了轧制。将钢锭加热到 1250℃ 保温 2h，粗轧开轧温度为 1100℃，粗轧三道次轧制温度控制在 1000℃ 以上，精轧阶段的开轧温度控制在 950℃ 以下，终轧温度 850℃。精轧压下率大于 60%，经过 7 道次轧制轧成厚 13mm 的钢板。具体工艺参数见表 3-11，四种工艺均控轧后空冷到 780℃。然后对于 TMCP + T/QT 工艺再水冷至 450℃ 后空冷至室温；对于 CR + DQ + T 工艺则直接淬火至室温；对于 CR + AC + QT 工艺则直接空冷至室温。

表 3-11 热轧工艺参数

阶 段		TMCP + T	CR + DQ + T	TMCP + QT	CR + AC + QT
粗 轧	开轧温度/℃	1150	1171	1150	1150
	终轧温度/℃	1080	1067	1081	1066
	压下率/%	63.3	63.3	63.3	63.3
	中间待温				
精 轧	开轧温度/℃	960	940	930	930
	终轧温度/℃	860	850	850	850
	压下率/%	60.6	60.6	60.6	60.6
冷 却	弛豫时间/s	50	45	38	40
	开冷温度/℃	780	—	786	—
	终冷温度/℃	450	—	455	—

表 3-12 给出了四种工艺获得的钢板热轧态力学性能，可见，CR + DQ + T 与 CR + AC + QT 工艺强度较高，但是塑性和低温韧性较低；TMCP + T 工艺塑韧性较好但是强度偏低，TMCP + QT 强度高同时屈强比较低，但是塑韧性偏低。

表 3-12 四种工艺获得的钢板热轧态力学性能

成分类别	工 艺	抗拉强度/MPa	屈服强度/MPa	伸长率/%	冲击性能/J		
					常温	−20℃	−40℃
成分 1	TMCP	937.5	741.5	20		63	55
	CR + DQ	1160	845	16.5		36	33
成分 2	TMCP	1365	997.5	15.5		21	13
	CR + AC	1110	830	16		21	18

从扫描照片上可以看出，四种工艺都经过控制轧制，因此组织中含有较多的变形带，组织区别明显。TMCP + T 工艺条件下，贝氏体板条特征明显，并且含有少量的针状铁素体（图 3-4a）；CR + DQ + T 工艺条件下，板条束类半条取向一致，晶界及板条束边缘含有较多的残余奥氏体或者碳化物（图 3-4b）。TMCP + QT 工艺条件下，得到大量的相互交叉的针状组织，粗细不均，晶粒压扁特征明显（图 3-4c）。CR + AC + QT 工艺条件下，组织以多边形铁素体和粒状贝氏体为主，晶界明显，并且沿晶界处有大量的粒状或锯齿状的碳化物或 MA 岛生成，这对冲击韧性非常不利（图 3-4d）。

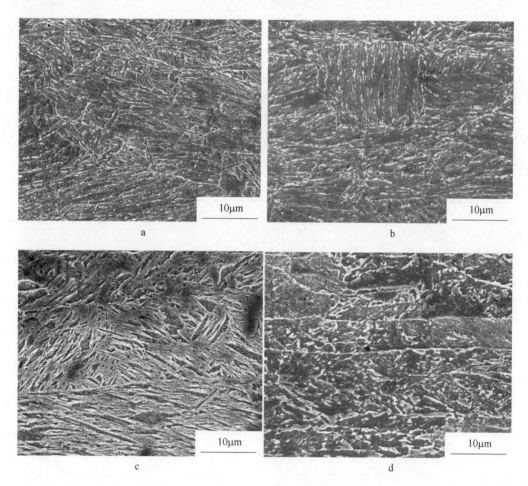

图 3-4　四种工艺热轧组织

a—TMCP + T 工艺；b—CR + DQ + T 工艺；c—TMCP + QT 工艺；d—CR + AC + QT 工艺

由表 3-12 可以看出，不同工艺和成分对钢力学性能有很大的影响。两种成分均含有较多的合金元素，因此都具有较高的淬透性。同种成分条件下，TMCP + T 工艺经过控冷，基体组织以板条状贝氏体为主并含有少量针状铁素体和粒状贝氏体，而其有利于阻碍裂纹的扩展，因此屈服强度偏低而低温韧性较好。CR + DQ + T 工艺轧后直接淬火，在此过程中生成了低碳马氏体组织具有较高的强度，但塑性和韧性下降了。TMCP + QT 工艺碳含量要高于前两种工艺，同时由于控轧控冷，组织以板条状贝氏体和马氏体为主，轧态强度要比 TMCP + T 工艺高出一个级别，但是塑性和低温韧性较低。CR + AC + QT 工艺控轧后空冷，由于基体淬透性较好，基体组织以粒状贝氏体和多边形铁素体为主，因此轧态也具有较高的强度，但是低温韧性较低，综合力学性能要低于 TMCP + QT 工艺。

3.2.3 热处理工艺对实验钢组织和性能的影响

四种工艺热轧态均没有达到较好的强韧性匹配，因此需要通过热处理来改善性能。从轧后（TMCP + T）1 号和（CR + DQ + T）2 号钢板各取 7 块钢，在箱式电阻炉内进行 7 个温度段的回火（450℃、500℃、550℃、600℃、620℃、650℃、700℃），保温 1h 后空冷至室温。

从图 3-5 中可以看出 CR + DQ + T 工艺条件下钢轧态的抗拉强度要比 TMCP + T 条件下高出 200MPa 以上，屈服强度也要高出 100MPa，但是塑性和冲击韧性要低于后者，说明控冷和弛豫工艺有助于改善钢的塑韧性。在回火过程中两种工艺钢呈现的共同特点是：随回火温度升高，屈服强度变化曲线均呈现 M 形，存在两个强度峰值，在 500 ~ 600℃ 范围内屈服强度提高，屈强比也逐渐升高，同时韧性下降；大于 600℃ 时屈服强度降低，伸长率

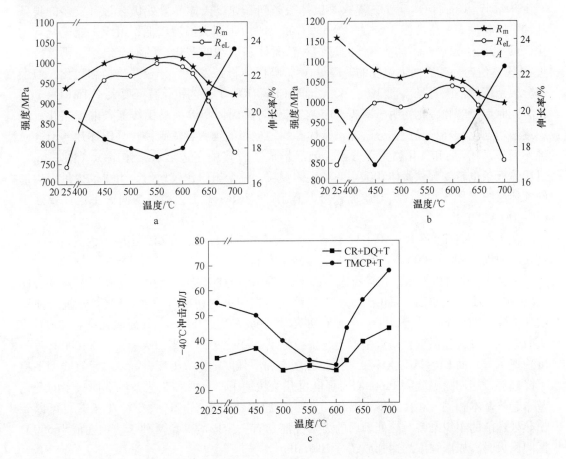

图 3-5 回火温度对两种工艺钢力学性能的影响

a—TMCP + T 工艺；b—CR + DQ + T 工艺；c—TMCP + T 与 CR + DQ + T

迅速提高韧性改善，抗拉强度开始快速下降。不同之处在于：600℃以下回火时抗拉强度变化趋势不同，TMCP+T工艺条件下钢在500℃以下回火时强度一直上升，在500~600℃时变化较为平稳；而CR+DQ+T条件下钢在500℃以下回火时强度则是快速下降幅度达100MPa，后又上升550℃时达到峰值，同时两种工艺下钢的屈服强度达到峰值时的温度点也有所差别，CR+DQ+T工艺要高。两种工艺相比，TMCP+T工艺回火过程中屈服强度均没有超过1000MPa，而CR+DQ+T工艺在低于620℃温度区间都可以达到1000MPa，并且伸长率都大于16%，综合力学性能良好。

　　图3-6所示是两种工艺条件下钢的微观组织随回火温度变化的情况。TMCP+T工艺轧态组织是由板条状贝氏体和粒状贝氏体组成的复合组织，以板条状贝氏体为主，板条较为粗短，不同晶粒内板条束取向差异明显，有少量的MA岛沿界面处分布并且碳化物在基体上弥散分布（图3-6a）。CR+DQ+T工艺基体组织是以淬火马氏体和贝氏体板条为主，含有少量粒状和长条状MA岛，板条束由晶界开始生长，同一板条束内板条取向一致，板条细长甚至贯穿整个晶粒（图3-6b）。由于在未再结晶区变形量较大，原奥氏体晶粒明显被压扁拉长，晶界清晰，晶粒内部存在较多的变形带。450℃回火后两种工艺的宏观组织仍然保持着热轧状态，TMCP+T工艺板条清晰，MA岛和碳化物发生分解相比轧态数量明显减少并缩小，CR+DQ+T工艺淬火马氏体板条间和原奥氏体晶界处仍然含有较多的长条状和短棒状的MA岛（图3-6c、d）。550℃回火时由于回火温度较低，组织未能完全均匀化，贝-马氏体分解成碳含量较低的过饱和铁素体和极细的碳化物的混合组织，仍保持着贝-马氏体位向，随着回火温度的升高贝氏体-马氏体板条发生部分合并连接和粗化，但大部分板条依然清晰可见（图3-6e、f），同时CR+DQ+T工艺粗化特征要大于TMCP+T工艺，同时MA岛和碳化物明显减少。650℃回火时贝氏体与淬火马氏体板条继续粗化，组织逐渐均匀化，淬火马氏体分解为铁素体和均匀分布的细粒状渗碳体，马氏体片的痕迹已经不明显，MA岛和碳化物完全分解，已经形成了较多的多边形铁素体组织（图3-6g）；贝氏体板条也转变为铁素体和细小的渗碳体颗粒，整个组织比较均匀，生成了少量多边形铁素体组织（图3-6h）。从上述比较可以看出，TMCP+T工艺组织的回火稳定性要强于CR+DQ+T工艺。

　　从TMCP+QT与CR+AC+TA工艺钢板上各取7块样品，在箱式电阻炉内进行7个温度段的回火（400~700℃）。保温1h后空冷至室温。

　　从图3-7中可以看出钢在淬火态条件下，TMCP+QT工艺的抗拉强度和屈服强度要比CR+AC+QT工艺稍高。TMCP+QT工艺淬火后在回火的初期阶段（≤500℃）抗拉强度快速下降，随后下降缓慢，500~600℃回火时下降幅度仅25MPa，其屈服强度在400℃回火时略有上升，随后变化趋势基本上与抗拉强度的变化相同，当回火温度大于600℃时强度快速下降；而CR+AC+QT工艺抗拉强度与屈服强度随回火温度升高基本呈直线型平稳下降趋势，当回火温度大于600℃时强度也开始快速下降。两种工艺条件下伸长率的变化基本趋势基本相同，相比之下TMCP+QT工艺的塑性要优于CR+AC+QT工艺，可以看出热处理前的组织准备对热处理后的力学性能是有一定影响的。两种工艺钢在低于550℃区间回火时，屈服强度均达到或超过1000MPa。

　　由图3-8可以看出，热轧态条件下钢的强度虽高但是低温冲击性能较差，回火可以改善钢的韧性两种工艺条件下冲击功的变化趋势基本相同，在400~500℃回火时TMCP+QT

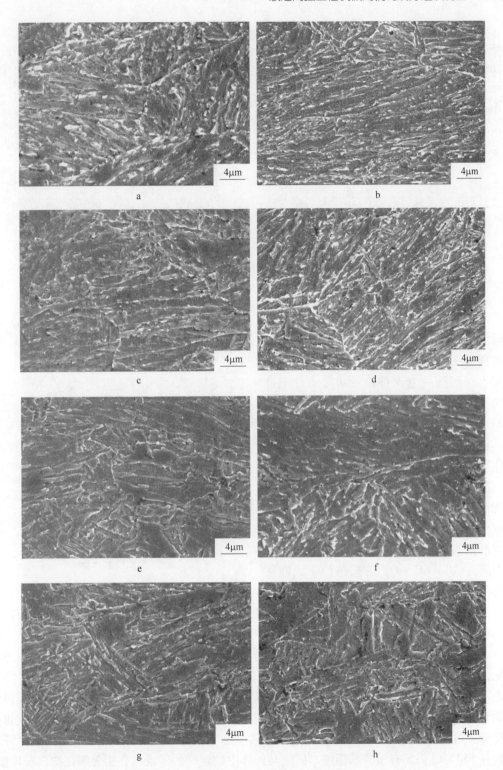

图 3-6　随回火温度变化组织演化情况

a，c，e，g—分别为 TMCP + T 工艺轧态，450℃、550℃、650℃回火；
b，d，f，h—分别为 CR + DQ + T 工艺轧态，450℃、550℃、650℃回火

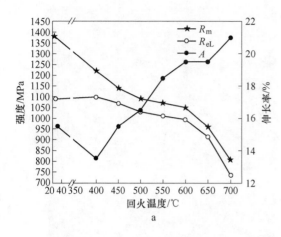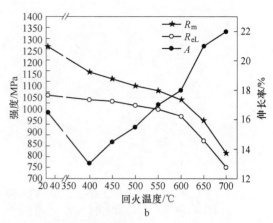

图 3-7　回火对两种工艺力学性能的影响

a—TMCP + QT 工艺；b—CR + AC + QT 工艺

工艺冲击功增幅较大，随后 500 ~ 600℃ 回火时增幅较小，这是由于在此温度段回火时出现了一些强化因素导致的，在 650℃ 以下回火时韧性一直改善，−40℃ 条件下冲击功从 20J 提高到 56J 左右。回火温度大于 650℃ 时，淬火态组织中析出的碳化物长大，板条与板条间的薄膜状残余奥氏体或碳化物分解，它们对马氏体的亚晶界的钉扎、阻碍作用逐渐消失，很多原先的板条束逐渐成为一个整体，因此，原先依靠板条束分割奥氏体晶粒提高韧度、强度的能力逐渐消失，两种工艺条件下冲击韧性都有下降。CR + AC + QT 工艺条件下，韧性

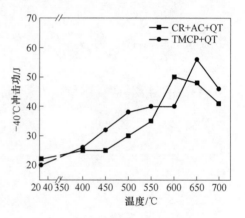

图 3-8　两种工艺钢 − 40℃ 冲击功随回火温度的变化

改善的幅度要小于 TMCP + QT 工艺，说明控冷工艺也有利于调质钢韧性的提高。

　　图 3-9 是两种工艺条件下钢的微观组织随回火温度变化的情况。由图可以看出两种工艺具有不同的淬火态组织。由于经过控轧控冷工艺和含有 B、Mo 等高淬透性元素和其他合金元素，TMCP + QT 工艺组织具有较高的淬透性和奥氏体稳定性，淬火后基体组织明显细化，组织以淬火马氏体和贝氏体板条为主（图 3-9a）。450℃ 回火时基体仍然保留了淬火状态下马氏体板条的基本形貌，原奥氏体晶界变得清晰，但马氏体团簇内部有较大短棒状和颗粒状碳化物析出（图 3-9c）。550℃ 回火时马氏体板条合并粗化，基体有所回复碳化物大部分分解消失，但是板条组织特征仍然隐约可见（图 3-9e），这种组织形貌特征保证了钢板在 550℃ 时仍具有很高的强度。同时马氏体中的碳开始形成钒、钼等碳化物，在位错、亚晶界的析出阻碍了亚晶界的移动，550℃ 回火与 450℃ 回火板条相比，未见明显减少，同时 550℃ 回火 1h 后由淬火产生的内应力基本全部消除。650℃ 回火时淬火态组织中析出的碳化物长大，板条与板条间的薄膜状残余奥氏体或碳化物分解，很多原先的板条束逐渐成

为一个整体（图 3-9g）。CR + AC + QT 工艺淬火后，基体组织与 TMCP + QT 工艺有所不同，由板条马氏体组织为主，含有较多的粒状 MA 岛和少量多边形组织（图 3-9b），淬火后组织也明显细化。450℃回火后宏观组织仍然保持着淬火状态，但是有一些碳化物析出，但明显少于工艺 TMCP + QT 工艺（图 3-9d）。550℃回火时一些板条相互合并粗化并形成新的多边形铁素体，基体发生了显著的变化（图 3-9f）。650℃回火时铁素体开始形核并长大，MA 岛完全分解碳化物与板条继续粗化，沿晶界处多边形铁素体已形核并且长大，组织均匀化（图 3-9h）。

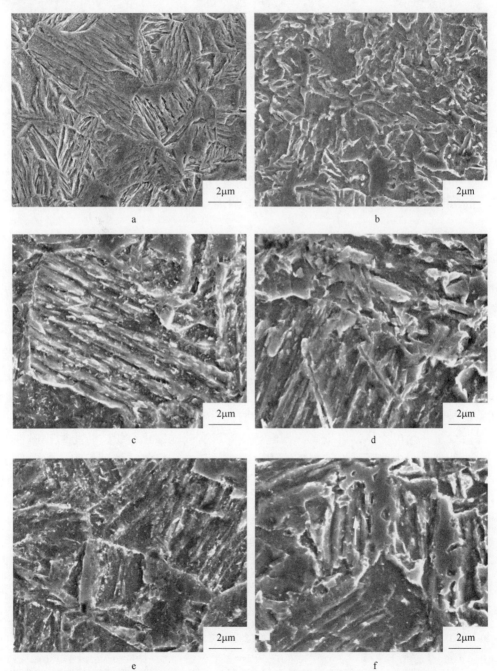

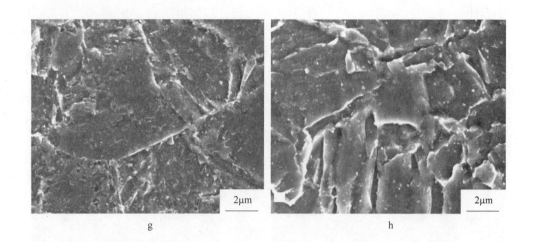

图 3-9 两种工艺条件下随回火温度升高组织

a，c，e，g—分别为 TMCP + QT 工艺淬火态，450℃，550℃，650℃回火；

b，d，f，h—分别为 CR + AC + QT 工艺淬火态，450℃，550℃，650℃回火

3.3 高强耐磨钢的成分设计及组织性能调控

3.3.1 高强耐磨钢的成分体系

中、低合金耐磨钢是针对高锰钢只适用于高应力冲击磨损的局限性而提出的新的成分设计。碳是影响耐磨钢组织和性能的主要元素，也是提高硬度最经济有效的元素。随着碳含量的增加，抗拉强度、硬度均随之增高，但是韧性会降低。国家标准《工程机械用高强度耐磨钢板》中对不同牌号（级别）耐磨钢板的化学成分做了指导性要求（表 3-13），可见为了实现高硬度和高强韧性的匹配，高强耐磨钢多采用中碳多元合金化思路，合金成分总量在 5% 左右，主要合金元素包括锰、硅、铬、钼、镍等。锰和铬是提高淬透性的元素，能提高钢的强度和耐磨性。硅的主要作用是在冶炼时脱氧，改善马氏体回火的稳定性。镍是形成和稳定奥氏体的合金元素，加入一定量的镍可提高淬透性，使组织在常温下保留少量残余奥氏体，以提高其韧性。钼能够有效地细化组织，防止回火脆性的发生，在热处理过程中能强烈地抑制奥氏体向珠光体转变，稳定热处理组织，改善冲击韧性。近年来，国内生产的高强耐磨钢中也添加了微量的铌、钛，起到一定的析出强化和细化晶粒作用，从而提高强度和韧性。一般在耐磨钢中还会加入少量的硼，用于提高淬透性。

表 3-13 耐磨钢板牌号及化学成分（质量分数） （%）

牌号	C	Si	Mn	P	S	Cr	Ni	Mo	Ti	B	Als
	不大于									范围	不小于
NM300	0.23	0.70	1.60	0.025	0.015	0.70	0.50	0.40	0.050	0.0005 ~ 0.006	0.010
NM360	0.25	0.70	1.60	0.025	0.015	0.80	0.50	0.50	0.050	0.0005 ~ 0.006	0.010
NM400	0.30	0.70	1.60	0.025	0.010	1.00	0.70	0.50	0.050	0.0005 ~ 0.006	0.010

牌号	C	Si	Mn	P	S	Cr	Ni	Mo	Ti	B	Als
				不大于						范围	不小于
NM450	0.35	0.70	1.70	0.025	0.010	1.10	0.80	0.55	0.050	0.0005 ~ 0.006	0.010
NM500	0.38	0.70	1.70	0.020	0.010	1.20	1.00	0.65	0.050	0.0005 ~ 0.006	0.010
NM550	0.38	0.70	1.70	0.020	0.010	1.20	1.00	0.70	0.050	0.0005 ~ 0.006	0.010
NM600	0.45	0.70	1.90	0.020	0.010	1.20	1.00	0.80	0.050	0.0005 ~ 0.006	0.010

3.3.2 耐磨钢组织性能的调控

现代高强耐磨钢是一种热轧后淬火和回火处理的中碳合金化钢。由于其中碳和多元化的合金化设计、以提高硬度为主要要求的生产工艺设计，高强耐磨钢的组织类型并不复杂，主要是以板条状马氏体为主并存在少量残余奥氏体的典型淬火钢回火组织。图3-10分别给出了 NM400 和 NM550 显微组织照片，可见二者虽然性能差异较大，但显微组织类型都以板条状马氏体组织为主。

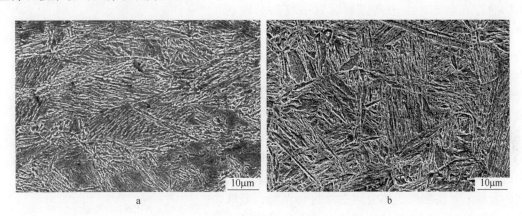

图3-10　NM400（a）和NM550（b）耐磨钢的 SEM 电子显微组织

探讨影响马氏体形貌的因素可以作为提高马氏体强韧性的切入点。虽然马氏体的碳含量直接决定了马氏体本身的硬度和强度，但马氏体单晶内的亚结构对马氏体的高强度和高硬度的贡献不可忽视。通过细化原始奥氏体晶粒来细化马氏体板条束是提高马氏体钢强度和韧性的有效途径。

结合控制轧制控制冷却工艺，在钢中加入元素 Nb 可改善热轧钢板的强度和韧性，尤其在低碳微合金钢中效果显著。Nb 在钢中最突出的作用是在奥氏体化过程中其立方结构的碳氮化物首先在奥氏体区溶解，随后在轧制过程中重新析出。在轧制降温过程，Nb 的碳氮化物析出可有效抑制形变奥氏体的再结晶，细化晶粒的同时还起到沉淀强化的作用。已有研究表明，Nb 对原始奥氏体的细化及其碳氮化物的析出强化同样可以在淬火加回火处理的高强钢板中发挥有益作用。图3-11 为 NM550 高强耐磨钢加热到 950℃保温 40min 后淬火所得组织的原始奥氏体晶界，加入 0.02%（质量分数）Nb 后很明显地细化了原始奥氏体晶粒，对应的布氏硬度也从无 Nb 钢的 538HBW 提高到 554HBW。

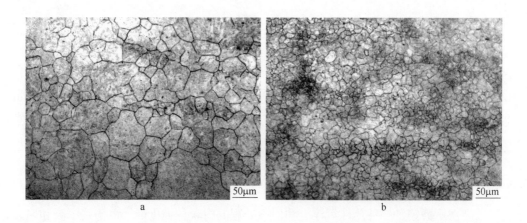

图 3-11　无 Nb 钢（a）和含 Nb（0.02%）钢（b）950℃奥氏体化后的原始奥氏体晶界

Nb 对高强耐磨钢组织的影响还体现在钢中存在的含 Nb 碳氮化物上。图 3-12 是 NM550 耐磨钢中析出物的存在状态，由于高强耐磨钢中较高的碳含量，析出物主要是含 Nb 碳化物，不易形成碳氮化铌。这些析出物在奥氏体阶段有利于细化晶粒，在最终室温状态下同样有沉淀强化的作用。析出物的存在对耐磨钢回火时的组织演变也有影响。图3-13a 为含 Nb 和不含 Nb 的 NM550 耐磨钢在 20℃/min 加热过程中的 DSC（Differential Scanning Calorimetry，示差扫描量热法）曲线，热流变化反映出在模拟回火过程中耐磨钢的组织变化情况，主要是残余奥氏体的分解。对实测奥氏体分解曲线进行调整，截取每个升温速度下的奥氏体分解峰，建立奥氏体的分

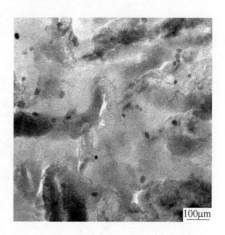

图 3-12　NM550 耐磨钢中的析出物

解峰与温度的关系，如图 3-13b 所示，由图可知，加入少量的 Nb 元素后奥氏体的分解峰向高温方向移动。残余奥氏体的分解实际上是 Fe 的碳化物形成过程，Nb 作为强碳化物形

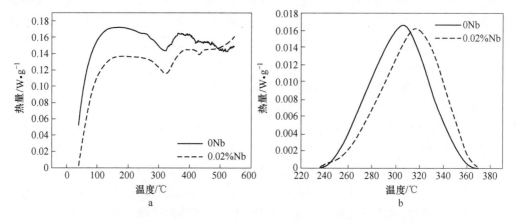

图 3-13　Nb 含量不同的 NM550 耐磨钢 DSC 曲线（a）和残余奥氏体分解峰（b）

成元素，其存在实际上与 Fe 原子构成对 C 的竞争关系，这也是 Nb 可在一定程度上抑制回火过程中残余奥氏体分解的原因。

3.3.3 工艺对耐磨钢组织性能的影响

轧制后再加热淬火和低温回火是高强耐磨钢板生产最常用的工艺，淬火加热温度和保温时间、回火温度和回火保温时间对钢板的组织性能都有影响。淬火加热温度对强度和塑性的影响规律主要是由微观组织的变化决定的。淬火加热温度高，淬透性好，力学性能高，但温度过高时奥氏体晶粒易于粗大，淬火后会得到粗大的马氏体组织，并且淬火后试样易变形甚至开裂，故得不到良好的综合力学性能；淬火加热温度过低，合金元素尤其是碳化物形成元素的溶解和再分配不能完全。NM550 及以上牌号的高强耐磨钢淬火加热温度通常在 900~950℃。如淬火加热保温时间不足，将会得到成分极不均匀的奥氏体，合金元素主要集中在未溶解的碳化物及其周围的奥氏体中，淬火后就会得到极不均匀的马氏体，对性能不利。

表 3-14 给出了 NM550 耐磨钢板选择 930℃淬火加热温度，不同保温时间后淬火的试样硬度值，表中数值显示出淬火加热奥氏体化程度的不同直接影响钢板的最终性能，表中同样列出了淬火后选用不同温度回火后试样的硬度值，可见回火工艺对控制钢板性能非常重要。一般钢在淬火后回火时，随着温度的升高和时间的延长，会发生马氏体中碳的偏聚、马氏体的分解、碳化物类型的转变、α 相的回复再结晶、渗碳体集聚和球化等组织变化。这几个过程均被碳和合金元素的扩散所控制，是相互重叠进行的，很难截然分开。回火温度较低时，马氏体发生分解，析出 ε 碳化物，同时马氏体中碳浓度降低。回火温度越高，马氏体分解得越快，析出的碳化物越多，马氏体的碳浓度降低的也越多。一般地，合金钢在大于 400℃回火时，马氏体中过饱和的碳已经全部析出，形成碳化物，并且碳化物已经开始聚集和球化，形成硬度较低的回火组织。对于耐磨钢淬火和回火工艺参数的选择还需结合实验数据和生产经验具体问题具体分析。随回火温度升高耐磨钢板力学性能的变化规律会因产品级别、合金成分配比的不同而表现各异。

表 3-14 不同淬火、回火工艺参数处理的试样硬度值（HBW）

淬火时间 /min	回火温度/℃								
	淬火态	200	250	300	350	400	450	500	600
10	496	608	485	449	547	474	586	492	413
30	639	464	436	423	420	581	468	422	390
60	447	503	459	588	577	582	487	503	439

3.3.4 耐磨钢短流程制备工艺探索

3.3.4.1 在线淬火工艺

为了实现可持续发展，在制造业领域，采用新技术、新工艺实现节能减排是钢铁研发的主要趋势。相较于传统轧制-再加热淬火-低温回火的传统制备工艺，在设备条件允许的情况下缩短工艺流程既可降低能耗，又可提高生产效率。在线淬火（DQ）技术是将形变和相变耦合的一种生产工艺，在热变形过程中，可利用再结晶和应变诱导析出细化原始奥氏体晶粒，同时在奥氏体中产生大量的晶体缺陷，在轧制后采用较快的冷却速度和较低的停冷温度，使钢板在不发生铁素体和珠光体转变的情况下，直接进入马氏体相变区，形成细小的马氏体组织。和传统的再加热淬火方式相比，在线淬火将轧制后的钢板直接淬火，钢板不需要再加热工序，因此能够缩短生产周期，降低成本，提高生产效率，节约能源等。此外，在线淬火能够提高材料的某些特性，比如强度、淬透性以及焊接性能等。

对相同成分的NM550级实验钢采用不同轧制变形工艺，即在850℃、900℃和950℃不同的终轧温度后进行在线淬火，相同温度（200℃）回火处理后对比组织和力学性能差异。图3-14所示的力学性能结果显示：当在线淬火温度为850℃时，强度和硬度相对较高，分别为1818MPa和562HBW，冲击功约为30J；当淬火温度升高至900℃时，强度和硬度明显下降，而此时冲击功达到最高值，约40J；在950℃在线淬火时，其抗拉强度则稍有增加，韧性约为35J。图3-15为经过不同温度在线淬火+200℃回火的样品EBSD图以及大小角度晶界取向差分布图。不同的颜色代表不同的晶体学取向，黑线代表大于15°的大角度晶界，黑线包围的区域由取向差小于15°的小角度晶界构成。

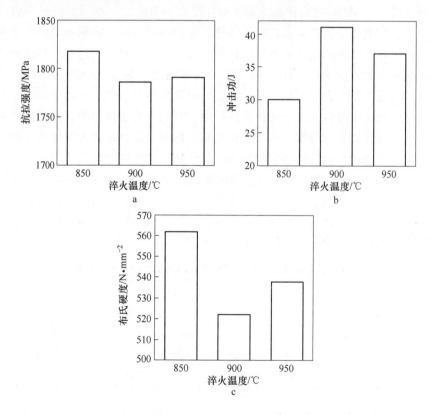

图3-14 不同在线淬火温度下NM550耐磨钢的力学性能

a—抗拉强度；b—冲击功；c—布氏硬度

当在线淬火为850℃时，经过在未再结晶区轧制变形，奥氏体被压扁，马氏体在晶界处形核向晶内生长，马氏体板条群被限制在压扁的奥氏体宽度范围内，板条束比较细小，有效晶粒得到细化。同时其位错密度较高，这是由于在变形过程中由形变诱导析出的碳氮化物可以起到钉扎位错的作用，在变形后直接淬火，使这些位错保留到室温，同时由于回

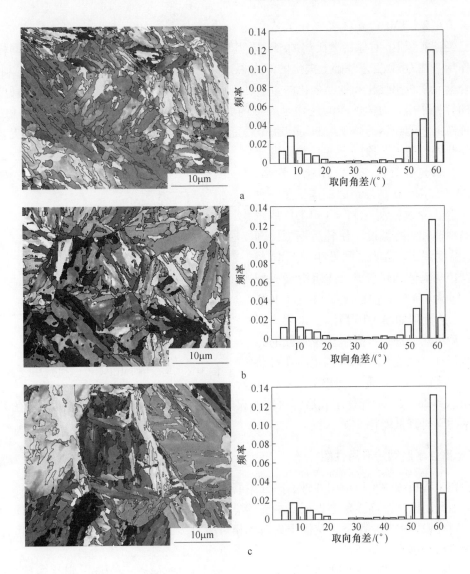

图 3-15　不同在线淬火温度 EBSD 分析
a—850℃；b—900℃；c—950℃

火温度较低，受粒子钉扎的位错并未消失。在细小的板条束宽度和较高的位错密度综合作用下，实验钢的综合力学性能较好。

当淬火温度为 900℃时，在未再结晶区变形较小，所以只有部分晶粒扁平化，在奥氏体内部的板条束的宽度也有所增加，因此强度下降；同时，在小角度晶界比例下降的同时，大角度晶界比例明显增加，将使沿晶界传播在扩展过程中不断改变方向，由此起到消耗裂纹能量、阻碍裂纹继续传播的作用，因此在此温度淬火，钢的强度虽然降低，但是其冲击韧性明显提高。

当淬火温度为 950℃时，由于轧制变形基本完全在再结晶区，晶粒没有充分细化，原始粗大的晶粒会导致其淬火后的板条束宽度也有所增加，但是其强度反而略有上升，说明板条束的宽度只是控制强度的原因之一，还存在其他强化机制对钢的强度有重要影响。

3.3.4.2　TMCP-直接碳配分工艺

已经证实了 Nb 对原始奥氏体的细化及其碳化物的析出强化在高强耐磨钢中同样发挥有益作用。在 Q&P 工艺基础上提出的淬火-配分-回火（Q-P-T）新工艺正是强调了利用 Nb 等微合金元素析出强化和细晶强化的重要性，同时继续发挥残余奥氏体软相在塑韧性改善方面的有利作用。力学性能的优化是高强耐磨钢板的应用前提，虽然通过 Q&P 和 Q-P-T 热处理新工艺调控钢的微观组织可以获得性能优于常规热处理的高强钢板，但新工艺并没有关注热处理前工艺段的潜在优势。鉴于此，已有研究针对过冷奥氏体稳定性高、添加 Nb 的 NM600 高强耐磨钢提出了一种试制工艺，通过控制轧制（TMCP）后精确控制冷速和终冷温度，使轧后钢板冷却至 M_s 温度到 M_f 温度之间发生马氏体相变，调控马氏体和残余奥氏体组织（碳配分），即为 TMCP-直接碳配分（TMCP-DP），工艺流程如图 3-16 所示。采用该工艺无须后续热处理，可直接获得最佳的力学性能指标，强度 2200MPa 以上时还可获得 12% 的伸长率，硬度 620HBW，-20℃

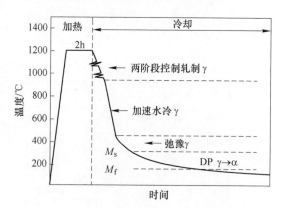

图 3-16　实验钢 TMCP-DP 工艺过程示意图

冲击功达到 28.7J，性能优于轧后淬火加回火处理的钢板，从而缩短工艺流程，在提高生产效率的同时降低能耗。

3.3.5　高强耐磨钢的应用性能

除在工程机械中承担结构件外，高强耐磨钢板最主要的用途还是用在耐磨部件上承担磨损。因此耐磨性是高强耐磨钢板最主要的应用性能。耐磨性并非材料的固有性质，而是不同材料在设定磨损环境下抵抗磨损失效的相对能力，为了反映高强耐磨钢的耐磨性，用实验的方法来展现其耐磨性。

分别在不同工艺处理所得的不同硬度的钢板上切取 ϕ4mm × 10mm 圆柱销试样若干，在销盘磨损试验机上用 200 号砂纸进行磨损试验，在 7N 加载下磨损试验转数为 200 转，用磨损前后试样的平均失重来评价各试样的相对耐磨性。除硬度 500HBW 以上超高强耐磨钢，参与耐磨性对比的还有常见的 NM360 耐磨钢和 X70 耐磨管线钢，各试样的基础力学性能见表 3-15。TMCP-DP 样即为 TMCP-直接碳配分短流程工艺制备的钢板上切取，QT 表示再加热淬火并回火处理的耐磨钢板试样，其后数字表示对应的回火温度。同等磨损条件下不同试样的磨损失重相对大小是试样耐磨性差异的最直观反映，磨损失重越大，说明耐磨性越差。图 3-17 给出了参与对比的试样在 200 转磨损后的磨损失重比较。从图中可以看出，对于同成分的超高强耐磨钢经由 TMCP-DP 工艺直接制备后其耐磨性仅次于轧后再加热水淬的 WQ 试样，但 WQ 试样经 200 ~ 400℃ 低温回火后其耐磨性有所降低，不如 TMCP-DP 试样；且随着回火温度从 200℃ 升高至 300℃ 磨损失重逐渐增大；继续升高回火温度至 350℃、400℃ 后磨损失重又轻微下降，但耐磨性依然差于淬火处理的 WQ 试样和 TMCP-DP 试样。

表 3-15　磨粒磨损试验各试样的力学性能及热处理状态

试样编号	抗拉强度/MPa	布氏硬度 HBW	$-20℃$冲击功/J	最终热处理状态
TMCP-DP	2226	623	28.7	TMCP-DP
WQ	2024	639	9.2	淬火
QT-200	2160	611	28.4	淬火+200℃回火
QT-250	1927	566	29.2	淬火+250℃回火
QT-300	1859	560	25.8	淬火+300℃回火
QT-350	1782	541	16.5	淬火+350℃回火
QT-400	1697	531	19.8	淬火+400℃回火
X70	628	202	295	TMCP
NM360	1250	384	21	淬火+200℃回火

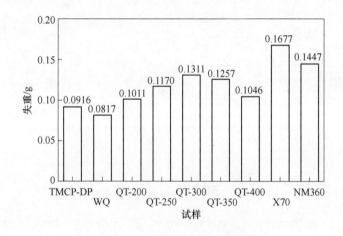

图 3-17　不同试样销盘磨损后的失重

　　结合各试样的力学性能，WQ 试样硬度最高（639HBW），其次为 TMCP-DP 试样（623HBW），淬火+回火处理的试样中 QT-200 硬度最高（611HBW），这三种不同工艺的钢板耐磨性最佳，其相对耐磨性也与其硬度对应，硬度越高者耐磨性越好，但兼顾综合性能，WQ 试样的完全脆性（伸长率 0）和 QT-200 试样强度上的偏低仍然不及 TMCP-DP 钢板。硬度高低直接反映了磨粒压入到材料基体中的难易程度，硬度越高时磨粒越难压入到材料基体中，引发进一步磨损。回火温度继续升高时试样硬度的降低是其耐磨性下降的最直接原因。在 350℃、400℃回火后虽然试样硬度继续下降，但耐磨性略强于较低温度回火的试样，这一点表明在影响耐磨性的因素上硬度也并非唯一因素。作为参比试样的 X70 和 NM360 钢板则在耐磨性方面明显不如本书关注的超高强耐磨钢。

　　图 3-18 给出了 QT-200、X70 和 NM360 试样销盘磨损后的磨损表面形貌照片。材料硬度反映的即是外力压入材料表面的难易程度，各试样硬度的差异反映在磨痕上就是磨痕的深浅，当硬度较高时，同等磨损试验载荷和同号砂纸时磨粒（砂纸颗粒）压入的深度较浅，硬度较低时则磨粒更易压入到材料表面。同样为马氏体组织，NM360 相比实验钢较低的硬度在耐磨性上明显较差，最直观表现在磨损表面形貌上即为更深、更宽的磨痕，在同

等大小正向力的作用下磨粒容易压入，且容易在切向力的作用下向前划动，引发材料磨损。参比用 X70 钢为针状铁素体组织，明显软于马氏体耐磨钢，其磨损后表面呈现出与马氏体完全不同的形貌，除因硬度较低而磨痕更深、更宽外，其磨痕甚至不如马氏体组织磨痕般平直，出现了弯曲。这是由于较低的硬度使磨粒更易深入材料表面，此时沿磨损发生方向横在磨粒前面的材料较多，即磨痕截面积较大，此时磨粒向前划动的阻力增大，在外加切向分力不变的情况下更不易向前直行而形成直划痕。这一点显示出高硬度马氏体耐磨钢与低硬度非马氏体钢在经受磨粒磨损时磨损机理的区别。对于马氏体耐磨钢，增加耐磨性的途径一方面是尽量提高钢的硬度，使磨粒更难压入材料表面；另一方面可以在微观组织上做工作，如增加钢中硬质粒子的含量，这样可对磨粒前行形成一定的阻力，阻碍磨痕的发展，进而减轻磨损。

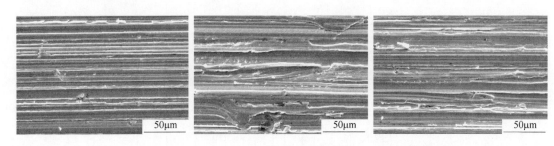

图 3-18　QT-200、X70 和 NM360 试样销盘磨损后的磨损表面形貌

参 考 文 献

[1] 帅奇，栾玉武. 我国工程建设机械用钢市场营销初探[J]. 冶金管理，2007(4)：36～38.

[2] 李灿明，王建景，闫志华. 国内工程机械用钢发展现状和市场预测[J]. 山东冶金，2008，30(5)：9～11.

[3] 沈福元. 国内生产出机械工程用超高强度钢[N]. 世界金属导报，2006-05-16(A05).

[4] 王昭东. 应用形变热处理开发 HQ685 高强钢板[D]. 沈阳：东北大学，1998：8～9.

[5] 朱维翰. 国外工程机械用钢及其发展[J]. 工程机械，1995(15)：1～10.

[6] 张月新. 工程机械用钢的发展[J]. 钢铁研究，1990，2(55)：65～83.

[7] Arindam G, Samar D, Subrata C. Ageing Behavior of a Cu-Bearing Ultrahigh Strength Steel[J]. Materials Science and Engineering, 2008(A48)：152～157.

[8] Dhua S K, Amitava R, Sarma D S. Effect of Tempering Temperatures on the Mechanical Properties and Microstructures of HSLA-100 Type Copper-Bearing Steels[J]. Materials Science and Engineering, 2001(A318)：197～210.

[9] 秦熊浦，朱明程，巨强. 新型准贝氏体钢及其在工程机械上的应用[J]. 工程机械，2009(9)：42～43.

[10] 张震，张有余. 高强度工程机械用钢 JGH60 的生产[J]. 炼钢，2005，21(4)：5～7.

[11] 张广发. 宝钢成功研制特高强度热轧工程机械用钢[N]. 中国工业报，2008/3/27，第 B02 版.

[12] 师昌绪. 现代材料学进展[M]. 北京：国防工业出版社，1992.

[13] Siwecki T. International Conference on Technology and Application of High Strength Low Alloy Steels[C]. 1983：1～16.

［14］ 陆匠新．700MPa 级高强度微合金钢生产技术研究［D］．沈阳：东北大学，2005.

［15］ 鲁统轮．空冷贝氏体钢的发展［J］．汽车工艺与材料，2000，15(6)：19～26.

［16］ 孙福玉．控轧贝氏体钢的发展［J］．材料科学进展，2002，24(2)：129～136.

［17］ 刘东雨，方鸿生，白秉哲，等．我国中低碳贝氏体钢的发展［J］．江苏冶金，2002，30(3)：1～14.

［18］ 王学敏，尚成嘉，杨善武，等．组织细化的控制相变机理研究［J］．金属学报，2002，38(6)：661.

［19］ 刘家浚．材料磨损原理及其耐磨性［M］．北京：清华大学出版社，1993.

［20］ 李文斌，费静，曹忠孝，等．我国低合金高强度耐磨钢的生产现状及发展方向［J］．机械工程材料，2012，36(2)：6～10.

［21］ ZHANG C，WANG Q，REN J，et al. Effect of martensitic morphology on mechanical properties of an as-quenched and tempered 25CrMo48V steel［J］. Materials Science and Engineering：A，2012，534(0)：339～346.

［22］ MISRA R D K，NATHANI H，HARTMANN J E，et al. Microstructural evolution in a new 770MPa hot rolled Nb-Ti microalloyed steel［J］. Materials Science and Engineering：A，2005，394(1～2)：339～352.

［23］ 王有铭，李曼云，韦光．钢材的控制轧制和控制冷却［M］．北京：冶金工业出版社，2010：50.

［24］ HUTCHINSON C R，ZUROB H S，SINCLAIR C W，et al. The comparative effectiveness of Nb solute and NbC precipitates at impeding grain-boundary motion in Nb steels［J］. Scripta Materialia，2008，59(6)：635～637.

［25］ ZHONG N，WANG X，WANG L，et al. Enhancement of the mechanical properties of a Nb-microalloyed advanced high-strength steel treated by quenching-partitioning-tempering process［J］. Materials Science and Engineering：A，2009，506(1)：111～116.

［26］ HASHIMOTO S，IKEDA S，SUGIMOTO K-I，et al. Effects of Nb and Mo addition to 0.2% C-1.5% Si-1.5% Mn steel on mechanical properties of hot rolled TRIP-aided steel sheets［J］. ISIJ International，2004，44(9)：1590～1598.

［27］ ZHAO Y-L，SHI J，CAO W-Q，et al. Effect of direct quenching on microstructure and mechanical properties of medium-carbon Nb-bearing steel［J］. Journal of Zhejiang University SCIENCE A，2010，11(10)：776～781.

［28］ 戎咏华．先进超高强度-高塑性 Q-P-T 钢［J］．金属学报，2011，47(12)：1483～1489.

［29］ 巨彪，武会宾，唐荻，等．微观组织演变对超高强耐磨钢板力学性能的影响［J］．金属学报，2014(9)：1055～1062.

4 船板及海洋工程用钢

4.1 船板及海洋用钢国内外发展概况

4.1.1 船体结构用钢

早期的船体结构用钢多为碳素钢，提高钢的强度是通过提高碳含量来达到的。后来为了获得较高强度的同时还要有较高的韧性，开始采用合金钢。在 20 世纪 50 年代初以前一直使用组织为铁素体和珠光体的碳锰低合金钢，50 年代后期开始使用调质热处理的镍铬钼系合金元素为主的 550MPa 级 HY-80 钢（High Yield Strength Steel，简称 HY 系列钢），后来通过改变一些合金元素的含量和回火温度成功研制了 690MPa 级 HY-100 钢，并用于实船建造。80 年代后，随着超低碳、超纯净钢冶炼、微合金化和控轧控冷等冶金技术的发展，美国首先提出了发展新一代 HSLA（High Strength Low Alloy Steel，简称 HSLA 系列钢）舰船用钢的开发计划，如美国海军开发的 HSLA-80 钢，该钢具有优良的焊接性能、低温韧性和高的屈服强度，且合金元素含量低，从而大大降低了舰船成本。至 2001 年，大约 40000t HSLA-80 钢用于美国海军战船建造。该钢在舰船结构上的成功应用使船体结构用钢的开发进入了一个新时代。在 HSLA-80 的基础上，美国又开发了具有优良焊接性的 HSLA-100，以代替 HY-100 钢。HSLA-100 作为换代产品大大减少了制造成本，是一种低碳、铜沉淀钢，依靠铜的时效硬化作用，在对韧塑性没有明显损害的条件下，获得了高强度，合金含量超过 HSLA-80。HSLA-80 和 HSLA-100 钢均采用了低碳甚至是超低碳的合金设计（碳含量不大于 0.06%），确保钢的优良焊接性和低温韧性。现阶段，为了增加潜艇下潜的深度，美国研究开发了强度更高的马氏体时效钢并利用普通淬火回火处理方法研制了 HP9-4-20 高强韧性钢。

与此同时，日本依靠自己强大的经济实力和先进的技术，开发出一系列高强度船体结构钢，如成分为 8/10Ni-Cr-Mo-V-0.1/0.15C 调质高强度钢、马氏体时效钢（18Ni-8Co-3Mo-Ti-Al-0.03C、12Ni-5Gr-3Mo-Ti-Al-0.03C）和双相强化钢；90 年代开发的 NS110 钢，屈服强度已达到了 1000MPa 级。俄罗斯也开发了强度为 390~1175MPa 级的 AB 系列舰船钢。法国最新建造的"凯旋"级核潜艇采用了屈服强度为 980MPa 级的 HLES100 钢。

新日铁近年开发了大线能量焊接用钢板 THUFF，其允许的最大热量可达 800~1000kJ/cm，为世界最高水平。与传统的通过 TiN、Ti_2O_3 粒子防止热影响区晶粒长大的思路不同，THUFF 是在钢中形成 Mg 和 Ca 的氧化物或者硫化物微细颗粒，并让其均匀分散于基体上。这些颗粒尺寸为几十到几百纳米，即使在 1400℃的高温下，既不发生团聚，也不发生溶解，稳定地存在于钢中。这样，在钢液凝固的过程中，这些颗粒可以成为奥氏体形核的核心，细化奥氏体晶粒。而在焊接过程中，这些颗粒可以钉扎热影响区的奥氏体晶粒边界，阻止奥氏体晶粒长大，提高热影响区的性能。

美国研制出的船舶用超高强度船体结构用钢 HY80、HY100 和 HY130 以及后期开发的用于取代 HY80 和 HY100 的 HSLA80 和 HSLA100，强度等级达到 550~890MPa。HY 系列超高强度船体结构钢的最终处理状态为淬火 + 回火态。从化学成分可以看出，为保证 HY 系列超高强度船体结构钢的高强与高韧的特性，高 Ni 含量是其特点之一。许多学者提出，在提高高强钢韧性的过程中，Ni 的加入量需受控于钢中 Mn 的含量。Bhole 等通过对比几组不同 Mn、Ni 含量（质量分数）的焊缝性能发现，当钢中 Mn 含量为 4.6% 时，其 Ni 的含量为 4.02%，钢具有更好的韧性。Evans 等提出当 Mn 含量为 4.4% 时，Ni 含量应不超过 2.25%。究其原因，总量过高的 Mn 与 Ni 含量会增加脆性组织的转变，不再利于韧性的改善。国内超高强度船体结构钢采用的是高 Mn 与低 Ni 的成分设计，而 HY 系列超高强度船体结构钢为低 Mn 高 Ni 的成分设计。除 Mn、Ni 外，HY 系列超高强度船体结构钢还采用高固溶强化元素 Cr 的设计。HY 系列超高强度船体结构钢的碳当量值为 0.7%~0.8%，裂纹敏感系数为 0.30%~0.35%，即 HY 系列超高强度船体结构钢的焊接性较差，这必然会限制其生产应用。其焊接性的改良在时代背景下也应运而生。

国内高强度船体结构用钢是在仿制前苏联的基础上研制开发的，近年来，我国多家钢铁企业也研制成功 390MPa、440MPa、590MPa、785MPa 级的高强度船用钢系列。

4.1.2　海洋工程装备用钢

海洋工程是指以开发、利用、保护、恢复海洋资源为目的，并且工程主体位于海岸线向海一侧的新建、改建、扩建工程。具体包括：围填海、海上堤坝工程，人工岛、海上和海底物资储藏设施、跨海桥梁、海底隧道工程，海底管道、海底电（光）缆工程，海洋矿产资源勘探开发及其附属工程，海上潮汐电站、波浪电站、温差电站等海洋能源开发利用工程，大型海水养殖场、人工鱼礁工程，盐田、海水淡化等海水综合利用工程，海上娱乐及运动、景观开发工程，以及国家海洋主管部门会同国务院环境保护主管部门规定的其他海洋工程。

目前，海洋工程装备主要分为三大类：海上钻井类装备、海上生产类装备和辅助船舶。其中油船及其货油舱是海洋工程装备的重要组成部分。海洋钻井平台主要包括两类：移动式平台和固定式平台；生产类装备主要包括：单圆柱生产平台（SPAR）和浮式生产储油船（FPSO）；海洋开发船舶主要包括平台供应船及辅助开发用船等，如图 4-1 所示。

海洋工程装备的生产和发展很大程度上取决于生产材料的技术水平，其中钢铁材料是海洋工程装备的必需，也是用量最大的材料。由海洋工程装备制造衍生而来的海洋工程配套设施的进一步发展，将拉动海洋工程装备用钢的需求，如作为海洋石油平台及船舶等货物装卸和人员输送的设备海洋平台起重机，对 Q345 系列钢板、600N 级以上高强度结构钢（吊臂和转台一般需 800N 以上高强钢）、耐磨钢、耐腐蚀性钢等钢板具有很大的需求量。随着海洋资源的大力开发和海洋工程业的蓬勃发展，以及服役环境越来越苛刻，对海洋工程装备用钢也提出了更高的技术和性能要求。

（1）高强度：随着深海资源的大力开发，普通的 360MPa 和 400MPa 级海洋用钢已经不能满足原有需要，提高强度对于海洋工程装备用钢的减重、降低成本具有重要的经济意义。其中，新日铁采用 TMCP 生产了厚度为 16~70mm、屈服强度为 500MPa、抗拉强度为 650MPa、-40℃冲击功大于 200J 的海洋工程用钢。国外的 0X812、SE702 或 DSE690V 等

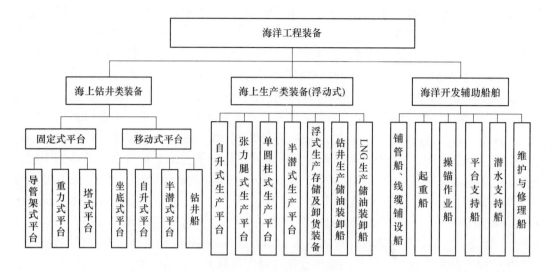

图 4-1　海洋工程装备体系

高强度海洋用钢已经满足 30～100mm 板厚固定结构的要求，屈服强度达到 690MPa、750MPa、700MPa，低温冲击功分别为 100J（－80℃）、120J（－40℃）和 74J（－60℃），同时碳当量比较低，已经成功用于海洋相关装备；新日铁开发的 210mm 厚自升式海洋平台用特厚板（HT80），屈服强度超过了 700MPa，抗拉强度超过了 850MPa。强度级别的提升将成为未来发展的方向。

（2）厚规格：由于海洋工程装备的日益大型化，需要抗拉强度高达 800MPa 级、厚度达 125～150mm 的特厚板，增大厚度不仅造成焊接困难，而且会对强度和低温韧性产生重大的不利影响。在轧制过程中由于中间变形较小和冷却速度较低，晶粒粗大，TMCP 特厚板的强度和韧性相对较低；而一般通过调质处理生产的厚板，因合金含量的提高又大大影响了其焊接性能。因此，合理的成分设计，如铌、钒、钛微合金的添加和 TMCP 工艺参数控制是生产厚板的关键。JFE 开发出了厚度为 140mm、屈服强度为 700MPa、抗拉强度为 800MPa 的含镍海洋工程用钢。迪林根生产的正火后 355MPa 级钢板可以在保证焊接性能的条件下厚度达到 120mm，而采用 TMCP 生产的钢板厚度一般不超过 90mm；420MPa 级的 TMCP 钢板和调质钢板厚度可以达到 100mm。生产特厚规格的海洋工程用钢是未来技术发展的一个重要指标。

（3）高的低温韧性：随着对海洋开发区域的日益扩大，尤其是对深海和极地资源的勘探和开发，海洋工程用钢的低温韧性更显重要，F 级钢板需求量将大增。通过轧机性能和控制冷却能力的提高、合理的成分设计和 TMCP 工艺参数控制，以及细化晶粒可以满足低温韧性的需要；不同生产商也采用在超厚板中适当添加镍含量提高其低温韧性，韧脆转变温度可以达到 －60℃。迪林根开发的用于北极圈库页岛的 S450 钢在 －60℃ 时冲击功超过 300J，满足了此类地区海洋开发的需要。生产具有高低温韧性的海洋工程用钢板具有重要意义。

（4）高耐腐蚀性能：由于一些海洋用钢结构长期处于盐雾、潮气、海水和其他特殊服役环境中，其受到侵蚀作用会产生剧烈的电化学腐蚀，漆膜易发生剧烈皂化、老化，产生非常严重的结构腐蚀，不仅降低了结构材料的力学性能，缩短其使用寿命，而且又因远离海岸，不能像船舶那样定期进行维修、保养，所以对其耐腐蚀性能的要求更高。未来研究的重点是利用不同元素、不同组织对钢耐蚀性的影响，开发出经济、焊接性能和低温韧性良好的耐腐蚀的海洋工程装备用钢。

4.1.3 货油舱用耐蚀钢

随着海洋资源的日渐开发和石油资源在全球范围内大量的运输，在海洋工程行业中，油轮作为重要的海洋工程装备在原油的储运过程中扮演着重要的角色。由于运输成本随油轮的装载量上升而下降，所以大型油轮成为未来发展的趋势。大量石油的储运需要大批量的大型油轮支撑，这势必将拉动原油轮建造用钢的需求量，尤其是货油舱等重要结构的用钢量。货油舱是油轮的重要组成部分，其服役环境相对恶劣，既包括上甲板伴随着温湿交替的酸性湿气腐蚀，也存在下底板高浓度 Cl^- 强酸性盐溶液的腐蚀。所以货油舱材料因遭受严重腐蚀而失效带来的海上灾难和事故屡有发生，在造成人员伤亡的同时，也带来了巨大的经济损失和环境污染。传统的防腐方法是给货油舱内壁涂装耐蚀涂层，这种方法存在一定的弊端。第一，由于货油舱环境相对封闭狭窄，涂装效果难以达到最佳，无法起到有效的保护作用。第二，涂装工序繁琐，且耗费大量时间，每隔 5 ~ 10 年还需进行重涂，同时需要进行不定期的检查和维护，这大大降低了油轮的储运效率。第三，涂装材料和涂装工程会耗费较大的人力、财力和物力，给油轮的运行成本带来了相应的增加。

鉴于以上诸多不利因素和油船船东提出的整改意见，日本相关研究组织（SR242）开展了相应的研究工作，认为货油舱用耐蚀钢能够有效替代涂层防护手段，起到阻碍货油舱环境腐蚀的作用。随后，该组织向国际海事组织（IMO）提案，在 2010 年 2 月的设计与设备分委会（DE）53 次会议上，国际海事组织（IMO）完成了油船货油舱（COT）耐蚀钢性能标准和试验程序的制定工作，并将其作为 COT 涂层标准的唯一等效替代方案。

神户钢铁公司开发出了耐 S 元素和 pH 值较低的盐酸溶液腐蚀的下底板用耐蚀钢，其研究结果表明腐蚀速率是传统用钢材的 1/5 ~ 1/4，同时满足相应的焊接性能要求。住友金属开发出了耐上甲板和下底板腐蚀的货油舱用钢，实验表明新型耐蚀钢的耐蚀性能为传统钢材的 2 倍，同时焊接位置的耐蚀性能也符合相关的标准要求。日本邮船株式会社和新日铁也开展了相关的合作研究。2003 年 8 月，日本邮船株式会社正式宣布，基于高可靠性、环境友好和免维护的目的，在新建的 VLCC 上首次采用"NSGP ® – 1"耐蚀钢。自 2004 年，新日铁和日本邮船进行了持续 2 年半的 VLCC 实船试验，实验证实新型耐蚀钢具有较优良的耐蚀性能。其中首条 VLCC 高峰号已航行 6 年多，其间经过两次船坞例行检查，并未发现需要修理的腐蚀坑。高峰号货油舱底板全部采用"NSGP ® – 1"新型耐蚀钢，其中部货油舱底板未采用涂层涂装，前后货油舱底板采用常规涂层进行涂装。

日本 JFE 钢铁股份有限公司（JFE）和三井 O. S. K 航运公司（MOL）经过 5 年的共同研发合作，于 2007 年开发了一种新型高耐蚀钢板"JFE-SIP ®-OT"（JFE-Steel for Inside Protection-for oil Tanker）。该钢种采用特殊的合金元素组合，在具有与船体结构用传统钢板相同的焊接和力学性能的同时，还具有较强的耐货油舱环境腐蚀性能，新型耐蚀钢的腐蚀程度仅为传统钢板的 1/5 左右，同时还能减缓货油舱顶板背面形成的均匀腐蚀。

我国"十二五"期间专门针对于货油舱用低合金高品质耐蚀钢开展了技术攻关，针对高硫、高酸油气储运环境，研究了 H_2S、CO_2、SO_2 及 Cl^- 等介质对低合金钢的腐蚀机理，以及各类元素、组织、夹杂物对材料抗腐蚀性能的影响。在此基础上开发的耐腐蚀钢在模拟 COT 环境下，具有优于 IMO 国际海事组织要求的性能，较普通船板耐蚀性大幅提高，超过了日本报道的同类钢实物水平，钢的成分和工艺成本增加不超过 15%。同时自主开发了 COT 耐蚀钢的腐蚀评价装置，并通过了 CNAS、CMA、CCS 认可，发布了世界上第二份船级社《原油油船货油舱耐蚀钢材检验指南》，确立了 COT 耐蚀钢的工业生产、检验和船舶应用规范。

4.2   船板及海工钢相关标准

4.2.1   超高强船板钢和海工钢标准要求

船体结构用钢是指按船级社建造规范要求生产的用于制造船体结构的钢材，海工钢是指按船级社建造规范要求生产的用于海洋工程装备的钢材。中国船级社的标准是按照其最小屈服强度划分为一般强度、高强度和超高强度船体结构及海洋工程装备用钢三类，其中超高强船板钢及海工钢规范如表 4-1 所示，化学成分如表 4-2 所示。

表 4-1   超高强船板钢及海工钢规范

钢材等级	规　格	交货状态	认证情况	Z 向
A420/D420/E420 A460/D460/E460 A500/D500/E500	$h \leqslant 50\text{mm}$	TMCP	ABS、CCS	
A420/D420/E420 A460/D460/E460	$h \leqslant 80\text{mm}$	调　质	ABS、CCS	Z25、Z35
A500/D500/E500 A550/D550/E550			ABS、CCS、DNV	
A620/D620/E620 A690/D690/E690	$h \leqslant 50\text{mm}$		ABS、CCS	

表 4-2   超高强船板钢及海工钢的化学成分

强度等级 /N·mm^{-2}	韧性等级	化学成分/%					
		C	Si	Mn	P	S	N
420 ~ 690	A	≤0.21	≤0.55	≤1.70	≤0.035	≤0.035	≤0.020
	D、E	≤0.20	≤0.55	≤1.70	≤0.030	≤0.030	≤0.020
	F	≤0.18	≤0.55	≤1.60	≤0.025	≤0.025	≤0.020

4.2.2   货油舱上甲板服役环境和耐蚀性标准要求

货油舱服役环境相对复杂且恶劣，其中包含上甲板的带有温湿交替的酸性湿气腐蚀和下底板的强酸性高浓度 Cl^- 盐溶液腐蚀。为模仿实际服役环境，IMO 根据已有研究成果和经验给出了货油舱环境腐蚀实验标准方案。其中上甲板的服役环境尤为复杂，不但存在温度和湿度的交替变化，同时还存在复合的 O_2-CO_2-SO_2-H_2S 酸性气体。IMO 标准实验方案规定，模拟货油舱上甲板条件的试验应满足下列条件：

（1）耐蚀钢和常规钢的试验同时进行。

（2）实验材料的力学性能应符合相关船级社标准要求。

（3）耐蚀钢的试验应分别持续21天、49天、77天和98天。常规钢的实验应持续98天，焊接接头的试验应持续98天。

（4）每个试验周期应分别制备至少3块试板。

（5）每块试板的尺寸应为$(25\pm1)mm\times(60\pm1)mm\times(5\pm0.5)mm$。试板表面应采用600号砂纸抛光。焊接接头的试板尺寸应为$(25\pm1)mm\times(60\pm1)mm\times(5\pm0.5)mm$，其中包含$(15\pm5)mm$宽的熔敷金属部分。

（6）除试样表面外，试板的其余表面应被隔离于腐蚀性的环境，以免影响实验结果。

（7）试验装置由两层空间组成，外层空间的温度可以被控制。

（8）为模拟实际的上甲板环境，实验循环使用蒸馏水和模拟COT气体$[(4\pm1)\%O_2$-$(13\pm2)\%CO_2$-$(100\pm100)\times10^{-6}SO_2$-$(500\pm50)\times10^{-6}H_2S$-$(83\pm2)\%N_2]$。试板表面与蒸馏水之间应保持足够的距离，以避免蒸馏水溅射到试板上。在最初的24h内，气体的最小流量应为100mL/min，24h后应为20mL/min。

（9）试板应被加热至$(50\pm2)℃$保持$(19\pm2)h$和至$(25\pm2)℃$保持$(3\pm2)h$，温度转换时间至少应为1h。1个循环的时间为24h。

当试板的温度为50℃时，蒸馏水的温度应保持在不超过36℃。

货油舱上甲板试板尺寸如图4-2所示。模拟腐蚀实验装置如图4-3所示。

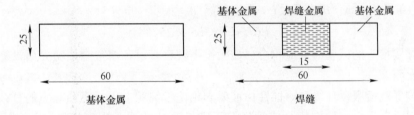

图4-2 货油舱上甲板试板尺寸

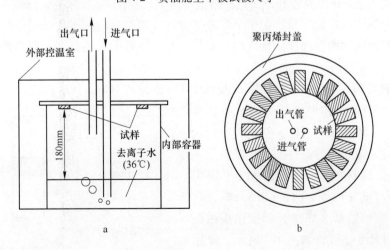

图4-3 货油舱上甲板模拟腐蚀实验装置示意图

a—反应装置；b—样品夹具

试验开始前，应记录试板的尺寸和重量。试验结束后，记录常规钢重量的减少（W_c）和耐蚀钢重量的减少（W_{21}、W_{49}、W_{77}、W_{98}）（腐蚀前后重量的差异）。

应用下列公式计算常规钢腐蚀的减少（CL_c）和耐蚀钢腐蚀的减少（CL_{21}、CL_{49}、CL_{77}、CL_{98}）：

$$CL_c = 10W_c/(SD) \tag{4-1}$$

$$CL_{21} = 10W_{21}/(SD) \tag{4-2}$$

$$CL_{49} = 10W_{49}/(SD) \tag{4-3}$$

$$CL_{77} = 10W_{77}/(SD) \tag{4-4}$$

$$CL_{98} = 10W_{98}/(SD) \tag{4-5}$$

式中，W_c 为常规钢的重量减少，g(各试板的平均值)；W_{21} 为 21 天后耐蚀钢的重量减少，g(各试板的平均值)；W_{49} 为 49 天后耐蚀钢的重量减少，g(各试板的平均值)；W_{77} 为 77 天后耐蚀钢的重量减少，g(各试板的平均值)；W_{98} 为 98 天后耐蚀钢的重量减少，g(各试板的平均值)；S 为表面积，cm^2；D 为密度，g/cm^3。

如果 CL_c 介于 0.05 ~ 0.11mm 之间，则认为试验设备是符合标准要求的。CL_c 值可以通过适当改变通入试验设备的气体组成和含量来进行调整。

根据 21 天、49 天、77 天、98 天的腐蚀试验数据，应用最小二乘法根据式（4-6）和式（4-7）来预算 25 年后的腐蚀减少（ECL）：

$$ECL = At^B \tag{4-6}$$

式中，A 的单位为 mm；B 为系数；t 为试验周期，天。

$$ECL = A(365 \times 25)^B \tag{4-7}$$

其中焊接接头的试验结果应符合：显微镜下观察基材和熔敷金属交界面没有明显台阶或不连续表面。

货油舱下底板服役环境和耐蚀性标准要求相比货油舱上甲板腐蚀环境的复杂，下底板腐蚀环境相对容易在实验室模拟实现，但下底板腐蚀的严苛程度却要高于上甲板腐蚀环境，不但腐蚀溶液的 pH 值较低，而且盐溶液中含有大量的 Cl^- 等穿透性强易诱发点蚀的离子。同时由于货油舱用钢大量集中于下底板部分，所以相应应用于货油舱下底板的耐蚀钢应具有更强的耐点状腐蚀性能。IMO 同样对货油舱下底板的实验方案和耐蚀性能作出了相应的规定：

（1）母材的试验应持续 72h，焊接接头的试验应持续 168h。

（2）耐蚀钢母材和焊接接头的试板数量应分别至少为 3 块。作为对比，至少 3 块常规钢母材试板应放在相同的条件下进行试验。

（3）仅含母材的每块试板的尺寸应为 $(25 \pm 1)mm \times (60 \pm 1)mm \times (5 \pm 0.5)mm$，含 $(15 \pm 5)mm$ 宽的熔敷金属部分焊接接头试板的尺寸与母材尺寸一致，如图 4-4 所示。除用于悬挂的孔外，试板的表面应用 600 号砂纸抛光打磨。

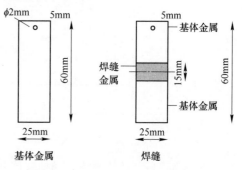

图 4-4 下底板腐蚀试样的尺寸图

（4）试板用直径 0.3~0.4mm 的尼龙线悬挂在试液中，以避免裂隙性和局部腐蚀。腐蚀试验的实验装置布置示例如图 4-5 所示。

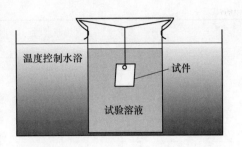

（5）试验溶液含 10%（质量分数）的 NaCl，使用 HCl 溶液将 pH 值调整至 0.85。为了保证试验溶液 pH 值稳定在 0.85 左右，试验溶液应每 24h 更换一次。溶液的体积应大于 20mL/cm² （试板的表面积），溶液的温度应保持在 (30±2)℃。

图 4-5 下底板腐蚀试验装置示意图

试验开始前，应测量和记载试板的尺寸和重量。试验结束后，测量试样的重量减少（腐蚀前后重量差）。应用式（4-8）计算腐蚀速率（$C.R.$）：

$$C.R. = (365 \times 24 \times W \times 10)/(S \times 72 \times D) \tag{4-8}$$

式中，$C.R.$ 为腐蚀速率，mm/a；W 为重量减少，g；S 为表面积，cm²；D 为密度，g/cm³。

为识别遭受裂隙性腐蚀或局部腐蚀的试板，应在正常分布数据表上绘制 $C.R.$ 曲线。偏离于正常数据分布之外的 $C.R.$ 数据应自试验结果中淘汰，并最终计算出腐蚀平均速率 $C.R._{ave}$。焊接接头腐蚀性能的要求为显微镜下观察不到母材与熔敷金属交界处有不连续处或者明显台阶。

4.3 耐蚀 E36 级船板钢成分、工艺及性能

4.3.1 合金元素对上甲板全周期腐蚀的影响

设计的 4 种上甲板全周期腐蚀实验用钢成分如表 4-3 所示。材料经冶炼、锻造后，再经控轧控冷工艺（TMCP）轧制成 12mm 厚的板材。钢的屈服强度、抗拉强度、伸长率和冲击功等指标均优于 E36 级别的标准要求。

表 4-3 实验用钢的化学成分（质量分数） （%）

编号	C	Si	Mn	Nb	Ti	Ni	Cu	Mo	Cr
1	0.100	0.24	1.35	0.025	0.015	—	—	—	—
2	0.036	0.32	1.33	0.025	0.015	0.25	0.3	0.08	—
3	0.032	0.20	1.33	0.025	0.015	0.25	0.3	—	0.2
4	0.041	0.22	1.15	0.025	0.015	0.25	0.3	—	0.5

经计算 4 种钢的腐蚀速率、减薄量、25 年外推腐蚀减薄量和腐蚀预测曲线参数等实验数据如表 4-4 所示，4 种钢 25 年外推腐蚀减薄量预测曲线如图 4-6 所示。

表 4-4 货油舱上甲板全周期腐蚀实验结果

编号	平均失重量 /g	平均减薄量 /mm	平均腐蚀速率 /mm·a⁻¹	25 年外推减薄量/mm	参数 A	参数 B
1-21	0.5357	0.0455	0.7903			
1-49	1.2179	0.1037	0.7727	9.35	0.0032	0.8752
1-77	1.8041	0.1536	0.7279			
1-98	1.9476	0.1656	0.6168			

编　号	平均失重量/g	平均减薄量/mm	平均腐蚀速率/mm·a⁻¹	25 年外推减薄量/mm	参数 A	参数 B
2-21	0.4580	0.0389	0.6761			
2-49	1.0021	0.0851	0.6339	4.96	0.0034	0.7984
2-77	1.3471	0.1144	0.5423			
2-98	1.4895	0.1265	0.4711			
3-21	0.3077	0.0263	0.4571			
3-49	0.8791	0.0752	0.5589	2.21	0.0041	0.6901
3-77	0.8940	0.0767	0.3640			
3-98	1.1847	0.1011	0.3746			
4-21	0.4310	0.0366	0.6361			
4-49	0.7724	0.0656	0.4887	1.69	0.0053	0.6308
4-77	0.9714	0.0825	0.3911			
4-98	1.1198	0.0951	0.3542			

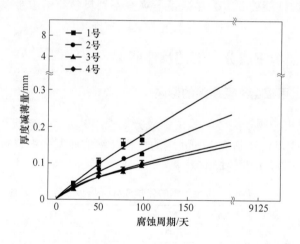

图 4-6　不同钢种货油舱上甲板 25 年外推减薄量预测曲线

如表 4-4 和图 4-6 所示，从平均腐蚀速率的角度分析，除了初始腐蚀速率和绝对腐蚀速率的差异外，4 种钢的平均腐蚀速率随着腐蚀周期的延长均有不同程度的下降。其中，1 号钢的初始绝对腐蚀速率最大为 0.7903mm/a，同时，1 号钢的腐蚀速率随腐蚀周期的延长下降的最慢，即使 98 天腐蚀周期后腐蚀速率依然为 0.6168mm/a。2 号钢的初始绝对腐蚀速率相对下降为 0.6761mm/a，同时腐蚀速率下降趋势较 1 号钢明显，最大周期腐蚀速率为 0.4711mm/a。3 号钢的初始绝对腐蚀速率最小为 0.4571mm/a，同时腐蚀速率随腐蚀周期延长呈现明显下降趋势而后趋于平稳，最大腐蚀周期腐蚀速率达到 0.3746mm/a。4 号钢的初始绝对腐蚀速率相对 3 号钢有所上升，但比 1 号钢和 2 号钢低，不同于 3 号钢，4 号钢的腐蚀速率下降趋势最为明显，并且腐蚀速率最终达到 0.3542mm/a。

从腐蚀减薄量角度分析，除去绝对腐蚀减薄量和初始腐蚀减薄量的差异外，4 种钢的腐蚀减薄量均随着腐蚀周期的延长不断增加，但增加的幅度差异较大。其中，1 号钢的初始绝对减薄量最大为 0.0455mm，同时随着腐蚀周期的延长，其腐蚀减薄量也增加明显，最终达到 0.1656mm。2 号钢的初始绝对腐蚀减薄量相对 1 号钢下降为 0.0389mm，同时腐蚀减薄量上升趋势不如 1 号钢明显，最大周期腐蚀减薄量为 0.1265mm。3 号钢的初始绝对腐蚀减薄量最小为 0.0263mm，同时腐蚀减薄量随腐蚀周期延长增长速率较小，最大腐蚀周期腐蚀减薄量达到 0.1011mm。4 号钢的初始绝对腐蚀减薄量相对 3 号钢有所上升，但比 1 号钢和 2 号钢低，区别于 3 号钢的是，4 号钢的腐蚀减薄量增长趋势最弱，并且腐蚀减薄量最终只达到 4 种钢中最小的 0.0951mm。

根据以上分析，结合表 4-4 和图 4-6，同时根据式（4-1）~式（4-3）计算拟合得出 4 种钢的 25 年外推腐蚀减薄量，其中，1 号钢 25 年外推腐蚀减薄量最大为 9.35mm，4 号钢的 25 年外推腐蚀减薄量最小为 1.69mm。另外，根据式（4-3）计算拟合出参数 A 和 B，参数 A 未呈现单调递增或递减趋势，而参数 B 随着 4 种钢 25 年外推减薄量的递减呈现递减趋势，其中 1 号钢参数 B 最大为 0.8752，4 号钢参数 B 最小为 0.6308。基于以上分析，可以判断参数 B 的大小决定了腐蚀减薄量的走势和增长速度。

基于对腐蚀速率和腐蚀减薄量实验结果的分析，1 号钢即传统 E36 级船板钢的耐蚀性能最差，25 年外推腐蚀减薄量大大超出 IMO 标准的要求；2 号钢作为低碳低合金钢同时加入了微量 Mo 元素，耐腐蚀性能较 1 号钢有所提升，但提升效果并不明显；3 号钢作为低合金钢同时加入少量 Cr 元素，耐蚀性能较 1 号钢和 2 号钢均有明显提升，其 25 年外推腐蚀减薄量接近 IMO 标准要求；4 号钢作为低合金钢，其 Cr 含量较 3 号钢提高，25 年外推腐蚀减薄量已经达到 IMO 标准的要求，耐蚀性能最好。低碳和低合金化对耐蚀货油舱上甲板环境耐蚀性能的提升有明显效果，同时 Cr 元素含量的增加对耐蚀性能的提升起到至关重要的作用。

图 4-7 和图 4-8 分别为 4 种钢腐蚀 21 天和 98 天后去除腐蚀产物膜前后的宏观腐蚀形貌。从图中分析可知，腐蚀 21 天后，4 种钢均在基体表面形成了腐蚀产物膜，除去 1 号钢腐蚀产物膜呈现部分腐蚀产物的聚集外，其他 3 种钢腐蚀产物膜均相对致密和均匀；去除腐蚀产物膜之后，可以清晰地分辨出 3 号钢表面质量最高，基体表面均匀且金属光泽明显，其次是 4 号钢，1 号钢的基体表面质量最差，且已经呈现了轻微的凹凸起伏，这与 4 种钢的 21 天初始腐蚀速率和减薄量表现一致。

腐蚀 98 天后，4 种钢腐蚀产物膜表面均呈现出大面积的脱落，其中 1 号钢和 2 号钢脱落后内层腐蚀产物膜形貌依然呈现出凹凸不平的现象，3 号钢的内层腐蚀产物膜则非常致密平整，4 号钢的腐蚀产物膜到 98 天腐蚀之后未出现较大变化，依然呈现出较为平整致密的形貌。去除腐蚀产物膜之后，1 号钢和 2 号钢基体表面的腐蚀凹坑相互联结现象更加明显，联结的腐蚀凹坑尺寸不断长大，而 3 号钢和 4 号钢基体表面则依然呈现出较为平整的形貌，3 号钢基体表层依然表现为细小均匀分布的腐蚀凹坑，4 号钢基体表面则较 3 号钢更为均匀平整，腐蚀凹坑现象最为微弱。

图 4-9 为 4 种钢腐蚀 21 天后腐蚀产物膜表层 SEM 微观腐蚀形貌。由图可知，腐蚀 21 天后，4 种钢表面均形成了一层腐蚀产物膜，腐蚀产物膜的表面形态以大小不一的腐蚀鼓泡为组成特征。1 号钢腐蚀产物膜表面的鼓泡尺寸最大，分布不均，腐蚀鼓泡最大尺寸可达 1mm 左右，而且鼓泡破裂现象明显，鼓泡内层完全暴露于腐蚀环境中；2 号钢腐蚀产物

图 4-7 4 种钢腐蚀 21 天后去除腐蚀产物膜前后宏观形貌

图 4-8 4 种钢腐蚀 98 天后去除腐蚀产物膜前后宏观形貌

表面同时存在不均匀分布的腐蚀鼓泡，尺寸最大可达 $500\mu m$ 以上，腐蚀鼓泡尖端存在不同程度的破裂现象，大多数鼓泡呈现半破裂形貌，同时未破裂部分腐蚀产物膜较为完整均匀；3 号钢腐蚀产物膜表层较为均匀致密，虽然存在大量腐蚀鼓泡，但腐蚀鼓泡尺寸较小，且分布均匀，腐蚀产物膜表层整体未现明显凹凸起伏现象；4 号钢腐蚀产物膜表层也较为均匀致密，但区别于 3 号钢，4 号钢腐蚀产物膜表层的鼓泡尺寸不够均匀，部分腐蚀鼓泡破裂，部分腐蚀鼓泡依然处于长大和萌生阶段。

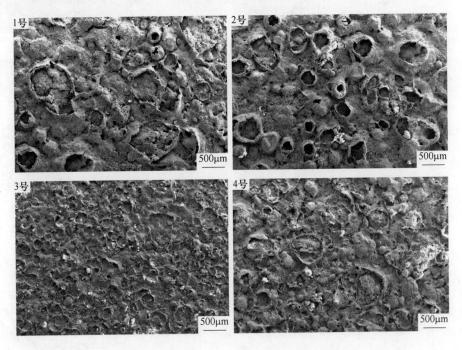

图 4-9　腐蚀 21 天后 4 种钢的腐蚀微观形貌

从 4 种钢的腐蚀产物膜表层形貌分析，3 号钢和 4 号钢的腐蚀产物膜相对均匀致密，保护性较好，而 1 号钢和 2 号钢的腐蚀产物膜致密性较差，1 号钢的腐蚀产物膜结构最为疏松，3 号钢在腐蚀 21 天后表现出最好的耐腐蚀性。

图 4-10 为腐蚀 21 天后 4 种钢的腐蚀产物膜界面微观形貌图。由图可知，4 种钢腐蚀 21 天后的腐蚀产物膜厚度差别不大，均在 $100\sim140\mu m$ 之间，但 4 种钢的腐蚀产物膜结构和致密性存在较大差异。其中，1 号钢和 2 号钢的腐蚀产物膜结构中存在不同程度的孔洞现象。3 号钢和 4 号钢的腐蚀产物膜结构则较为均匀致密，其中，3 号钢腐蚀产物膜存在部分裂纹，而 4 号钢的腐蚀产物膜结构在 4 种钢中则最为均匀致密，对钢基体的保护能力较强。

图 4-11 为腐蚀 21 天后 4 种钢腐蚀产物膜的 XRD 图谱，根据图谱可进行腐蚀产物膜的物相分析。由图可知，4 种钢的腐蚀产物膜物相组成基本相同，以 $\alpha\text{-FeOOH}$ 和 $\beta\text{-FeOOH}$ 为主，同时存在少量的 S 单质，以及 FeS、$Fe_{1-x}S$ 和 FeS_2 等硫铁化合物。

图 4-12 为腐蚀 21 天后带腐蚀产物膜的 4 种钢的电化学极化曲线。从图中可知，4 种钢的自腐蚀电位从低到高依次为 3 号 > 4 号 > 2 号 > 1 号。

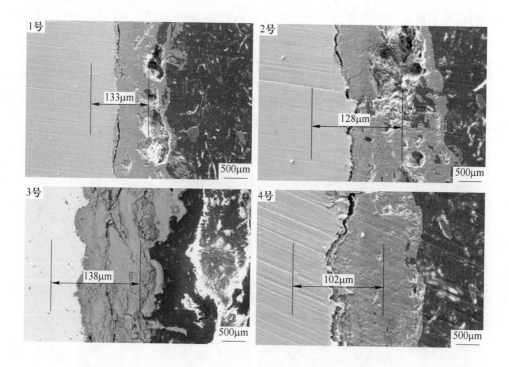

图 4-10　腐蚀 21 天后 4 种钢的腐蚀产物膜界面微观形貌

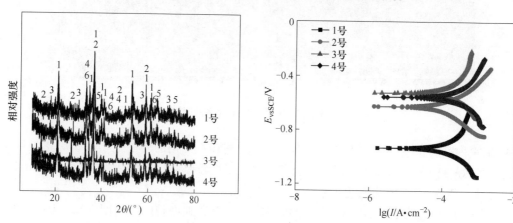

图 4-11　腐蚀 21 天后 4 种钢的
腐蚀产物膜 XRD 图谱

1—α-FeOOH；2—β-FeOOH；3—S；
4—FeS；5—Fe$_{1-x}$S；6—FeS$_2$

图 4-12　腐蚀 21 天后带腐蚀产物膜的
4 种钢的电化学极化曲线

　　图 4-13 为 4 种钢腐蚀 98 天后腐蚀产物膜表层 SEM 微观腐蚀形貌。由图可知，腐蚀 98 天后，相比腐蚀 77 天后，4 种钢腐蚀产物膜表面均发生了明显的变化。结合宏观形貌和截面微观形貌分析，1 号钢的外层腐蚀产物膜已全部脱落，在内层腐蚀产物膜上面，再一次生成了大量分布不均、大小不一的腐蚀鼓泡，且其中部分已经破裂；2 号钢与 1 号钢相似，外层腐蚀产物膜也全部脱落，区别于 1 号钢的是，2 号钢腐蚀产物膜内层上再次生成的腐蚀鼓泡较为均匀，同时破裂现象并不明显，相对 1 号钢有着更好的耐蚀效果；3 号钢的外

层腐蚀产物膜全部脱落，内层腐蚀产物膜裸露于腐蚀环境中，内层腐蚀产物膜致密均匀，具有良好的耐蚀作用；4 号钢腐蚀产物膜表层在 98 天后就已经大量脱落，区别于 3 号钢，内层腐蚀产物膜上依然附着了少量外层腐蚀产物，在腐蚀 98 天后，这些附着的腐蚀产物进一步演化，形成了均匀布满小型腐蚀鼓泡的相对致密的外层腐蚀产物膜，这对内层腐蚀产物膜是一种保护，间接增强了对钢基体的保护作用。

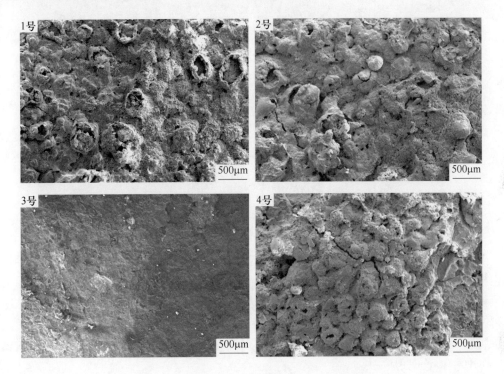

图 4-13　腐蚀 98 天后 4 种钢的腐蚀微观形貌

从 4 种钢腐蚀 98 天后的腐蚀产物膜表层形貌分析，1 号钢和 2 号钢的腐蚀产物膜存在部分脱落现象，腐蚀产物膜呈现一定的分层趋势；3 号钢和 4 号钢的腐蚀产物膜呈现明显的分层现象，其中 3 号钢外层腐蚀产物膜部分脱落，内层腐蚀产物膜结构均匀致密，4 号钢外层腐蚀产物膜部分脱落，但仍有部分附着于内层腐蚀产物膜上，对钢基体的保护作用明显。

图 4-14 为腐蚀 98 天后 4 种钢的腐蚀产物膜界面微观形貌图。由图可知，4 种钢腐蚀 98 天后的腐蚀产物膜厚度差别不大，1 号钢的腐蚀产物膜最薄，对钢基体的保护性最差，也反映了其外部腐蚀产物膜结构松散，不足以黏附在内层腐蚀产物膜上，而内层相对致密的腐蚀产物膜也较薄，但总体上来说，1 号钢内外层腐蚀产物膜物相差别较小；2 号钢腐蚀产物膜与 1 号钢特点相近，虽然其腐蚀产物膜厚度较 1 号钢厚，但其结构内外分别不大，均呈现较为疏松现象，并始终存在部分孔洞；3 号钢的腐蚀产物膜外层完全脱落后，区别于 1 号钢和 2 号钢内外层腐蚀产物膜物相和结构分层不明显的特点，3 号钢内层腐蚀产物膜较为均匀致密，具有较为优良的耐腐蚀性能；4 号钢与 3 号钢腐蚀产物膜物相和结构特点相近，区别是其内层腐蚀产物膜结构更为均匀致密，且内层基本没有裂纹出现。

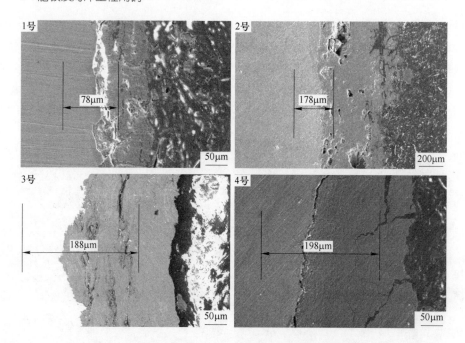

图 4-14 腐蚀 98 天后 4 种钢的腐蚀产物膜界面微观形貌

图 4-15 为腐蚀 98 天后 4 种钢腐蚀产物膜的 XRD 图谱。由图可知,4 种钢的腐蚀产物膜物相组成基本保持一致。随着腐蚀的进行,腐蚀 98 天后,S 单质、FeS、$Fe_{1-x}S$ 和 FeS_2 等硫铁化合物的衍射峰又再一次有所提升。这可能是由于外层腐蚀产物膜脱落,在经过 98 天腐蚀后,新的腐蚀产物在内层腐蚀产物膜上又再一次生成,尤其是一些结构相对疏松的外层腐蚀产物。而与此同时,内层腐蚀产物则没有太大变化,依然是以结构相对致密的 α-FeOOH 和 β-FeOOH 为主。

图 4-16 为腐蚀 98 天后带腐蚀产物膜的 4 种钢的电化学极化曲线。从图中可知,4 种钢的自腐蚀电位从低到高依次为 4 号 >3 号 >2 号 >1 号,这与 98 天后的腐蚀速率结果和

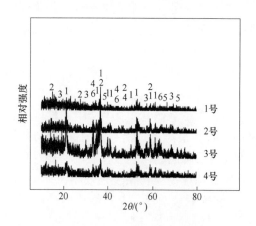

图 4-15 腐蚀 98 天后 4 种钢的
腐蚀产物膜 XRD 图谱
1—α-FeOOH;2—β-FeOOH;3—S;
4—FeS;5—$Fe_{1-x}S$;6—FeS_2

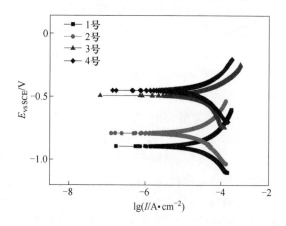

图 4-16 腐蚀 98 天后带腐蚀产物膜的
4 种钢的电化学极化曲线

腐蚀产物膜分析结果保持一致。

腐蚀 98 天后，自腐蚀电位见表 4-5，其中 1 号钢最低为 −896mV，4 号钢最高为 −446mV；4 种钢的腐蚀产物膜电阻依钢编号上升逐渐增加，其中 1 号钢的最小为 192Ω·cm²，4 号钢的最大为 362Ω·cm²，这反映了 4 种钢中，1 号钢的腐蚀产物膜致密性最差，4 号钢的腐蚀产物膜结构最为均匀致密，对钢基体保护性最好，能有效阻隔腐蚀环境和钢基体之间的离子交换；4 种钢的电荷传递电阻中，2 号钢最小为 128Ω·cm²，4 号钢最大为 421Ω·cm²，这反映了 2 号钢内层腐蚀产物膜致密性较差，与钢基体结合较为松散，4 号钢内层腐蚀产物膜内层与钢基体结合紧密，且结构最为致密，这与之前的腐蚀速率和腐蚀产物膜分析结论保持一致。

表 4-5 腐蚀 98 天带腐蚀产物膜的 4 种钢电化学拟合参数

编　号	E_{corr}/mV	$R_{rust}/\Omega \cdot cm^2$	$R_{ct}/\Omega \cdot cm^2$
1	−896	192	205
2	−784	199	128
3	−494	204	416
4	−446	362	421

4.3.2 货油舱下底板环境腐蚀行为

实验钢实际化学成分如表 4-6 所示，除少数合金元素外，7 种钢的化学成分设计都是以中国船级社对 E36 级船板钢化学成分范围的规定为基础。实验钢采用控制轧制控制冷却（TMCP）工艺。先将预先锻造成 80mm × 80mm × 80mm 的钢坯在加热炉中加热到 1200℃，保温 2h；然后进行粗轧，开轧（第一道次）温度 1150℃，粗轧终轧（第三道次）温度不低于 1000℃；精轧开轧（第四道次）温度控制在 880℃以上，同时保证精轧终轧（第六道次）温度控制在 790 ~ 810℃之间；轧后水冷至 500℃。

表 4-6 实验钢实际化学成分（质量分数）　　　　（%）

编　号	C	Si	Mn	Ti	Nb	Ni	Cu	Cr	Mo
1	0.041	0.21	1.63	0.013	0.033	0.35	—	—	—
2	0.110	0.23	2.09	0.018	0.034	0.32	—	—	—
3	0.042	0.15	1.39	0.012	0.034	—	0.30	—	—
4	0.038	0.24	1.42	0.019	0.033	0.28	0.28	—	—
5	0.039	0.33	1.42	0.019	0.032	0.26	0.45	—	—
6	0.039	0.24	1.38	0.016	0.027	0.28	0.48	0.21	—
7	0.036	0.32	1.40	0.015	0.036	0.28	0.41	—	0.086

由表 4-7 所示实验钢各项力学性能测试结果可知，7 种实验钢的屈服强度、抗拉强度、伸长率和 −40℃冲击功均满足挪威船级社对于 E36 级船板钢的性能要求。

表 4-7　实验钢各项力学性能

编　号	屈服强度/MPa	抗拉强度/MPa	伸长率/%	冲击功（-40℃）/J
E36/NV	355.0	470.0~620.0	21.0	34.0
1	486.8	556.2	34	266.93
2	625.8	686.0	26	111.62
3	423.2	509.5	35	259.21
4	411.5	500.59	39	343.89
5	444.3	513.2	38.7	363.09
6	386.8	484.3	38	312.9
7	437.3	542.8	38.2	325.0

实验钢的金相组织如图 4-17 所示，7 种钢的组织以多边形铁素体 + 准多边形铁素体为主。其中，2 号钢碳含量较高，组织中存在部分粒状贝氏体；7 号钢加入了 Mo 元素，晶粒相对其他各钢种更细小。

模拟腐蚀实验部分根据 IMO 国际海事组织的《原油船货油舱腐蚀保护替代方法的性能标准》开展，通过计算分别得到 7 种实验钢的腐蚀速率，如表 4-8 所示。7 种钢中，腐蚀速率由高到低排序依次为：2 号 >1 号 >3 号 >6 号 >4 号 >5 号 >7 号。其中 7 号钢在该环境下的耐腐蚀性能最好，腐蚀速率为 0.299mm/a，达到了 IMO 国际海事组织对货油舱下底板用耐蚀钢腐蚀速率低于 1mm/a 的要求。

表 4-8　实验钢腐蚀速率

编　号	1	2	3	4	5	6	7
腐蚀速率 /mm·a^{-1}	4.390	6.237	2.220	0.847	0.794	2.127	0.299

1 号钢和 2 号钢化学成分的主要区别在于 2 号钢的 C 元素含量（质量分数）较高，达到 0.11%，而 1 号钢只有 0.041%。腐蚀速率方面，2 号钢的腐蚀速率为 4.39mm/a，高于 1 号钢的 6.237mm/a。C 元素含量的增加主要从组织上改变了实验钢的耐蚀性能，C 含量较低时，1 号钢为多边形铁素体 + 准多边形铁素体；C 含量较高时，2 号钢的组织中碳化物的含量显著增加，粒状贝氏体在组织中部分存在。由于铁素体基和粒状贝氏体为两种电位不同的相，所以两相组织更有益于电化学腐蚀的形成和发展，从而增加实验钢的腐蚀速率。

1 号钢、4 号钢和 5 号钢的化学成分主要区别在于 Cu 元素含量（质量分数）的不同，其中 1 号钢未添加 Cu 元素，4 号钢添加了 0.28% 的 Cu，而 5 号钢的 Cu 元素含量则上升到 0.45%。腐蚀速率方面，1 号钢、4 号钢和 5 号钢的腐蚀速率分别为 6.237mm/a、0.847mm/a 和 0.794mm/a，随着实验钢种 Cu 元素含量的增加，腐蚀速率呈明显下降趋势。Cu 元素对腐蚀速率的影响体现在 Cu 离子在腐蚀表面的富集，Cu 的富集能够有效提高腐蚀表面的电化学电位，同时能够对实验钢表层进行保护，阻碍腐蚀环境与实验钢基体的直接接触，进而阻断离子交换，从而提高实验钢的耐蚀性能。

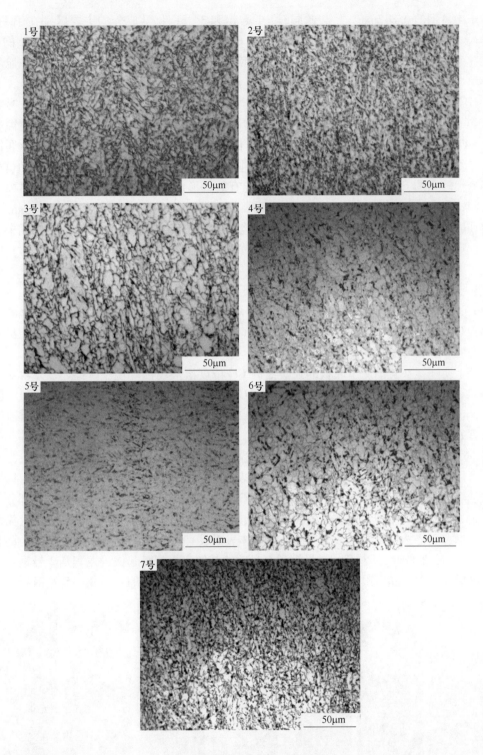

图 4-17 实验钢金相显微组织

3 号钢和 4 号钢化学成分的主要区别在于 Ni 元素含量（质量分数）的不同，4 号钢的 Ni 元素含量为 0.28%，3 号钢则没有添加 Ni 元素。3 号钢的腐蚀速率为 2.220mm/a，显著高于 4 号钢的 0.847mm/a。与此同时，1 号钢和 3 号钢化学成分的主要区别在于 Cu 和 Ni 含量（质量分数）的不同，1 号钢加入了 0.35% 的 Ni，而 3 号钢加入了 0.30% 的 Cu。腐蚀速率上，1 号钢的 4.390mm/a 大于 3 号钢的 2.220mm/a，分析 Cu 元素在货油舱下底板环境中对低合金钢腐蚀行为的作用优于 Ni 元素。

　　4 号钢和 6 号钢化学成分的主要区别在于 Cr 元素含量（质量分数）的不同，6 号钢的 Cr 元素含量为 0.21%，而 4 号钢则没有添加 Cr 元素。腐蚀速率方面，4 号钢的腐蚀速率为 0.847mm/a，明显较 6 号钢的 2.127mm/a 低。Cr 的存在在一定环境下能促进点腐蚀的发生和发展。根据文中的实验结论分析，在货油舱下底板腐蚀环境下，由于 pH 值较低，且穿透性较强的 Cl⁻ 含量较高，腐蚀产物不能有效地形成并进一步阻碍钢基体与腐蚀介质的反应，所以 Cr 在腐蚀产物中富集并提高耐蚀性的作用在该环境下没有体现。与此同时，在腐蚀后期，一些中间产物对亚铁离子氧化动力的影响较小，在反应速度控制构成中，不能迅速形成 Fe^{3+}（固），而 Fe^{3+}（固）能抑制局部腐蚀的进程，所以在该环境下 Cr 含量的增加促进了腐蚀。

　　4 号钢和 7 号钢化学成分的主要区别在于 Mo 元素含量（质量分数）的不同，7 号钢的 Mo 元素含量为 0.086%，而 4 号钢则没有添加 Mo 元素。腐蚀速率方面，7 号钢的腐蚀速率为 0.299mm/a，明显较 4 号钢的 0.847mm/a 低。Mo 元素的加入有效地提高了实验钢在货油舱下底板环境中的耐腐蚀性能。

　　综上所述，在货油舱下底板的强酸性高 Cl⁻ 浓度溶液腐蚀环境中，C、Cr 元素对低合金钢的腐蚀起到促进作用，所以应尽量降低 C 元素含量，同时避免 Cr 元素的加入；同时，Cu、Ni、Mo 元素则能够有效提高实验钢的耐蚀性能，适量添加对降低实验钢的腐蚀速率有显著效果。

　　下底板模拟标准腐蚀实验 72h 后，将实验钢从标准腐蚀液中取出，并用吹风机冷风吹干，再用照相机拍摄去除腐蚀产物前后试样表面的宏观形貌照片，如图 4-18 和图 4-19 所示。从腐蚀表面颜色上看，2 号钢、1 号钢、3 号钢和 6 号钢的颜色较深，表层有部分腐蚀产物附着，其中 2 号钢颜色已经发黑；相反，4 号钢、5 号钢和 7 号钢表面颜色较浅，同时 7 号钢表面仍然可以看出金属光泽，钢基体表面没有发现腐蚀产物。在去除实验钢表面腐蚀产物后，2 号钢、1 号钢、3 号钢和 6 号钢的基体表面相对起伏，尤其是 2 号钢表面呈河流状形貌，并伴随肉眼即可观察到的少量点蚀坑；与之对应的 4 号钢、5 号钢和 7 号钢

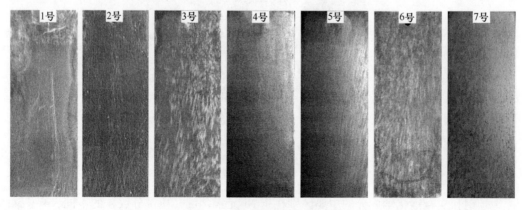

图 4-18　腐蚀 72h 带锈表面形貌

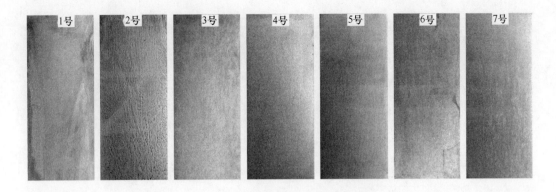

图 4-19　腐蚀 72h 去除锈层表面形貌

表面则相对平整，没有发现肉眼可见的点蚀坑。

图 4-20 是 7 种实验钢腐蚀 72h 后，在扫描电镜下观察到的放大 1000 倍的微观腐蚀形貌照片。其中 1 号钢和 2 号钢腐蚀最为严重，在钢基体表面均可发现不同程度的点蚀坑，2 号钢点蚀坑的尺寸较 1 号钢大，经 EDS 分析点蚀坑内存在不同类型的夹杂物。6 号钢和 3 号钢表面虽未发现点蚀坑，但表面起伏较为严重，腐蚀现象明显，基体也呈现出腐蚀后凹凸不平的走势。4 号钢、5 号钢表面腐蚀形貌相对平整，虽然有少量腐蚀产物附着，但既没有发现点蚀坑的存在，钢基体也没有出现凹凸不平的起伏现象，腐蚀现象较轻。7 号钢的表面腐蚀情况最轻，钢基体表面没有发现点蚀坑的存在，没有出现腐蚀产物的附着，同时钢基体平整均匀，没有凹凸不平的起伏现象，并且钢基体依然存在腐蚀前经打磨形成的划痕。

图 4-21 为实验钢在下底板模拟腐蚀环境下的交流阻抗谱。7 种实验钢的电化学阻抗谱近似半圆弧，经过电化学软件拟合等效成如图 4-22 所示的电路，其中 R_s 代表溶液电阻，CPE 为钢表面与溶液构成的双电层，R_{ct} 为工作电极表面传递电阻。Nyquist 图中圆弧半径可近似表征极化电阻 R_p 的大小。

利用 Tafel 外推法求得实验钢在腐蚀溶液中的腐蚀电位，根据上述等效电路对 Nyguist 阻抗谱拟合，得出等效电阻值。表 4-9 给出了求得的腐蚀电位和拟合后的极化电阻值。

表 4-9　实验钢等效电阻值与腐蚀电位值

编　号	1	2	3	4	5	6	7
等效电阻/$\Omega \cdot cm^{-2}$	195.4	103.2	241.9	257.9	288.4	222.4	399.5
腐蚀电位 E_{corr}/mV	-477.9	-496.2	-466.4	-458.6	-443.3	-500.1	-421.2

通过以上的分析，电化学测试后的相关参数与腐蚀实验中获得的腐蚀速率大小表现一致，在验证了腐蚀实验可重复性的同时，也反映了不同钢种的耐蚀性能以及合金元素在该环境下的作用效果。

根据热力学定律，金属的腐蚀过程是由于钢基体与腐蚀环境介质共同构成了不稳定的热力学体系，该体系有趋于稳定的倾向，而倾向的大小则可用自由能 $\Delta G_{T,P}$ 来度量，当 $\Delta G_{T,P} < 0$ 时，腐蚀反应倾向发生，同时 $\Delta G_{T,P}$ 的负值越大，金属发生腐蚀的倾向性越大；与之相反，当 $\Delta G_{T,P} > 0$ 时，$\Delta G_{T,P}$ 正值越大，金属发生腐蚀的倾向性则越小。在本实验的

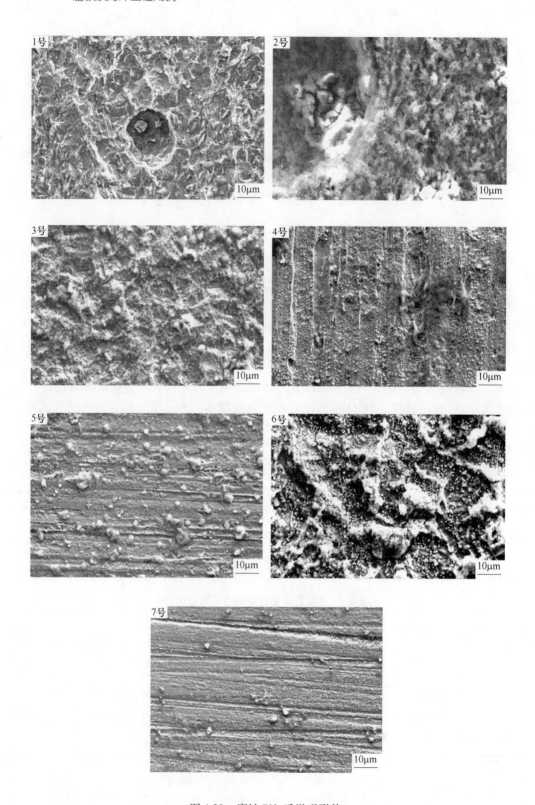

图 4-20   腐蚀 72h 后微观形貌

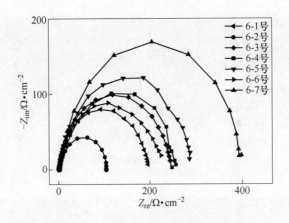

图 4-21　7 种实验钢基体的电化学阻抗谱

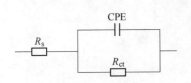

图 4-22　钢基体在 pH 值为 0.85、
10% NaCl 溶液中钢的等效电路（30℃）

模拟货油舱下底板环境中，铁基体被氧化，氢离子发生还原反应，阳极反应为 $Fe \rightarrow Fe^{2+} + 2e$，阴极反应为 $H^+ + 2e \rightarrow H_2$。钢在本实验腐蚀环境中的腐蚀倾向性与腐蚀电位关系密切，当腐蚀电位小于零时，表示金属材料有自发发生腐蚀的倾向，腐蚀电位越负，则腐蚀越容易发生。由表 4-9 可以看出，腐蚀电位皆为负值，在货油舱下底板的模拟腐蚀环境中，7 种钢均可以自发地发生腐蚀。

腐蚀电位的大小能够表征材料发生腐蚀的倾向性，而腐蚀发生后，腐蚀速率的大小则与材料反应动力学有关，所以腐蚀电位并不能够代表金属材料腐蚀的程度和快慢。电化学阻抗谱能够反映腐蚀发生后钢基体抵抗腐蚀能力的大小，在本实验中拟合的等效电路图中，R_{ct} 能够间接表征极化电阻的大小，同时反映钢基体抵抗腐蚀的能力。

4.3.3　夹杂物对货油舱下底板腐蚀行为的影响

图 4-23 显示了实验钢腐蚀 4h 之后的夹杂物附近与钢基体的腐蚀情况对比。从图中能够看到，钢中夹杂物的尺寸为几个微米到十几个微米不等，当钢基体没有开始腐蚀的时候，夹杂物附近区域已经出现了腐蚀现象，腐蚀区域在电子显微镜下呈现褐色，且夹杂物分布越密集的区域腐蚀越严重。另外一点值得注意的是，最靠近夹杂物的周边在电子显微镜下显示为光亮的白色，没有出现腐蚀。

采用在显微硬度坑标记的方法对夹杂物进行定位，观察同一夹杂物在不同的腐蚀周期下的发展过程。图 4-24 显示的就是实验钢同一夹杂物区域在浸泡 4h、24h、48h、72h 后的腐蚀发展情况。

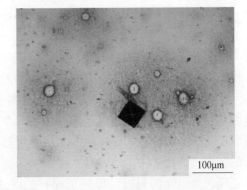

图 4-23　浸泡 4h 后有无夹杂物区域的腐蚀对比

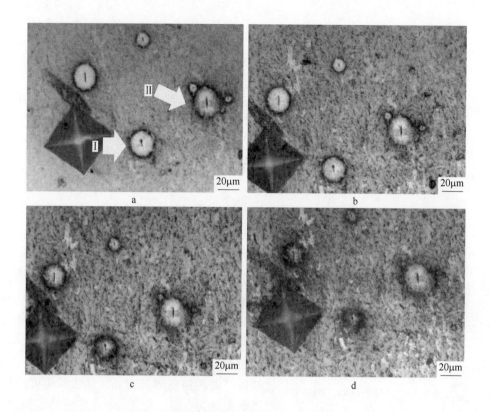

图 4-24　原位观察夹杂物区域腐蚀发展情况
a—4h；b—24h；c—48h；d—72h

　　通过对比可以看到，随着浸泡时间的增加，试样表面腐蚀严重程度加剧，以夹杂物为中心，周围几个微米的范围内有一片圆形光亮区，当夹杂物诱发点蚀时，该区域仍旧保持良好，到了腐蚀后期，才逐渐被腐蚀。而光亮区的边界是整个区域中腐蚀最为严重的，有深色的腐蚀产物形成。

　　使用 EDS 能谱分析技术对图 4-24a 中箭头所指的 Ⅰ、Ⅱ 两个夹杂物进行成分鉴定，比较腐蚀前后夹杂物的成分变化，实验结果如图 4-25 所示。

　　分析发现，夹杂物 Ⅰ 是 MnS 和 TiO_2 的复相夹杂，而夹杂物 Ⅱ 则主要以 MnS 夹杂为主，还含有微量的 Ti 元素。在腐蚀 72h 后可以看到，原本紧密嵌在钢基体上的夹杂物发生了溶解和脱落，在原位置上形成点蚀坑。相比于 MnS 夹杂，TiO_2 夹杂的溶解更为困难，在腐蚀 72h 后，仍旧能看到其在点蚀坑中的存在。此外，就 MnS 夹杂而言，S^{2-} 的溶解更加迅速，腐蚀 72h 后，Ⅰ、Ⅱ 两类夹杂物的区域都已观察不到 S^{2-}，但 Mn^{2+} 仍有残留。

　　图 4-26 所示结果显示，腐蚀首先在夹杂物处开始，且夹杂物分布越密集的区域腐蚀越严重。在显微镜下，最靠近夹杂物的几个微米范围之内显示为光亮的白色，似乎没有出现腐蚀。扫描照片证实该区域的腐蚀程度确实低于靠外的区域。据此推测，以夹杂物为中心的区域，形成了微电池。处于夹杂物与钢基体的边界上的铁为阳极，最先溶解，而图中的光亮区为电池的阴极，得到了保护，腐蚀不易在这里开始，且此阴极的范围为几个微米，在这个范围之外，又是电池的阳极，腐蚀严重。随着浸泡时间的增加，微电池阴极保

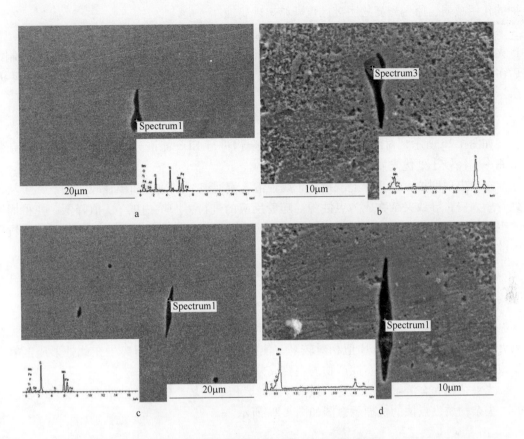

图 4-25 实验钢中所含夹杂物形貌及其能谱图

a—夹杂物 I 腐蚀前；b—夹杂物 I 腐蚀 72h 后；c—夹杂物 II 腐蚀前；d—夹杂物 II 腐蚀 72h 后

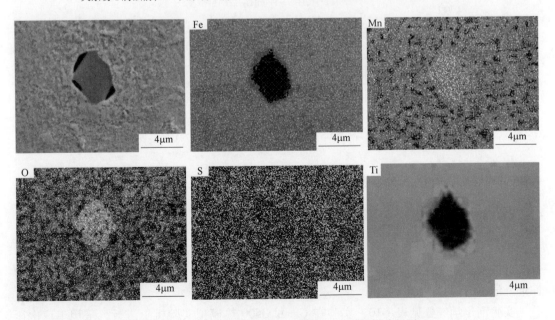

图 4-26 钢基体上夹杂物 SEM 图及 EDS 面扫描分析图

护的作用减弱，原先光亮的阴极区也开始出现腐蚀。

钢中夹杂物所在区域往往组织松弛，在强酸性环境中，非金属夹杂物极易发生溶解，且夹杂物的溶解往往从曲率半径最小处首先开始。MnS 夹杂由于其良好的塑性，在轧制之后多以长条形存在，因此常观察到 MnS 夹杂最先溶解，出现凹坑。反应过程如式（4-9）所示：

$$2MnS + 3H_2O \longrightarrow 2Mn^{2+} + S_2O_3^{2-} + 6H^+ + 8e^- \tag{4-9}$$

如图 4-26 所示，对刚开始诱发点蚀的夹杂物进行 EDS 能谱分析的结果验证了夹杂物从曲率半径较小处优先发生溶解的现象。

一旦出现凹坑，钢基体上就形成了腐蚀液入侵通道，腐蚀液和半径较小的氯离子从该处开始入侵，导致夹杂物成为点蚀源。随着反应的进行，凹坑内的 pH 值降低，使得周围的钢基体快速溶解，点蚀开始。而一部分金属阳离子的水解反应更是进一步降低了蚀坑周围的 pH 值。

$$Fe^{2+} + 2H_2O \longrightarrow Fe(OH)_2 + 2H^+ \tag{4-10}$$

$$Ni^{2+} + 2H_2O \longrightarrow Ni(OH)_2 + 2H^+ \tag{4-11}$$

剩余的金属阳离子向周边扩散，同样发生上述的水解反应，造成更多蚀区的形成。在离夹杂物稍远的阴极区，pH 值相对较高，使得扩散过来的金属阳离子在此处形成氢氧化物或氧化物的沉淀，此即腐蚀产物的主要成分。

当夹杂物完全溶解脱落之后，氯离子继续入侵点蚀坑，使得点蚀坑向深度方向发展延伸。夹杂物诱发点蚀的机理示意图如图 4-27 所示。

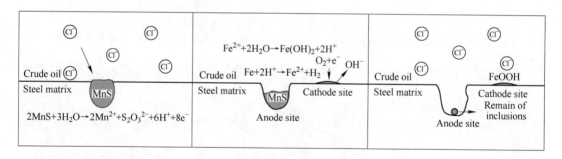

图 4-27　MnS 夹杂诱发点蚀作用机理示意图

4.4　F40 级船板钢成分、组织、工艺及性能

4.4.1　F40 级船板钢高温变形行为

根据船级社规范要求，F40 级船板钢成分体系采用低碳高锰设计，为了弥补碳含量降低造成的强度损失，添加适量铌、钒、钛等微合金元素以进一步提高强度，为确保低温韧性加入适量的镍。

实验钢化学成分见表 4-10，实验在 Gleeble3500 热模拟实验机上进行，采用单道次压缩和双道次压缩两种工艺，如图 4-28 和图 4-29 所示。

表 4-10 实验用钢的化学成分（质量分数） （%）

项目	C	Si	Mn	P	S	Alt	Nb，V，Ti	Ni
船规	≤0.16	≤0.50	0.90～1.60	≤0.025	≤0.025	≥0.020	≤0.12	≤0.8
实际	0.074	0.24	1.46	0.008	0.004	0.031	0.06	0.25

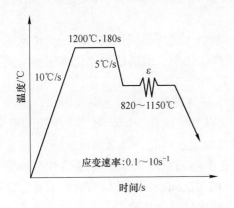

图 4-28 单道次压缩实验工艺示意图

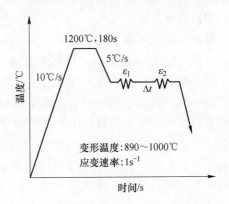

图 4-29 双道次压缩实验工艺示意图

图 4-30 分别是变形温度为 900℃、950℃、1050℃、1100℃时不同应变速率下的应力-

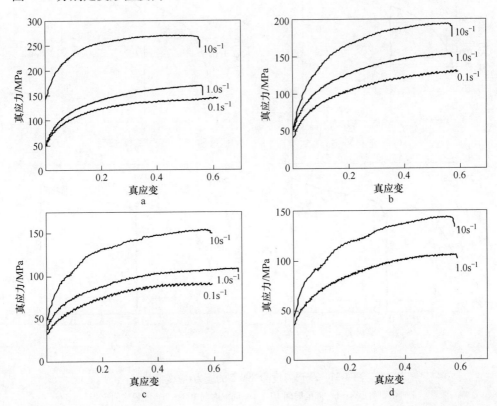

图 4-30 应变速率对实验钢变形抗力的影响

a—变形温度 900℃；b—变形温度 950℃；c—变形温度 1050℃；d—变形温度 1100℃

应变曲线。图 4-30a 所示：在 900℃时，当应变小于 0.2 时，应变速率为 10s⁻¹的曲线变形抗力增加比较显著，当应变继续增大时，随变形程度的增加，变形抗力的增加都变得比较缓和。图 4-30c 所示：在高温区 1050℃，随变形程度的增加，变形抗力的增加都变得比较缓和。应变速率对变形抗力的影响较大。变形抗力随应变速率的增加而增大，主要是由于应变速率的增加，就意味着位错移动速度加快，热激活的效果降低，需要更大的切应力，使变形抗力增大。

静态再结晶一般采用双道次压缩。在热模拟试验机上进行不同间隔时间的双道次压缩实验，记录应力-应变曲线，根据应力-应变曲线计算软化率，最后绘出软化率间隔时间曲线，这一曲线便反映了静态再结晶的动力学过程。

图 4-31 为变形温度 890℃保温不同时间的应力-应变曲线，从以上曲线看出，曲线光滑没有明显的屈服点。如果在两次压缩之间完全没有发生软化，那么第二次压缩的应力-应变曲线将是第一次应力-应变曲线的延伸；如果已经完全软化，那么第二次应力-应变曲线将完全重复第一次应力-应变曲线的形状。然而，实际的双道次压缩应力-应变曲线处于上述两者之间。可以明显发现 890℃时，直到 300s 的两次间断压缩曲线有这样的特点，第二条曲线接近第一条曲线的延长线，说明这时发生软化的部分比较少。

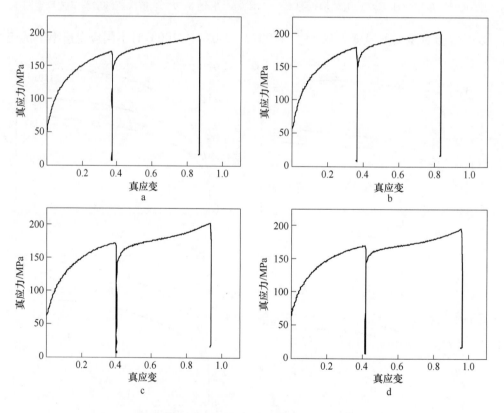

图 4-31　变形温度为 890℃的应力-应变曲线
a—间隔时间 5s；b—间隔时间 10s；c—间隔时间 100s；d—间隔时间 300s

软化率的计算方法有补偿法、背插法以及平均应力法等多种，A. Bodin 等将这些方法汇总并进行了比较评述。偏移量为 0.2% 的补偿法和平均应力法得到的结果相同，而背插法得到的软化率要偏低一些。Lausraoui 和 Jonas 认为平均应力法的结果与再结晶分数对应的程度要好于补偿法和背插法。实验发现实验钢应力-应变曲线光滑，没有明显的屈服点，因此用 0.2% 偏置法难以准确测定 σ_o 和 σ_r 的值。因此本实验中引用 Lausraoui 发展的平均应力比方法进行软化率的计算。按照该方法定义：

$$X = (S_m - S_r)/(S_m - S_o) \tag{4-12}$$

式中，S_m 为第一次形变曲线外延到 $2\varepsilon_o$ 后在 $\varepsilon_o \sim 2\varepsilon_o$ 范围内曲线的面积；S_r 为曲线 $\varepsilon_o \sim 2\varepsilon_o$ 应变处的面积；S_o 为 $0 \sim \varepsilon_o$ 曲线应变区下的面积。

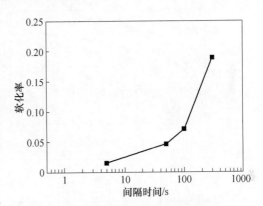

图 4-32　890℃ 保温不同时间软化率曲线

变形温度为 890℃ 时实验钢的软化率与道次间隔时间的关系曲线如图 4-32 所示。从曲线可以观察到，尽管在变形后 100s 左右软化过程开始加快，但软化的程度仍然很低，到 300s 时也仅为 18.51%。

图 4-33 为实验钢在 890℃ 经 0.4 应变并保温不同时间后的奥氏体晶粒。尽管因静态回复而发生如图 4-32 所示的一定程度的软化，但保温时间为 5s、50s、100s 时几乎不会使奥氏体组织发生变化，当保温时间为 300s 时，这时的软化过程进行得很快，由图 4-33d 可

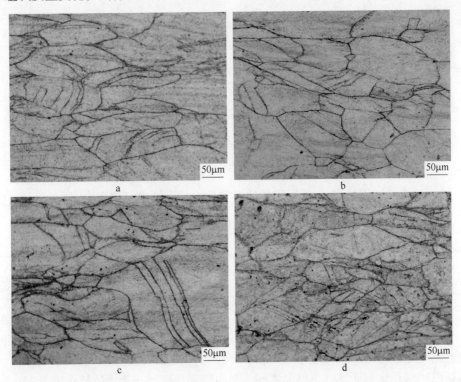

图 4-33　实验钢在 890℃ 经 0.4 应变保温不同时间的奥氏体晶粒

a—间隔时间 5s；b—间隔时间 50s；c—间隔时间 100s；d—间隔时间 300s

见也没有奥氏体晶粒发生静态再结晶。

图 4-34 为变形温度 1000℃保温不同时间的应力-应变曲线。从曲线看出，在变形温度为 1000℃时，间隔时间为 1s 时的两次间断压缩曲线第二条曲线接近第一条曲线的延长线，说明这时发生软化的部分比较少；5s、10s 和 30s 时的两次间断压缩曲线，第一条曲线和第二条曲线的形状相同，说明这时发生软化的部分已经较多。

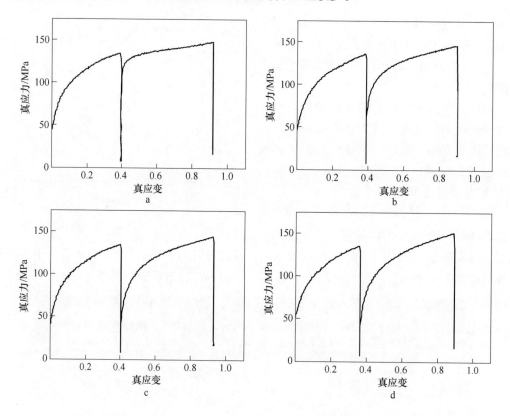

图 4-34　变形温度为 1000℃的应力-应变曲线

a—间隔时间 1s；b—间隔时间 5s；c—间隔时间 10s；d—间隔时间 30s

由应力-应变曲线引用 Lausraoui 发展的平均应力比方法可算出各个不同时间的软化率，如表 4-11 所示。

表 4-11　1000℃保温不同时间实验钢的软化率

温　度	停留时间/s	1	5	10	30
1000℃	软化率/%	20.00	76.2	86.77	91.96

根据表 4-11 数据作变形温度为 1000℃时实验钢的软化率与道次间隔时间的关系曲线（图 4-35）。从曲线来看，在变形后 5s 左右软化过程已达到 76.2%，再结晶过程在很短的时间内就能完成。

根据以往对软化与回复、再结晶之间关系的研究，取回复造成的软化率为 25%，从而可算出再结晶数据 $[R=(X-25\%)/(1-25\%)]$，再结晶百分比曲线如图 4-36 所示。实验钢在 1000℃热变形时，再结晶能够较快而顺利地进行，在停留 5s 之内，再结晶已经开始

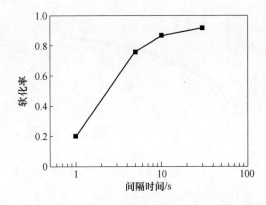

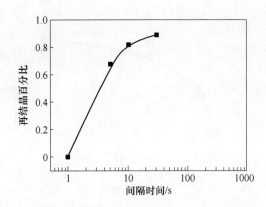

图 4-35　1000℃保温不同时间软化率曲线　　图 4-36　1000℃保温不同时间再结晶百分比曲线

发生了 68.3%，到停留 30s 时，再结晶比例可达到 89.28%。

根据奥氏体动态再结晶的实验结果，动态再结晶一般发生在温度比较高或应变速率比较低的情况下，由于现代的轧机轧制速度非常快，所以除了在较高温度下的粗轧过程之外，很难发生动态再结晶。因此，加工硬化态或发生动态回复的形变奥氏体的静态回复和再结晶过程具有重要的意义。从图 4-36 可以看出，在 1000℃保温时间为 30s 时的再结晶百分数可达到 89.28%。因此在再结晶区轧制时，只要保证粗轧的终止温度高于 1000℃，经历一定应变后，在道次间隔时间内就能够发生静态再结晶（实际轧制过程中，粗轧区道次间隔时间一般不会超过 50s）。

通过上述对变形抗力影响因素的分析，并参考有关文献，对金属塑性变形抗力数学模型进行比较及精度分析，最后确定 F40 级船板钢塑性变形抗力数学模型为：

$$\sigma = a\varepsilon^b \dot{\varepsilon}^c \exp[d/(t+273)] \tag{4-13}$$

上式可以化为：

$$\ln\sigma = \ln a + b\ln\varepsilon + c\ln\dot{\varepsilon} + d/(t+273) \tag{4-14}$$

对上式可用最小二乘法进行多元线性回归分析，利用 SPASS 软件进行各项分析，分别求得 $\ln a$、b、c、d 的期望值为 $\ln\hat{a}$、$\hat{b}$、$\hat{c}$、$\hat{d}$。$\ln\hat{a} = 0.992$，$\hat{b} = 0.184$，$\hat{c} = 0.148$，$\hat{d} = 5158.263$，因此有：

$$\sigma = 2.6966\varepsilon^{0.184} \dot{\varepsilon}^{0.148} \exp[5158.263/(t+273)] \tag{4-15}$$

对金属塑性变形抗力回归方程进行信度为 $\alpha = 0.01$ 的 F 校验，本模型的复相关系数 $R = 0.981$，大于查表得到的相关系数临界值 $R_{\alpha/2} = 0.93433$，所以回归方程线性相关性高度显著。

任选两组共计 4 个试样，将其实验数据代入回归方程。对于回归方程有 $\dot{\varepsilon} = 0.1\text{s}^{-1}$ 和 10s^{-1}，拟合曲线与实验数据曲线进行比较，如图 4-37 所示，可见符合程度较好，回归方程的计算值与实验数据有较好的拟合性。

4.4.2　F40 级船板钢连续冷却转变规律

动态 CCT 曲线测定方案和不同终冷温度的实验方案设计如图 4-38 和图 4-39 所示。

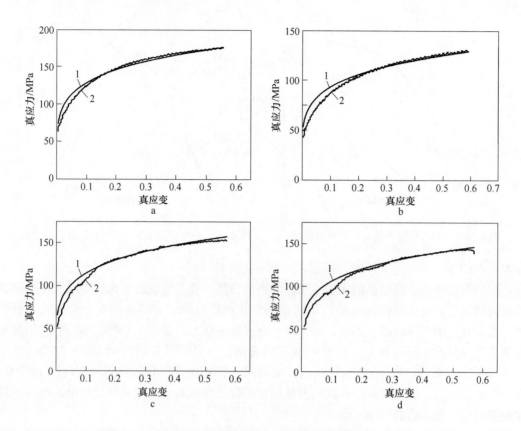

图 4-37　拟合曲线与实验数据曲线比较

a—温度 850℃，应变速率 0.1s^{-1}；b—温度 950℃，应变速率 0.1s^{-1}；

c—温度 1050℃，应变速率 10s^{-1}；d—温度 1100℃，应变速率 10s^{-1}

1—拟合曲线；2—实验曲线

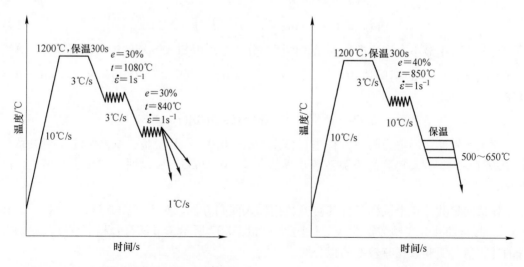

图 4-38　两阶段变形膨胀实验工艺示意图　　　图 4-39　不同终冷温度实验工艺示意图

测得双道次变形不同冷却条件下的相变点，得到实验钢的 CCT 曲线，如图 4-40 所示。

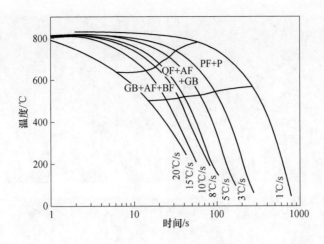

图 4-40　实验钢的 CCT 曲线

由图 4-40 可见，随着冷速的提高，变形后 γ→α 的转变温度降低了。这是因为，一方面变形后组织处于不稳定的高自由能状态，具有一种向着变形前自由能较低状态恢复的趋势；另一方面 γ→α 为受界面控制的扩散型相变，冷速提高，过冷度加大，使 γ→α 的自由焓增大。随着过冷度的加大，晶界、位错等处的临界形核自由能与均匀形核时的临界形核自由能相比逐渐变小。因此，在冷却过程中使铁素体相变越发在较低的温度下进行，即导致相变点 A_{r3} 降低。

图 4-41 是实验钢两阶段分别变形 30% 后以不同冷速冷却下来的室温组织。从图中可以看到：冷速为 1℃/s 时，由于温度较高，冷却速度较小，有先共析铁素体产生，最终获得的组织主要为铁素体 + 珠光体，组织较为粗大，如图 4-41a 所示；冷速为 3℃/s 时，获得的组织仍然以铁素体 + 珠光体为主，但是此时的组织明显较为细小（图 4-41b）；冷却速度为 5℃/s 时，由于转变温度降低，冷却速度进一步增大，除了获得多边形铁素体外，还产生了针状铁素体组织（图 4-41c）；冷却速度增大到 8℃/s 时，产生了粒状贝氏体，如图 4-41d 所示；当冷速为 10℃/s 时，获得的组织为细小的针状铁素体、准多边铁素体和粒状贝氏体的复合组织，如图 4-41e 所示；冷却速度为 15℃/s 时，由于转变温度的进一步降低，冷却速度的增大，此时产生的针状铁素体更加细少，主要组织为板条状贝氏体和粒状贝氏体，如图 4-41f 所示，随着冷却速度的增加，这种趋势更加明显（图 4-41g）。

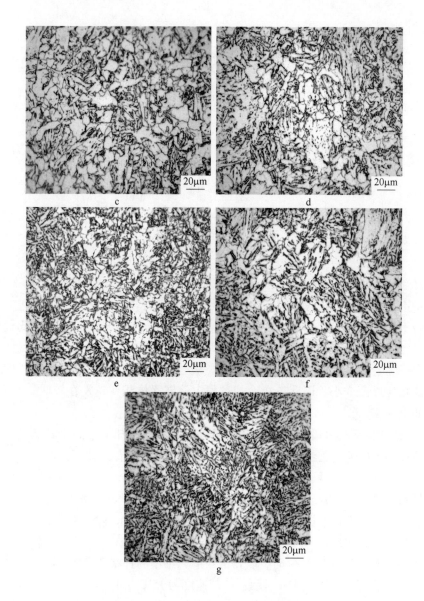

图 4-41 不同冷却速度下实验钢的显微组织

a—1℃/s；b—3℃/s；c—5℃/s；d—8℃/s；e—10℃/s；f—15℃/s；g—20℃/s

图 4-42 为终冷温度分别为 500℃、550℃、600℃、650℃时的显微组织图片。从图中可以看出，在冷速一定的条件下（10℃/s），不同的终冷温度，显微组织的类型会发生变化，各种组织所占的体积分数也会不同。

图 4-42a 为终冷温度为 500℃的金相组织。针状铁素体所占的体积分数很多，达到 85% 左右，铁素体基体由许多的细小长条状的铁素体组成，板条方向的宽度仅有 2μm。在特定的区域内，铁素体晶粒是平行的，取向几乎一致，并且针状铁素体晶粒细小。同时组织中还有少量的粒状贝氏体和准多边形铁素体。当终冷温度为 550℃时（图 4-42b），针状铁素体所占的体积分数已减少到 50% 左右，准多边形所占的体积分数增加。终冷温度升

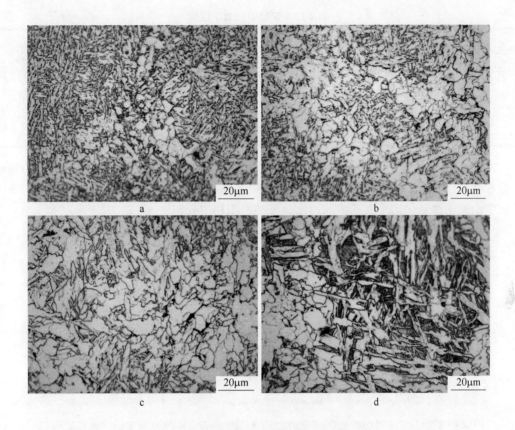

图 4-42 不同终冷温度实验钢的金相组织

a—500℃；b—550℃；c—600℃；d—650℃

高为 600℃时（图 4-42c），准多边形铁素体的体积分数已达到 80% 以上，针状铁素体的晶粒已明显粗大。当终冷温度继续升高到 650℃时（图 4-42d），基本组织为多边形铁素体和魏氏组织（呈粗大的、长条形态的铁素体晶粒）。

4.4.3 F40 级船板钢实验轧制

实验钢轧制参数和水冷参数如表 4-12 所示。表 4-13 为实验钢不同工艺参数下的力学性能，力学性都已达到了 F40 级船板钢要求。

表 4-12 实验钢控轧控冷的实际工艺参数

试 样	加热温度 /℃	开轧温度 /℃	终轧温度 /℃	未再结晶区压下率/%	开冷温度 /℃	终冷温度 /℃	冷却速度 /℃·s^{-1}
F40-1A	1200	1079	796	68	775	568	10.6
F40-1B	1200	1098	808	68	782	529	15.4
F40-2A	1200	1128	840	68	811	546	11.5
F40-2B	1200	1130	820	68	801	550	14.5

表 4-13　实验钢的力学性能

试　样	R_{eL}/MPa	R_m/MPa	A_5/%	A_{KV}/J			
				−20℃	−40℃	−60℃	−80℃
F40-1A	520	605	25.0	217	179	170	141
F40-1B	520	605	23.4	214	148	139	142
F40-2A	515	605	22.5	188	180	162	138
F40-2B	505	590	24.9	164	162	128	131

　　由图 4-43 所示金相照片显示：所有试样均具有相当数量的针状铁素体，组织为细小的针状铁素体和准多边形铁素体的混合型组织，在该类组织中甚至可见弥散细小的珠光体，它们位于少数多边形铁素体的边缘，各类组织均匀分布。

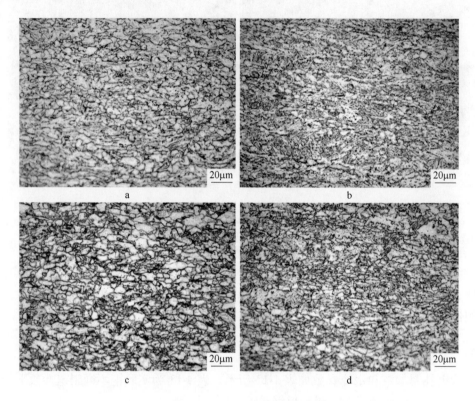

图 4-43　实验钢金相组织形貌
a—F40-1A；b—F40-1B；c—F40-2A；d—F40-2B

　　图 4-44 所示为 F40-2A 试样不同厚度的金相组织。由图可知，表面及心部组织差别不大，1/2 处由于冷却速度相对较低，组织相对于边部和 1/4 处要大些，但分布较为均匀（图4-44c），由 1/2 处到表面晶粒逐渐细化且组织中针状铁素体所占比例增加（图 4-44a、b）。

　　通过扫描电镜可以进一步观察细化后的针状铁素体和准多边形铁素体组织。准多边形铁素体如图 4-45a 所示，具有海湾状不规则边界。针状铁素体（图 4-45b）的特征是晶粒为细小的非等轴晶，具有独特的不规则结构，即大小不等的晶粒有着杂乱的顺序和随意的方向，细小的板条之间互相交割，互相牵制。准多边形铁素体和针状铁素体是在一定的温

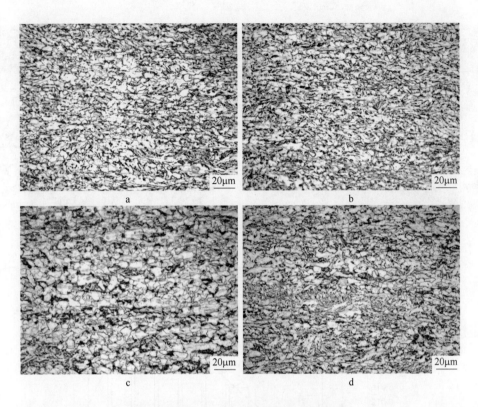

图 4-44 F40-2A 不同厚度的金相组织形貌

a—3mm；b—5mm；c—8mm；d—13mm

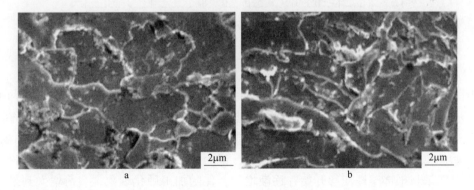

图 4-45 F40-2A 的 SEM 形貌

a—准多边形铁素体；b—针状铁素体

度范围内形成，针状铁素体的出现同时能有效地抑制准多边形铁素体的长大，从而细化了复合组织。

利用背散射电子衍射技术（EBSD）对针状铁素体复合组织的微观取向进行分析（图4-46）。图 4-47 为扫描区域的取向图，图中粗线为大角晶界（>15°），细线为小角晶界（<15°）。由图可见，准多边形铁素体存在较多的亚结构。图 4-48 为利用背散射电子衍射技术对针状铁素体的微观取向角分布的分析结果，数据显示了在 45°取向角时出现了峰值。

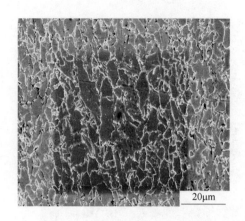

图 4-46　实验钢的扫描区域形貌

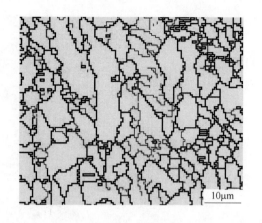

图 4-47　实验钢的取向分析图

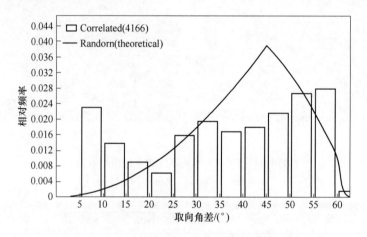

图 4-48　实验钢相邻晶粒的取向角分布

图 4-49 为实验温度为 -20℃、-40℃、-60℃、-80℃、-100℃ 时的示波冲击图。图 4-49c 为典型的冲击载荷（能量）-挠度曲线。由图 4-49d 可见，在冲击载荷作用下，首先进入的是缺口根部弹性变形阶段，冲击载荷随挠度呈线性增加，冲击载荷增加到一定值时开始偏离弹性比例线，发生净截面屈服，记为净截面屈服载荷 F_{gy}；随之载荷呈指数关系上升，缺口根部塑性变形开始并逐渐增加，伴随加工硬化现象，载荷增大到最大值，记为 F_{max}，裂纹已经萌生并开始延性扩展，此时试样两侧在缺口处呈现侧向收缩。因而认为，裂纹萌生是与缺口处一定范围内的塑性变形相关的。以后载荷逐渐下降，当载荷达到 F_{iu} 时，载荷突然激烈下降，对于韧性材料而言，由于剪切唇的撕裂，载荷陡降后仍有一缓降过程。当载荷达到 F_{iu} 之后，裂纹即失稳扩展。正如图 4-49b 所示，裂纹扩展过程中载荷呈阶梯状下降，证明裂纹扩展受到较大的阻力，这是材料韧性好的缘故。

冲击载荷在各变形和断裂阶段的变化过程，对应着冲击吸收能量的变化，最大载荷值 F_{max} 对应的冲击能量消耗 A_{kl} 包含了试样缺口根部弹性变形功（载荷 $0 \sim F_{gy}$）和塑性变形功（载荷 $F_{gy} \sim F_{max}$），此时裂纹已在缺口根部萌生，因而 A_{kl} 表征裂纹萌生所消耗的能量，它主要与缺口根部的应力集中情况及表面状态有关。裂纹萌生后进入稳定扩展阶段，载荷值随着挠度的增加较为缓慢地下降，至某一挠度值后（裂纹达到临界长度，载荷为 F_{iu}）突然激烈下降，裂纹失稳扩展，导致断裂。裂纹稳定扩展消耗的能量 A_{k2} 和失稳扩展消耗的能量 A_{k3} 之和 A_{k23} 统称为裂纹扩展功。

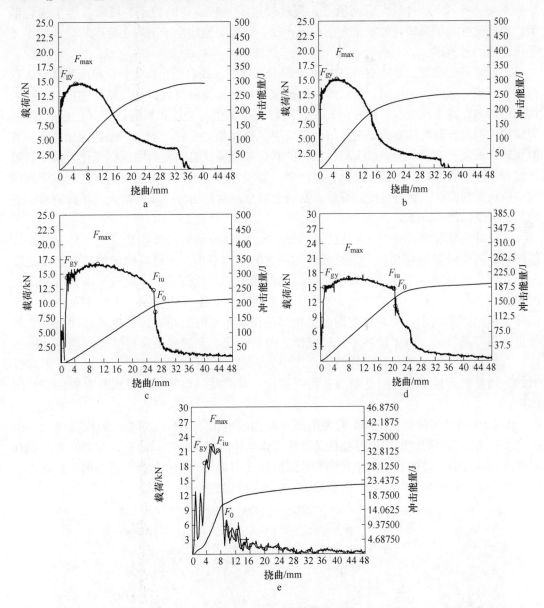

图 4-49 不同实验温度下 F40 级船板钢示波冲击载荷（能量）-挠度曲线
a——20℃；b——40℃；c——60℃；d——80℃；e——100℃

按照图 4-49 中载荷-挠度曲线记录的冲击断裂过程可将 F40 级船板钢不同冲击温度下试样的冲击断裂分为三种类型：第一种为韧断型，如图 4-49a ~ c 所示，失稳断裂发生在较大的塑性变形时，冲击功很高，裂纹稳定扩展功在总能量消耗中占有很高的比例，失稳断裂载荷降低到较低的水平，与冷脆转变曲线上平台位置相对应；第二种为脆断型，如图

4-49e 所示，失稳断裂发生在冲击载荷达到最大值之前，断裂载荷较高，失稳断裂对应的挠度值很小，缺口根部的塑性变形很小，总冲击功很低，裂纹萌生后立即发生失稳扩展，裂纹扩展吸收的能量几乎为零，与冷脆转变曲线的下平台位置相对应；第三种为过渡型，如图 4-49d 所示，经过最大载荷值点，裂纹经过了一较短暂的稳定扩展阶段发生失稳断裂，裂纹萌生和扩展消耗的能量大小相当，这一断裂类型相当于出现在冷脆转变曲线上下平台之间的过渡区。

靠近缺口的位置，是"裂纹"扩展阶段的起始区，我们把它作为裂纹源区来研究，以探索裂纹萌生区的断裂机制。裂纹源区的显微断口特征为韧窝状，且为拉长的韧窝。拉长韧窝的指向，通常与裂纹扩展方向相反，但有的指向也与裂纹扩展方向相同。也就是说，裂纹源区的拉长韧窝的方向是变化的。裂纹源区也就是"稳定"裂纹扩展区起始位置，其微观缺口形貌是韧窝状。裂纹失稳扩展区的断口形貌随试验温度的降低而变化，裂纹扩展区的断口显微特征是，随温度降低，脆性断口形貌增加。断口侧面上剪切唇区的显微特征均是拉长的韧窝状，随着温度的降低，断口上的空洞数量增多，体积增大，导致裂纹扩展容易，裂纹扩展功下降。

示波冲击实验所测的冲击功包括两个部分，一部分是裂纹形核功，另一部分是裂纹扩展功，同裂纹扩展功相比，裂纹形核功所占的比例很小。在材料的韧脆转变温度范围内，裂纹形核功基本不变，而裂纹扩展功则随温度的降低而减小，故温度降低时冲击功的变化主要受裂纹扩展功的变化所控制。从宏观上看，金属中裂纹的走向主要由应力原则和能量原则所决定。在晶界附近由于相邻晶粒取向不同的约束，当扩展裂纹由一个晶粒进入相邻晶粒时，由于滑移系或解理面方向的变化，穿过复杂位错结构的晶界比较困难；晶界对裂纹的扩展起到有效的阻碍作用，它可以使得裂纹扩展发生偏析，扩展路径增加，消耗的能量增大。因此断裂过程中裂纹的扩展路径对断裂能量消耗起着决定性的作用。

图 4-50 为 B 级船板钢 -40℃时冲击断口在扫描电镜下观察到的二次裂纹在组织中的扩展示意图。二次裂纹的扩展路径在通过铁素体基体时完全是穿晶断裂 4-50，在扩展到珠光体区域时有的沿着铁素体和珠光体的界面扩展（图 4-50a 中箭头 1），也有的穿过珠光体区域而扩展（图 4-50a 中箭头 2 和图 4-50b 中箭头所指之处）。

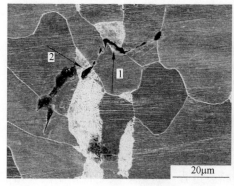

a   b

图 4-50　试样二次裂纹扩展示意图

a—二次裂纹放大示意图；b—二次裂纹扩展

图 4-51 为 F40 级船板钢-80℃时冲击试样断口中二次裂纹的扩展示意图。由图可见，在低温的环境下，组织稳定，没有发生变化，影响冲击韧性的主要原因是裂纹扩展路径的变化。图 4-51a 为二次裂纹在准多边形基体的扩展，可以清楚地观察到，二次裂纹在通过准多边形铁素体基体时完全是沿晶断裂。图 4-51b 为二次裂纹在针状铁素体基体的扩展，二次裂纹在通过针状铁素体基体时同样是沿晶断裂，不会发生穿晶断裂。

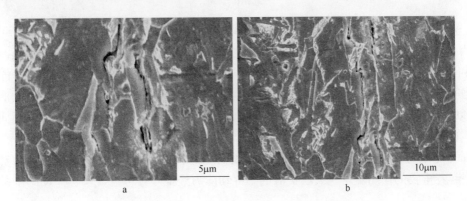

图 4-51　F40 级船板钢二次裂纹扩展示意图

a—二次裂纹在准多边形基体的扩展；b—二次裂纹在针状铁素体基体的扩展

B 级船板钢-40℃时的冲击功实验结果表明，当冲击温度降到韧脆转变点之下时，冲击功会迅速降低，此时裂纹的扩展路径将发生变化，由沿晶断裂过渡到沿晶断裂和穿晶断裂都存在，一直到完全穿晶断裂，这使得裂纹的扩展路径缩短，所消耗的能量大大降低。与铁素体-珠光体组织相比，针状铁素体则表现出优异的低温性能，其组织细小，晶界曲折，晶界面积增加，而且针状铁素体之间有较大的取向差，大角度晶界对裂纹扩展有阻挡作用。对于大角度晶界的作用，由文献可知，由于晶界两侧的晶粒位向差较大，其滑移系的位向差也相应较大，位错不能越过晶界滑移。晶界另一侧无位错区的形成，要靠晶粒本身滑移系的开动，因此晶界两侧无位错区的方向和尺寸都会有所不同。晶界两侧的位错运动是不连续的，裂纹扩展越过晶界后，其扩展方向往往有明显的改变。因此，当裂纹扩展到针状铁素体晶界时，所遇到的阻力将明显增加，使得裂纹扩展困难，增大裂纹扩展功。由图 4-52a 可以看出，裂纹扩展到针状铁素体晶界时，不会穿过，只会沿晶扩展，而铁素

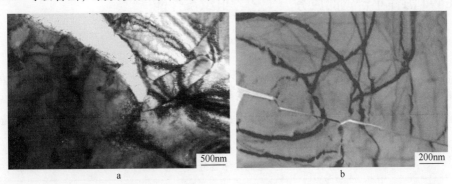

图 4-52　裂纹的扩展

a—针状铁素体；b—铁素体-珠光体基体

体-珠光体组织中的裂纹则会沿晶体学平面迅速扩展（图4-52b）。

对于金属材料，在裂纹的萌生和扩展过程中，即使在解理断裂情况下也必然伴有一定量的塑性变形产生，Orowan 对 Griffith 判据提出了修正式，解理断裂应力 σ_f 为：

$$\sigma_f = \sqrt{\frac{2F}{\pi a}(\gamma_s + \gamma_p)} \tag{4-16}$$

式中，γ_p 为断口表面单位面积的变形能，对低碳钢的脆性断口而言，γ_p 约为 $10^3 J/m^2$，而 γ_s 约为 $1J/m^2$。在裂纹扩展时吸收任何能量的塑性变形过程均对塑性功项 γ_p 有所贡献。在金属中一条正在扩展着的裂纹，如果遇上一个在 γ_p 值上增高的区域，则裂纹有可能被停顿，当吸收塑性变形能后裂纹再扩展。即发生不连续的裂纹扩展过程，这样主裂纹的前沿边会形成一些次级解理裂纹，这些裂纹彼此之间以及它们与主裂纹之间常常处于不同的层次上，也就是裂纹呈现不连续的扩展。

Cottrell 认为，断裂的控制过程是裂纹扩展而不是裂纹的萌生阶段，并且拉应力对裂纹的扩展起着重要的作用。这一裂纹扩展的临界切应力经推导并考虑 $\sigma_y = \sigma_i + K_y d^{-1/2}$ 的关系式得到：

$$\sigma_f \geqslant \frac{2G\gamma}{K_y} d^{-1/2} \tag{4-17}$$

这就是裂纹扩展临界应力 σ_f 随晶粒大小 d、K_y（Hall-Petch 屈服常数）变化而变化的关系式。γ 为塑性变形功部分，当未被钉扎住的位错数量减少时，温度降低或变形速率加大，都可使 γ 值减小，则易出现解理断裂。裂纹在晶内扩展遇到由析出钉扎的位错边界时，会钝化裂纹，增加塑性变形功，使得组织的韧性得到了提高。

根据对针状铁素体显微组织的观察分析，认为针状铁素体强韧化的原因是其位错亚结构可动性较大，位错的运动能缓和局部应力集中，形成的位错墙能够钝化裂纹。从本实验结果看，针状铁素体强韧化的原因除了上述原因外，曲折的裂纹扩展途径对强韧性也有贡献，裂纹沿不同取向的板条界扩展，频频发生偏转，增加裂纹扩展阻力，产生了裂纹偏转增韧效应，提高了针状铁素体的韧性。

4.5 E690 海洋平台钢的成分、工艺、组织及性能

4.5.1 TMCP 工艺对 E690 海洋平台钢组织性能的影响

实验钢主要化学成分见表4-14，采用完全再结晶区和未再结晶区两阶段控轧，如图4-53所示。A 号钢精轧变形后先经过 40s 空冷然后水冷，B 号钢精轧结束后直接水冷。控轧控冷后的 A 号钢、B 号钢都进行 550℃ 和 600℃ 回火处理，回火保温时间为 1h。

表4-14 实验钢化学成分（质量分数）（％）

C	Si	Mn	P	S	Nb + Ti	Cr + Mo	Ni	B	Cu
0.047	0.26	1.38	0.008	0.0048	≤0.05	≤1	≤1	0.005	≤1

图 4-54 给出了 A 号钢、B 号钢 TMCP 状态和 TMCP + 回火工艺处理后的力学性能。两种实验钢 TMCP 态的屈服强度比较接近，保持在 800MPa 左右，而抗拉强度 A 号钢最高，达到 1000MPa 以上。随着回火温度不断升高，A 号钢的屈服强度和抗拉强度均呈现出先下降再上升的变化特征，B 号钢的强度变化特征表现为屈服强度不断升高而抗拉强度基本保持在 950MPa 不变。回火后两种实验钢的伸长率均有不同程度的增加。低温韧性方面，无论是TMCP

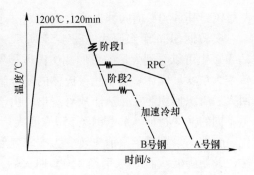

图 4-53 轧制工艺示意图

工艺处理，还是 TMCP + 回火工艺处理的样品，精轧温度区较高并伴有弛豫空冷过程的

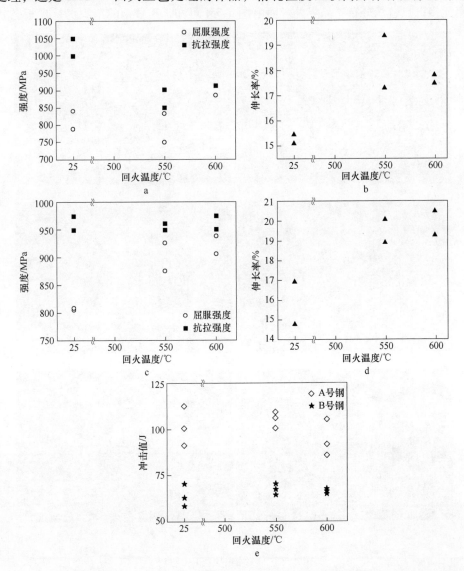

图 4-54 A 号钢拉伸性能（a、b）、B 号钢拉伸性能（c、d）和 A 号钢、B 号钢 -40℃冲击性能（e）

A 号钢，其 –40℃横向冲击值在 100J 左右，而 B 号钢的冲击值仅稳定在 60J 左右。

实验钢 SEM 组织照片如图 4-55 所示。从 A 号钢、B 号钢 TMCP 态组织照片（图4-55 a、b）中可以看到大量的由形变奥氏体晶界所围成的形变带，形变奥氏体晶粒在相变之后转变为粒状贝氏体 + 板条状贝氏体的复合组织。图 4-55c、d 为 A 号钢、B 号钢经过 550℃回火后组织形貌照片，从照片可看出，由于制备工艺的差异导致了两种钢的回火组织出现了不同的演变特征。A 号钢经 550℃回火后，组织发生明显的改变。可以看到许多板条粗化、合并，个别板条束消失转变为准多变形铁素体。伴随着板条束的消失，其组织的方向性也开始降低。而 B 号钢经 550℃回火后，所发生的组织演变更多的只是单个板条的增宽、钝化以及相邻两个板条之间的合并，个别板条束最终演变为粒状贝氏体，表现出了良好的组织稳定性。回火温度进一步提高，600℃回火时，图 4-55e 中 A 号钢的形变带已经基本消失，组织方向性进一步减弱。组织构成为：粗大的多边形铁素体 + 粒状贝氏体，M/A 组元多以点链状分布于晶界处。而由图 4-55f 可知，B 号钢的组织仍呈现板条状贝氏

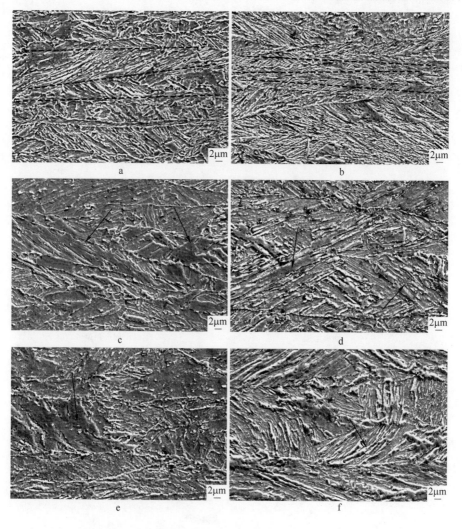

图 4-55　实验钢组织 SEM 照片

a，c，e—分别为 A 号钢 TMCP、550℃回火、600℃回火；b，d，f—分别为 B 号钢 TMCP、550℃回火、600℃回火

体向粒状贝氏体过渡的状态，即板条边界出现消失和不连续现象。由于回火温度升高，板条间的残余奥氏体体积增加，出现了较明显的膜状。

实验钢组织的 TEM 照片如图 4-56 所示。A 号钢 TMCP 态组织中的板条宽度多在 400 ～ 500nm 范围内，其内部位错呈混乱的发团状，分布较散乱。550℃ 回火后板条内的位错发生比较明显的重新分布，位错的合并、重组导致了板条中低位错密度区和高位错密度区的相间分布，保留下来的缠结位错多被析出物所钉扎。还发现个别板条内的位错已大量消失，且与其相邻的板条边界已开始模糊不清甚至消失。600℃ 回火后组织中的板条状亚结构大量减少，出现了更多的胞状的亚结构。混乱的发团状位错正逐步演变成胞状结构，这是位错进一步合并、重组、多边形化的结果。B 号钢 TMCP 态组织中的板条较细长，宽度在 200 ～ 300nm，内部位错密度非常大，充满整个板条。550℃ 回火后的组织虽然也出现了位错的聚集与重组现象，但板条内部残留的位错密度仍然较高，相邻板条的边界仍然非常清晰。600℃ 回火后板条的宽展仍不明显，只是位错密度进一步减少。

图 4-56　实验钢心部组织 TEM 照片

a ～ c—分别为 A 号钢 TMCP、TMCP + 550℃ 回火、TMCP + 600℃ 回火；
d ～ f—分别为 B 号钢 TMCP、TMCP + 550℃ 回火、TMCP + 600℃ 回火

虽然两种实验钢的成分相同，但是由于加工工艺参数的不同造成了 A 号钢、B 号钢力学性能和组织稳定性随回火温度的升高而表现出不同的变化特征。

图 4-56a 中形变奥氏体晶粒被压扁的程度不及图 4-56b 中的扁平，这是因为 A 号钢的精轧变形区温度为 850 ~ 880℃，而 B 号钢的精轧变形区温度为 810 ~ 840℃。奥氏体的未再结晶区轧制过程将使奥氏体变扁和拉长，晶界面积增加，形成更多的形变带；同时形变奥氏体晶粒内部也会积累更多位错线，这些增加的晶界和位错线都将为随后的冷却过程中新相的形成提供更多的形核点，从而起到细化晶粒的作用。当贝氏体相变在晶界处形核时，贝氏体细化的限度为被压扁的形变奥氏体晶粒厚度的一半，而当贝氏体相变形核在形变奥氏体晶内的位错处时，贝氏体组织会进一步细化。A 号钢精轧区变形温度较高，形变储存能大量散失，轧后又经过 40s 弛豫空冷过程，发生在组织内部的位错重组与合并进一步减少了形变奥氏体晶粒内的位错数量，从而减少了晶内相变形核点，所以在组织形貌上，A 号钢的板条组织不如 B 号钢的板条细小。

精轧变形区温度较低时，基体中会出现更多的由于应变诱导而析出的第二相粒子，这些粒子会对形变奥氏体中的位错进行钉扎，轧后直接水冷的过程将使那些被钉扎的位错保留到贝氏体相变之后，这些位错很难自由移动，成为阻碍贝氏体回复、再结晶的决定性因素，有助于提高贝氏体的组织稳定性。图 4-57a、b 分别为 A 号钢、B 号钢经 600℃回火后晶内透射照片，可以看到 600℃回火后的 A 号钢晶内位错很少，大量的方形（图 4-57a 圆圈中）、球形（图 4-57a 箭头处）析出粒子较弥散地分布在晶内，能谱分析表明这些粒子

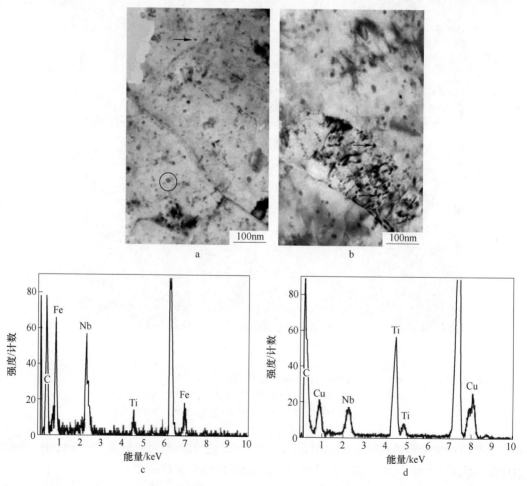

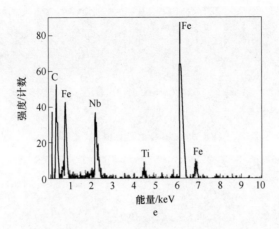

图 4-57　实验钢 600℃ 回火后透射照片

a—A 号钢；b—B 号钢；c—(Nb,Ti)(C,N)能谱图；d—Cu、Nb、Ti 复合析出物能谱；e—(Ti,Nb)(C,N)能谱图

主要为 Nb、Ti 的复合析出物，如图 4-57c 所示，以及 Nb、Ti、Cu 的复合析出物，如图 4-57d所示。而 B 号钢中析出粒子多集中在晶界和位错处出现，尺寸都在 10nm 左右，如图 4-57b 箭头所指，能谱分析表明主要为 Nb、Ti 的复合析出物，如图 4-57e 所示。结合图 4-55中组织演变的不同特征可知，若贝氏体的晶界和晶内位错线受到纳米尺度的析出颗粒的钉扎，则贝氏体在随后的回火过程中将表现出更强的组织稳定性。

无论是 TMCP 态还是回火态，A 号钢的冲击韧性值始终比 B 号钢要高。这与不同冷却工艺下所得到的组织构成有关。图 4-58 给出了两种钢 TMCP 态的晶界特征分布图，其中浅颜色线为大于 3°小于 15°的小角度晶界，黑颜色为大于 15°的大角度晶界，可以看到 A 号钢中的大角度晶界比例明显多于 B 号钢中的大角度晶界比例，高比例的大角度晶界在裂纹扩展过程中能起阻碍作用。如图 4-58a 中箭头所示，A 号钢中有更多的由黑色线勾勒出来的呈针状的铁素体边界线。这些针状铁素体在形变奥氏体边界形核并向晶内生长，长度在 10~20μm，宽度在 2μm，有些贯穿整个奥氏体晶粒将其分割成许多小区域。研究表明，针状铁素体转变温度高于贝氏体转变温度，针状铁素体对奥氏体所进行的分割，将使随后进行的贝氏体相变只能在这些独立的小区域中完成，起到了细化相变组织的作用。同时，还有研究表明，针状铁素体内部存在大量位错，当裂纹在独立小区域中的贝氏体内形成并向针状铁素体内部扩展时，针状铁素体内部大量的相互缠结的位错将对裂纹形成阻碍，可使裂纹尖端发生钝化，甚至将裂纹终止于晶内，由此起到了提高冲击韧性的有益作用。

4.5.2　回火温度对 TMCP + T 和 RQ + T 工艺性能的影响

将使用 TMCP 工艺制得的钢板标记为 C 号，而 RQ 工艺处理的钢板标记为 D 号。C 号钢为轧后钢板空冷至 700℃，然后以 20~30℃/s 冷速水冷到 430~450℃后空冷。D 号钢重加热淬火（Reheat Quenching），为 TMCP 轧制状态钢板再次加热至 920℃保温 1h 后水淬至室温。将 C 号钢、D 号钢两种材料分别在 450℃、500℃、550℃、580℃保温 1h，然后空冷至室温。

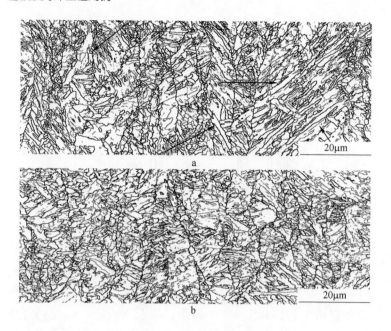

图 4-58 实验钢 TMCP 态的晶界特征分布图

a—A 号钢；b—B 号钢

图 4-59 反映了回火温度对 C 号钢力学性能的影响。整体来看，经过回火处理后的强度值都高于轧态时的数值。控轧控冷态试样的屈服强度为 690MPa，抗拉强度为 825MPa；经 450℃ 回火处理，屈服强度提高为 750MPa，抗拉强度提高为 860MPa；回火温度高于 450℃ 时，屈服强度又开始回降，并在 550℃ 回火时趋于稳定，达到 715MPa，抗拉强度同 450℃ 回火时相比变化不大。580℃ 回火，屈服强度和抗拉强度又升到了更高值，其中屈服强度为 790MPa，比轧态时提高了 100MPa，抗拉强度为 895MPa，比控轧控冷态时提高了 70MPa。从图中可以看出，回火温度对 C 号钢屈服强度的影响比较明显，而对抗拉强度的影响很小。伸长率方面，450 ~ 550℃ 之间回火，伸长率一直在增加，且在 550℃ 时达到最大值 21.6%，回火温度继续升高，伸长率表现为下降趋势。

图 4-60 反映了回火温度对 D 号钢（Reheat Quenching）力学性能的影响。可以分为两

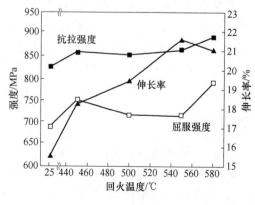

图 4-59 TMCP 样品经不同温度
回火后的拉伸性能

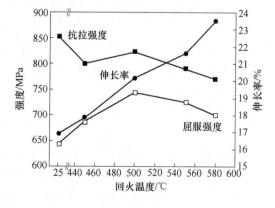

图 4-60 920℃ 淬火样品经不同温度
回火后的拉伸性能

个阶段，回火温度低于 500℃时，屈服强度随回火温度的升高明显增加，而抗拉强度呈现先下降后上升的趋势；500℃回火时，强度曲线出现了回火峰值，屈服强度和抗拉强度分别为 744MPa 和 823MPa，屈强比由淬火态的 0.75 增大至 0.9；高于 500℃回火时，温度对屈服强度和抗拉强度的影响为同步下降的规律，580℃回火时的屈服强度和抗拉强度分别降至 700MPa 和 770MPa。随回火温度的不断提高，伸长率一直在大幅度增加，淬火态的伸长率仅为 16%，而 580℃回火时，伸长率达到 23%。

图 4-61 为 -40℃冲击值变化曲线。C 号钢控轧控冷态的冲击值为 252J，经 450℃回火，冲击值降为 214J，此后的各个不同温度回火过程中，冲击值波动非常小，保持在 200J 左右。D 号钢 500℃以下温度回火，冲击值呈现先上升后下降的规律，淬火态的冲击值为 51J，450℃回火冲击值升高为 213J，500℃回火冲击值又降为 166J，500℃以上温度回火，冲击值又以较快速度增长。

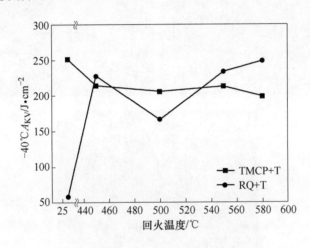

图 4-61　-40℃冲击值变化曲线

由以上分析可知，回火温度对 E690 海洋平台用钢的力学性能有明显的影响，只有采用合适的回火温度，才能得到良好的综合力学性能。对于 C 号钢（TMCP 轧制状态），不同的温度区间内，回火温度对于屈服强度和抗拉强度的影响趋势并不都是一致的，因此可以通过控制回火温度来调节材料的屈强比，实现材料强度和塑性的最佳配合。对于 D 号钢（Reheat Quenching），在所研究的回火温度范围内，550℃回火时综合力学性能最为理想。

C 号钢不同温度回火后的组织形貌如图 4-62 所示。C 号钢轧态组织与不同温度回火之后组织相比较，组织类型没有明显变化，均为少量针状铁素体 + 粒状贝氏体，说明在 450~580℃回火过程中发生的主要是组织回复。控轧控冷态样品的显微组织细小，为压扁的原始奥氏体晶粒内形成的粒状贝氏体。在 450~550℃的回火组织中仍可见到清晰的原始奥氏体晶界，大量的马氏体/奥氏体（M/A）组元出现在晶界和晶内，多以点链状分布。580℃回火时已不能看出原始奥氏体晶界，组织中 M/A 组元总量比控轧控冷态和较低温度回火时明显减少，更多的是出现在晶界处，有多边形和球团化的趋势。

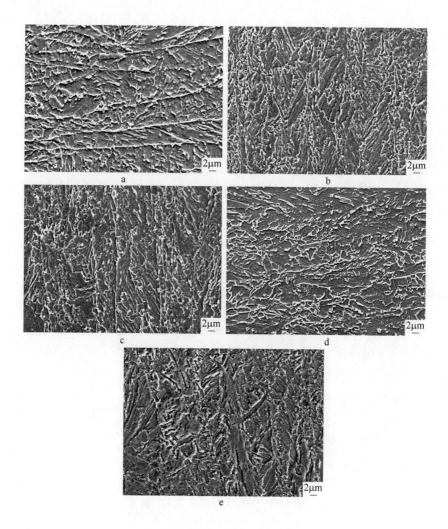

图 4-62　C 号钢不同温度回火后的组织形貌

a—轧态；b—450℃；c—500℃；d—550℃；e—580℃

　　D 号钢经不同温度回火后的组织形貌如图 4-63 所示。D 号钢淬火态组织为板条状贝氏体 + 马氏体，板条束尺寸较宽，板条较长。大部分板条几乎贯穿原始奥氏体晶粒。450℃回火时，仍能在一个原始奥氏体晶粒内看到明显的分区现象，板条长短不一；经过 500℃回火相邻板条出现合并、粗化，板条状贝氏体开始向粒状贝氏体转变。550℃回火时板条的边界已不再明显，只能看到一些合并后的轮廓，相邻板条之间的残留奥氏体在回火过程中正在球团化，580℃回火组织中板条结构已经消失，晶粒明显长大，并且晶粒的方向性也明显减弱。此时的组织为粒状贝氏体和少量具有海湾状不规则边界的准多边形铁素体。

　　光学显微镜下，TMCP 样品中的粒状贝氏体呈现不规则的粒状形态，观察不到内部的亚结构，而在分辨率更高的透射电镜下，一般多呈现条状结构。如图 4-64 所示，450℃回火时局部板条出现宽化现象，为相邻板条合并的结果。回火温度进一步升高，内部亚结构又开始呈现胞状形貌。从 550℃回火的透射照片中可以看到，位错密度有所下降，存留的

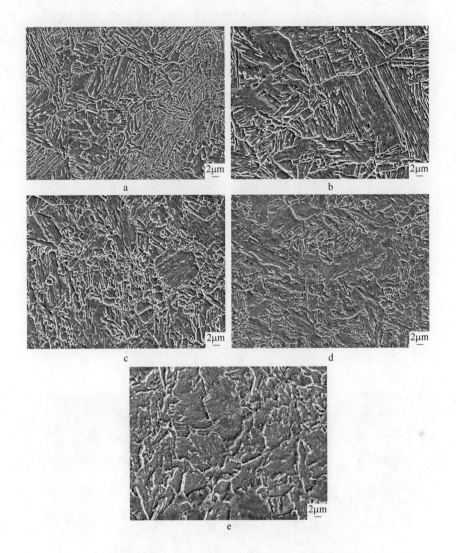

图4-63 D号钢经不同温度回火后的组织形貌
a—轧态；b—450℃；c—500℃；d—550℃；e—580℃

缠结位错多数被细小的析出物所钉扎，同时还观察到直径为 20～50nm 不等的 ε-Cu 粒子析出物。

　　RQ 态的亚结构为长宽比很大的细小板条，如图 4-65a 所示。随着回火温度不断升高，板条合并宽展，内部位错密度大幅度降低。混乱的位错重新排列，形成位错墙，不同位错墙相互连接，组成不同尺寸的胞状结构。从 550℃ 回火的透射样品中可以找到许多轮廓清晰的亚晶。亚晶的出现对细化组织、提高材料韧性起到有利的作用。

　　两种实验钢在轧后均通过不同的（热处理）工艺处理使组织得到了细化，但细化的组织比面积很大，体自由能高，依据热力学原理，在回火过程中，组织均有向平衡组织转变的趋势。组织类型转变将会造成强度值的明显变化。图 4-59 表明回火温度对于 C 号钢的屈服强度有较大影响，而对抗拉强度的影响非常小。屈服强度表征材料刚开始塑性变形时

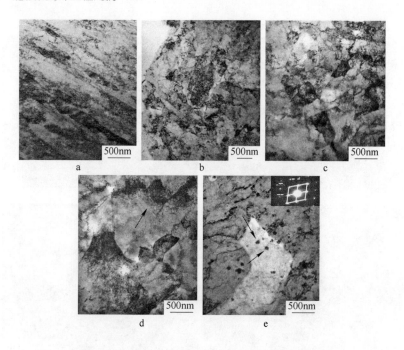

图 4-64   C 号钢经不同温度回火后组织的透射形貌
a—轧态；b—450℃；c—500℃；d—550℃；e—580℃

图 4-65   D 号钢经不同温度回火后组织的透射形貌
a—淬火态；b—450℃；c—500℃；d—550℃；e—580℃

的受力，是材料内部位错运动的反映。抗拉强度则主要由材料的组织类型来决定。通过对
C 号钢不同温度回火处理后的组织进行观察发现，回火后组织类型没有明显变化，均为少
量针状铁素体 + 粒状贝氏体，这表明 C 号钢在回火时具有较强的组织稳定性，因此 C 号钢
在 450 ~ 580℃回火过程中主要发生的是组织内部位错的聚集、合并与重组。

　　研究表明，贝氏体组织中存在两种位错，第一种是在奥氏体区的控制轧制变形过程形
成的大量变形位错，在变形各道次之间，特别是在终轧变形后的弛豫阶段，由于应变诱导
作用，Nb、Ti 等强碳化物形成元素将生成大量极为细小的碳氮化物而沉淀在这类位错上
将其钉扎，并被保持到贝氏体相变以后；第二种位错是贝氏体相变时由于体积效应产生的
相变位错，此类位错比较平直，没有被析出物钉扎，在回火过程中此类位错很易运动并消
失，这样强度会因为位错密度的降低有所下降，但此时组织类型并没有变化。C 号钢在
450 ~ 550℃回火过程中屈服强度略有降低而抗拉强度保持稳定的原因，是贝氏体中的相变
位错发生了重组与合并所致。位错密度不断降低，位错向稳定化、有序化组态演化过程也
使得材料的塑性和韧性得到改善。

　　回火过程是位错强化和析出强化共同作用的过程。RQ 处理的 D 号钢经过再次加热重
新奥氏体化，将使形变位错全部消失。淬火过程冷速很快，组织中会产生大量相变位错，
此时位错强化占主导作用，使材料强度明显增加。回火过程中伴有第二相粒子析出，当位
错密度与析出物尺寸、分布在 550℃回火达到最佳组合时，强度就达到了峰值。由于更多
的相变位错并未被析出物所钉扎，在回火过程中很容易运动及消失，随着回火温度的进一
步提高，位错强化起到的作用越来越弱，板条组织很快合并消失，组织向平衡组织（多边
形铁素体）的演变使强度急剧降低。

　　海洋平台用钢在对强度有更高要求的同时，对于低温韧性也有所规定。经过 550℃回
火处理后两种钢均达到了最佳的强韧性组合。– 40℃冲击值：C 号钢为 213J，D 号钢为
234J。采用背散射电子衍射技术对 C 号钢、D 号钢的 550℃回火组织进行晶界取向分析。
图 4-66 中粗黑线表示晶体取向差大于 15°的界面，细线为大于 3°界面。由图可见，贝氏体
晶粒内存在大量的亚晶界。这是由于 C 号钢、D 号钢在回火过程中，位错不断消失、重
组，形成了位错包状结构的缘故。由位错形成的亚晶界是裂纹扩展的障碍，当裂纹源在夹
杂、第二相粒子和 M/A 周围生成微裂纹时，亚晶界能将裂纹扩展限制在有效晶粒内。

　　除了小角度晶界以外，550℃回火组织中的大角度晶界也占有相当大的比例。大角度
晶界对于解理型裂纹的扩展是个阻碍，取向差足够大，就可以使裂纹尖端在向相邻晶粒传
播时改变方向，由此消耗大量能量并钝化，甚至可使裂纹的扩展停滞在晶界处。大、小角
度晶界共同作用，使得 C 号钢、D 号钢在 550℃回火后具备了良好的低温韧性。

4.5.3　二次裂纹扩展

　　低温韧性是该钢种的重要指标之一，冲击过程中二次裂纹的形核和扩展会对钢板韧性
产生重要影响。裂纹扩展过程中，主裂纹扩展速度快，不宜观察，而沿主裂纹的解理断裂
区会产生许多二次裂纹。沿主裂纹的解理断裂区观察，图 4-67 是低倍下二次裂纹的分布，
右下角所示为主裂纹。二次裂纹可以分为两种主要类型：短裂纹（10 ~ 15μm），在一个晶
粒内扩展，其长度与解理平面的解理面的大小有关；长裂纹（20 ~ 50μm），穿过几个晶
粒，呈直线或折线扩展，在晶界或第二相处止裂。

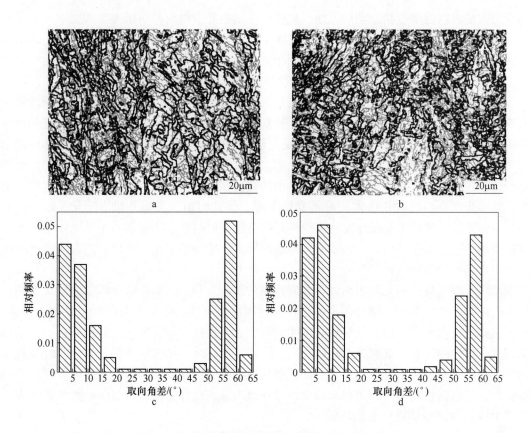

图 4-66　实验钢 550℃回火后晶粒取向差分析图

a，c—C 号钢；b，d—D 号钢

冲击试验时解理断裂区产生了很多的二次裂纹，在裂纹扩展过程中，有合适的晶粒可以开裂，但由于晶界的阻力以及裂纹的位相等因素，二次裂纹不能继续扩展，从而在晶界处偏转或止裂。从组织观察可知，钢中的二次裂纹扩展方式与晶界相关，为了进一步理解它们之间的关系，利用背散射电子衍射技术（EBSD）对二次裂纹扩展机理进行了分析。

图 4-68 是二次裂纹扩展尖端周边的 IPF取向图，右侧为裂纹源通过 EBSD 分析裂纹

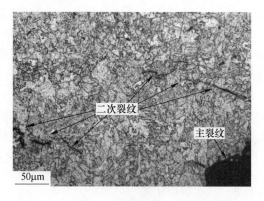

图 4-67　近断口二次裂纹附近的显微组织

尖端周边晶粒的欧拉角，得出整个分析区域和二次裂纹周边的晶粒取向差统计分布，如图4-69 所示。整个分析区域（图4-69a）中，大约有36%的晶粒取向差低于 10°，10°～15°的晶粒取向差占 10%，50°～62°的晶粒取向差占 40%；裂纹尖端周边区域（图 4-69b）中，大约有32%的晶粒取向差都低于 10°，10°～15°的晶粒取向差占9%，50°～62°的晶粒取向差占 40%。大量的晶界落在两个部分：小于 10°的小取向差和 50°～60°的大取向差，

这可用原始奥氏体和贝氏体铁素体的晶体学关系来解释，也就是 KS 关系和 NW 关系，第 3 章曾经提过，在此不再赘述。Bouyne 等指出可能的取向可分为三组：（1）与 $[111]_\alpha$ 相关的 $2.25° \sim 10.5°$ 之间的小取向差；（2）与 $[011]_\alpha$ 相关的 $49.5° \sim 60°$ 之间的大的转动；（3）与 $[111]_\alpha$ 相关的 $60°$ 的孪生关系。

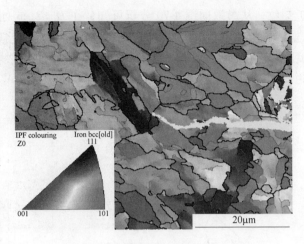

图 4-68   二次裂纹附近的 IPF 取向图

大角度晶界的比例对提高材料的韧性是一个重要的参数。裂纹周边存在大量的大角度晶界，大角度晶界对于解理裂纹传播是一个很大的障碍。要使大角度晶界两边相邻晶粒错排解理面连接起来，必须形成一些大尺寸台阶，这是总的断面面积，因而也就使 Griffith 方程中有效表面能数值增加相当多。如果取向差足够大，实际上有可能使裂纹在晶界处突然停止，然后又得在相邻晶粒内重新生核。

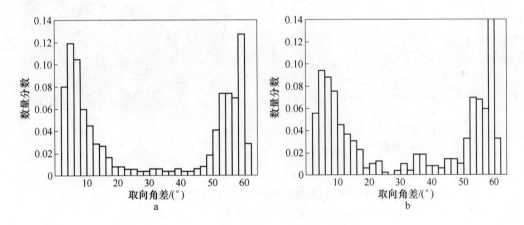

图 4-69   相邻晶粒间的取向差分布图
a—整个分析区域；b—裂纹周边区域

图 4-70 给出了材料无裂纹部分（迹线 2 及迹线 3）及穿过裂纹（迹线 1）的点对点微取向差分析，迹线 1、2 和 3 均在一个晶粒内，其中迹线 1 穿过裂纹。对裂纹附近的取向差分析发现，迹线 3 的点对点取向差约为 $1°$，表明这个位置只有轻微的点阵弯曲现象，轻微的点阵弯曲是由于亚稳组织（粒状贝氏体）晶粒内存在大量的小角度晶界所导致的。迹线 1 穿过裂纹，迹线 1 的点对点取向差最大可达到 $6°$，且在 $D = 2 \sim 3\mu m$ 处的点对点数据为 0，此段是裂纹；在 $D = 3 \sim 3.5\mu m$ 处有突变，此处还处在裂纹影响区域。裂纹穿过晶粒时会造成晶体点阵的弯曲畸变，在裂纹两侧附近形成局部的塑性变形，这说明了裂纹尖端的晶体塑性变形机制起到主要作用。迹线 2 在一个完整的晶粒内，随着 D 的增大，迹线靠

近裂纹。从微取向图 4-70 分析可知，在 $D=2\mu m$ 处，微取向有一个突变，说明迹线已经进入了裂纹影响区，裂纹穿过晶粒时，会引起晶格畸变，使得迹线 2 处观察到微取向突变，再次证明了上面提到的观点，综合迹线 1 和迹线 2 的结果，可以推知二次裂纹的影响距离为 $4\sim6\mu m$。

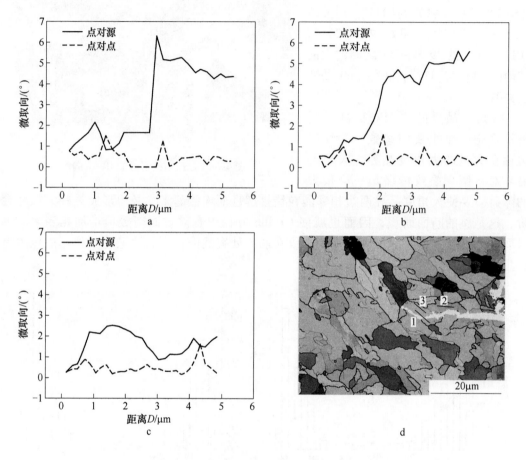

图 4-70　材料裂纹附近微取向差及微取向图
a—迹线 1；b—迹线 2；c—迹线 3；d—微取向图

　　图 4-71 是选定晶粒的微取向分析。迹线 4 穿过裂纹最尖端，同时也穿过了晶粒 1 和晶粒 2 的晶界，分析可知，此处的取向差较大，接近 $60°$，接近重合点阵晶界，即孪晶晶界，其晶界能很低，裂纹在孪晶晶界处沿晶扩展；迹线 5 穿过了晶粒 5 和裂纹，可以看出，裂纹在穿过晶粒 5 后在晶粒 5 中距裂纹 $1\sim1.5\mu m$ 的地方留下了 $5°\sim10°$ 的小角度晶界。

　　图 4-72 是裂纹附近的晶粒取向全欧拉角图和裂纹扩展示意图，图 4-72b 中立方体格子代表每个晶粒的取向，细线代表晶界，粗线代表裂纹扩展路径，右侧是裂纹源。可知裂纹在扩展的过程中，有穿晶和沿晶两种方式。当裂纹越过晶界，从一个晶粒的某个解理面转而在下一个晶粒的某个解理面上继续扩展时，势必要发生弯曲，造成附近晶体点阵发生弯曲畸变，这正是晶界对裂纹扩展的阻力来源。根据雷家峰等人提出的晶体学模型，晶界两侧的裂纹面间角（相邻两个晶粒内裂纹面夹角）越小，裂纹扩展越过晶界的阻力就越小，

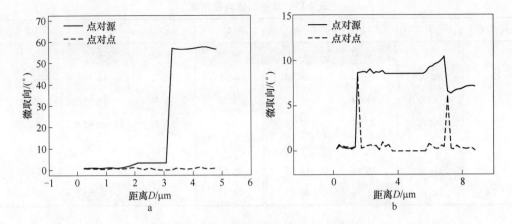

图 4-71 材料裂纹附近晶粒的微取向差分析

a—迹线 4；b—迹线 5

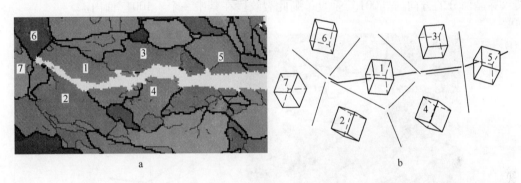

图 4-72 二次裂纹扩展机理

a—EBSD 全欧拉角图；b—晶粒取向和裂纹扩展示意图

越有利于裂纹穿晶扩展。

表 4-15 是图 4-70 中所示的晶粒间的取向差，其中，有底纹的数据是相关晶粒（即相邻的晶粒）取向差，当二次裂纹从晶粒 5 扩展到晶粒 5 和晶粒 4 的边界时，裂纹没有直接穿过晶界扩展到晶粒 4 内，而是转向晶粒 3 和晶粒 4 的晶界，这是因为可以算出晶粒 5 和晶粒 4 的扩展面夹角为 55°，裂纹扩展越过此类晶界的阻力很大，因此裂纹在此出现转折，扩展方向有一定的偏转，裂纹前端的位错在晶界附近大量塞积，造成应力集中，最后使晶粒 3 和晶粒 4 的晶界开裂，裂纹优先沿着更有利于裂纹扩展的晶界向前扩展。裂纹继续扩展到晶粒 3 和晶粒 1 的晶界时，计算得晶粒 3 和晶粒 1 的扩展面的角度相差较小，约 7°，裂纹扩展越过晶界的阻力很小，裂纹直接穿过晶粒 3 和晶粒 1 晶界继续扩展到晶粒 1 内。裂纹穿过晶粒 1，扩展到晶粒 1 和晶粒 2 的晶界时，由于晶粒 1 和晶粒 2 扩展面夹角很大，约 52°，而附近没有更加有利的路径，裂纹转向晶粒 1 和晶粒 2 的晶界平面扩展，而裂纹的多次偏转带来了很大的能量消耗，裂纹沿晶粒 1、晶粒 2 晶界扩展到晶粒 1、6 和 7 的晶界相交处，这里原子排列混乱，应变协调性极差，裂纹在此终止。二次裂纹的扩展方式与晶界角度密切相关。因为在实验钢中，晶粒取向差主要分布在小于 10°的小取向差和 50° ~ 62°的大取向差，所以二次裂纹的扩展方式与晶粒大取向差（大于 50°）密切相关。

表 4-15　晶粒的取向差角度

取向差/(°)	1	2	3	4	5	6	7
1	—	52.02	7.11	54.42	9.80	31.96	14.91
2	52.02	—	54.14	4.50	52.73	46.15	22.76
3	7.11	54.14	—	53.78	16.46	40.95	48.85
4	54.42	4.50	53.78	—	55.22	45.65	20.35
5	9.80	52.73	16.46	55.22	—	35.20	48.26
6	31.96	46.15	40.95	45.65	35.20	—	54.10
7	14.91	22.76	48.85	20.35	48.26	54.10	—

以上的分析讨论都是基于晶粒取向差影响裂纹扩展面面间角，下文将讨论裂纹易扩展面晶面指数，图 4-73 为 {100} 极图及裂纹示意图的组合。由极图分析可知，晶粒 1 内的裂纹穿晶部分的方向与 [001] 垂直，则此裂纹段在其中一个 {100} 面内。

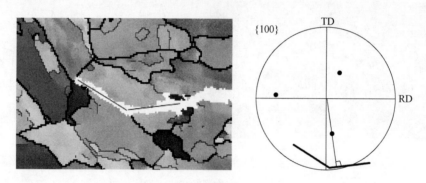

图 4-73　晶粒在 [001] 的投影及裂纹方向（左图），粗线代表
裂纹方向，黑点代表晶粒的 100 取向（右图）

二次裂纹会造成晶体点阵的弯曲畸变，在裂纹两侧附近形成局部的塑性变形，裂纹扩展的易扩展面是（100）面，其扩展方式与相邻晶粒扩展面的夹角密切相关，其中 40% 左右的小角度夹角对裂纹扩展影响较小，另外 40% 左右的相邻晶粒扩展面的夹角为 50° ~ 62° 的大角度夹角，此类夹角的相邻晶粒会在晶界处导致裂纹偏转或起到止裂效果。

参 考 文 献

[1] Soares C G, Garbatov Y, Zayed A, et al. Influence of Environmental Factors On Corrosion of Ship Structures in Marine Atmosphere[J]. Corrosion Science, 2009, 51(9):2014~2026.

[2] Soares C G, Garbatov Y, Zayed A, et al. Corrosion Wastage Model for Ship Crude Oil Tanks[J]. Corrosion Science, 2008, 50(11):3095~3106.

[3] Zayed A, Garbatov Y, Soares C G, et al. Environmental Factors Affecting the Time Dependent Corrosion Wastage of Marine Structures[J]. Maritime Transportation and Exploitation of Ocean and Coastal Resources, Vols 1 and 2: Vol 1: Vessels for Maritime Transportation, 2005: 589~598.

[4] Shiomi H, Kaneko M, Kashima K, et al. Development of Anti-Corrosion Steel for Cargo Oil Tanks[C]. TSCF 2007 Shipbuilder Meeting, Busan, Korea, 2007.

[5] Schmitt G. Effect of Elemental Sulfur On Corrosion in Sour Gas Systems[J]. Corrosion, 1991, 47(4):285 ~ 307.

[6] Soares C G, Garbatov Y. Reliability of Maintained, Corrosion Protected Plate Subjected to Non-Linear Corrosion and Biaxial Compressive Loads[J]. Applications of Statistics and Probability, Vols 1 and 2: Civil Engineering Reliability and Risk Analysis, 2000: 345 ~ 352.

[7] 郭静. 我国海洋工程装备制造业产业发展和布局研究[D]. 沈阳：辽宁师范大学, 2011.

[8] 杜利楠. 我国海洋工程装备制造业的发展潜力研究[D]. 大连：大连海事大学, 2012.

[9] 唐学生. 海洋工程用钢需求现状及前景分析[J]. 船舶物资与市场, 2010 (1): 10 ~ 12.

[10] Zhang C L, Cai D Y, Liao B, et al. A study on the dual-phase treatment of weathering steel 09CuPCrNi [J]. Materials Letters, 2004(58):1524 ~ 1529.

[11] Zhou D H, Peng Z F, Li P H, et al. Effect of intercritical quenching on microstructure and mechanical properties of ultra low carbon heavy steel plate[J]. New Materials and Advanced Materials, 2011, 152: 1371 ~ 1376.

[12] Zhou D H, Peng Z F, Li P H, et al. Effect of niobium on the microstructure and mechanical properties of low carbon steel plate with intercritical quenching[J]. New Materials and Advanced Materials, 2010, 152: 1382 ~ 1386.

[13] Zhou D H, Peng Z F, Li P H, et al. Effect of tempering on microstructure and mechanical properties of ultra low carbon heavy steel plate with intercritical quenching[J]. New Materials and Advanced Materials, 2010, 152: 1276 ~ 1283.

[14] 肖桂枝, 邸洪双, 朱伏先, 等. 调质对 610 MPa 级大型原油储罐用钢组织性能的影响[J]. 材料热处理技术, 2009, 114(4):114 ~ 117.

[15] 钱亚军, 余伟, 武会宾, 等. 热处理对 1000MPa 级工程机械结构用钢组织和性能的影响[J]. 北京科技大学学报, 2010, 32(5):599 ~ 604.

[16] You Y, Shang C, Chen L, et al. Investigation on the crystallography of reverted structure and its effect on the properties of low carbon steel[J]. Materials Science and Engineering: A, 2012, 546: 111 ~ 118.

[17] Guo Z, Lee C S, Morris Jr. J W. On coherent transformations in steel[J]. Acta Materialia, 2004, 52 (19):5511 ~ 5518.

[18] Yang M, Chao Y J, Li X, et al. Splitting in dual-phase 590 high strength steel plates: Part Ⅱ. Quantitative analysis and its effect on Charpy impact energy[J]. Materials Science and Engineering: A, 2008, 497 (1 ~ 2):462 ~ 470.

[19] Hashemi S H. Apportion of Charpy energy in API 5L grade X70 pipeline steel[J]. International Journal of Pressure Vessels and Piping, 2008, 85(12):879 ~ 884.

[20] Tanguy B, Besson J, Piques R, et al. Ductile to brittle transition of an A508 steel characterized by Charpy impact test: Part I: experimental results[J]. Engineering Fracture Mechanics, 2005, 72(1):49 ~ 72.

[21] Kim M, Jun Oh Y, Hwa Hong J. Characterization of boundaries and determination of effective grain size in Mn-Mo-Ni low alloy steel from the view of misorientation[J]. Scripta Materialia, 2000, 43(3):205 ~ 211.

[22] 高古辉, 张寒, 白秉哲. 回火温度对 Mn 系低碳贝氏体钢的低温韧性的影响[J]. 金属学报, 2011, 47(5):513 ~ 519.

[23] Zhu K, Bouaziz O, Oberbillig C, et al. An approach to define the effective lath size controlling yield strength of bainite[J]. Materials Science and Engineering: A, 2010, 527(24 ~ 25):6614 ~ 6619.

[24] Bouyne E, Flower H M, Lindley T C, et al. Use of EBSD technique to examine microstructure and crack-

ing in a bainitic steel[J]. Scripta Materialia, 1998, 39(3):295~300.

[25] Lambert-Perlade A, Gourgues A, Besson J, et al. Mechanisms and modeling of cleavage fracture in simulated heat-affected zone microstructures of a high-strength low alloy steel[J]. Metallurgical and Materials Transactions A, 2004, 35(13):1039~1053.

[26] Gourgues A F, Flower H M, Lindley T C. Electron backscattering diffraction study of acicular ferrite, bainite, and martensite steel microstructures[J]. Materials Science and Technology, 2000, 16:26~40.

[27] Lehockey E M, Palumbo G, Lin P. Grain boundary structure effects on cold work embrittlement of microalloyed steels[J]. Scripta Materialia, 1998, 39(3):353~358.

[28] Kamaya M, Wilkinson A J, Titchmarsh J M. Measurement of plastic strain of polycrystalline material by electron backscatter diffraction[J]. Nuclear Engineering and Design, 2005, 235(6):713~725.

[29] You Y, Shang C, Chen L, et al. Investigation on the crystallography of the transformation products of reverted austenite in intercritically reheated coarse grained heat affected zone[J]. Materials & Design, 2013, 43:485~491.

[30] Davis C, King J. Cleavage initiation in the intercritically reheated coarse-grained heat-affected zone: Part I. Fractographic evidence[J]. Metallurgical and Materials Transactions A, 1994, 25(3):563~573.

[31] Nohava J, Haušild P, Karlik M, et al. Electron backscattering diffraction analysis of secondary cleavage cracks in a reactor pressure vessel steel[J]. Materials Characterization, 2002, 49(3):211~217.

[32] 邓伟, 高秀华, 秦小梅, 等. X80 管线钢的冲击断裂行为[J]. 金属学报, 2010, 46(5):533~540.

5 高性能管线钢

5.1 高性能管线钢的国内外发展概况

管线运输是长距离输送石油、天然气最经济合理的运输方式之一。第二次世界大战以来，随着世界工业化进程的加快，以石油、天然气为主的能源需求快速增加，油气输送管道建设受到西方发达国家和石油产出大国的高度重视，油气管道得到了快速发展。

我国管线钢的应用和起步较晚，经历了由浅入深、从低到高的历史发展过程。2000年后，我国高钢级管线钢生产企业数量增加较快，同时制造水平进一步快速提高，宝钢、鞍钢、武钢、舞钢都已具备 X70 大规模生产能力，实现了 X70 西气东输工程 50% 管线钢的国产化。2002 年以来多家企业相继开发成功 X80、X100 和 X120 等高强管线钢，随之抗大变形、耐腐蚀、耐磨又成为管线钢的发展趋势。

管线钢技术标准主要参照油气输送钢管技术标准，可分为国际标准、国家标准、行业标准、企业标准等。目前在我国使用的油气输送钢管的主要技术标准有 API SPEC 5L、ISO 3183、GB/T 9711 等，大致情况如下：（1）API SPEC 5L（管线管规范）是美国石油学会制定的一个被普遍采用的规范。规范仅仅针对钢管产品，不包括管线的设计、选用或安装等。传统上 API SPEC 5L 的技术要求比较合理，兼顾了管线钢的技术要求与制造厂的实际生产可能性，但相对管线与制管技术的发展，API SPEC 5L 中的技术要求显得比较松，已经很少单独用于管线项目对钢管的要求。（2）ISO 3183-1(-2、3)（石油天然气工业输送钢管交货技术条件第一部分；A 级钢管第二部分；B 级钢管第三部分；C 级钢管）是国际标准化组织制定的关于油气输送钢管交货条件的标准，根据钢管不同的服役条件，分成 A、B、C 三个级别。该标准也不涉及管线设计、安装等，技术条款制定得比较全面、详细。（3）GB/T 9711.1(.2)是中国标准化委员会管材专标委等同采用 ISO 3183-1(-2)标准制定的石油工业用输送钢管交货技术条件。另外，对于一些特殊使用条件下的管线钢也有相应标准，如抗 H_2S 腐蚀的 NACE 标准，抗大变形的 Q/SYGJX 115—2011。除此之外，对一些更加特殊的使用条件如耐磨、耐 CO_2 腐蚀等还没有形成相应标准。

表 5-1 为 ISO 3183-3 部分标准要求，表 5-2 为管体纵向拉伸性能，表 5-3 为 500℃下保温 5min 时效后管体纵向拉伸性能。

5.2 X80 管线钢热送热装及冷装模拟研究

管线钢热连轧生产基本采用连铸坯冷装入炉和热装入炉两种，其中连铸坯热送热装是综合了近年来炼钢、连铸和轧钢的最新技术成果而发展起来的工艺技术，它推动了炼钢-连铸-轧钢生产管理的一体化进程，可以取得节能降耗、提高质量和生产效率等综合效益。

表 5-1 ISO 3183-3 部分标准要求

钢管材质	无缝钢管和焊管管体						HFW、SAW、COW 钢管焊缝
	屈服强度 $\sigma_{0.5}^{①}$/MPa(psi)		抗拉强度 σ_b/MPa(psi)		屈强比 $\sigma_{0.5}/\sigma_b$（最大值）	伸长率 δ（最小值）/%（标距50mm）	抗拉强度 σ_b（最小值）/MPa(psi)
	最小值	最大值	最小值	最大值			
L450Q 或 X65Q L450M 或 X65M	450 (65300)	600 (87000)	535 (77600)	760 (110200)	0.93	②	535(77600)
L485Q 或 X70Q L485M 或 X70M	485 (70300)	635 (92100)	570 (82700)	760 (110200)	0.93	②	570(82700)
L555Q 或 X80Q L555M 或 X80M	555 (80500)	705 (102300)	625 (90600)	825 (119700)	0.93	②	625(90600)
L625M 或 X90M	625 (90600)	775 (112400)	695 (100800)	915 (132700)	0.95	②	695(100800)
LX100M	690 (100100)	840 (121800)	760 (110200)	990 (143600)	0.97	②	760(110200)
L830M 或 X120M	830 (120400)	1050 (152300)	915 (132700)	1145 (166100)	0.99	②	915(132700)

① 高于 L625 或 X90 的钢级，采用 $\sigma_{0.2}$。

② 规定最小伸长率应采用如下公式确定：

$$\delta = C \frac{B^{0.2}}{U^{0.9}}$$

式中 δ——50mm 或 2in 标距的最小伸长率，采用百分数表示，圆整到最接近的百分数；

C——系数，当采用 SI 单位时为 1940，当采用 USC 单位时为 625000；

B——可适用的拉伸试样截面积，采用 mm² 表示（或 in²）；

U——规定的最低抗拉强度，采用 MPa 表示（或 lbf/in²）。

表 5-2 管体纵向拉伸性能

钢管级别	技 术 要 求										
	屈服强度 $R_{t0.5}$/MPa		抗拉强度 R_m/MPa		最大屈强比 $R_{t0.5}/R_m$	标距长度为50mm的最小伸长率 $A_{f,min}$/%	最小均匀变形伸长率 $UEL^{①}$/%	最小应力比 $R_{t1.5}/R_{t0.5}^{②}$	最小应力比 $R_{t2.0}/R_{t1.0}^{②}$	最大应力比 $R_{t5.0}/R_{t1.0}^{②}$	拉伸曲线形状（全曲线）
	最小	最大	最小	最大							
X70 HD1	450	570	570	735	0.88	按 API Spec 5L	6.0	1.070	1.025	1.050	应为"拱顶型"（Round house）曲线形状
X70 HD2	450	570	570	735	0.85	按 API Spec 5L	7.0	1.100	1.040	1.088	

① 试样承受最大载荷时的延伸率为均匀变形伸长率。

② $R_{t5.0}$、$R_{t2.0}$、$R_{t1.5}$、$R_{t1.0}$ 和 $R_{t0.5}$ 分别对应于拉伸总应变为 5.0%、2.0%、1.5%、1.0% 和 0.5% 时的拉伸应力。

表 5-3　500℃下保温 5min 时效后管体纵向拉伸性能

钢管级别	技术要求										
	屈服强度 $R_{t0.5}$/MPa		抗拉强度 R_m/MPa		最大屈强比 $R_{t0.5}/R_m$	标距长度为 50mm 的最小伸长度 $A_{f.min}$/%	最小均匀变形伸长率 UEL/%	最小应力比 $R_{t1.5}/R_{t0.5}$	最小应力比 $R_{t2.0}/R_{t1.0}$	最小应力比 $R_{t5.0}/R_{t1.0}$	拉伸曲线形状（全曲线）
	最小	最大	最小	最大							
X70 HD1	450	590	570	735	0.89	按 API Spec 5L	6.0	1.070	1.025	1.050	应为"拱顶型"（Round house）曲线形状
X70 HD2	450	590	570	735	0.86	按 API Spec 5L	6.0	1.070	1.040	1.088	

　　与传统冷装板坯轧制相比，热送热装工艺中铸坯的凝固特征、微合金元素的固溶和析出、轧制压缩比等方面存在明显的差异，尤其是管线钢中普遍加入 Nb、V、Ti 等微合金元素，它们的固溶和析出情况将最终影响管线钢的组织性能。针对钢厂热送热装实际情况，利用实验室冶炼铸坯直接入炉加热的方法模拟热送热装及冷装轧制工艺，并对铸坯在不同温度下热装所产生的组织性能差异进行研究具有重要意义。实验钢的化学成分和工艺见表5-4 和表 5-5。

表 5-4　X80 管线钢的实际化学成分（质量分数）　　　　　（%）

元素	C	Si	Mn	P	S	Nb	V	Ti	Mo	Ni、Cu 等
含量	0.055	0.19	1.5	0.012	0.003	0.041	0.049	0.01	0.28	适量

表 5-5　铸坯模拟轧制方案　　　　　（℃）

试样编号	铸坯热装温度	铸坯加热温度	精轧开始温度	终轧温度	卷取温度
R1	1100	1200	930	810	500
R2	750	1200	930	810	500
R3	室温	1200	930	810	500

　　三种工艺下钢板 R1、R2 和 R3 的力学性能见表 5-6，由表可知，冷装的钢板 R3 屈服强度最高，其次是 750℃热装的钢板 R2，1100℃热装的钢板 R1 屈服强度最低。但 R1 的冲击功较高，R3 的冲击功最低。

表 5-6　三种工艺下钢板的力学性能

试样编号	屈服强度 R_{eL}/MPa	抗拉强度 R_m/MPa	R_{eL}/R_m	断裂总伸长率 A/%	−20℃冲击功 A_K/J
R1	600	678	0.88	20.2	235
R2	640	708	0.90	18.5	202
R3	655	735	0.89	17	146

　　对三种热装工艺进行了金相显微组织观察，如图 5-1～图 5-3 所示，可以看到三块钢板的金相组织都是以针状铁素体为主，还包含少量多边形铁素体和粒状贝氏体组织，通过直线截点法计算得出三种工艺下的平均晶粒尺寸和晶粒度，见表 5-7。可以看出，750℃热装的 R1 和冷装的 R3 晶粒尺寸比 1200℃热装的 R1 要细小，细晶强化效果明显，R1 和 R3 晶粒尺寸相差不大。

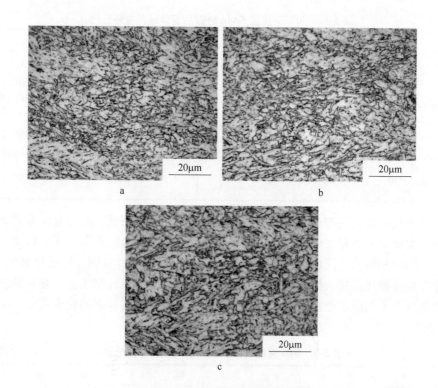

图 5-1 钢板 R1 的金相显微组织

a—近表面位置；b—1/4 位置；c—近中心位置

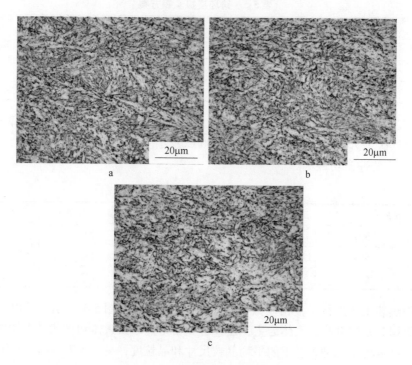

图 5-2 钢板 R2 的金相显微组织

a—近表面位置；b—1/4 位置；c—近中心位置

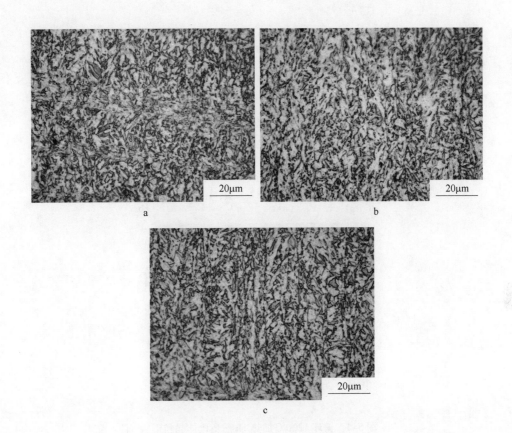

图 5-3 钢板 R3 的金相显微组织

a—近表面位置；b—1/4 位置；c—近中心位置

表 5-7 晶粒尺寸和晶粒度

试样编号	近表面位置晶粒尺寸/μm	1/4 位置晶粒尺寸/μm	中心位置晶粒尺寸/μm	平均晶粒尺寸/μm	晶粒度/级
R1	4.85	5.12	5.28	5.08	12.5
R2	4.56	4.73	5.04	4.77	13
R3	4.47	4.59	4.83	4.63	13

为了观察 R1、R2 和 R3 铸坯加热后奥氏体晶粒尺寸情况，对淬火后的 Z1、Z2 和 Z3 铸坯进行原始奥氏体晶粒组织观察，试样经过抛光后，用过饱和苦味酸 + 适量十二烷基苯磺酸钠溶液作为浸蚀液进行腐蚀，浸蚀时溶液温度保持在 80℃ 左右。图 5-4 给出了三种工艺下铸坯加热 1h 后奥氏体晶粒尺寸情况，可以看到 Z1（对应 1100℃ 热装的 R1）奥氏体晶粒尺寸明显比 Z2（对应 750℃ 热装的 R2）和 Z3（对应冷装的 R3）要粗大，Z2 和 Z3 晶粒尺寸相差不大。

不同热装工艺下，由于入炉温度的不同，必然造成材料中 Nb、V、Ti 等微合金元素固溶与析出情况的差异，为了更加准确地研究析出颗粒度大小分布，对铸坯 Z1、Z2 和钢板 R1、R2 进行了电解析出物分析和透射电镜分析。

图 5-5、图 5-6 分别给出了铸坯加热 1h 后碳氮化物析出粒度分布情况，可见，1100℃

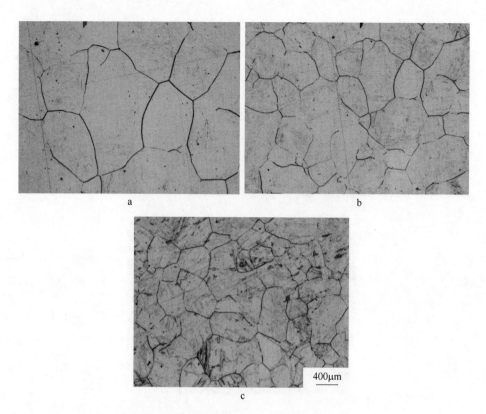

图 5-4 铸坯 1200℃加热 1h 后奥氏体晶粒形貌

a—铸坯 Z1；b—铸坯 Z2；c—铸坯 Z3

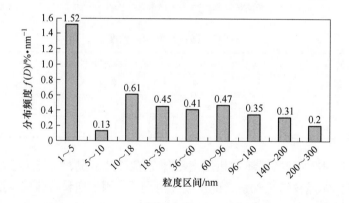

图 5-5 Z1 铸坯中的析出相粒度分布图

热装的铸坯 Z1 中析出颗粒尺寸在 1~5nm 处出现一个峰值（图 5-5），表明铸坯在 1100℃ 装炉后，在 1200℃保温过程中，一部分凝固过程中析出的颗粒溶解变小，甚至完全溶解，因此 1~5nm 的细小析出所占比例最大，由于总的析出量很少，所以萃取复型中很难发现 Z1 中的析出。750℃热装的铸坯 Z2 出现了两个峰值，分别是 10~18nm 和 18~36nm（图 5-6），这是因为铸坯在冷却到 750℃后，已经发生了相变，除了凝固过程形成的析出外，还会产生一些相间析出，在随后保温过程中，由于温度和时间的限制，并没有完全溶解，

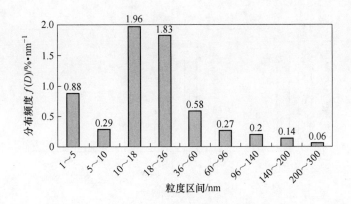

图 5-6　Z2 铸坯中的析出相粒度分布图

有的较大颗粒可能发生粗化，析出颗粒 EDX 能谱显示为 Nb、Ti 的碳氮化物（图 5-7 中箭头所指）。

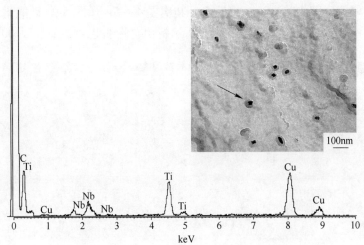

图 5-7　铸坯 Z2 中析出颗粒 EDX 能谱分析

图 5-8、图 5-9 给出了 1100℃热装轧制后的钢板 R1 和 750℃热装轧制后的钢板 R2 中

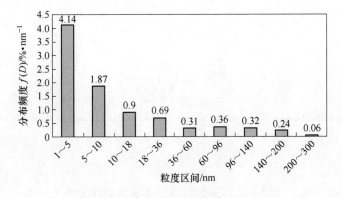

图 5-8　R1 钢板中的析出相粒度分布图

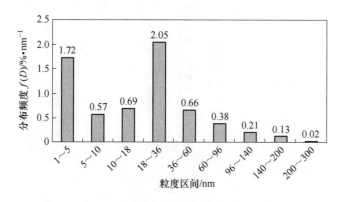

图5-9 R2钢板中的析出相粒度分布图

的碳氮化物析出粒度分布图。从图中可以看到，钢板R1出现了一个峰值，即1~5nm析出颗粒最多（图5-8），能谱分析显示这些析出物为Nb、Ti的碳氮化物（图5-10c），而钢板R2出现了两个峰值，即18~36nm的最多，其次是1~5nm（图5-9），能谱显示也为Nb、Ti的碳氮化物（图5-10d）。从图5-10a、b所示析出物形貌也可以看出1100℃热装轧制后

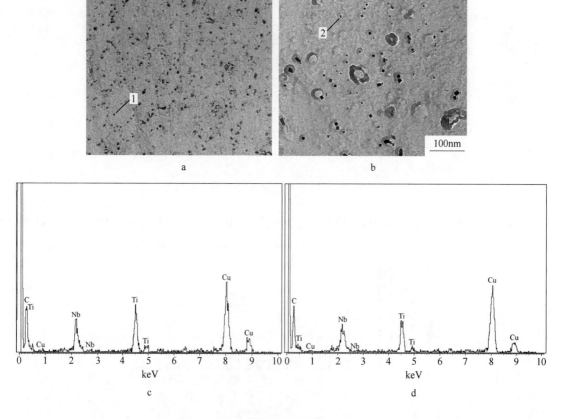

图5-10 钢板中析出颗粒形貌及EDX分析

a—钢板R1；b—钢板R2；c—箭头1所指析出颗粒EDX分析；d—箭头2所指析出颗粒EDX分析

的钢板 R1 中的析出物很细小弥散。两块钢板中都没有发现 V 的碳氮化物，其原因可能是 Nb、Ti 的大量析出消耗了钢中的 C、N 元素，不利于 V 的析出，而且 V 的析出温度较低，受扩散的影响析出物十分细小，在萃取复型中很难发现。

5.2.1 热装温度对材料晶粒尺寸的影响

不同热装温度将对铸坯原始奥氏体晶粒尺寸产生影响，从而会影响到轧后钢板的晶粒尺寸。图 5-4 显示了 1100℃ 装炉的铸坯 Z1（图 5-4a）和 750℃ 装炉的铸坯 Z2（图 5-4b）加热保温 1h 后的奥氏体晶粒形貌。根据大量金相照片统计，铸坯 Z1 的平均晶粒尺寸约为 1000μm，铸坯 Z2 约为 600μm，可以看出 750℃ 装炉的 Z2 奥氏体晶粒尺寸明显比 1100℃ 装炉的 Z1 细小约 1 倍。图 5-1 和图 5-2 分别显示了 1100℃ 装炉轧制的钢板 R1 的晶粒尺寸和 750℃ 装炉轧制的钢板 R2 的晶粒尺寸，可以看出 750℃ 热装轧制的 R2 晶粒尺寸明显比 1100℃ 热装的钢板 R1 细小。

上述实验结果表明，钢板 R1 的铸坯（对应铸坯 Z1）热装加热后奥氏体晶粒尺寸比钢板 R2 的铸坯（对应铸坯 Z2）粗大，轧后钢板 R1 的晶粒尺寸也比 R2 粗大。由于材料的 $A_{r3} = 771℃$，铸坯在 750℃ 时已经发生了 $\gamma \to \alpha$ 相变，当重新加热到 1200℃ 时又发生了 $\alpha \to \gamma$ 相变，这两次相变使奥氏体晶粒进一步细化，而 1100℃ 装炉的铸坯没有经过相变，一直保持奥氏体化状态，在加热过程中继续粗化，导致奥氏体晶粒尺寸比较粗大。虽然在以后的轧制过程中，发生再结晶细化，但轧前原始奥氏体粗大的遗传效应还是对相变后的铁素体晶粒尺寸造成不利影响，晶粒不够细小。

材料在热变形时的晶粒尺寸越细小，形变产生的位错密度就越高，形变储存能就越大。另外，再结晶形核位置主要在原大角度晶界及其附近，因此原始奥氏体晶粒尺寸越细小，再结晶形核越容易。这两个因素都显著地加速了动态和静态再结晶过程。根据有关文献，微合金钢的再结晶关系式为：

$$t_{0.5} = 2.52 \times 10^{-19} D^2 \varepsilon^{-4} \exp[325000/(RT)] \qquad \varepsilon < \varepsilon_c \qquad (5-1)$$

式中，$t_{0.5}$ 为 50% 静态再结晶时间，s；ε 为应变量；ε_c 为发生动态再结晶所需的临界应变量；D 为初始晶粒尺寸，μm；R 为常数，8.314J/(mol·K)；T 为绝对温度，K。

由式（5-1）可知，晶粒越细小，再结晶完成时间越短，再结晶越充分，细化晶粒的效果越明显。再结晶细化奥氏体晶粒，有效地增大了铁素体晶粒的形核率，使发生 $\gamma \to \alpha$ 相变后的晶粒组织更加细小。因此 750℃ 热装轧制的钢板晶粒尺寸比 1100℃ 热装轧制的钢板更细小些，细晶强化效果好。

5.2.2 热装温度对 Nb、V、Ti 微合金元素碳氮化物固溶和析出的影响

管线钢中的 Nb、V、Ti 等微合金元素对材料性能有重要影响，其作用主要在以下几个方面：（1）加热时固溶阻滞奥氏体再结晶；（2）轧制过程中形变诱导析出抑制奥氏体再结晶和再结晶后的晶粒长大；（3）在低温时析出产生强烈的弥散强化作用。对于 1100℃ 热装和 750℃ 热装两种工艺制度，热装温度的差异将会对 Nb、V、Ti 微合金元素的碳氮化物在以下三个阶段的固溶和析出行为产生影响。

第一阶段：Nb、V、Ti 微合金元素碳氮化物在奥氏体中的固溶和析出。

铸坯在1100℃热装和750℃热装工艺中，虽然轧前都加热到1200℃保温1h，但是750℃热装的钢板R2在冷却过程中，除了凝固过程形成的析出外，还有一些Nb、V、Ti微合金元素碳氮化物发生相间析出，在重新加热保温过程中，由于温度和时间的限制，这些碳氮化物析出不能完全回溶，并且一些析出颗粒有可能长大。这些没有回溶的碳氮化物析出消耗了R2中微合金元素在奥氏体中的固溶量，造成轧制过程中和轧后钢板中碳氮化物析出量减少。而R1热装温度高，微合金元素的碳氮化物没有发生相间析出，微合金元素在奥氏体中保持较高的固溶量，这些微合金元素的碳氮化物在轧制过程中和轧后卷取保温过程中将会大量析出。

第二阶段：轧制过程中Nb、V、Ti微合金元素碳氮化物的形变诱导析出。

研究表明应变可以降低微合金元素碳氮化物的固溶度积，这样一些原来固溶的Nb、V、Ti微合金元素，在发生应变的情况下会以碳氮化物的形式析出。这些应变诱导析出的碳氮化物一般在晶界缺陷处形核，尤其是晶界和位错线上形核。这些析出比较细小，但是随着时间的延长也可能长大，一般都在100nm以下，本实验中30nm左右的析出基本上为应变诱导析出。通过对比1100℃热装的轧后钢板R1和750℃热装的轧后钢板R2中碳氮化物析出粒度分布频度（图5-11），可以看到R2中18~36nm的析出最多，说明750℃热装的铸坯在轧制过程中形变诱导析出较多Nb、V、Ti微合金元素的碳氮化物，这也消耗了Nb、V、Ti微合金元素的固溶量，使轧后在铁素体中的析出量减少。

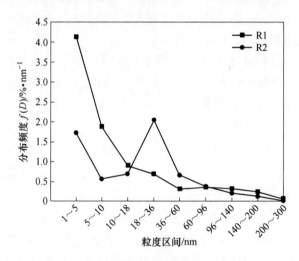

图5-11　钢板R1和R2粒度分布频度对比图

第三阶段：轧后在铁素体中的析出。

两种热装工艺下的轧后钢板在卷取保温过程中，Nb、V、Ti微合金元素的碳氮化物会在铁素体中析出，这种沉淀强化可以使微合金钢的强度提高成百兆帕，是仅次于晶粒细化的一种重要的强化方式。这类析出非常细小，一般在10nm以下。由图5-11碳氮化物粒度分布频度分析可以看出，1100℃热装的轧后钢板R1中1~5nm析出占很大比例，说明轧前微合金元素固溶量较高的铸坯在轧后铁素体中充分析出。而750℃热装的轧后钢板R2由于轧前微合金元素固溶量较低，而且轧制过程中的应变诱导析出也消耗了微合金元素的固溶量，因此轧后在铁素体中的析出较少。

综上所述，由于750℃热装的铸坯在冷却过程中Nb、V、Ti微合金元素的碳氮化物发生了相间析出，这些相间析出在重新加热过程中不能完全回溶，消耗了微合金元素在奥氏体中的固溶量，使得轧前铸坯中的固溶量相对较低，造成轧制过程中和轧后卷取保温过程中析出物总量减少。而且又在轧制过程中应变诱导析出一些碳氮化物，使得微合金元素的固溶量进一步降低，造成轧后在铁素体中的析出量减少。而1100℃热装的铸坯轧前Nb、V、Ti微合金元素固溶量较高，在随后轧制和卷取保温过程中大量析出，尤其是轧后在铁素体中析出大量微小的碳氮化物，析出强化作用明显。一般来说，微合金元素的碳氮化物尺寸在10nm以下时才能起到明显的析出强化效果，因此只有轧前使Nb、V、Ti微合金元素充分固溶，才能在轧后铁素体中析出更加细小弥散的粒子，产生较好的强化作用。

5.3 抗大变形管线钢

应用于极地、冻土地震带以及深海等特殊地质条件区域的抗大变形管线钢采用应变设计，不仅具有高强度、高韧性和优良的焊接性能，更要有突出的塑性变形能力，是未来社会能源运输的必然需要。因此开展X80级抗大变形管线钢的工艺研究及变形机理研究具有重要的工业意义。

实验钢的化学成分、轧制工艺和热处理路线分别如表5-8~表5-10所示。

表 5-8 实验钢化学成分（质量分数） （%）

炉号	C	Mn	Si	Cr	P	S	Ni	Nb	Ti	V
4号	0.040	1.78	0.20	0.45	0.0064	0.0062	0.25	0.050	0.010	0.058

表 5-9 轧制工艺控制参数

钢板编号	粗轧终轧温度/℃	精轧开轧温度/℃	精轧终轧温度/℃	开冷温度/℃	终冷温度/℃	弛豫时间/s	水冷时间/s	水冷速度/℃·s^{-1}
1	1052	866	768	720	406	44	6	53
2	1046	860	760	700	338	64	6	60
3	1064	855	773	680	310	96	6	63

表 5-10 试样标号及对应工艺

试 样 标 号			冷却速度/℃·s^{-1}	试 样 标 号			冷却速度/℃·s^{-1}
1	空冷弛豫至720℃	1-1	20	6	空冷弛豫至670℃	6-1	20
		1-2	40			6-2	40
2	空冷弛豫至710℃	2-1	20	7	空冷弛豫至660℃	7-1	20
		2-2	40			7-2	40
3	空冷弛豫至700℃	3-1	20	8	空冷弛豫至650℃	8-1	20
		3-2	40			8-2	40
4	空冷弛豫至690℃	4-1	20	9	空冷弛豫至640℃	9-1	20
		4-2	40			9-2	40
5	空冷弛豫至680℃	5-1	20				
		5-2	40				

轧制实验钢板的力学性能如表 5-11 所示。可以看出，虽然 1 号钢板的强度水平较高，但是屈强比较高达到了 0.87，而且均匀伸长率只有 5.8%；2 号、3 号钢板的综合性能满足了 X80 级抗大变形管线钢中厚板的性能指标，但是强度富余量不大。

表 5-11   实验钢的力学性能

钢板编号	弛豫 时间/s	开始冷却 温度/℃	$R_{t0.5}$/MPa	R_m/MPa	$R_{t1.5}/R_{t0.5}$	$R_{t2.0}/R_{t1.0}$	屈强比	均匀伸长率 UEL/%
X80 标准	—	—	530~630	625~770	≥1.15	≥1.06	≤0.80	≥10
1	44	720	600	690	1.05	1.04	0.87	5.8
2	64	700	555	710	1.14	1.07	0.78	16.4
3	96	680	505	675	1.15	1.08	0.74	18.1

图 5-12 和图 5-13 是弛豫温度范围内钢板的塑性和强度性能的变化曲线。由图可见，随着弛豫终止温度的降低，屈强比逐渐降低，伸长率呈现上升趋势。如图 5-12 中虚线所示，如果要达到 X80 级管线钢抗大变形所要求的屈强比≤0.8，那么弛豫终止温度应该低于 705℃。图 5-13 中的屈服强度变化曲线随着弛豫终止温度的降低单调降低，而抗拉强度在 700℃时达到峰值。如图 5-13 中虚线所示，如果要达到 X80 级管线钢抗大变形所要求的屈服强度在 530~630MPa，抗拉强度在 625~825MPa 的强度条件，那么弛豫终止温度应该高于 690℃。综合塑性和强度的变化趋势，弛豫终止温度应该在 690~705℃范围内。

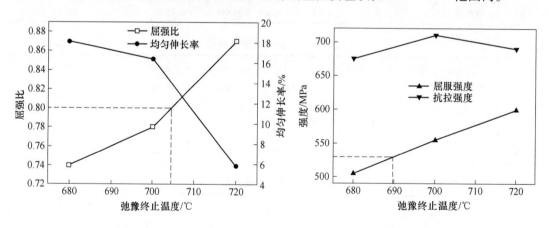

图 5-12   钢板的塑性性能随弛豫
终止温度的变化　　　　　　图 5-13   钢板的强度性能随弛豫
终止温度的变化

图 5-14 是三种工艺对应的金相组织形貌。可见，1 号试样的金相组织以针状铁素体为主，有少量的粒状贝氏体，这样的组织可获得足够高的强度和韧性，是典型的普通 X80 级管线钢的组织类型（图 5-14a）；2 号试样的金相组织中针状铁素体的量明显减少，出现了少量的多边形铁素体，这是由于弛豫终止温度已经低于相变温度 A_{r3}，水冷开始前有少部分的过冷奥氏体已经发生了先共析铁素体转变（图 5-14b）；3 号试样金相组织中的过冷奥氏体转变为多边形铁素体的量显著增多，同时晶粒发生长大（图 5-14c）。可见，当弛豫终止温度在 A_{r3} 以上时，其组织主要为针状铁素体以及少量的粒状贝氏体，这与采用控轧控

冷（TMCP）工艺生产的普通管线钢的组织类型是一致的。当弛豫终止温度低于相变温度点 A_{r3} 时，随着弛豫终止温度的降低，奥氏体转变为先共析铁素体的量增多，当弛豫终止温度低于一定值时，大部分奥氏体在水冷前就发生了先共析铁素体转变，极少量的奥氏体在水冷过程中发生针状铁素体转变，继续降低弛豫终止温度也只发生铁素体晶粒的长大，组织类型不再变化。因此，弛豫终止温度是决定多边形铁素体的体积含量及晶粒大小的重要因素。

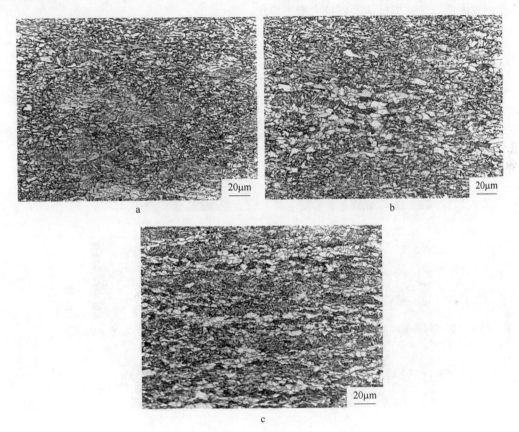

图 5-14　不同弛豫终止温度下的金相组织照片
a—720℃；b—700℃；c—680℃

　　有研究表明：在抗大变形管线钢多边形铁素体 + 贝氏体双相组织中，软硬相所占比例在一定范围内时，管线钢的强度、塑性和韧性能够达到最优匹配。贝氏体 + 铁素体微观组织的材料中，当贝氏体的含量达到30％时，其变形能力明显优于其他管线钢。开始冷却温度为680℃的钢板中，铁素体含量最多，铁素体呈多边形状，具有最佳的综合力学性能，进一步细化铁素体晶粒可以在不损害变形能力的情况下提高基体强度。因此，可通过控制轧后弛豫终止温度来获得多边形铁素体 + 贝氏体双相组织，并得到适当大小的软硬相比例及铁素体晶粒大小，从而实现抗大变形管线钢高强度高塑性性能要求。

　　图 5-15 为 3 个试样的铁素体贝氏体双相组织的 TEM 微观形貌照片。图 a 中弛豫时间

短，开始冷却温度较高，多边形铁素体与贝氏体中位错密度差别不明显，铁素体的晶界轮廓不明显；图 b 中由于弛豫时间的增加，铁素体比例增加，在透射照片中可以明显观察到完整的晶粒，铁素体晶粒内有一定密度的位错，但位错有向晶界处偏聚的趋势；图 c 中铁素体与贝氏体的区分更加明显，铁素体内的位错密度几乎不可见，白色晶粒的边界非常清楚，与此形成鲜明对比的是贝氏体内部高密度的位错使整个晶粒呈黑色；图 d 是一般 X80 管线钢的透射电镜照片，典型板条状贝氏体的特征非常明显，没有软硬相区分，材料的强度和韧性优良，塑性指标达不到抗大变形要求。

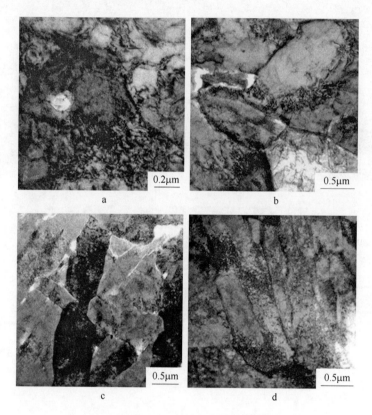

图 5-15 铁素体贝氏体双相组织的 TEM 照片
a—弛豫 44s，开冷温度 720℃；b—弛豫 64s，开冷温度 700℃；
c—弛豫 96s，开冷温度 680℃；d—普通 X80 管线钢

5.3.1 轧后弛豫阶段铁素体形核及晶粒长大的微观机制

图 5-16 为弛豫时间与铁素体平均晶粒尺寸的关系曲线。可以看出，轧后弛豫时间增加，铁素体晶粒长大。这种变化可以由铁素体相变理论进行解释。先共析铁素体的析出也是一个形核、长大的过程。铁素体晶核形成后，与铁素体晶核接壤的奥氏体的碳浓度将增加，在奥氏体内形成了浓度梯度，从而引起碳的扩散。为了保持相界面碳浓度平衡，即恢复界面奥氏体碳的高浓度，必须从奥氏体中继续析出低碳的铁素体，从而使铁素体晶核不断长大。

这一现象也可以由热力学理论进行解释。奥氏体在高温变形后会存在形变储存能，该

形变储存能使得系统自由能增加，因此在弛
豫期间，系统由高能态转变为较低的能量状
态。因此，若奥氏体轧制变形后在高温区停
留时间短，则形变储存能释放的少，因而铁
素体相变驱动力变大，铁素体形核率增加。
反之，若奥氏体变形后在高温区停留时间长，
则形变储存能释放的多，铁素体相变驱动力
变小，铁素体形核率降低。所以，奥氏体变
形后停留时间越短，相变后的铁素体晶粒越
细。而奥氏体变形后停留时间越长，则铁素
体晶粒尺寸会变大。

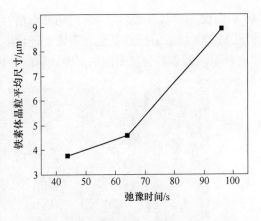

图5-16　铁素体晶粒尺寸在弛豫时间内的长大

5.3.2　不同弛豫时间内的晶界取向分析

材料塑性变形的基本方式是滑移和孪生。在热轧管线钢变形中，由于孪生要求的切变
能高，几乎不会出现。而滑移的进行是与晶粒大小、形状和晶界取向有关的。在变形过程
中，晶粒的变化有先后之分。这是因为各个晶粒相对于外力轴的取向不同，位向有利的晶
粒先变形，而且不同晶粒的变形量也不同。对一个晶粒来讲能不能自由均匀地变形，它要
受到相邻晶粒的牵制。晶粒之间要相互配合协调。如果取向相差太大，协调变形受阻，将
会导致塑性下降。理论分析指出，要能协调变形，每个晶粒至少能在5个独立的滑移系上
进行滑移，才能保证晶粒形状的自由变化。

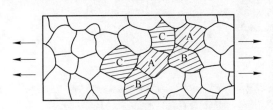

图5-17　多晶体金属不均匀变形过程

如图5-17所示，A、B、C晶粒所处位
向不同，故滑移次序不同，变形不均匀，
因而在它们之间产生不同的应力。这样导
致内应力不均匀，对材料的塑性不利。

晶界的结构与相邻两晶粒之间的相位
差有关，一般可分为小角度晶界和大角度
晶界。实际上多晶体金属通常都是大角度

晶界，因此，晶界表现出许多不同于晶粒内部的性质，如室温时晶界的强度和硬度高于晶
内，而高温时则相反；晶界中原子的扩散速度比晶内原子快得多；晶界的熔点低于晶内；
晶界易被腐蚀，等等。

电子背散射衍射（Electron Backscattered Diffraction，简称 EBSD），是在保留扫描电子
显微镜的常规特点的同时进行空间分辨率亚微米级的衍射（给出结晶学的数据）。EBSD
将显微组织和晶体学分析相结合，形成了全新的科学领域，称为"显微织构"。与"显微
织构"密切联系的是应用 EBSD 进行相分析、获得界面（晶界）参数和检测塑性应变。
EBSD 技术已经能够实现全自动采集微区取向信息，样品制备较简单，数据采集速度快
（能达到约 36 万点/小时甚至更快），分辨率高（空间分辨率达到 0.1μm），为快速高效地
定量统计研究材料的微观组织结构和织构奠定了基础，因此已成为材料研究中一种有效的
分析手段。

将试样预磨后进行电解抛光，抛光液为 5% 高氯酸 + 95% 无水乙醇溶液，抛光电压

50V，温度 −30℃。然后用 2% 的硝酸酒精对试样进行轻度的浸蚀，以晶界隐隐出现为宜。在 SUPPA55 场发射扫描电子显微镜上进行电子背散射衍射（EBSD）分析。图 5-18 是三种工艺的组织形貌和与之对应的 EBSD 取向分析图。图 5-19 是三个试样晶界取向差分布图。

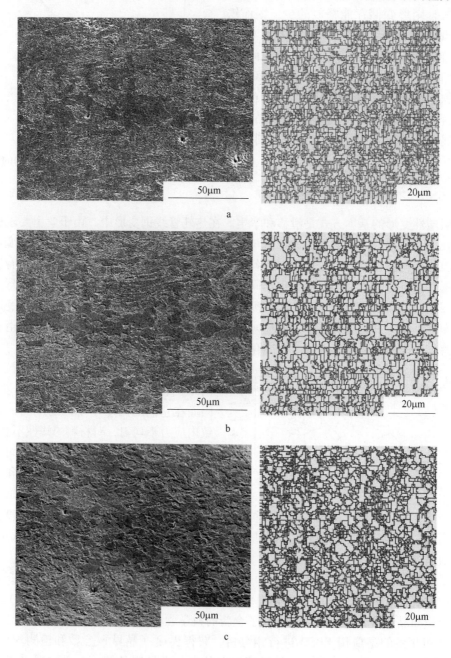

图 5-18　实验钢形貌及对应的 EBSD 取向分析
a—弛豫 44s；b—弛豫 64s；c—弛豫 96s

　　铁素体和贝氏体两相以取向差大于 15° 的大角度晶界相结合。这是由于再结晶区的大压下量，形成了大量的大角度晶界；未再结晶区变形使形变累积和位错密度升高。轧后弛

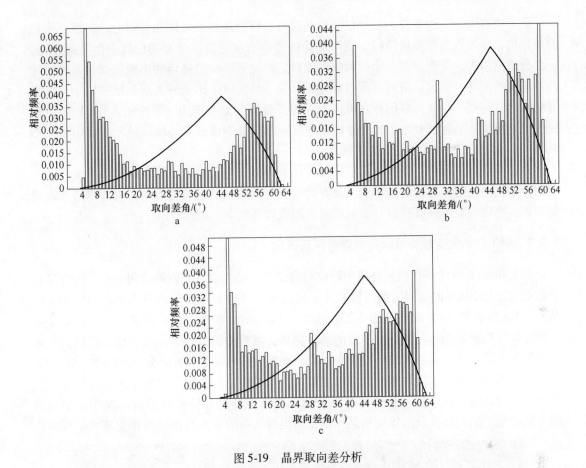

图 5-19　晶界取向差分析
a—弛豫 44s；b—弛豫 64s；c—弛豫 96s

豫阶段位错的回复运动，为铁素体晶粒的形核创造了大量的晶内位置。在随后奥氏体→铁素体的相变过程中，铁素体不但在晶界上形核，而且会在晶内的变形带上形核，奥氏体内的亚晶界即小角度晶界也成为形核点，因此相变后亚晶的数量大大减少，组织中晶粒间的位向差以大角度为主。有学者针对这个理论解释，在薄板坯连铸连轧的生产中进行了验证，组织中铁素体晶粒间基本为大角度晶界，择优取向不显著。这是因为在生产的连轧开始阶段，变形量较大、变形温度较高以及奥氏体发生再结晶，使得大角度晶界的数量增多；在连轧阶段的后几个道次，变形温度降到 900℃ 以下，并且各道次的间隔时间很短，难以发生再结晶，还极有可能发生应变累积，在奥氏体晶粒内形成变形带和位错；在回复阶段，热激活使得位错移动，其中一些异号位错相遇而消失，其余位错排成列，构成小角度倾斜晶界；在相变过程中，这些亚晶界成为形核点，亚晶数量减少，晶粒取向差以大角度晶界为主。从相变理论形核原理的分析出发，在中厚板两阶段控制工艺中，这样的实验结论是同样适用的。在抗大变形的控轧控冷工艺中，轧后弛豫阶段的位错回复，处于同一滑移面上的符号相反的位错由于滑移相互对消，位错密度有所降低，同时在一个区域内的同号或异号位错按较稳定的形式而重新调整和组合。亚晶的形成和长大是一个依靠扩散而进行的缓慢过程，由于弛豫时间短，这一过程来不及发生。这些都致使最终的双相晶粒的位向差以大角度晶界为主。

　　除了原有大角度边界外，在一些变形晶粒内，特别是在贝氏体晶界附近，出现了明显的亚结构。这是因为在弛豫阶段，变形奥氏体内高密度、混乱分布的位错发生重新排列，一部分位错消失，而更多的位错排列成低能稳定的位错墙，位错墙的不断发展与完整，使两边晶体的取向差扩大，最终形成明显的亚结构。贝氏体中出现的大量亚结构以小角度晶界相结合，这些小角度晶界的存在可以大大提高材料的形变能力。其中图 5-18c 所示试样组织中原奥氏体晶粒被较密、较完整的小角度亚晶界分割成许多小块，使相变后组织比图 5-18a 和图 5-18b 所示试样组织更加细化。

　　在拉伸变形过程中，铁素体变形比贝氏体大得多，并且由于晶粒取向不同，铁素体之间的变形也不均匀，这就造成形变时晶界处由于位错塞积引起应力集中，倘若位错塞积情况加剧，则应力集中强度超过界面强度时将形成微孔而萌生裂纹。

5.3.3　X80 级抗大变形管线钢塑性变形机理研究

　　图 5-20 是 2 号试样在扫描电镜下原位观察结果，依加载过程对缺口附近同一地方进行跟踪观察。2 号试样的组织类型为铁素体 + 贝氏体，多边形铁素体占有相对大的比例。当载荷从 0N 加载到 300N 时，从图 5-20a 到图 5-20b，塑性变形小，在扫描电镜下观察晶界轮廓未发生明显的变形，部分小晶粒的晶界弱化，晶粒内部出现了应力变化，位错向晶界处偏聚，并逐步造成足够大的应力集中，以启动新的滑移系。当加载到 320N 时，图 5-20c 中可以观察到组织开始出现明显的塑性变形，由于晶界处的位错塞积形成的应力集中，致使软相多边形铁素体发生了较大的晶粒变形，变形特征是在铁素体晶内出现明显的滑移线，同时变形的趋势在贝氏体硬相晶界处受到阻碍，高的应力状态使两相交接处呈现亮白

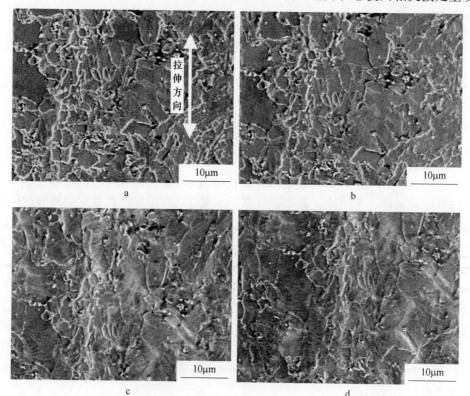

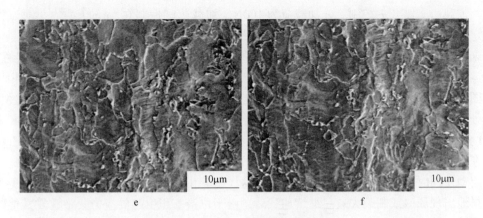

图 5-20 拉伸过程中组织的动态变化

a—加载 0N；b—加载 300N；c—加载 320N；d—加载 330N；e—加载 340N；f—加载 350N

色。随着载荷的继续增加，晶界处的应力集中启动了更多的滑移系，并且在变形过程中出现了交滑移，同时硬相也参与协调变形，应力松弛，大部分的软相晶粒晶界消失，从应力-应变过程判断，试样已经进入均匀变形阶段，如图 5-20d 所示。继续加载时，在保持滑移变形的状态下，在两相交接处形成新一轮的位错塞积，位错以晶界为中心对称规则分布，如图 5-20e 所示。再继续加载时，出现了应力回弹，加载量降低，这是由于变形量的增加，晶界处已不能产生足够的位错塞积，形变硬化作用下降，加载的应力马上就得到了松弛，甚者有可能在其他位置已经产生了变形失稳。

图 5-21 显示试样在形变过程中产生的孔洞。孔洞形成的原因可能是在高应变条件下，第二相与基体的塑性变形不协调。铁素体软相在拉伸过程中的变形是一种应力松弛，在这个过程中变形量小，变形过程中外加载荷主要由贝氏体承担，而铁素体和贝氏体界面相对于本体而言结合力较弱，因此微孔洞较易于界面处形核，并沿界面长大和聚合，进而导致最终断裂。而双相组织中的铁素体变形松弛了界面处的应力集中，减缓了孔洞在界面处的形成。

为了观察拉伸过程中软硬相的协调变形过程，在常温进行动态的 TEM 原位拉伸实验。TEM 原位拉伸试样首先用线切割切下 0.3mm 厚的薄片，机械减薄至 50μm 后剪成 2.5mm × 4mm 的矩形。试样采用双喷电解抛光方法制备，抛光液为 5% 高氯酸 +95% 无水乙醇溶液，抛光电压 50V，温度 −30℃。拉伸试样固定在 JEM-2000 的拉伸台上，其结构见图 5-22。拉

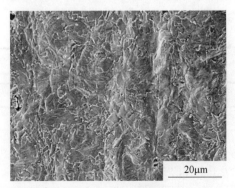

图 5-21 形变过程中产生的孔洞

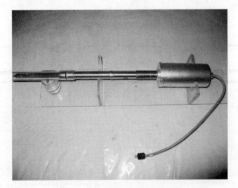

图 5-22 JEM-2000 拉伸台

伸时，加载由脚踏开关控制。外加载荷为 100N，加载速度控制在 5μm/s 左右。对试样上的固定位置，进行塑性变形观察及记录，如图 5-23 所示。

　　未加载荷时，铁素体与贝氏体双相组织的形貌如图 5-23a 所示，前者的晶粒尺寸大，后者镶嵌其间，相互交错分布。当承受外加载荷、拉伸位移为 0.04mm 时，两者的相貌变化如图 5-23b 所示，铁素体晶粒内的位错密度减少，这是由于位错在晶粒内顺利通过，在晶界处塞积。同时在贝氏体内部的高密度位错也向晶界移动，如箭头所示。图 5-23c 和图 5-23d 分别是拉伸位移为 0.08mm 和 0.12mm 时的形貌，随着加载位移的增大，由于位错逐渐在铁素体与贝氏体相界面附近塞积造成的应力集中，在贝氏体晶粒内诱发了新的滑移系的启动，同时多边形铁素体晶粒被拉长，这样的软相变形释放了一部分应力，避免了材料过早地出现屈服或断裂失效。继续加载后，由于位错塞积引起的应力集中诱发其他的滑移系开动，铁素体内的位错密度降低，在铁素体软相变形一定程度后，贝氏体硬相开始发

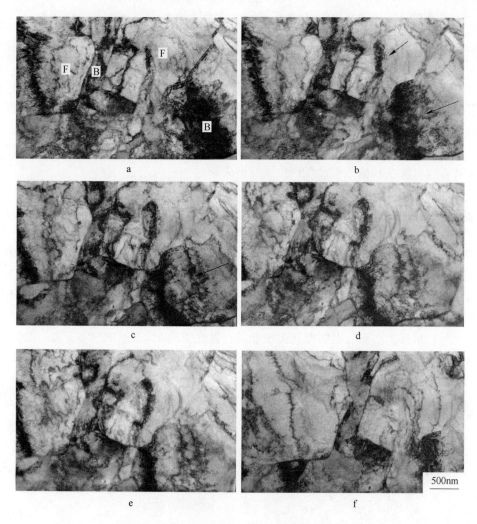

图 5-23　拉伸过程中多边形铁素体的变化

a—拉伸位移为 0mm；b—拉伸位移为 0.04mm；c—拉伸位移为 0.08mm；
d—拉伸位移为 0.12mm；e—拉伸位移为 0.14mm；f—拉伸位移为 0.16mm

生协调限制作用，如图 5-23e 所示。软硬相的协调变形使材料的塑性变形能力得到提高。从图 5-23f 中可以看出，晶粒开始发生大的塑性变形，部分原始晶界消失，两相界面应力集中得以改善。

软硬相的协调变形过程中，首先发生的是位错在晶界处的塞积，软相晶粒被拉长。在软相晶粒变形一定程度后，硬相发生协调变形。由于位错塞积引起的应力集中诱发其他的滑移系开动，软相晶粒开始发生进一步的塑性变形，部分原始晶界消失，两相界面应力集中得以改善。软硬相的协调变形作用避免了过早的出现变形失效，使材料的塑性变形能力得到提高。

综合以上观察分析，多边形铁素体对材料的塑性性能贡献非常明显，其在拉伸变形过程中的软化效果是获得均匀变形的保证。同时，贝氏体硬相中位错在晶界处的塞积形成的应力集中启动新的位错滑移系，同时软相的变形也要使应力降低，避免过早地引起应力集中，甚至裂纹空洞。

图 5-24 是试样断裂后不同区域的裂纹扩展形貌。图 5-24a 中裂纹沿硬相边界位错墙扩展，位错塞积的两个方向呈尖锐的角度。可以推测在上述拉伸过程中，在位错运动过程

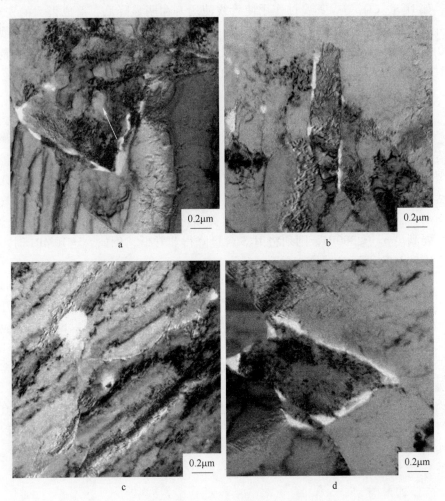

图 5-24 裂纹在双相组织中的扩展

中，晶界、夹杂物、不可动位错、析出相等因素钉扎位错并形成位错缠结，使运动位错成为有规律排列的成行位错缠结，并最后形成一道完整的、类似晶界的位错墙。裂纹扩展过程中，首先遇到位错强的阻碍，如果裂纹穿越位错墙，必要克服很大的阻力，所以迫使裂纹扩展改变方向。如箭头所示，在裂纹扩展的前端，由于受到位错墙的阻挡，裂纹尖端钝化，并在位错胞的另一端形成二次裂纹。同样的在图 5-24c 中，裂纹的扩展沿着位错墙，直到裂纹扩展前端与另外位错纠结的胞状结构相遇，在此之前的扩展阻力较小，裂纹扩展速度快，裂纹的宽度大，扩展路径呈直线。图 5-24b 和图 5-24d 是铁素体和贝氏体两相界面处的裂纹扩展。裂纹沿两相界面扩展，几乎把贝氏体硬相完全包围。铁素体和贝氏体界面相对于本体而言结合力较弱，因此微孔洞较易于界面处形核，并沿界面长大和聚合，进而导致最终断裂。

5.4 耐蚀管线钢

随着社会进步及世界经济的发展，世界对石油资源的需求越来越大，因此对石油开发、运输等所需的管线钢及配套资源的需求也日益增长。石油、天然气输送中含大量腐蚀性物质，如 H_2S、CO_2 等，其腐蚀作用使管线使用寿命明显降低，造成很大的安全隐患。我国在开展高级别管线钢抗腐蚀方面做出了一定研究，但主要集中在腐蚀环境和腐蚀条件上，X80 管线钢的显微组织、化学成分及控轧控冷工艺对其抗 H_2S 和 CO_2 腐蚀性能的影响研究相对较少。因此开展 X80 管线钢抗腐蚀的研究具有十分重要的现实意义。

5.4.1 X80 管线钢抗 H_2S 腐蚀研究

H_2S 是石油和天然气中最具有腐蚀作用的有害介质之一，严重地影响着油气输送管线的使用寿命，制约着油气输送管线材料的发展。抗 H_2S 腐蚀管线钢是输送酸性石油、天然气的重要用钢，是管线钢中要求最严格、技术水平要求最高的钢种。SSCC 和 HIC 是含 H_2S 天然气输送管线主要失效模式。SSCC 和 HIC 的产生及严重程度取决于输送气体介质中的 H_2S 分压。当 $p_{H_2S} > 300Pa$ 时必须对管材提出抗 SSCC 和 HIC 的要求。随着输气压力的提高，要满足 $p_{H_2S} \leqslant 300Pa$，则须将 H_2S 含量降得非常低，例如 $p_0 = 10MPa$ 时，需要将 H_2S 降至 0.003% 以下。

HIC 与 SSCC 经常并存，在酸性溶液中以 HIC 为主，在中性或碱性溶液中则以 SSCC 腐蚀为主。但二者也有许多不同之处，一般情况下 HIC 产生平行于应力方向的开裂，而 SSCC 情况下产生垂直于应力方向的开裂，HIC 与外力的依存关系小，SSCC 与外应力的依存关系大，低强度钢易发生 HIC，强度越高，越容易发生 SSCC；钢板位置对 HIC 影响很大，对 SSCC 影响相对较小。低强度钢在吸收大量氢的苛刻环境下发生 HIC，而高强度钢即使在吸收微量氢的环境下也发生 SSCC。

国内外已经批量供应的抗酸管线钢主要是 B、X52、X65、X70。其中多以 TMCP 状态交货，目前正火抗酸管线钢（BNS～X52NS）也有一定需求，国内多家企业正在积极开发此类管线钢。

5.4.1.1 HIC 的影响因素

A 成分的影响

对于微合金化钢，低的碳含量可以提高抗 HIC 的能力和热塑性，碳含量可以控制在

0.03% ~ 0.08% 。随着碳当量的增加,抗 HIC 性能逐渐变差。当碳含量大于 0.13%、碳当量大于 0.38% 时,抗 HIC 性能基本不能满足标准要求。管线钢中加入 Mn,是为了固溶强化,弥补低碳或超低碳造成的强度下降。在抗氢蚀的钢种设计上,Mn 含量不能超过 1.6%,否则 CLR 会增加。碳含量为 0.05% ~ 0.15% 的热轧钢,Mn 含量超过 1.0% 以后,Mn 含量增加,开裂长度率增加,氢致裂纹的敏感性增加。在中低强度铁素体-珠光体管线钢中,HIC 常沿珠光体带扩展,而带状组织的形成,主要是 Mn 和 P 的偏析引起的,生成了对 HIC 敏感的低温转换硬组织带。这同时也是管线钢的 HIC 多出现在板厚中心的原因。日本的 T. Taira 等学者的研究表明,碳含量为 0.05% 的热轧钢,当锰含量超过 1.0% 时,HIC 敏感性突然增大,而低碳(含量小于 0.05%)的热轧钢,在锰含量达到 2.0% 时仍具有优良的抗 HIC 性能,因此提高 Mn/C 比对改善轧制钢的抗 HIC 性能极为有益。经淬火 + 回火的钢,其碳含量为 0.05% ~ 0.15%,锰含量达 1.6% 时,同样表现出良好的抗 HIC 性能。P 的偏析会促使氢致裂纹形成。钢在凝固过程中,枝晶间富集 P,使 A_3 线升高。在热轧冷却时先生成铁素体,而碳却被排斥于树枝晶枝干,并生成珠光体,从而造成 P 偏析的铁素体-珠光体带状组织,使钢的抗 HIC 敏感性增强。中心偏析的硬度应控制在 HV250 以下。国外 S 含量的实际控制水平在 0.005% ~ 0.010% 。S 能促进 HIC 发生,是极为有害的元素,生成的 MnS 夹杂是 HIC 最易成核的位置,也是最应该避免的夹杂。加 Ca 可以改变夹杂物的形态,使之成为分散的球体。但是 Ca 的质量分数必须精确地控制在一定范围内,否则会生成对 HIC 敏感的 Ca 的硫化物或氧化物。在 B 溶液中,S 含量不大于 0.006% 时,一般 HIC 性能满足要求;在 A 溶液中,S 含量不大于 0.002% 时,HIC 性能才能满足要求。当钢中含有 Cu、Ni 元素时,在 NACE TM0284 A 溶液中,钢的 S 含量可以放宽到小于 0.006% 。含有 Cu、Ni 元素的钢在高酸性的 A 溶液中抗 HIC 性能比在低酸性的 B 溶液中更好。所以 Cu 对 B 溶液中的抗 HIC 性能影响不大。在 BP 溶液中(pH = 5.2),随 Cu 的质量分数增加,HIC 敏感性减小。原因是 Cu 促进了钝化膜的形成,但在 pH < 4.5 的 H_2S 环境中,Cu 的钝化膜不再形成,这时 Cu 阻止 HIC 的作用消失。Mo 的加入可以使相变温度降低,抑制块状铁素体的形成,促进针状铁素体的转变,并能提高碳化铌、氮化铌的沉淀强化效果。因而 Mo 在提高强度的同时,可降低韧脆转变温度,提高抗 HIC 能力。加入 Mo 之后的管线钢,其组织由细小且具有高密度位错亚结构的针状铁素体、多边形铁素体以及马奥岛组元组成。使 C 含量在 0.04% ~ 0.07% 时,仍可以保持高的强度。有研究表明,当 Mo 含量为 0.3% 时,材料的抗 H_2S 应力腐蚀性能最佳。Cr 和 Mo 可以综合考虑,$w(Cr)/15 + w(Mo)/5$ 可用来估计 Cr 和 Mo 对材料氢脆敏感性的影响。

B 材料强度与组织因素

一般是钢的强度越高,对氢脆就越敏感,在给定条件下,硬度低于某值时,即可不发生断裂。大量的实际分析认为,不发生 SSCC 的最高硬度值在 HRC 20 ~ 27 之间。工程上将 HRC22 作为临界硬度值。HIC 对球状碳化物(淬火 + 高温回火)的敏感性最低;对未回火的马氏体组织敏感性最高。对于抗 H_2S 断裂钢的显微组织,一般是按以下的显微组织次序其抗断裂能力递减:铁素体 + 球状碳化物完全淬火 + 回火的显微组织 > 正火 + 回火组织 > 正火后的显微组织 > TMCP 组织 > 淬火后未回火的马氏体组织。总之,在晶格热力学上越处于平衡状态的组织,就越能提高材料的抗 H_2S 断裂的能力。

C 带状组织的影响

选取裂纹敏感率较大的 X80 实验钢，它的 HIC 是沿显微组织中的硬相连接成为裂纹的，如图 5-25 所示。由于可以从金相观察中确定此组织非珠光体带状组织，因此推测其为均匀性不是很好的偏析带。

带状组织的面扫描如图 5-26 和图 5-27 所示，可见带状组织部位的化学元素与两侧针状铁素体的基本相同，没有明显偏析。P、C 元素含量甚至有些下降，只有 Mn 含量在中央部位略有升高，但比起常见的成分偏析，可以忽略不计。因此，试样中的带状组织并不能肯定是由偏析造成的。

由于在成分上没有很大差别，因此从显微组织上进行观察分析。腐蚀后的金相试样中心部位和两边部位的组织明显不同，颜色灰暗。未经腐蚀的钢，在 ZEISS 扫描电镜上观察，见图 5-28。

对比腐蚀后的管线钢和未经腐蚀的管线钢发现，与腐蚀后的钢相似，沿着钢板的中心部位有与两边针状铁素体或多边形铁素体不同的致密组织。而且，在腐蚀后的钢中观察可知，裂纹主要是沿着该组织扩展延伸。因为管线钢的裂纹与组织的硬度有直接关系，硬度越大裂纹敏感率也越大，就越容易产生裂纹，所以怀疑此处的硬度高于铁素体。故分别测量此两种不同组织的维氏硬度见表 5-12，不同部位硬度曲线见图 5-29。

图 5-25 裂纹全貌

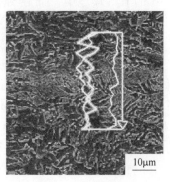

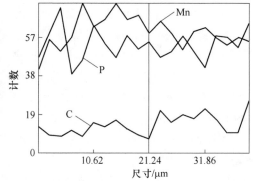

图 5-26 带状组织面扫描分析

表 5-12 带状组织不同部位硬度值（HV）

中心部位	272	295	306	276	364	277	262	255	302	平均值	290
两侧部位	234	220	224	231	226	221	233	235	228	平均值	228

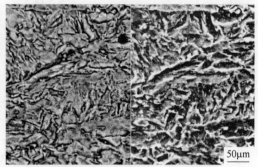

图 5-27 带状组织部分场发射

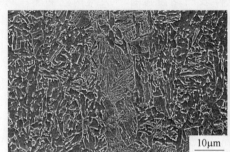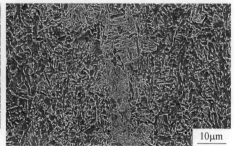

图 5-28 带状组织金相观察

可以看出中心部位的硬度明显大于两侧的硬度。铁素体的硬度一般在 HV200～250 范围内，这与两侧部位的测量结果相一致。同样，HV290 基本可以肯定是非纯铁素体组织。此钢中的针状铁素体主要是粒状贝氏体，中间存在马奥岛。而中心部位的组织明显细化，呈板条状，不属于粒贝组织。

5.4.1.2 X80 管线钢的抗 SSCC 实验

选取 X80 两种成分的实验钢板进行抗 SSCC 三点弯曲实验，化学成分见表 5-13，表 5-14 给出了三点弯曲实验结果。从加载数据

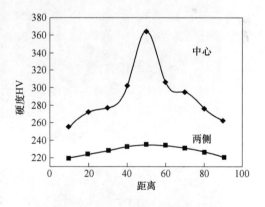

图 5-29 带状组织不同部位硬度图

来看，1 号试样在 910MPa 时发生断裂，经过计算 1 号试样的临界应力为 770MPa，而 2 号试样在 1390MPa 也没有发生断裂，可以推断必然大于实验中所施加的应力 1390MPa，可见 2 号试样的抗 SSCC 性能明显好于 1 号。

表 5-13 **X80 管线钢的化学成分**（质量分数） （%）

编号	C	Si	Mn	Nb + V + Ti	Mo	Cu	Ni	P	S	Pcm	Ceq
1	0.047	0.21	1.46	0.12	0.30	—	—	0.0075	0.003	0.16	0.36
2	0.050	0.15	1.41	0.10	0.28	0.30	0.12	0.0075	0.003	0.18	0.40

表 5-14 三点弯曲实验结果

试样编号	加载应力/MPa	1号实验结果	2号实验结果	试样编号	加载应力/MPa	1号实验结果	2号实验结果
1	390	T	T	6	910	F	T
2	450	T	T	7	1070	F	T
3	550	T	T	8	1240	F	T
4	620	T	T	9	1390	F	T
5	770	T	T				

注：T 表示试样未开裂，F 表示试样开裂。

　　分别对 1 号加载 770MPa 的试样和 2 号加载 1390MPa 的试样进行研究，清理试样表面，通过扫描电镜观察实验后的试样，发现两个试样表面均覆盖着一层黑褐色的腐蚀产物。1 号试样拉应力表面一侧有大量微裂纹产生，如图 5-30a 所示，在应力集中孔部分，由中心向外，有大量的放射状微裂纹。两个应力集中孔之间也有裂纹相连接。远离应力集中孔部分，微裂纹在整个试样呈均匀分布，裂纹方向与所加应力方向垂直。裂纹成棒槌形，中部较宽、较深，两端较尖、较浅（图 5-30c），可见裂纹是由中部产生并向两端、向纵深扩展的，裂纹内部有大量颗粒状腐蚀产物，如图 5-30d 所示，能谱显示腐蚀产物主要是 FeS（图 5-31）。而 2 号试样拉应力侧未见裂纹，如图 5-30b 所示，将试样分别在应力集中孔部分、试样长度四分之一部分分别截开，观察裂纹扩展情况，试样在截面上均未发现裂纹，说明 2 号试样在 1390MPa 应力下仍然具有较好的抗 SSCC 腐蚀性能。

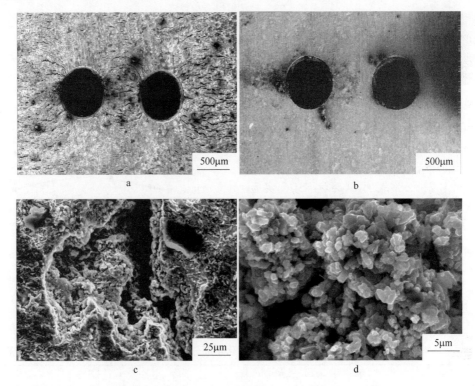

图 5-30 腐蚀之后试样表面的扫描电镜照片

a—加载 770MPa 后 1 号试样；b—加载 1390MPa 后 2 号试样；c—1 号试样裂纹形貌；d—1 号试样裂纹内部

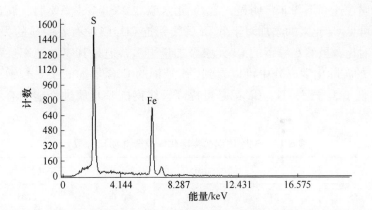

图 5-31 1 号试样腐蚀产物能谱图

在 H_2S 的水溶液中，H_2S 首先发生分解，即：$H_2S \rightarrow H^+ + HS^-$，$HS^- \rightarrow H^+ + S^{2-}$。金属在拉应力作用下，位错沿着滑移面运动至金属表面，在表面产生滑移台阶，使表面钝化膜产生局部开裂并暴露出活泼的新鲜金属。Fe 在 H_2S 水溶液中发生反应，$Fe \rightarrow Fe^{2+} + 2e$，$Fe^{2+} + S^{2-} \rightarrow FeS$，放出的电子被 H^+ 所吸收，$2H^+ + 2e \rightarrow 2H$。腐蚀产物 FeS 很容易溶解于溶液中，这更有利于 H_2S 水溶液的进入。在拉应力的作用下，材料表面的钝化膜进一步破裂，应力使产生的裂纹向纵深打开，H_2S 水溶液源源不断地流入向前延伸的裂缝中，使应力腐蚀持续进行。反应产生的氢，一部分结合为氢气溢出，另一部分进入金属，在金属中向内扩散。进入金属内部的氢，容易聚集在夹杂物或缺陷周围。在这里，氢原子结合成氢分子，体积要增大 20 倍，结果在金属内部产生很高的氢压，形成氢鼓泡，最后导致金属开裂。从能量的角度来看，由于加载了应力，材料的结构发生了一些变化，增加了滑移台阶、空位密度和位错密度，这些缺陷存在的位置，均处于不平衡状态，能量比较高，都是氢易聚集的地方，因为氢在这些缺陷周围某一位置会使体系能量降低，所以氢极易富集在这些位置上。此外，当在夹杂物附近形成的氢压大于临界值时就会形成裂纹，裂纹沿晶界扩展过程中，导致分层现象产生，最终使试样的有效截面积减小，加速渗氢的过程。

5.4.2 X80 管线钢抗 CO_2 腐蚀研究

随着石油天然气工业及 CO_2 驱油技术的发展，CO_2 对油气管道的腐蚀成为一个亟待解决的问题。采用高含 Cr 不锈钢（13Cr、22~25Cr）是目前较为有效的 CO_2 腐蚀控制措施，但其价格昂贵，焊接性能相对较差，此时，开发抗 CO_2 腐蚀、焊接性能良好的经济型低 Cr 耐蚀管线钢具有重大意义。

图 5-32 为试验用钢的平均腐蚀速率。由图可见，3~6 号四种钢，随着 Cr 元素

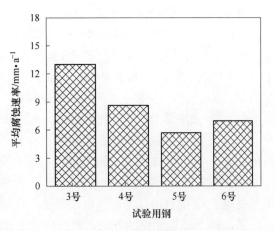

图 5-32 各试验用钢在 60℃时的平均腐蚀速率

的增加，平均腐蚀速率下降非常明显，当 Cr 元素添加 0.3% ~ 0.5% 时，腐蚀速率下降了 60% ~ 70%。可见 Cr 元素的添加对于低 Cr 管线钢抗 CO_2 腐蚀有着明显的积极影响。5 号和 6 号两种钢对比，虽然 6 号钢的 Cr 元素添加量更多，但是其腐蚀速率反而比 5 号钢略高，从表 5-15 的实际化学成分中可以看到，5 号钢的 C 含量远低于 6 号钢，且 6 号钢的 Ti、Cu 含量要低于 5 号钢，Ti、Cu 都是可提高管线钢抗 CO_2 腐蚀性能的有利元素，所以出现这种反常现象。

表 5-15 试验用钢的实际化学成分（质量分数） （%）

炉 次	C	Si	Mn	P	S	Al
3 号	0.055	0.31	1.68	0.004	0.0041	0.026
4 号	0.055	0.23	1.58	0.004	0.0039	0.026
5 号	0.038	0.20	1.52	0.005	0.0050	0.030
6 号	0.047	0.25	1.66	0.005	0.0039	0.022
炉 次	Cr	Mo	Ti	Nb	Cu	Ni
3 号	0.11	0.20	0.012	0.076	0.23	0.25
4 号	0.29	0.015	0.01	0.098	0.26	0.26
5 号	0.31	0.21	0.015	0.10	0.33	0.27
6 号	0.50	0.24	0.011	0.082	0.24	0.26

4 号钢、5 号钢的成分差别在于 Mo 元素，可以看出，没有添加 Mo 元素的 4 号钢的平均腐蚀速率要远高于添加 Mo 元素的 5 号钢，所以 Mo 元素的添加对于降低管线钢的抗 CO_2 腐蚀有着有利的影响。

图 5-33 为试验用钢析出物分布图以及析出物能谱分析。由图中的透射显微照片可以发现析出物大多呈圆形分布，颗粒细小且分布弥散，这种第二相粒子在基体中呈细小弥散分布，能够有效地提高钢的强度，同时改善钢的韧性。由图中的能谱分析可以发现，析出物主要为 Nb、Ti 的析出，未发现 Cr 的析出。

Cr、Mo 元素在钢中的存在状态分为固溶态和析出态两种状态。当 Cr、Mo 以固溶态存在于钢中时，有利于腐蚀产物膜的形成；当 Cr、Mo 析出以金属间相及碳化物的形态存在于钢中时，会使钢产生贫 Cr 和贫 Mo 区，不利于形成完整的耐蚀膜，而成为点蚀源，使点蚀的机会增多，反而会作为腐蚀电池的阴极加速腐蚀，同时，使基体中固溶 Cr、Mo 含量减少。

Cr、Mo 元素属于中强碳化物形成元素，Ti、Nb 是强碳化物形成元素。通过降低 C 含量，添加 Ti、Nb 等强碳化物析出元素，有利于首先形成 Nb、Ti 的析出，降低 Cr、Mo 的析出，提高 Cr、Mo 的固溶，充分发挥其在抗腐蚀中的作用。

5 号钢较之 6 号钢的 C 含量低，而 Ti 含量较高，Ti 有利于固定 C、N，减少 Cr 的析出，提高了 Cr 的利用效率，所以才会使 5 号钢的抗 CO_2 腐蚀性能优于 6 号钢。

图 5-34 为试验用钢的外层腐蚀产物膜宏观腐蚀产物形貌。由图可见，3 号钢有较深较大的腐蚀坑出现，局部腐蚀的深度和面积较大；4 号也发生了较为严重的点蚀但是较之 3

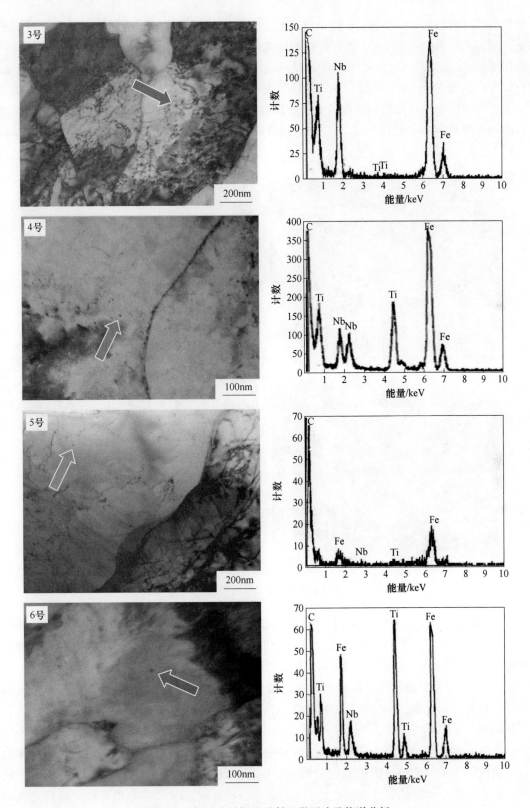

图 5-33 各试验用钢的透射显微照片及能谱分析

号钢有明显的改善；5 号钢和 6 号钢没有发生点蚀，仅仅出现了局部腐蚀产物的剥落。可见，增加 Cr、Mo 含量有利于提高管线钢的抗局部腐蚀性能。3 号、5 号、6 号比较，可以看出添加 Cr 达到 0.3% 以上即可显著提高试验用钢的抗 CO_2 腐蚀能力；4 号、5 号比较，可以看出添加 Mo 元素，试验用钢的点蚀情况消失，抗 CO_2 腐蚀的能力显著提高。有研究认为：腐蚀产物一旦发生剥落现象，暴露出金属基体之后，腐蚀产物膜与无腐蚀产物膜覆盖的地方将形成一个局部电池，发生电偶腐蚀，随着时间的推移，最终会在无膜处形成点蚀。

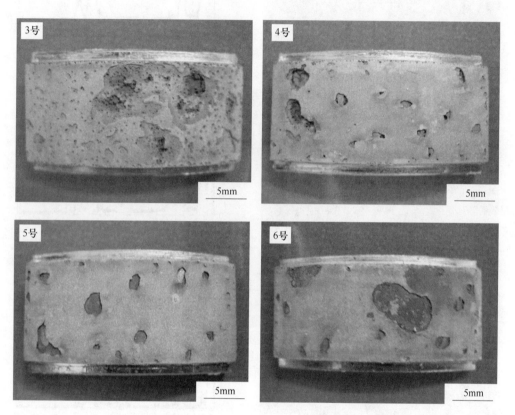

图 5-34　各试验用钢 60℃ 腐蚀产物膜的宏观形貌

图 5-35 为各试验用钢外层腐蚀产物膜的微观腐蚀产物形貌。由图可见，3 号表面的腐蚀产物虽然形成了规则的晶粒状结构，但是仍然存在着很多的孔隙。这些孔隙成为腐蚀介质进入腐蚀产物膜深层甚至金属基体表面的通道，因此有可能在此位置产生点蚀坑。4 号、5 号、6 号钢表面的腐蚀产物都比较紧密，腐蚀产物颗粒大小相当，主要特点是表面腐蚀产物膜形状规则，禁止晶粒堆垛，腐蚀产物膜表面平整。

图 5-36 为试验用钢外层腐蚀产物膜的 X 射线衍射图谱。由图可知，在 60℃ 腐蚀环境下，材料的腐蚀产物均以 $FeCO_3$ 为主。6 号钢中有少量的 Fe_3C 出现。少量 Fe_3C 的存在会形成腐蚀产物膜电位差，促进腐蚀的发生。Fe_3C 膜通过电偶腐蚀和局部酸化的不同作用而影响腐蚀速率。电偶腐蚀表现在，相对于基体 Fe 而言，Fe_3C 的电位要低，两者之间的电偶作用可以加速铁的溶解；局部酸化表现在，阳极反应优先发生于 Fe_3C 上，从而在阴

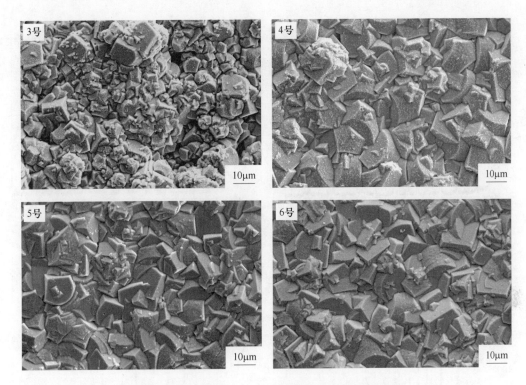

图 5-35 试验用钢 60℃时外层腐蚀产物膜的微观形貌

极和阳极腐蚀反应之间形成物理屏障，这将改变溶液成分，导致阴极区趋于碱性，阳极区趋于酸性。

表 5-16 为各试验用钢外层腐蚀产物膜的能谱分析结果。由表可见，四种钢腐蚀产物膜的主要元素为 C、O 和 Fe，这三种元素的含量可以达到 97% 以上，此外还有少量的 Si、Ca、Mn、Cl、Mo 元素存在，这些元素主要来源于腐蚀溶液和基体腐蚀后的产物。没有检测到 Cr 元素的存在。从表中的原子分数百分比可以看出，Fe 与 O 元素的比例为 1：3，由于腐蚀试样在 SEM 进行了喷碳处理，所以 C 元素的含量较高。由图 5-36 中 XRD 分析结果可知，在此环境条件下的腐蚀产物主要为 $FeCO_3$，能谱分析证明了这点。能谱检测中并没有检测到 Cr 元素。

表 5-16 外层腐蚀产物膜的能谱分析（质量分数/原子分数） （%）

元 素	3 号	4 号	5 号	6 号
C	23.33/41.13	20.47/41.22	20.48/36.80	22.98/42.87
O	30.99/41.03	21.75/32.93	32.55/43.91	25.89/36.20
Si	0.51/0.38	0.27/0.24	0.69/0.53	0.45/0.45
Ca	2.32/1.23	2.91/1.77	3.66/1.99	2.71/1.51
Fe	41.75/15.84	53.89/23.44	41.72/16.19	46.73/18.46
Mn	0.66/0.25	0.71/0.32	0.61/0.24	0.60/0.24
Cl	0.09/0.06	—/—	0.29/0.18	0.30/0.19
Mo	0.35/0.08	0.32/0.08	0.69/0.16	0.34/0.08
合 计	100/100	100/100	100/100	100/100

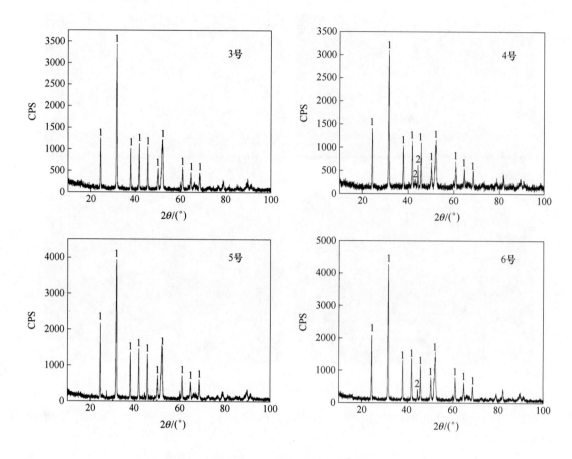

图 5-36 各试验用钢 60℃时外层腐蚀产物膜 XRD 分析图

图 5-37 为各试验用钢外层腐蚀产物膜剥落位置的次外层膜的微观形貌。3 号试验用钢的次外层膜呈蜂窝状结构，腐蚀产物混乱堆垛，存在大量的孔洞，腐蚀介质可以自由穿过这些孔洞到达基体，然后产生腐蚀。4 ~ 6 号外层腐蚀产物膜没有明显区别，其耐腐蚀性能有差异主要原因在于次外层膜的不同。可以看出，腐蚀产物的晶粒大小，明显的是 5 号 <6 号 <4 号。腐蚀产物膜的晶粒越细小，造成的空隙率越小，从而能够有效地阻碍腐蚀介质进入深层腐蚀产物膜或者金属基体。从次外层的堆垛可以看出不同 Cr 含量和 Mo 元素的添加对腐蚀产物膜的影响，这些元素正是通过改变腐蚀产物膜内层的结构来影响低 Cr 管线钢的耐腐蚀性能。

表 5-17 为各试验用钢外层腐蚀产物膜剥落位置的次外层膜的能谱分析结果。次外层膜中除了 C、O、Fe 外，还含有大量的 Cr 元素，Cr 元素的含量远高于基体中的 Cr 含量。Cr 元素在次外层膜中的富集极大地影响了膜的结构、致密性和保护性能。根据有关文献可知，Cr 在低 Cr 钢中主要以 $Cr(OH)_3$、Cr_2O_3 的形式存在。从表 5-17 中得知，4 号、5 号、6 号外层腐蚀产物膜微观结构晶粒尺寸、排列的紧密程度相当，没有太大的差异，但是其次外层腐蚀产物微观结构存在着明显的差异，该层出现了 Cr 元素的富集现象，可以推断出，由于 Cr 元素的富集，改变的次外层腐蚀产物膜的结构，改善了试验用钢的耐腐蚀性能。

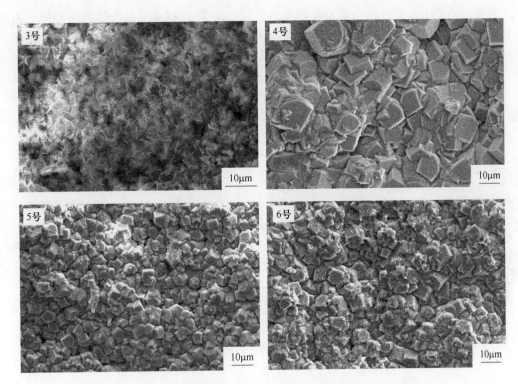

图 5-37 各试验用钢 60℃时次外层腐蚀产物膜微观形貌

表 5-17 各试验用钢 60℃时次外层腐蚀产物膜能谱分析结果（质量分数/原子分数）（%）

元 素	3 号	4 号	5 号	6 号
C	3.54/13.70	13.81/32.05	3.59/14.04	24.06/44.49
O	2.64/7.65	19.13/33.35	2.05/6.03	26.26/36.47
Si	—/—	0.55/0.55	0.88/0.14	1.33/1.05
Ca	0.77/0.89	2.94/2.04	0.38/0.45	2.51/1.39
Fe	84.73/70.49	54.93/27.44	84.01/71.52	19.03/7.57
Mn	1.00/0.85	3.28/1.66	1.12/0.96	0.25/0.10
Cl	—/—	0.76/0.60	—/—	0.08/0.05
Mo	—/—	—/—	—/—	10.69/2.48
Ti	0.59/0.58	—/—	0.97/0.95	1.56/0.72
Cr	5.48/4.90	2.17/1.16	4.21/3.81	8.70/3.72
Ni	0.45/0.35	2.43/1.15	0.64/0.51	0.96/0.36
Cu	0.80/0.59	—/—	2.15/1.59	4.57/1.60
合 计	100/100	100/100	100/100	100/100

图 5-38 为 6 号钢中 Cr、Fe 元素沿着腐蚀产物膜截面的分布情况，考虑到扫描的左起点和腐蚀产物膜之间的空隙，图中开始出现 Fe 的位置看作是腐蚀产物膜的起点，从中可以看出，在距离起点 0.03mm 处开始出现 Fe 峰，此处为腐蚀产物膜的起点，而 Cr 元素是

在距离起点 0.05mm 处开始出现富集起点的，与上述 XRD 以及外层产物膜的 EDS 分析结果相同，外层产物膜并没有出现 Cr 元素的富集情况。腐蚀产物膜可以分为两层，最外层的腐蚀产物为 $FeCO_3$，内层为 $FeCO_3$、$Cr(OH)_3$、Cr_2O_3 的共沉积层，Cr 的富集影响了腐蚀产物的微观结构，从而影响了低 Cr 管线钢的耐腐蚀性能。

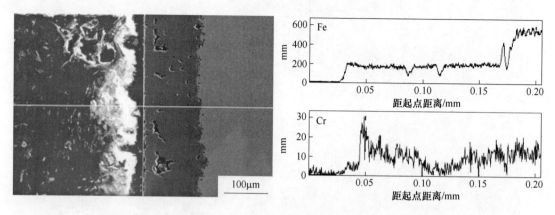

图 5-38　60℃时 Cr、Fe 在 6 号钢腐蚀产物膜截面上的分布

5.5 耐磨管线钢

5.5.1 组织类型对冲蚀磨损特性的影响

管线钢的组织结构对其力学性能、耐磨性有着很大的影响。为了探究组织与耐磨性的关系，对同一种管线钢进行了不同的热处理，以期获得不同的组织，研究其耐磨性差异。对比后选取实验钢成分（表 5-18）研究组织对管线钢耐磨性的影响。

表 5-18　实验钢化学成分（质量分数）　　　　　　（%）

编号	C	Mn	Si	Ni	Cr	Nb	Mo	Ti
1	0.08	1.5	0.25	0.05	0.20	0.05	—	0.015

对实验钢按照不同工艺进行热处理。第一种热处理过程为淬火，将试样在 930℃等温 30min 后水淬至室温；第二种为正火，具体过程为将试样在 930℃等温 30min 后空冷至室温。另取一组试样不进行热处理，保留热轧态组织以作对比。淬火处理试样记为 A，正火试样记为 B，热轧态试样记为 C。

按照 API SPEC 5L 管线钢规范要求，在实验样品上取样进行力学性能测试。金相试样在板材中心位置获得，经过打磨、抛光、浸蚀处理。表 5-19 给出的是力学性能测试结果。

表 5-19　热处理状态对力学性能的影响

编号	冲击功 $A_{KV}(-20℃)/J$	抗拉强度 R_m/MPa	屈服强度 $R_{t0.5}/MPa$	伸长率 $A/\%$	屈强比	硬度 HV
A	173.8	814.0	616.7	16.7	0.76	288.6
B	250.0	640.0	334.7	23.8	0.52	203.2
C	271.0	651.4	509.1	22.8	0.78	213.9

通过力学性能测试可以看出，与 C 钢相比，A 钢的抗拉强度和屈服强度明显提高，但冲击韧性和伸长率相应下降；B 钢抗拉强度有所下降，但并不明显，屈服强度却下降明显，屈强比降低，提高了材料的塑性，B 钢低温冲击韧性下降，伸长率变化不大。

三种钢的微观组织见图 5-39，A 钢奥氏体化后水冷，冷却速度高，形成了板条状贝氏体组织；B 钢经过正火处理，组织为准多边形铁素体 + 多边形铁素体，在铁素体晶界上存在未溶的碳化物；C 钢组织为粒状贝氏体 + 准多边形铁素体 + 少量珠光体。板条状贝氏体中细小的 MA 岛颗粒大致按照与板条平行的方向有序排列。板条状贝氏体中有大量的高密度位错，所以其屈服强度与抗拉强度更高。但是这种高的位错密度与平行排列的板条增加了位错运动的阻力，限制了位错滑移，导致塑性的下降。因为板条状贝氏体的 MA 岛颗粒

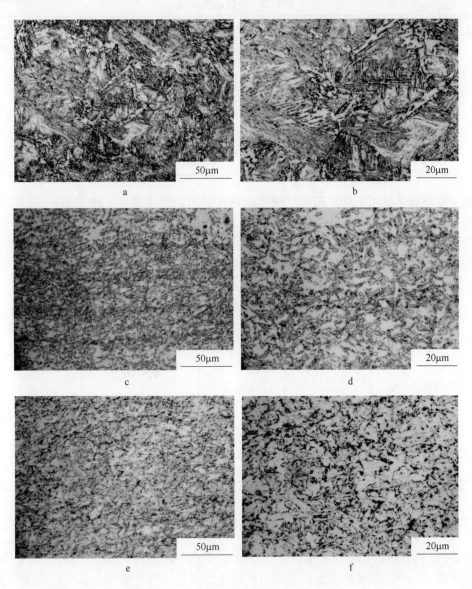

图 5-39 不同热处理试样金相组织

a—A 钢 500×；b—A 钢 1000×；c—B 钢 500×；d—B 钢 1000×；e—C 钢 500×；f—C 钢 1000×

大致沿直线排列，有利于裂纹的扩展，从而降低韧性，所以 A 钢的强度最高，韧性、塑性最差。与粒状贝氏体相比铁素体硬度与强度更低。粒状贝氏体近似于等轴晶粒，晶粒尺寸大，MA 岛颗粒无序地分布在铁素体基体上，其强度低于板条状贝氏体；而且由于其近似等轴状的晶粒与低的位错密度使 A 钢具有优良的塑性；无序排列的 MA 岛颗粒更加可以延缓裂纹扩展，所以粒状贝氏体组织的韧性也最好。

对三种试样进行了冲蚀磨损试验，试验结果见表 5-20。A 钢（即组织为板条状马氏体 + 板条状贝氏体）失重率与失厚率最小，耐磨性最佳；C 钢（准多边形铁素体 + 粒状贝氏体）次之；B 钢（铁素体）耐磨性最差。

表 5-20   冲蚀磨损数据

编号	原始重量/g	磨后重量/g	失重量/g		失重率/%		失厚率/mm·a⁻¹	
			单次	平均	单次	平均	单次	平均
A-1	65.7047	65.5815	0.1232	0.1310	0.188	0.201	0.501	0.533
A-2	64.9909	64.852	0.1389		0.214		0.565	
B-1	63.4914	63.336	0.1554	0.1672	0.245	0.260	0.632	0.680
B-2	64.8446	64.6656	0.1790		0.276		0.728	
C-1	65.1068	64.9562	0.1506	0.1542	0.231	0.237	0.613	0.627
C-2	65.0965	64.9387	0.1578		0.242		0.642	

板条状马氏体及板条状贝氏体组织可以提升管线钢的耐磨性，在图 5-40 中对比三者的磨损失厚率，A 的失厚率要明显小于 B、C 两种样品。结合表 5-20 中的数据，A 相比后两者失厚率要减小大约 0.15mm/a，所以单纯就耐磨性而言板条状贝氏体 + 板条状马氏体要优于粒状贝氏体，粒状贝氏体组织要优于铁素体组织，但是如果考虑到管线钢对强度与韧性的要求，粒状贝氏体 + 准多边形铁素体则是比较合适的选择。

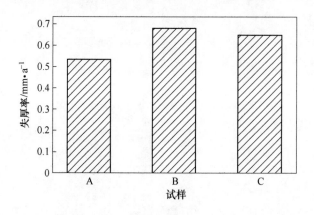

图 5-40   冲蚀磨损失厚率

对 B、C 两种试验钢的磨损形貌进行分析发现（见图 5-41），磨损表面出现了许多鱼鳞状的规则小凹坑。颗粒冲击磨损表面时可能是材料发生弹性形变，甚至造成塑性形变。当颗粒滑过磨损面时，接触应力达到材料的屈服强度，材料会绕着压陷处的边缘流动，材料发生塑性形变却没有脱离母体，同时凹坑底部的材料也会受到较大的变形。由于在磨损

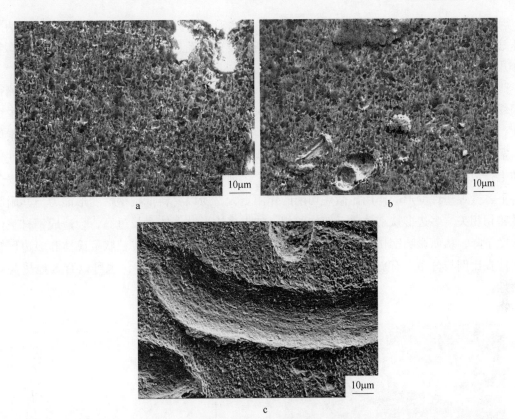

图 5-41 磨损面 SEM 形貌（磨损方向从上向下）
a—试样 B；b—试样 C；c—磨损面浸蚀后形貌

过程中，颗粒所受的力并不是持续的，所以当磨粒造成材料表面凹坑后并没有在材料表面继续滑动，而是离开磨损表面随浆体流向流动，所以并没有在磨损面形成较长的磨损沟槽。但是由于材料硬度有所差别，所以形成的凹坑大小不同。如图 5-41b 所示，凹坑处的材料由于塑性形变堆积在凹坑的边缘，图 5-41c 为磨损面浸蚀后的 SEM 图片，磨痕周围的组织仍为等轴状，而磨痕内部的组织则沿着磨粒运动的方向伸长。并且越是靠近边缘的组织变形越大，材料堆积比两侧更为严重，磨痕外部靠近磨痕的组织也会发生变形。磨痕末端的材料堆积比两侧更为严重。磨损时，磨粒压入材料，随着磨粒与材料的相对运动压入深度增大，导致越往磨痕尾部方向，组织变形越严重，材料堆积量也越大。当堆积量过大时，磨粒所受到的阻力过大，无法继续运动而离开磨损表面。当磨损面受到随后的磨粒的冲击时，可能把堆积的材料压平，或者使已经变形的凹坑底部再次变形。这种反复的塑性变形将使材料发生加工硬化，最终以磨屑的形式脆性剥落，或因反复变形而疲劳脱落。

对磨损后的试样进行硬度测试，见表 5-21，比较发现，在磨损过程中材料确实发生了加工硬化，磨后的硬度有所提高。

表 5-21 磨损前后硬度比较

编 号	磨前硬度 HV	磨后硬度 HV	编 号	磨前硬度 HV	磨后硬度 HV
B	203.2	270.5	C	213.9	227.8

　　B、C 两种试验钢的组织主要为多边形铁素体和粒状贝氏体，对这两种组织进行纳米压痕实验，测量两种组织在相同压入深度下所需要的载荷，判断其在浆料磨损时抵抗磨粒作用的能力。

　　图 5-42a 所示为纳米压痕的位置，压痕 1 所测试的组织为粒状贝氏体，压痕 2 所测得组织为多边形铁素体。在图 5-42b 中随着压入深度的增加，不同组织所用的载荷也发生变化，多边形铁素体所对应的曲线 1 比曲线 2 斜率变化更快，即压入深度相同多边形铁素体所需的载荷更大。浆料磨损的情况下，磨粒所受的载荷基本一致，所以磨粒在多边形铁素体上造成的塑性变形要比粒状贝氏体上的小。之前分析的磨损形式表明，浆料冲蚀磨损条件下，微观塑性变形的作用比微观切削的作用更大，所以材料抵抗塑性变形能力与其耐磨性密切相关。多边形铁素体属于较软的相，如果多边形铁素体含量过高，会造成钢材整体硬度下降，从而影响钢材耐磨性，所以要获得较好的耐磨性，需要粒状贝氏体和多边形铁素体在比例与分布上有着较好的配合，这样既能提高强度与韧性，也可以有效地提高耐磨性。

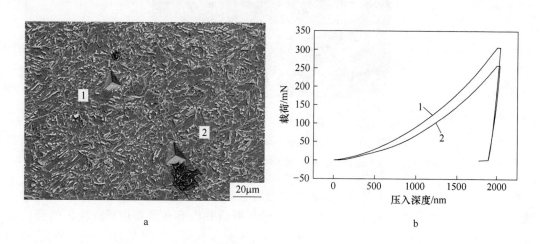

图 5-42　纳米压痕实验

a—纳米压痕位置；b—压入深度与载荷关系曲线

5.5.2　组织类型对磨粒磨损特性的影响

　　为了明确磨损过程中，磨粒在磨损表面的作用机理，选用 A、B、C 三种试验钢进行磨粒磨损实验，验证加载载荷、磨损距离以及磨粒尺寸三个因素对磨粒磨损的影响，并通过观察磨损面以及磨屑的形貌，分析磨损机理。

　　三种样品实验后磨损失重见表 5-22。使用 Origin 软件对 A 试样的实验数据进行拟合。由图 5-43a、b 看出，磨损失重量分别与磨损距离和加载载荷呈线性正相关；与磨粒尺寸呈二次函数关系。对 9 组实验分别进行拟合，所得到的公式见表 5-23。曲线的斜率表示磨损过程中材料的重量损失率，斜率越大则表示研究的参数对磨损的影响越大，所以加载载荷对于磨损失重的影响比滑动距离与磨粒尺寸的影响更大。

表 5-22　磨粒磨损实验数据　　　　　　　　　(g)

编号	实验 条 件									
	7N, 200 号砂纸, 实验转数/转			200 转, 200 号砂纸, 载荷/N			7N, 200 转, 砂纸型号			
	100	200	300	3	5	7	200	400	600	800	1000
A	0.0629	0.1023	0.1531	0.0650	0.0818	0.1038	0.1057	0.0749	0.0495	0.0315	0.0313
B	0.0678	0.1062	0.1498	0.0685	0.0853	0.1058	0.1027	0.0733	0.0536	0.0348	0.0342
C	0.0672	0.1046	0.1573	0.0681	0.0834	0.1052	0.1087	0.0740	0.0507	0.0328	0.0270

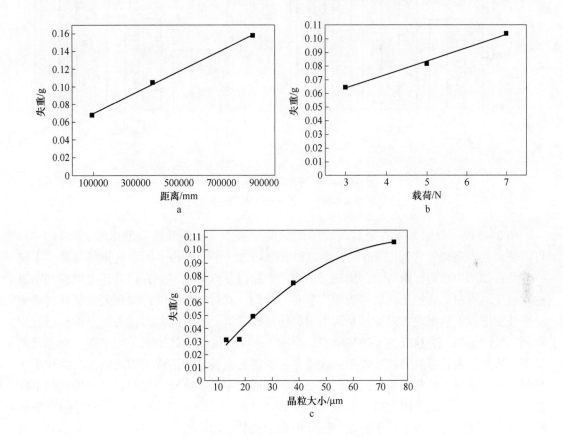

图 5-43　失重量拟合曲线

a—磨损距离；b—磨损载荷；c—磨粒尺寸

表 5-23　磨粒磨损实验拟合公式

编号	7N, 200 号砂纸, 实验转数/转	200 转, 200 号砂纸, 载荷/N	7N, 200 转, 砂纸型号
A	$M = 1.85 \times 10^{-7} S + 0.05401$	$M = 0.0097L + 0.03503$	$M = -1.59 \times 10^{-5} P_s^2 + 0.0267 P_s - 0.0049$
B	$M = 1.07 \times 10^{-7} S + 0.06083$	$M = 0.0093L + 0.03991$	$M = -1.42 \times 10^{-5} P_s^2 + 0.0241 P_s + 0.0024$
C	$M = 1.19 \times 10^{-7} S + 0.05749$	$M = 0.0093L + 0.03919$	$M = -1.67 \times 10^{-5} P_s^2 + 0.0281 P_s - 0.0082$

　　比较三种样品磨损失重，如图 5-44a 所示，A 样品的磨损失重最小，C 样品次之，B 样品失重最大。对比三者的硬度，在该组实验中样品的失重随着硬度的增大而减小。但是

图 5-44b 中的结果并没有严格遵守这一规律。并且比较三种样品在同一实验条件下拟合的公式可以发现，重量损失率与硬度的大小并没有明显的对应关系，所以硬度并不是决定材料耐磨性的唯一因素。钢的硬度与耐磨性的关系并非始终保持简单的线性关系，微观组织状态对耐磨性的影响同样至关重要。三种样品取自同一块热轧板，在热处理后显示出了不同的耐磨性，所以组织类型及组织本身的特性对材料的耐磨性起着重要的作用。

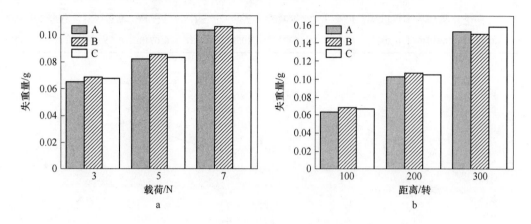

图 5-44 磨粒磨损失重量关系
a—磨损载荷；b—磨损距离（以转数表示）

图 5-45a ~ c 分别为 A 在磨粒尺寸不同的实验条件下得到的磨损面形貌。由图 5-45a 可以看出，当磨粒尺寸为 75μm 时，磨痕沿着磨损方向平行分布，但是沟槽的宽度并不统一，并且如图中椭圆框内所示，出现了磨痕的中断以及方向偏移，在该处还可以发现明显的材料变形堆积。磨粒压入材料表面产生相对滑动，对材料切削的同时还造成了材料的微观塑性变形。磨痕出现方向偏移是因为材料的堆积产生了过大的阻力或者是在滑动过程中遇到了较硬的相，磨粒发生了破碎断裂。在图 5-45a 中的箭头处出现了与磨损方向垂直的磨痕，这是因为破碎的磨粒造成了二次磨损，脱落的磨屑也能造成类似的情况。磨粒压入材料，还可能导致材料向磨粒的两侧流动堆积，形成犁沟。堆积的材料在磨粒的作用下反复发生塑性变形，最终因为疲劳而脱落。如图 5-45b、c 所示，图 b 中存在少量的磨痕中断，并且中断处的材料堆积部分也比图 a 中所示的要小；而图 c 中磨痕为宽度基本统一的相互平行的沟槽，并且没有发现磨痕中断或方向偏移的现象。随着磨粒尺寸的减小，沟槽的宽度变窄，磨损机制中微观切削的比重越来越大，磨痕的中断、偏折现象也有所减少。这说明磨粒尺寸越小，越不容易发生磨粒破碎断裂，二次磨损的情况也就越少。

图 5-45d ~ f 所示的是不同载荷下磨损面的形貌，所对应的实验载荷分别是 3N、5N、7N。从图中可以发现随着载荷的增加，磨痕中断或方向偏移的现象增多，这表明载荷的增加促进了磨粒的破碎断裂，提高了二次磨损发生的几率。比较三者还可以发现，载荷增大，磨痕更加密集。图 f 中存在着大量锯齿状磨痕，载荷增大导致磨粒压入材料的深度增加，这种情况下更容易产生犁沟。磨粒压入的深度增加，材料对磨粒划动的阻力增大，更容易发生磨粒的破碎断裂，所以切削作用减小。由于垂直方向的载荷增加，磨粒两侧的分力也增大，使得磨粒对两侧材料的挤压作用加剧，从而形成更深的犁沟。当犁沟的"脊"

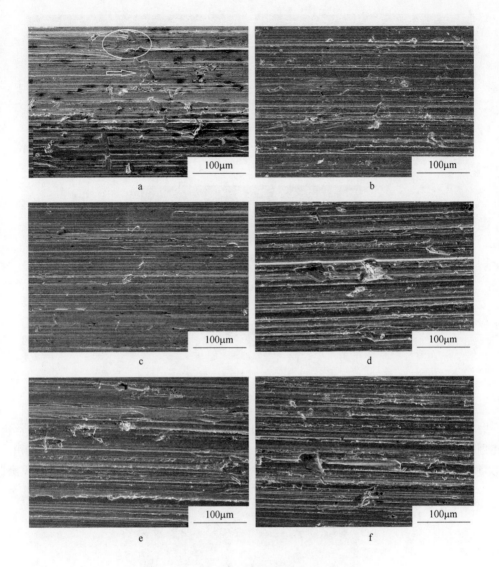

图 5-45　磨损面形貌

a—75μm；b—23μm；c—13μm；d—3N；e—5N；f—7N

部再次受到磨粒作用时会发生新的塑性变形，也就形成了图片中的锯齿状磨痕，当反复的塑性变形达到一定程度时，材料因疲劳而脱落。

当磨粒尺寸较小或者是载荷较小时主要的磨损机制是微观切削，当磨粒尺寸较大或载荷较大时主要的磨损机制是疲劳断裂。材料的硬度也影响着磨损机制的类型，当材料较软时，磨粒更容易压入材料内部，产生犁沟，而疲劳断裂所造成的重量损失要比切削更大。所以较软的组织失重更大。

由于反复地进行摩擦，在固体表面下的一定深度内产生了变质层。将不同直径的磨粒所磨损的试样沿着磨痕方向纵切，抛光侵蚀后观察其亚表层组织，如图 5-46 所示。经过测量计算，图 5-46a～c 的亚表层变形部位的深度分别为 7.3μm、5.5μm、3.6μm。磨粒尺寸越大，亚表层的材料变形越严重，最终导致因疲劳而脱落的材料越多即磨损越严重。

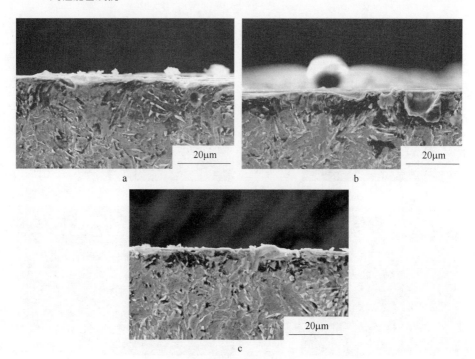

图 5-46 亚表层组织形貌
a—200 号砂纸；b—600 号砂纸；c—1000 号砂纸

　　磨粒磨损过程中，磨粒在载荷的作用下压入材料，使材料发生塑性变形。当磨粒再一次在划痕处划过时，材料再次发生塑性变形，并且在上一次变形的位置形成材料堆积。当变形量积累到一定程度时，堆积的材料一起脱落，形成如图 5-47a 所示的层状堆积磨削。

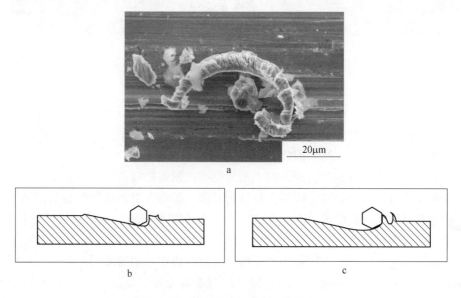

图 5-47 磨屑形貌与磨损形式模型
a—磨屑形貌；b，c—磨损示意图

整个过程如图 5-47b、c 的模型所示。

利用 EBSD 对 A、B、C 三种材料进行分析，统计大小角度晶界比例，结果如图 5-48 所示。由图中的统计可以看出，三种材料的大小角度晶界并没有太大的差异，以小于 15° 的小角度晶界和大于 50° 的大角度晶界为主。大角度晶界可以阻止裂纹沿着原方向扩展，所以大角度晶界可以提高材料的韧性；而小角度晶界的存在使得位错密度增大，这样对位错的滑移起到阻碍作用，提高了材料的强度。A 中小角度晶界的比例最大，强度也最高，耐磨性也最佳；B 中小角度晶界比例最低，强度及耐磨性也最低。A、C 两种材料小角度晶界比例相近，但是 C 的大角度晶界比例更高，造成了 C 的耐磨性比 A 差。小角度晶界比例增大可以提高材料抵抗变形的能力，在磨损过程中磨粒所造成的塑性变形较小，材料磨损多以微观切削的形式出现，损失较少。材料 A 的组织为板条状贝氏体 + 粒状贝氏体，

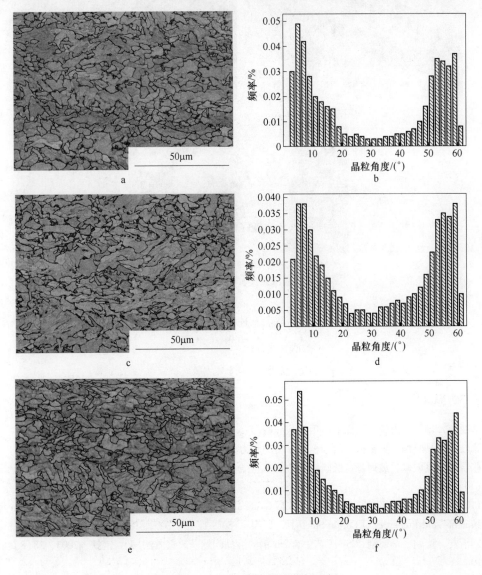

图 5-48 A、B、C 大小角度晶界比例

a, b—A 钢；c, d—B 钢；e, f—C 钢

材料 B 为铁素体组织，材料 C 为粒状贝氏体 + 多边形铁素体组织，由于 A 中板条状贝氏体的存在提高了小角度晶界的比例，而相对来说铁素体组织的小角度晶界比例比粒状贝氏体更小。

上述情况可以通过图 5-49 所示的透射组织分析中得出。所以大小角度晶界比例对材料的耐磨性有着一定的影响，增大小角度晶界的比例或降低大角度晶界的比例都可以使材料的耐磨性得到一定程度的提高。

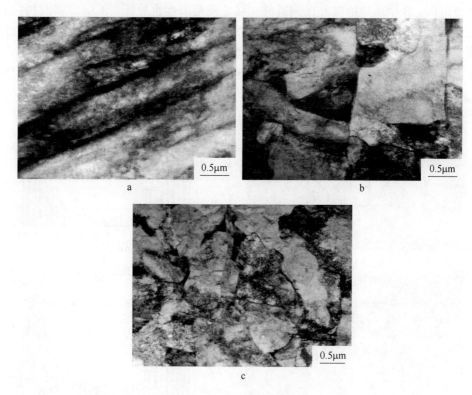

图 5-49 三种钢 TEM 组织

a—A 钢；b—B 钢；c—C 钢

参 考 文 献

[1] 潘丽梅，等. 国内管线钢标准应用现状分析[J]. 冶金标准化与质量，2015，43(6).

[2] 雍歧龙，马鸣图，吴宝榕. 微合金钢—物理和力学冶金[M]. 北京：机械工业出版社，1989.

[3] 张晓钢，夏殿佩，敖列哥. 低碳锰钢中铌钛复合加入对沉淀及再结晶的影响[J]. 钢铁钒钛，1991(1)：11-17.

[4] LIU De-lu, FU Jie, KANG Yong-lin, et al. Oxide and Sulfide Dispersive Precipitation and Effects on Microstructure and Properties of Carton Steel[J]. J. Mat. Sci. Tech. , 2002, 18(1)：7~9.

[5] 刘清友，董翰，李德刚. CSP 工艺中含 Nb 钢的混晶问题及改善方法[J]. 钢铁，2003，38(8)：16~19.

[6] Sellars C M. Hot Working and Forming Processes[M]. London：TMS, 1980.

[7] Honeycombe R W K, Gray J M, et al. Fundamental aspects of precipitation in microalloyed steels[C]. Pro-

ceedings of the International Conference on HSLA Steels. Metallurgy and Applications, Beijing, 1985: 240 ~ 249.

[8] Ishikawa N, Shigeru E, Joe K. High Performance UOE Linepipes[J]. JFE Technical Report, 2006(7): 20 ~ 26.

[9] 翁宇庆. 超细晶钢——钢的组织细化理论与控制技术[M]. 北京: 冶金工业出版社, 2003: 39 ~ 64.

[10] Park K T, Kim Y S, Lee J G, Shin D H. Thermal Stability and Mechanical Properties of Ultrafine Grained Low Carbon Steel[J]. Mater. Sci. Eng, 2000, A293: 145 ~ 182.

[11] 王学敏, 周桂峰, 杨善武, 等. 组织细化的 RPC 技术机理研究 [J]. 金属学报, 2002, 38(6): 661 ~ 664.

[12] Okamoto H, Oka M. Recent research on bainitic microstructures and transformation behaviors of very low carbon HSLA steels[J]. ISIJ international, 1994, 49(4): 1123 ~ 1125.

[13] Adachi Y, Tomida T. Dislocation Substructure in Hot-Deformed Ni-Based Alloy: Simulation for Structure Evolution of Hot-Worked Austenite in Low Carbon Steel[J]. ISIJ International, 2000, 40(2): 194 ~ 198.

[14] 翁宇庆. 超细晶钢——钢的组织细化理论与控制技术[M]. 北京: 冶金工业出版社, 2003: 88 ~ 102.

[15] Wang X M, He X L, Yang S W, et al. Refining of intermediate transformation microstructure by relaxation processing[J]. ISIJ International, 2002, 42(12): 1553 ~ 1559.

[16] 尚成嘉, 杨善武, 王学敏. RPC 对 800MPa 级低合金高强度钢的影响[J]. 北京科技大学学报, 2002, 24(2): 129 ~ 132.

[17] Ohtsuk H. Effect of holding after deformation on the subsequent $\gamma \rightarrow \alpha$ transformation behavior in a HSLA steel[C]. In THERMEC'88, TMS: Warrendale, 1988: 352 ~ 359.

[18] Zhang S H, Hattori N, Enomoto M, Tarui T. Ferrite Nucleation at Ceramic/Austenite Interfaces[J]. ISIJ International, 1996, 36: 1301 ~ 1309.

[19] Hasegawa T, Okazaki K. Uniform tensile elongation obtained from experiment and its estimation using dislocation dynamics parameters[J]. Materials Science and Engineering, 2001, A297: 266 ~ 271.

[20] 陈颜堂, 郭爱民, 李平和. Nb-Ti 微合金化超低碳低合金高强度钢中第二相的析出行为[J]. 金属热处理, 2007, 32(9): 52 ~ 55.

[21] Zhao M, Yang K, Shan Y. Comparison on strength and toughness behaviors of microalloyed pipeline steels with acicular ferrite and ultrafine ferrite[J]. Materials Letters, 2003, 57: 1496 ~ 1500.

[22] Okatsu M, Ishikawa N, Endo S. Development of high deformability linepipe with resistance to strain-aged hardening by heat treatment on-line process[C]. X80 and higher grade line pipe steel 2008, Xi'an, 2008: 178 ~ 180.

[23] Kim Y M, Kim S K, Lim Y J. Effect of Microstructure on the Yield Ratio and Low Temperature Toughness of Linepipe Steels[J]. ISIJ International, 2002, 42(12): 1574 ~ 1576.

[24] Shikana N, Kagawa H, Kuriha M. Influence of Microstructure High Strength Steel Plates on Yielding Behavior of Heavy Gauge[J]. ISIJ International, 1992, 32(3): 337 ~ 340.

[25] 于庆波, 赵贤平, 孙斌. 高层建筑用钢板的屈强比[J]. 钢铁, 2007, 42(11): 76 ~ 78.

[26] Tsuchida N, Masuda H, Harada Y, et al. Effect of ferrite grain size on tensile deformation behavior of a ferrite-cementite low carbon steel[J]. Materials Science and Engineering, 2008, A488: 446 ~ 452.

[27] Dingley D J, Field D P. Electron backscatter diffraction and orientation imaging microscopy[J]. Journal of Materials Science & Technology, 1997, 13: 69 ~ 78.

[28] Gourgues A F, Lower H M, Lindley T C. Electron Back-scattering Diffraction Study of Acicular Ferrite, Bainite, and Martensite Steel Microstructures[J]. Materials Science and Technology, 2000, 16(1): 26 ~ 40.

[29] 霍向东, 王元立, 柳得櫓. CSP 低碳钢板的组织和性能[J]. 钢铁研究学报, 2004, 16(3): 55 ~ 59.

［30］ Diazfuentes M, Izamendia A, Gutierrez I. Analysis of different acicular ferrite microst ructures in low car-bon steels by elect ron backscattered diffraction study of their toughness behavior［J］. Metallurgical and Ma-terials Transactions, 2003, 34(11)：2107～2114.

［31］ 高惠临. 管线钢—组织、性能、焊接行为［M］. 西安：陕西科学技术出版社, 1995.

［32］ 褚武扬, 乔利杰, 陈奇. 断裂与环境断裂［M］. 北京：科学出版社, 2000.

［33］ Akhmad A, Kordaa Y, Mutoha Y, Miyashitaa T. Effects of pearlite morphology and specimen thickness on fatigue crack growth resistance in ferrite-pearlite steels［J］. Materials Science and Engineering A, 2006, 428：262～269.

［34］ 朱维斗, 顾海澄, 郭延东. Ti-1023 合金拉伸实验的电镜原位观察［J］. 金属学报, 1994, 30(10)：462～467.

［35］ Ichiro Tsukatani, Shunichi Hashimoto, Tsuyoshi Inoue. Effects of silicon and Manganese addition on me-chanical properties of high-strength hot-rolled sheet steel containing retained austenite［J］. ISIJ Internation-al, 1991, 31(9)：992～1000.

［36］ Sinhaak. Ferrous physical metallurgy［M］. London：Batterworths, 1989：232～240.

［37］ Chunming Wang, Xingfang Wu, Jie Liu, Ning'an Xua. Transmission electron microscopy of Martensite/austenite islands in pipeline steel X70［J］. Materials Science and Engineering, 2006, A438～440：267～271.

［38］ 吕建华, 关小军, 徐洪庆, 等. 影响低合金钢材抗 H_2S 腐蚀的因素. 腐蚀科学与防护技术, 2006, 18(2)：118～121.

［39］ Mingchun Zhao, Ke Yang. Strengthening and improvement of sulfide stress cracking resistance in acicular ferrite pipeline steels by nano-sized carbonitrides［J］. Scripta Materialia, 2005, 52：881～886.

［40］ Rogerio Augusto Carneiro, Rajindra Clement Ratnapuli, Vanessa de Freitas Cunha Lins. The influence of chemical composition and microstructure of API linepipe steels on hydrogen induced cracking and sulfide stress corrosion cracking［J］. Materials Science and Engineering, 2003, A357：104～110.

［41］ 李明, 李晓刚, 陈华. 在湿 H_2S 环境中腐蚀行为和机理研究概述［J］. 腐蚀科学与防护, 2005, 17(2)：107～111.

［42］ 黎业生, 赵明纯, 单以银, 等. 一种针状铁素体钢热轧板材的结构与力学性能［J］. 材料研究学报, 2004, 18(3)：321～326.

［43］ Guo Z, Lee C S, Morris J W. Grain Refinement for Exceptional Properties in High Strength Steel by Ther-mal Mechanism and Martensitic Transformation［C］. Workshop on New Generation Steel, NG Steel, Beijing China, 2001：48～54.

［44］ 王有铭, 李曼云, 韦光. 钢材的控制轧制和控制冷却［M］. 北京：冶金工业出版社, 1993：1～3.

6 压力容器用钢

6.1 压力容器用钢的国内外发展概况

压力容器用钢被广泛用于石油、化工、电站、锅炉等行业，一般用于制作反应器、热换器、分离器、导气管、液化气罐、锅炉气包及液化石油气瓶等。本章主要介绍大型原油储罐和 LNG 储运用低温钢等两种典型的压力容器用钢。

国际上建造大型原油储罐可以追溯到 20 世纪 60 年代末，早在 1967 年世界产油大国委内瑞拉就建成了 15 万立方米的浮顶油罐，后来日本和沙特阿拉伯又相继建成了 17 万立方米和 20 万立方米的浮顶油罐。我国从 20 世纪 80 年代初期建设 10 万立方米的浮顶油罐。按照油罐的设计规范 API650《钢制焊接油罐》的规定，原油储罐所用钢板的最大厚度为 45mm，强度级别为 610MPa 的大线能量用钢只能建造 17.5 万立方米以下的储罐。根据储罐的建设趋势是向更大型化发展，今后要建造 20 万立方米及其以上的大型储罐，这为强度级别为 690MPa 级的储罐钢的开发提供了方向。

国外大型石油储罐用钢板的开发以日本为主。大致分为两个阶段，即 20 世纪 60~70 年代中期和 70 年代中期至今。早在 1960 年前后，日本的一些钢铁企业依靠热处理炉及其附带的淬火设备开发和生产了最大板厚达 45mm 的 QT 型 590~610MPa 级高强度钢板，以满足其国内和世界各国建造大型浮顶石油储罐的需求。仅日本新日铁在 1975 年之前就为至少 100 个以上油罐提供了所需的 WEL-TEN60 钢板（HT590MPa 级）及 WEL-TEN62 钢板（HT610MPa 级）。与此同时，这些钢板的高能量热输入（大于 100kJ/cm）焊接技术也得到了开发，如电弧焊（EGW）和 CO_2 自动焊接法（OSCON-VB）等。

20 世纪 70 年代中期以来，为了顺应日本国内不再建造超大型石油储罐和北海道等高寒地区的油罐母体及其焊缝抗低温冲击韧性的需求，日本几家大型钢铁公司以 C-Si-Mn 钢为基础，采用了合金化处理如添加 Mo、V、B、Ni、Ti 等合金元素，通过合理的调质制度，相继成功开发了母材和焊缝韧性均很优异的 HT610MPa 级钢板，如 12MnNiVR 调质高强度钢板等。这类钢板焊接须用细径 EGW 法，以限制焊接热输入小于 100kJ/cm，确保低焊接裂纹敏感性。

20 世纪 90 年代后期以来，针对大线能量焊接时 HAZ 韧性恶化的问题，新日铁采用微合金化技术和 DQ + FT 技术开发了 Pcm 小于 0.18% 的大线能量低焊接裂纹敏感性钢板 WEL-TEN610SCF，并且开发了改善高能量热输入 HAZ 韧性的 Ti-O 微细分散技术。2003 年以来，日本的 JFE 钢厂研究了各种合金元素对该类钢板组织结构的影响，采用"低 N-高 Al-微量 Ti"的成分控制方法和 DQ + FT 技术，批量生产了大线能量低焊接裂纹敏感性钢板 JFE-HITEN610E。

综上所述，日本大型石油储罐用钢板的开发与研究取决于其国内外石油储罐建设的需求，经历了高强度大线能量焊接钢板—高强度一般能量焊接钢板—大线能量低焊接裂纹敏感性钢板的发展过程，且与钢板的微合金化技术、热轧-热处理技术、焊接技术的进步紧密相关。

我国建设大型储油罐始于1985年，由于国内首台10万立方米大型浮顶式油罐是从日本引进的，设计规范依据日本 JIS B8501 标准，所用高强度钢板为日本牌号 SPV50，后调整为 JIS G3115 标准、SPV490Q 热轧调质钢板。以后20多年来我国陆续建造的80多台10万立方米以上的大型储油罐绝大多数仍使用日本的高强度钢板。

在20世纪80年代初期，武钢已研制出抗拉强度不低于600MPa级低焊接裂纹敏感性钢板 WDL610D 和 WDL610E，并在石化、化工、水电、能源、冶金、城建等领域得到广泛应用，为开发大型石油储罐用钢板作了技术储备。为实现石油储罐用钢板的国产化，1997年在有关单位的协助下，武钢率先在国内进行了抗拉强度不低于610MPa级高强度大线能量焊接钢板的开发，为该钢板的工程应用奠定了基础；同时，为了大幅度提高焊接效率以满足市场需求，又开发了抗拉强度不低于600MPa级调质高强度大线能量焊接钢板 WH610D2，并用该钢板制造了4台10万立方米石油储罐。该钢于1998年通过原全国压力容器标准化技术委员会的技术评审，于1999年通过原国家冶金局主持的技术鉴定，2003年以钢号 12MnNiVR 纳入新制定的《压力容器用调质高强度钢板》强制性国家标准（GB 19189—2003），并于2004年1月1日起实施。在上述两种钢板成功研制的基础上，武钢又开展了技术难度更高的抗拉强度不低于600MPa级大线能量低焊接裂纹敏感性钢 WDL610D2 的研制工作。

随后，舞钢、鞍钢、宝钢、济钢、南钢、湘钢等多家钢厂相继开发出大型储罐用钢，并通过全国锅炉压力容器标准化技术委员会的技术评审，具备大型原油储罐用高强度钢的供应资质。大部分企业均采用了离线淬火＋回火工艺来开发大型石油储罐钢板，南钢则采用了在线淬火＋回火的短流程生产工艺。

通常将用于制造各种在低温下服役的设备的钢铁材料统称为低温钢。低温钢最重要的技术指标是低温冲击韧性，即低温下防止脆性破坏发生和裂纹扩展的能力。其性能要求还包括：在低温下具有足够的强度、良好的韧性、高的低温组织稳定性、良好的耐腐蚀性、焊接性和加工性等。根据成分和金相组织的区别，低温钢总体可划分为以下几个系列：铝镇静 C-Mn 钢和调质型高强度钢、Ni 系低温钢、铬-锰或铬-锰-镍奥氏体钢以及铬-镍奥氏体不锈钢等。其中，铝镇静 C-Mn 钢和调质型高强度钢主要在 $-40℃$（或 $-45℃$）以上温度使用；Ni 系低温钢是用于 $-40℃$（或 $-45℃$）以下至 $-196℃$，且又可细分为用于 $-60\sim$ $-70℃$ 含 $0.5\%\sim2.5\%$ Ni 的钢；用于 $-100℃$ 含 3.5% Ni 的钢；用于 $-120\sim-196℃$ 的含 $5.5\%\sim9\%$ Ni 的钢，低于 $-196℃$ 采用奥氏体钢和奥氏体不锈钢。表6-1为不同气体的液化温度及其储罐制造常用的低温材料。

国际上，用于 $-60\sim-70℃$ 低温压力容器的 $0.5\%\sim2.3\%$ Ni 钢，主要分为两大体系：（1）美国和日本近50年来一直是将 2.5Ni 钢用到 $-68℃$（$-70℃$）；（2）我国和欧洲部分国家则将 0.5Ni 钢用到 $-60\sim-70℃$。我国的 0.5Ni 低温钢是在德、法相应钢号的基础上调整了化学成分，改进为 $-70℃$ 级用钢，命名为 09MnNiDR。

在 Ni 系低温压力容器钢中，还有一部分 Ni 含量在 $3.5\%\sim9\%$ 的低温钢，分别为 $-100℃$ 级的 3.5Ni 钢、$-170℃$ 级的 5Ni 钢和 $-196℃$ 级的 9Ni 钢，这些在欧洲、美国、日本及我国均建立了相关标准，表6-2～表6-6为相关技术指标。

表 6-1 不同气体的液化温度及其储罐制造常用材料

气 体	液化温度/℃	储罐常用材料
丁 烷	0	C 钢
丙烷(LPG)	−42.1 ~ −45.5	细晶钢
丙 烯	−47.7	2.25% Ni 钢
二氧化碳	−78.5	3.5Ni 钢
乙 烷	−88.4	
乙 烯(LEG)	−103.8	5-9Ni 钢
甲 烷(LNG)	−163	
氧 气	−182.9	
氮 气	−195.8	奥氏体不锈钢
氢 气	−252.8	36% Ni-Fe 合金
氦 气	−268.9	Al 合金

表 6-2 各国 0.5% ~ 2.3%Ni 低温钢的主要技术指标

标 准	钢 号	化学成分/%				板厚/mm	冲击试验		
		C	P	S	Ni		试样取向	试验温度/℃	A_{KV}/J
ASME	SA203B	≤0.21	≤0.035	≤0.035	2.10 ~ 2.50	≤50	纵向	−68	≥20
JIS G3127	SL2N255	≤0.17	≤0.025	≤0.025	2.10 ~ 2.50	≤50	纵向	−70	≥21
EN 10028-4	11MnNi5-3	≤0.14	≤0.025	≤0.015	0.30 ~ 0.80	≤50	横向	−60	≥27
GB 3531	09MnNiDR	≤0.12	≤0.020	≤0.015	0.30 ~ 0.80	6 ~ 60	横向	−70	≥27
GB 150	09MnNiDR	≤0.12	≤0.020	≤0.015	0.30 ~ 0.80	6 ~ 100	横向	−70	≥27
JB 4727	09MnNiD	≤0.12	≤0.020	≤0.015	0.45 ~ 0.85	≤300	切向	−70	≥47

表 6-3 国外 3.5%Ni 钢的技术指标要求

标 准	钢 号	化学成分/%				板厚/mm	冲击试验		
		C	P	S	Ni		试样取向	试验温度/℃	A_{KV}/J
ISO 9328	12Ni14	≤0.15	≤0.020	≤0.005	3.25 ~ 3.75	≤80	横向	−100	27
JIS 3127	SL3N440	≤0.15	≤0.025	≤0.025	3.25 ~ 3.75	6 ~ 50	纵向	−110	17
EN 10028-4	12Ni14	≤0.15	≤0.020	≤0.005	3.25 ~ 3.75	≤80	横向	−100	27

表 6-4 国外 5%Ni 钢的主要技术指标要求

标 准	钢 号	化学成分/%				板厚/mm	冲击试验		
		C	P	S	Ni		试样取向	试验温度/℃	A_{KV}/J
ISO 9328	X12Ni5	0.15	0.020	0.005	4.75 ~ 5.25	≤50	横向	−120	27
JIS 3127	SL5N590	≤0.13	≤0.025	≤0.025	4.75 ~ 6.00	6 ~ 50	纵向	−130	34
EN 10028-4	X12Ni5	≤0.15	≤0.020	≤0.005	4.75 ~ 5.25	≤50	横向	−120	27

表6-5　国外9%Ni钢的力学性能指标

标　准	$R_{p0.2}$/MPa	R_m/MPa	A/%	A_{KV}(-196℃)/J	
ASTM A553	≥585	690~825	≥20	纵向≥34	
				横向≥27	
JIS G3127	≥590	690~830	≥21	纵向≥41	
EN 10028-4	≥585	680~820	≥18	横向≥100	
				纵向≥80	

表6-6　我国低温压力容器钢板标准

牌　号	交货状态	钢板公称厚度/mm	拉伸试验			冲击试验		弯曲试验③
			抗拉强度 R_m/MPa	屈服强度① R_{eL}/MPa	断后伸长率A/%	温度/℃	冲击吸收能量A_{KV}/J	180° b=2a
				不小于			不小于	
16MnDR	正火或正火+回火	6~16	490~620	315	21	-40	47	D=2a
		>16~36	470~600	295				D=3a
		>36~60	460~590	285				
		>60~100	450~580	275		-30	47	
		>100~120	440~570	265				
15MnNiDR		6~16	490~620	325	20	-45	60	D=3a
		>16~36	480~610	315				
		>36~60	470~600	305				
15MnNiNbDR		10~16	530~630	370	20	-50	60	D=3a
		>16~36	530~630	360				
		>36~60	520~620	350				
09MnNiDR		6~16	440~570	300	23	-70	60	D=2a
		>16~36	430~560	280				
		>36~60	430~560	270				
		>60~120	420~550	260				
08Ni3DR	正火或正火+回火或淬火+回火	6~60	490~620	320	21	-100	60	D=3a
		>60~100	480~610	300				
06Ni9DR	淬火加回火②	5~30	680~820	560	18	-196	100	D=3a
		>30~50		550				

① 当屈服现象不明显时，可测量 $R_{p0.2}$ 代替 R_{eL}。
② 对于厚度不大于 12mm 的钢板可两次正火加回火状态交货。
③ a 为试样厚度，D 为弯曲压头直径。

6.2　690MPa级石油储罐钢的成分设计及组织调控

6.2.1　不同成分690MPa级石油储罐钢的性能

大型石油储罐用钢是以低 C-Si-Mn 合金为基础，采用多元微合金化处理，添加 Mo、

Ni、V、Ti 等合金元素，通过固溶强化和析出强化提高钢板的强度，提高碳氮化物的弥散析出保证钢板的韧性。但是传统低合金高强度钢的弊端是强度升高的同时，钢板的韧性和焊接性能显著下降，焊接裂纹敏感性增加。因此在保证钢板强韧性要求的情况下，如何降低钢板的焊接裂纹的敏感性，提高钢板的焊接性能是目前研发高强度等级大型石油储罐用钢板的技术难点。为使 690MPa 级石油储罐用钢具有良好的大线能量焊接性能，在成分设计时，首先要考虑钢板具有较低的 C_{eq} 和 P_{cm} 值。在选择合金元素时尽可能选择一些能同时改善强度和韧性，又对焊接性能伤害较小的元素，同时添加一些目前认为可以改善钢材焊接性能的元素。自 20 世纪 90 年代氧化物冶金的概念提出以来，钢的抗大线能量焊接性能取得了长足的进步。利用氧化物冶金的技术原理，考虑到 TiN 粒子在热循环过程中钉扎奥氏体晶界、阻碍奥氏体晶粒长大的作用设计了两种不同 Ti 含量实验用钢。另外，随着氧化物冶金技术的进步，Mg、Zr 等微合金元素诱发夹杂物生成的作用机理也引起了人们足够的重视。为进一步研究 Mg、Zr 对钢大线能量焊接性能的影响，分别设计了含 Mg 和 Zr 的实验用钢，研究它们在焊接过程中的作用机理。

实验用钢的化学成分如表 6-7 所示。经真空感应炉冶炼后，将钢坯加热到 1200℃，保温 1h，采用两阶段轧制，成品厚度为 14mm。第一阶段轧制 3 道次，开轧温度 1150 ~ 1180℃，累积压下率 62.5%，终轧温度 980℃；第二阶段轧制 4 道次，开轧温度 910℃，累积压下率 65%，终轧温度 820℃。轧后以大约 15℃/s 的冷速快速冷却到贝氏体转变的温度区间 550℃左右，然后空冷至室温。

表 6-7　实验用钢化学成分（质量分数）　　　　　　（%）

钢号	C	Mn	Si	Nb	V	Ti	Mo + Ni + Cr	S	P	Mg	Zr
1 号	0.09	1.3	0.27	0.030	0.040	0.012	0.7	0.006	0.006	—	—
2 号	0.09	1.3	0.28	0.030	0.039	0.025	0.7	0.006	0.006	—	—
3 号	0.08	1.3	0.28	0.025	0.040	0.015	0.7	0.005	0.006	0.0021	—
4 号	0.08	1.3	0.27	0.025	0.041	0.015	0.25	0.005	0.006	—	0.038

表 6-8 为 1 ~ 4 号实验钢热轧态的力学性能。与 1 号钢相比，2 号钢的屈服强度高出 190MPa，抗拉强度高出 90MPa；3 号钢的屈服强度高出 95MPa，抗拉强度高出 20MPa；4 号钢的屈服强度高出 100MPa，抗拉强度高出 60MPa。可见，在控轧控冷状态下，Ti、Mg、Zr 都能提高钢的强度。四种钢的 -20℃横向冲击功均在 70J 以上，伸长率也在 18% 以上。

表 6-8　4 种钢板轧制态力学性能

钢号	R_{eL}/MPa	R_m/MPa	A/%	R_{eL}/R_m	-20℃横向冲击/J
1 号	545	805	18.5	0.68	90
2 号	735	895	18.0	0.82	80
3 号	640	825	19.5	0.78	88
4 号	645	865	18.0	0.75	84

图 6-1 为不同试验钢热轧后的光学显微组织。可以看出，四种成分试验钢的基体组织均为贝氏体。1 号钢组织中存在大量的粒状贝氏体和上贝氏体，晶粒尺寸较大，根据霍尔佩奇公式：$\sigma_s = \sigma_0 + kd^{-1/2}$，其屈服强度和冲击韧性较低。2 号钢晶粒比较细小，但组织

中存在大量的粒状贝氏体和下贝氏体，晶粒内部过饱和的针片状铁素体分布比较密集，散乱无序，使得钢板强度升高，韧性变差。3 号钢铁素体晶粒尺寸较 1 号钢小，且其准多边形铁素体晶粒之间均匀分布着大量的粒状贝氏体，因而其强韧性都较 1 号钢高。而 4 号钢的基体组织中除了均匀分布着一定量的粒状贝氏体外，晶粒内部还存在过饱和的板条状铁素体，因而它有较高的强度和较低的韧性。

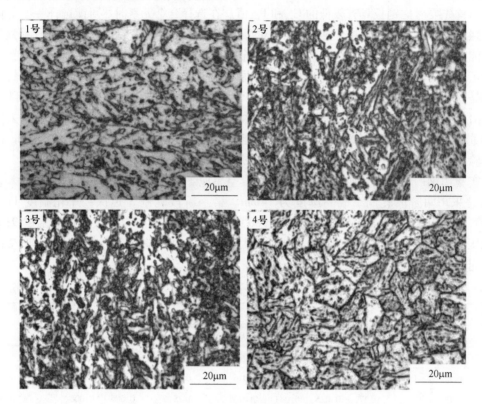

图 6-1 钢板轧制态金相组织

6.2.2 调质工艺对 690MPa 级石油储罐用钢组织性能的影响

大型石油储罐用钢属于高强度低碳贝氏体钢，由于钢中合金元素较多，控轧控冷后钢板组织以及内部析出物不均匀会导致钢板韧性的降低。为了保证合金元素充分固溶后均匀析出，采用离线调质处理的方式，通过淬火提高钢板的强度，并保证钢板淬火后组织细小，回火后组织内部较多细小的析出强化，保证钢板回火后强度和韧性满足大型石油储罐用钢的要求。690MPa 级大型石油储罐用钢力学性能指标如表 6-9 所示。

表 6-9 690MPa 级大型石油储罐用钢力学性能指标

R_{eL}/MPa	R_m/MPa	A/%	$-20℃A_{KV}$/J
≥550	690~810	≥17	≥100

1 号钢离线调质工艺如图 6-2 所示。取淬火温度为 850℃、900℃、930℃，淬火时间为 50min，回火温度为 550℃、600℃、630℃，回火时间为 60min。

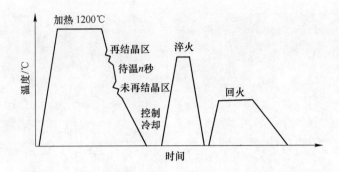

图 6-2   实验钢调质处理工艺

6.2.2.1   淬火温度对组织性能的影响

不同温度淬火再 630℃ 回火后，实验钢的力学性能如图 6-3 所示。可以看出，随着淬火温度的升高，屈服强度和抗拉强度增加。随着淬火温度的升高，实验钢的塑韧性先下降后升高。这是因为，850℃ 位于实验钢的两相区，在此温度淬火时，一方面溶入奥氏体中的合金碳化物较少，钢的淬透性较差，得到的淬火组织很少；另一方面，淬火后的组织中还保存了先共析铁素体，这些先共析铁素体将淬火组织分离弥散，因而高温回火后得到的组织具有较好的塑韧性。当淬火温度升高到 900℃ 时，溶入奥氏体中的先共析铁素体和合金碳化物增多（除少量固溶温度较高的 Nb、V、Ti 碳氮化物外），钢的淬透性随之增强，淬火后钢中得到的贝氏体量也随之增多，因此 630℃ 回火后组织中存在更多的回火贝氏体组织，致使钢的强度升高，塑性和韧性降低。当淬火温度继续升高到 930℃ 时，一方面，奥氏体晶粒更大，溶入奥氏体中的碳化物继续增加，钢的淬透性进一步增强，得到的淬火组织更多；另一方面，在 630℃ 回火后，钢中贝氏铁素体回复再结晶，其位错密度大幅下降，板条宽度变宽，同时晶内细小的碳化物大量弥散析出，最终导致强度进一步增大，而塑韧性有所上升。不同的淬火温度下，实验钢的强韧性均能满足 690MPa 级大型石油储罐用钢性能要求。

实验钢经不同温度淬火、630℃ 回火后的金相组织照片如图 6-4 所示。可以看出，随着淬火温度的升高，组织有所长大，导致了力学性能的不同。

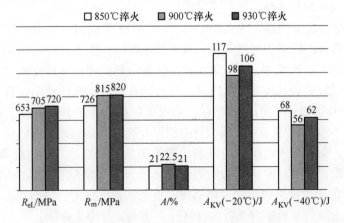

图 6-3   淬火温度对实验钢力学性能的影响

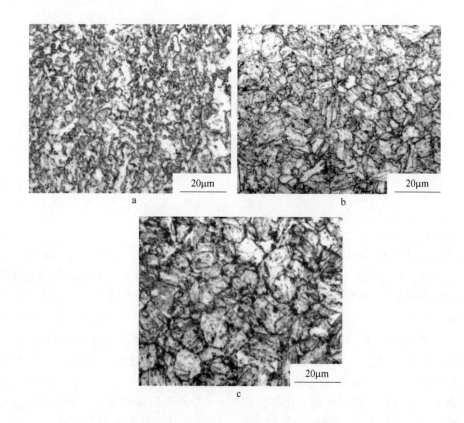

图 6-4　实验钢不同工艺热处理后的金相组织

a—850℃淬火；b—900℃淬火；c—930℃淬火

　　图 6-5 为实验钢经不同淬火温度 630℃回火后 −20℃冲击断口形貌。实验钢在 850℃和900℃淬火后的冲击断口形貌为准解理和韧窝同时存在的混合型断口，断口内部有较粗大的颗粒存在。而在 930℃淬火后的冲击断口为韧窝和撕裂棱，韧窝内部有许多细小的颗粒，方向与塑性变形方向一致，并出现大韧窝吞并小韧窝的现象，表明试样在断裂时吸收的冲击功较多，裂纹的扩展方式为在韧窝多处形核，出现撕裂棱形成微孔壁，随变形增加孔壁变薄，进一步形成撕裂状孔洞。

　　图 6-6 为实验钢经不同温度淬火 630℃回火后的 SEM 组织。实验钢在 850℃淬火 630℃回火后组织中存在许多准多边形铁素体和板条状铁素体，准多边形铁素体为亚温淬火时未溶入奥氏体中的先共析铁素体，而板条状铁素体是由奥氏体分解转变所得到的铁素体，主要呈长条状，含量较多，且板条方向因受先共析铁素体的影响比较不一致，贝氏体板条晶界处有尺寸为 100~200nm 的析出物存在，晶内还存在尺寸在 100nm 以下的细小析出，但析出的数量较少。900℃淬火 630℃回火后组织中存在的准多边形铁素体量明显减少，晶粒尺寸也明显减小；而且回火组织中的板条状铁素体晶粒也细小均匀，板条数量明显增多，板条取向比较一致，大尺寸的析出物仍集中在晶界，但数量减少，晶内细小析出物增多。930℃淬火 630℃回火后准多边形铁素体消失，板条铁素体宽度明显增加，晶界聚集的碳化物颗粒数量进一步减少，板条内部析出物进一步增多，且细小弥散。

　　850℃亚温淬火是一种复相热处理工艺，因此淬火后含有贝氏体和铁素体两种组织，

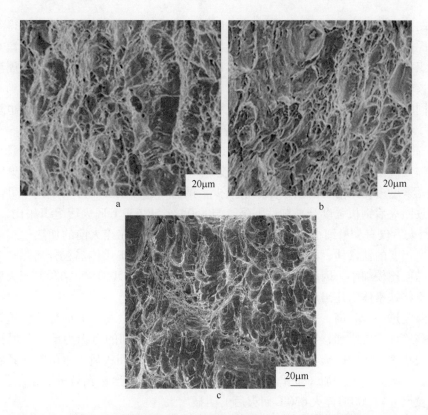

图 6-5 实验钢不同淬火温度 630℃回火后的冲击断口形貌

a—850℃淬火；b—900℃淬火；c—930℃淬火

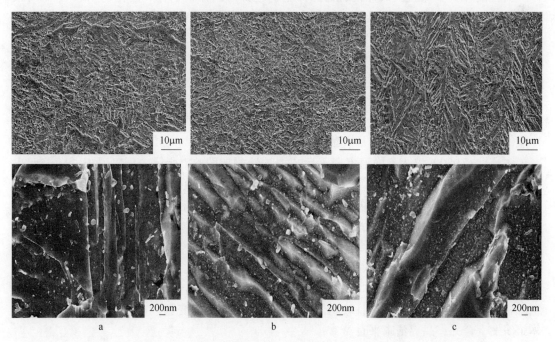

图 6-6 实验钢不同温度淬火 630℃回火后的 SEM 组织

a—850℃淬火；b—900℃淬火；c—930℃淬火

导致钢板的强度降低。主要原因是再加热温度低，奥氏体化程度较低，轧态下得到的组织未全部奥氏体化。加热过程中，未溶入奥氏体中的那部分铁素体在淬火后被保留下来，而奥氏体组织在冷却过程中在奥氏体晶界、奥氏体与未溶铁素体的相界面以及未固溶的碳氮化物上形核转变，由于固溶的合金和碳元素较少，钢的淬透性较差，淬火后得到的淬火组织较少，同时由于奥氏体相变时形核场所更多，所得到的淬火组织较细，分布也均匀，因而 630℃回火后，钢板具有较低的强度和较高的塑性及韧性。

　　900℃高于测定的 A_{c3} 线 30℃左右，再加热过程中加热速度为 1℃/s 导致钢板 A_{c3} 线升高，此时淬火温度处于 A_{c3} 线附近。淬火温度升高，奥氏体化程度增加，溶入奥氏体中的合金和碳元素增多，未溶解的铁素体数量减少，钢的淬透性增加，淬火后钢中贝氏体组织增多，导致回火后钢板强度升高韧性下降。与 850℃淬火 630℃回火后组织相比，900℃淬火 630℃回火后仅有少量细小的块状铁素体组织，这表明，在淬火前的加热过程中，仍然存在未发生相变的铁素体，而这些未转变铁素体将新形成的奥氏体晶粒分离弥散，使得淬火后钢板晶粒比较细小。因此在 630℃回火后，晶粒尺寸较 850℃淬火 630℃回火后的均匀细小，板条状铁素体中还出现了许多细小的析出物颗粒。

　　淬火温度进一步升高，一方面合金和碳元素固溶量增多，另一方面奥氏体组织发生长大，钢的淬透性大大增加，导致 930℃淬火 630℃回火后得到的组织为单一的回火贝氏体组织，板条状铁素体间的碳化物量减少，颗粒度减小。高温回火后，钢中的板条状铁素体发生再结晶，板条宽度增加，位错密度降低，板条内细小析出物颗粒进一步增多。另外，此时的晶粒尺寸较 900℃淬火 630℃回火后的明显增大。

6.2.2.2　回火温度对组织性能的影响

　　实验钢种属于低碳贝氏体钢，贝氏体组织包括贝氏体铁素体和碳化物以及 M-A 岛或残余奥氏体等组成物。在高温回火过程中，主要会发生 M-A 岛和残留奥氏体的分解，碳化物的析出、转化、聚集和长大，铁素体回复和再结晶等转变，即钢板的组织有向平衡组织转变的趋势，这种转变必然牵涉到位错的消失、复合、重组等过程，且碳化物的析出和长大必然与回火温度相关，而回火组织直接决定了钢的力学性能。这些转变必然会导致钢板组织形态的差异，回火温度的不同，内部位错以及碳化物颗粒的形态受温度影响也不同，钢板的力学性能也会出现差别。因此研究回火温度与力学性能的关系对控制钢的力学性能、制定合理的热处理工艺具有重要意义。

　　实验钢经 930℃淬火不同温度回火后，力学性能如图 6-7 所示。可以看出，随着回火温度升高，实验钢的强度降低，塑韧性升高。这是因为随着回火温度的升高，钢中的位错密度降低，贝氏铁素体回复和再结晶加剧，板条宽度变宽，钢中碳化物析出数量和平均粒度增大，这些因素导致了钢中的位错强化、固溶强化和晶界强化减弱，析出强化增强，使得钢板的强度降低，塑韧性升高。

　　图 6-8 为实验钢 930℃淬火不同温度回火后的 SEM 组织。可见回火组织均为回火贝氏体，600℃的回火组织中贝氏体板条取向较为杂乱，贝氏体晶粒大小不一。而 630℃的回火组织中贝氏体晶粒明显长大，且较均匀，贝氏铁素体条明显变宽，且取向平行整齐，贝氏体组织发生合并，晶界清晰平直。

　　图 6-9 为实验钢的 SEM 冲击断口形貌照片。实验钢不同温度回火后的断口全为韧窝形貌，表明在 930℃淬火温度下回火温度对冲击韧性均匀性的影响不大。随着回火温度升高，

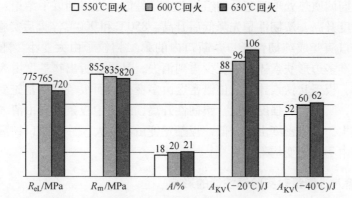

图 6-7 回火温度对实验钢力学性能的影响

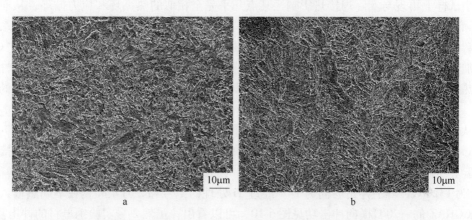

图 6-8 实验钢 930℃ 淬火不同温度回火后的 SEM 组织
a—600℃ 回火；b—630℃ 回火

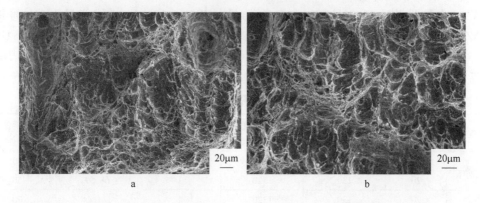

图 6-9 2 号实验钢 930℃ 淬火不同温度回火后的冲击断口形貌
a—600℃ 回火；b—630℃ 回火

韧窝平均尺寸逐渐变大，600℃ 回火后的试样韧窝尺寸很小，且分布较不均匀，回火温度升高，韧窝吞并现象加剧，大尺寸韧窝增加，裂纹扩展消耗更多能量，韧窝方向与冲击时受力方向一致，630℃ 回火的冲击断口韧窝分布均匀，塑性变形的痕迹很明显。

综合分析不同调质热处理工艺后的组织和力学性能，可得到以下结论：随着淬火温度升高，实验钢强度升高，塑韧性是先降低后升高。850℃和900℃淬火后实验钢的冲击断口形貌由混合型断口演变成纯韧性断口，断口内的第二相粒子由大变小。随着淬火温度升高，实验钢组织准多边形铁素体由多变少再到消失，晶界处析出物粒度由大变小，晶内的析出物由少变多，板条状铁素体内的位错密度由多变少，而板条宽度是先变窄后变宽。随着回火温度升高，实验钢的强度降低，塑韧性升高，组织中板条晶界由清晰变模糊，晶界处析出物由小变大，位错密度由高变低，板条宽度由小变大。冲击断口韧窝平均尺寸由小变大，韧窝分布由不均匀变均匀。

6.2.3　焊接热输入线能量对实验钢性能的影响

焊接热模拟实验是在 Gleeble-3500 热模拟试验机上进行的，采用该试验装置在一定尺寸的小试样上再现与实际焊接热影响区某点几乎完全相似的热循环和应力循环，从而获得与实际焊接热影响区相近似的组织状态。在焊接热模拟试验过程中，Gleeble-3500 系统采集的数据是试样上的实际温度随时间变化的曲线。在试验结束后，该曲线可以通过 Origin 软件加以处理，从曲线上可以直接读取加热峰值温度 T_p，加热速度 ω_H、高温停留时间 t_H 等，热循环的其他特征参数可以先通过在曲线上读取相应的坐标值，然后加以简单的计算获取。

从 14mm 调质态实验钢板厚度 1/2 处取横向焊接热模拟实验样，试样尺寸为 10mm×10mm×55mm。对试样进行了 30～100kJ/cm 焊接线能量的不同最高加热温度的焊接热模拟试验。实际热模拟试验过程参数见表 6-10。模拟热循环加热速度 130℃/s，加热峰值温度 T_p 为 1320℃，峰值停留时间为 1s。经过 Ti 处理的 1 号和 2 号实验钢在不同热输入线能量下 CGHAZ 的 -20℃横向冲击功图 6-10，可以看出，虽然 2 号实验钢母材的冲击功比 1 号实验钢高 87J，但随着线能量的增加，两个实验钢的 CGHAZ 冲击功均出现降低。但与高 Ti 钢（2 号钢）相比，低 Ti 钢（1 号钢）的 CGHAZ 冲击韧性降幅较缓，且 1 号钢的 CGHAZ 冲击韧性均大于 2 号钢。与各自的母材相比，100kJ/cm 线能量下，1 号钢的 CGHAZ 冲击功仅下降了 52.1%；而 2 号钢 CGHAZ 的冲击功则下降了 81.9%。其原因是连续冷却条件下，焊接粗晶区中奥氏体转变为板条贝氏体和粒状贝氏体，随着 $t_{8/5}$ 增加，相变后粒状贝氏体含量增加，板条贝氏体含量减少，且 M-A 组元尺寸增大所致。

表 6-10　焊接热模拟参数

试样编号	预热温度/℃	加热速度 ω_H/℃·s^{-1}	峰值温度 T_p/℃	峰值温度停留时间 t_H/s	800～500℃ 冷却时间 $t_{8/5}$/s	线能量/kJ·cm^{-1}
1	20	130	1320	1	24.69	30
2	20	130	1320	1	68.59	50
3	20	130	1320	1	134.44	70
4	20	130	1320	1	274.37	100

图 6-11 为 1 号、2 号实验钢分别在 30kJ/cm、50kJ/cm、70kJ/cm 和 100kJ/cm 的线能量下模拟焊接后组织形貌。随着焊接线能量的增加，1 号和 2 号实验钢的 CGHAZ 的晶界均由模糊变得清晰，晶粒也都逐渐变得粗大。由图 6-11e 和图 6-11f 对比可知，在 70kJ/cm 的线能量下，2 号实验钢比 1 号实验钢的晶粒粗大，晶界也更加清楚，且 2 号实验钢的

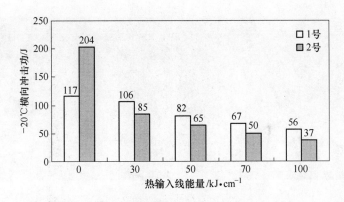

图6-10　1号、2号钢不同线能量下的 CGHAZ-20℃横向冲击功

CGHAZ 中还发现了大颗粒的 TiN 颗粒。当线能量较小时，冷速较快，CGHAZ 中的奥氏体相变后主要形成细小密集的板条贝氏体组织，先共析铁素体开始在奥氏体晶界生成。随着线能量的增大，冷却速度变慢，CGHAZ 中的奥氏体相变后形成的板条贝氏体减少，板条尺寸增大，而粒状贝氏体数量增多。当线能量不小于 70kJ/cm 时 CGHAZ 中的奥氏体相变后主要形成粒状贝氏体组织，而且冷速越慢，CGHAZ 中的 M-A 组元分布越无序，且 M-A 组元尺寸明显增大。

　　图 6-12 为不同热输入线能量下 3 号实验钢 CGHAZ 的 -20℃横向夏比冲击功的变化情况。随着热输入线能量的增大，3 号实验钢 CGHAZ 的 -20℃夏比冲击逐渐降低。母材的 -20℃夏比冲击为 256J；当线能量为 30kJ/cm 时，3 号实验钢 CGHAZ 的 -20℃夏比冲击功下降到 137J；当线能量增大到 50kJ/cm 时，3 号实验钢 CGHAZ 的 -20℃夏比

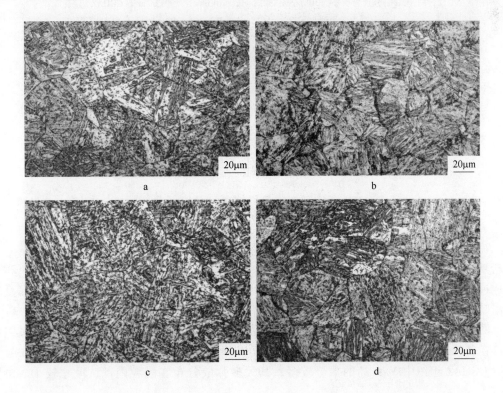

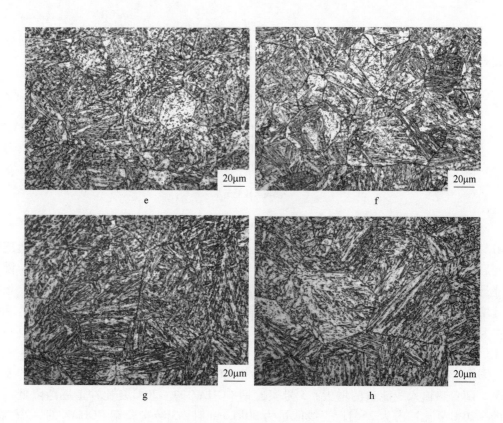

图 6-11 1 号、2 号实验钢不同线能量下 CGHAZ 组织

a，c，e，g—分别为 1 号钢 30kJ/cm、50kJ/cm、70kJ/cm、100kJ/cm 下 CGHAZ 组织；
b，d，f，h—分别为 2 号钢 30kJ/cm、50kJ/cm、70kJ/cm、100kJ/cm 下 CGHAZ 组织

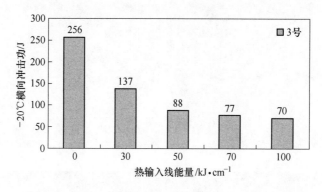

图 6-12 3 号实验钢不同线能量下 CGHAZ 的 −20℃横向冲击功

冲击功下降到 88J；随着线能量进一步增大到 70kJ/cm 时，3 号实验钢 CGHAZ 的 −20℃
夏比冲击功下降到 77J；在线能量达到 100kJ/cm 时，3 号实验钢 CGHAZ 的 −20℃夏比
冲击功只有 70J。

图 6-13 是不同线输入下 3 号实验钢 CGHAZ 的光学金相照片。3 号实验钢 CGHAZ 组织
中存在岛状组织，呈灰色，并以粒状或条状分布于基体上，由图 6-13a 可以看出，3 号实
验钢 CGHAZ 组织中 M-A 岛的数量较多，其大多弥散分布于晶粒内部，尺寸较小。由图

6-13b~d 可知，随着线能量的增加，3 号实验钢 CGHAZ 组织中 M-A 的数量减少，同时大颗粒的 M-A 组元增加，从而导致了 3 号钢 CGHAZ 的冲击韧性下降。

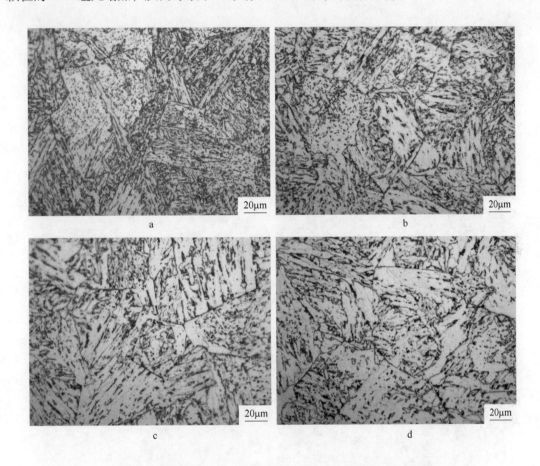

图 6-13　不同线能量下 3 号实验钢 CGHAZ 的光学金相和 SEM 照片
a—30kJ/cm；b—50kJ/cm；c—70kJ/cm；d—100kJ/cm

　　4 号实验钢在不同热输入线能量下 CGHAZ 的 -20℃夏比横向冲击功如图 6-14 所示。母材冲击功为 148J，随着热输入线能量的增大，4 号实验钢焊接热循环后的 -20℃夏比冲击功急剧下降。70kJ/cm 的线能量下，4 号实验钢 CGHAZ 的 -20℃夏比横向冲击功就已降到 50J 以下。图 6-15 是 4 号实验钢在 30kJ/cm、50kJ/cm、70kJ/cm 和 100kJ/cm 四种线能量下 CGHAZ 的光学组织照片。可以发现岛状组织呈灰色以粒状或条状分布于基体上，由图 6-15a 中可以看出，30kJ/cm 线能量下 CGHAZ 中 M-A 岛的数量较多，其大多弥散分布在晶粒内部，尺寸较小，仅有少量大颗粒 M-A 岛，由图 6-15b~d 可知，随着线能量的增加，4 号实验钢的 CGHAZ 中 M-A 岛的数量逐渐增多，同时小颗粒的 M-A 岛比例减少，大颗粒 M-A 岛比例增加，从而导致了实验钢 CGHAZ 的冲击韧性下降。

　　通过研究微 Ti、高 Ti、Zr、Mg 等四种微合金化方式对 690MPa 级石油储罐用钢抗大线能量焊接性能的影响表明：Mg 微合金化处理钢比其他三种钢具备更好的抗大线能量焊接性能。

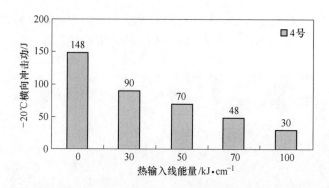

图 6-14 4 号实验钢不同线能量下 CGHAZ 的 –20℃横向冲击功

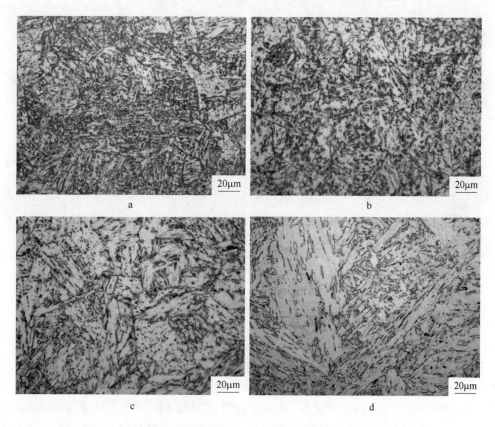

图 6-15 4 号钢不同线能量下 CGHAZ 的光学金相和 SEM 照片

a—30kJ/cm；b—50kJ/cm；c—70kJ/cm；d—100kJ/cm

6.3 LNG 储罐用钢的成分设计及组织调控技术

6.3.1 9Ni 钢的成分、组织及工艺

6.3.1.1 9Ni 钢的成分设计

目前，国内外对 9Ni 钢的成分设计主要遵循以下原则：

（1）碳是传统的钢的强化元素，但随碳含量升高，钢的脆性转变温度升高、焊接性能变差，所以无论从低温韧性考虑还是从焊接性考虑都要实行超低碳设计。

（2）锰在钢中主要起固溶强化的作用，它可以弥补碳含量减少产生的强度的下降。另外，锰和镍一样，能使钢的变相温度下降。降低碳含量，提高 Mn/C 比，可以得到较低的脆性转变温度。

（3）降低 Si 含量可使母材及焊接热影响区（HAZ）低温韧性改善。当 Si 含量降低时，可减少马氏体岛的形成，从而使 9Ni 钢母材和 HAZ 的低温韧性有显著的提高，但也使钢的强度下降。

（4）P 是 9Ni 钢中的有害元素，必须严格控制其在钢中的含量。P 在晶界的偏聚会极大地恶化 9Ni 钢的低温韧性，而当钢中的 P 含量低于 0.005% 时，9Ni 钢母材及其焊接接头均具有良好的低温韧性。

6.3.1.2 9Ni 钢的组织特征

为保证 9Ni 钢达到高的综合力学性能（尤其是低温韧性），其组织类型与此相似，基本为板条状马氏体或贝氏体加 5% ~ 10% 的残余奥氏体，这部分奥氏体在回火过程中由马氏体逆转变而来，分布在马氏体板条间和原奥氏体晶界处，故称为回转奥氏体。由于回转奥氏体的形成是 9Ni 钢回火过程中最主要的组织变化，因此，广泛认为回转奥氏体在改善 9Ni 低温韧性方面起着关键的作用。图 6-16 为 9Ni 钢的典型组织，基体为马氏体板条，其上分布的细小的白色物则为回转奥氏体，图 6-17 给出了回转奥氏体的形貌特征。

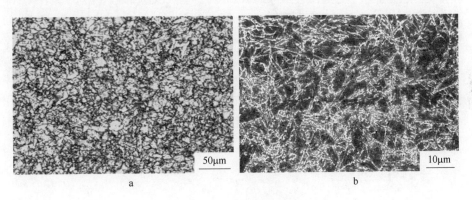

图 6-16　9Ni 钢的典型组织
a—低倍组织；b—高倍组织

随着对 9Ni 钢强度、韧性及焊接性要求的不断提高，碳含量不断降低，目前新型 9Ni 钢的碳含量已经降至 0.03% 左右。大量研究表明，超低碳贝氏体与马氏体微观特征的区别并不明显。在低碳或超低碳钢中，只有在非常高的冷却速度和足够高的淬透性时奥氏体才可以转变为马氏体。贝氏体中渗碳体的析出量非常少，超低碳钢的板条状贝氏体已不存在中高碳钢中典型的碳氮化物析出取向特征，因此，多称为低碳板条组织。

6.3.1.3 9Ni 钢的热处理

原始热轧状态的 9Ni 钢采用适当工艺参数热处理后，在 −196℃ 冲击韧性和强度都大幅度的提高，并且抗低温回火脆化能力也大大提高。

图 6-18 为 9Ni 钢的等温和连续冷却转变曲线。可见，由于 Ni 的加入，9Ni 钢的相变点大幅下降。A_{c1} 和 A_{c3} 分别为 530℃、720℃。

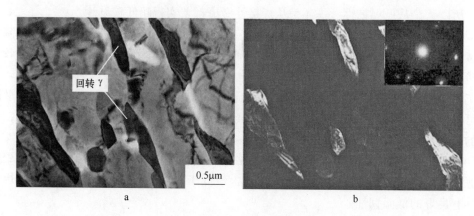

图 6-17　9Ni 钢中的回转奥氏体

a—明场像；b—暗场像

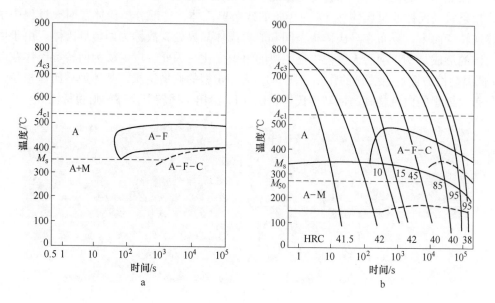

图 6-18　9Ni 钢的过冷奥氏体转变曲线

a—等温转变曲线；b—连续冷却曲线

9Ni 钢常用的热处理工艺主要有以下几种：

（1）正火 + 正火 + 回火（Double-Normalized and Tempered，NNT）。第一次正火加热至 900℃ 左右保温一段时间空冷，第二次正火加热至 790℃ 左右保温后空冷，然后在 565 ~ 605℃ 回火急冷。

（2）淬火 + 回火（Quenched and Tempered，QT）。加热至 800 ~ 925℃ 奥氏体化一段时间后水淬或油淬，然后在 565 ~ 635℃ 之间回火急冷。

（3）淬火 + 两相区淬火 + 回火（Quenching，Larmellarizing and Tempering，QLT）。完全奥氏体化淬火后，再加热到 A_{c1} ~ A_{c3} 之间的临界区保温一段时间并再次淬火，最后再加热到相应的温度进行回火。通过该工艺可以使 9Ni 钢的低温韧性得到显著的提高，同时也能抑制回火脆性，两相区温度一般为 630 ~ 700℃ 或 640 ~ 710℃。

6.3.2 热处理工艺对 9Ni 钢组织与性能的影响

6.3.2.1 9Ni 钢热处理工艺对比

研究了四种不同热处理工艺对 9Ni 钢组织性能的影响，9Ni 钢的成分如表 6-11 所示，四种工艺参数如下：

（1）正火 + 回火（NT）工艺：790℃ ×30min 空冷 +570℃ ×30min 空冷；

（2）双正火 + 回火（NNT）工艺：790℃ ×30min 空冷 +790℃ ×30min 空冷 +570℃ × 30min 空冷；

（3）调质（QT）工艺：790℃ ×30min 水冷 +570℃ ×30min 空冷；

（4）两相区处理（QLT）工艺：790℃ × 30min 水冷 + 670℃ × 30min 水冷 +570℃ × 30min 空冷。

表 6-11 9Ni 钢的化学成分（质量分数）　　　　　　（%）

元　素	C	Si	Ni	P	S
含　量	0.05	0.0017	9.2	0.0047	0.002

经过以上四种热处理工艺后，钢中逆转奥氏体含量与 –196℃ 下的冲击功如图 6-19 所示。NT 处理的试样中逆转变奥氏体的体积分数最低，为 1.7%。QLT 处理的试样中逆转变奥氏体的体积分数最高，为 14%。NT 工艺、NNT 工艺及 QT 工艺处理后的试样低温冲击功相差不大。QLT 处理的试样低温冲击功最高，为 190J。可以看出，试样中逆转变奥氏体的体积分数随热处理工艺的变化趋势与低温韧性随热处理工艺的变化趋势相同。

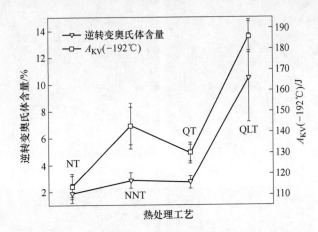

图 6-19　不同工艺处理后 9Ni 钢逆转变奥氏体含量与低温韧性

不同热处理工艺后试样的屈服强度、抗拉强度和伸长率如表 6-12 所示。可以看出，QT 处理后的实验钢屈服强度和抗拉强度最高，分别为 735MPa 和 755MPa，伸长率最低为 20%。NNT 处理相对于 NT 处理，屈服强度有所提高，但抗拉强度有所下降。QLT 处理试样的综合力学性能最佳，屈服强度为 708MPa，抗拉强度为 778MPa，伸长率为 24%，–196℃冲击功达 190J。

表 6-12   不同工艺处理后 9Ni 钢的力学性能

热处理工艺	屈服强度/MPa	抗拉强度/MPa	伸长率（80mm）/%	热处理工艺	屈服强度/MPa	抗拉强度/MPa	伸长率（80mm）/%
NT	655	740	25	QT	735	755	20
NNT	670	720	22	QLT	708	778	24

图 6-20 为 NT、NNT、QT 及 QLT 工艺处理后 9Ni 钢的显微组织。可以看出，NT 处理后组织较均匀，沿奥氏体晶界处分布着"亮衬区"（多为逆转变奥氏体），晶粒内部有板条出现，但边界并不明显，如图 6-20a、b 所示。NNT 处理后，组织明显细化，图 6-20d 表明奥氏体晶粒内的板条特征非常明显，"亮衬区"不但分布在奥氏体晶界上，也分布在晶

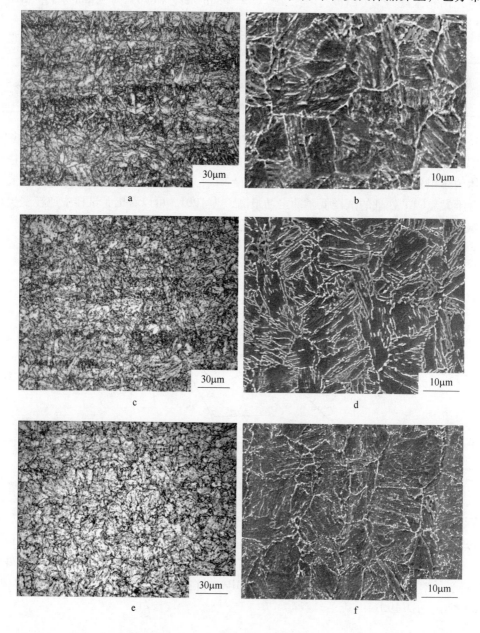

图 6-20　不同工艺处理后 9Ni 钢的微观组织

a, b—NT；c, d—NNT；e, f—QT；g, h—QLT

粒内的板条界上。QT 处理实验钢的微观组织如图 6-20e、f 所示，部分晶粒内部出现了板条，"亮衬区"多分布在奥氏体晶界上，在晶粒内部部分板条界上也有分布。QLT 处理的实验钢中"亮衬区"的面积更大，板条界特征更加明显，且便条之间的间距很小。

6.3.2.2　QLT 工艺对逆转变奥氏体和力学性能的影响

A　两相区保温时间对逆转变奥氏体和低温韧性的影响

为研究 QLT 工艺对 9Ni 钢逆转变奥氏体和低温韧性的影响，设定 QLT 工艺：790℃ × 30min 水冷 + 670℃ × 1min、5min、10min、15min、20min、25min、30min、40min、60min、120min、360min 水冷 + 570℃ × 30min 空冷。两相区不同保温时间对应 9Ni 钢的逆转变奥氏体含量和低温冲击功如图 6-21a 所示。可以看出，两相区 670℃保温不同时间后逆转变奥氏体的含量较高，平均约 9%。随保温时间延长，逆转变奥氏体的含量呈现"升高后下降"的趋势。保温时间为 1 ~ 10min 时，逆转变奥氏体含量从 0.94% 增加到 10.77%。保

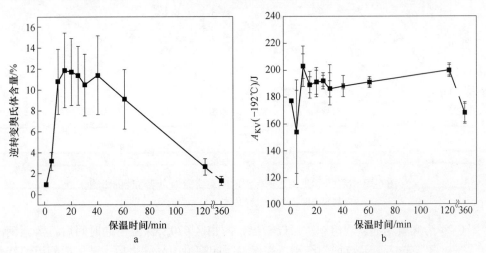

图 6-21　670℃ QLT 保温时间对逆转变奥氏体含量和低温韧性的影响

a—对逆转变奥氏体含量的影响；b—对低温冲击功的影响

温时间在 10~40min 时，逆转变奥氏体含量变化较小。当保温时间大于 40min 时，逆转变奥氏体含量开始显著降低，360min 时达到 1.28%。

图 6-21b 为低温冲击功随两相区保温时间的变化规律。可见，实验钢的低温韧性较好，平均值为 190J。保温 10min 时，低温冲击功最高为 202J，保温时间较短（1min 和 5min）和较长（360min）时，低温韧性相对较差。逆转变奥氏体的含量与低温冲击功没有直接的对应关系，说明除了逆转变奥氏体之外，必然有别的因素影响钢的低温韧性。

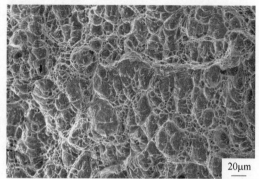

图 6-22　670℃×30min QLT 试样的冲击断口形貌

两相区 670℃保温 30min 的试样低温冲击断口如图 6-22 所示，断裂以韧性断裂为主，断口面上分布着尺寸大小不一的韧窝，部分韧窝里还有裂纹存在。此时实验钢中逆转变奥氏体的含量为 11%，低温冲击功为 190J。

B　两相区保温时间对 9Ni 钢组织和力学性能的影响

9Ni 钢在两相区经 670℃保温不同时间后的力学性能如图 6-23 所示。可以看出，随着保温时间的延长，屈服强度呈现先降低后升高的变化趋势，保温 360min 时，达到最高值 770MPa，保温 30min 时，达到最低值 690MPa。抗拉强度随着两相区保温时间的延长变化不大，均在 780MPa 上下浮动。伸长率随保温时间的延长没有明显的变化规律，变化不大，在 23% 左右浮动。

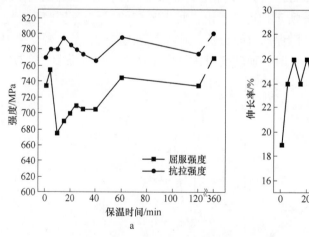
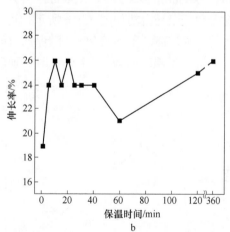

图 6-23　670℃ QLT 工艺下保温时间对实验钢力学性能的影响

a—对屈服强度和抗拉强度的影响；b—对伸长率的影响

图 6-24 为实验钢的微观组织。可以看出，两相区 670℃保温不同时间后，实验钢的组织中"亮衬区"较多，晶粒均匀细小。当保温时间超过 10min 之后，基体中的组织变化不大，而且"亮衬区"的比例不断增大，保温时间为 30min 左右时，"亮衬区"的比例最高。这与图 6-21a 中的实验数据相对应。

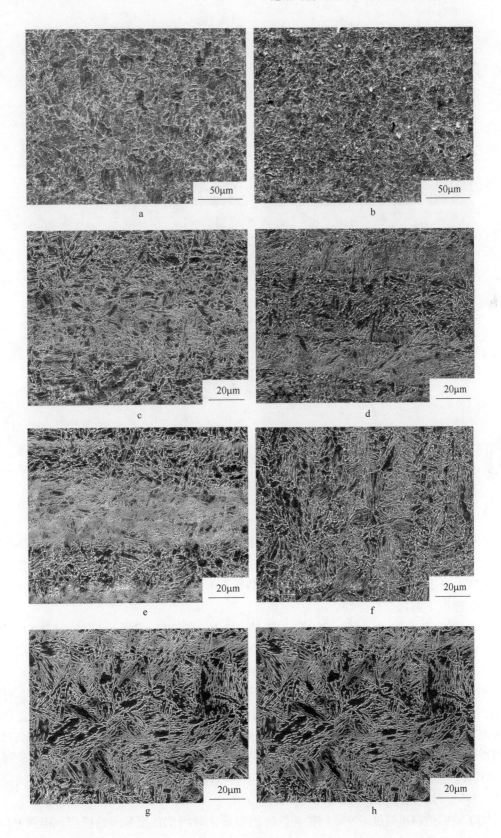

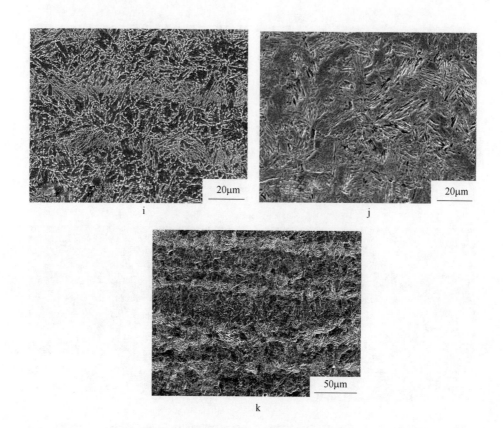

图6-24　670℃ QLT 不同保温时间实验钢的组织

a—1min；b—5min；c—10min；d—15min；e—20min；f—25min；g—30min；
h—40min；i—60min；j—120min；k—360min

6.3.3　9Ni 钢的低温性能

9Ni 钢作为 LNG 储罐最常用材料，长期工作温度为 -162℃，要求在此温度下不仅要有较好的冲击韧性，还要有足够高的抗拉强度、屈服强度和较好的塑性，通常用液氮温度（-192℃）下的低温冲击功表征 9Ni 钢低温韧性，本节研究经 QT 和 QLT 工艺处理后 9Ni 钢在不同温度下的低温拉伸性能。

热处理工艺分别为：QT：790℃×30min 淬火 +570℃×30min 空冷；670℃ QLT：790℃×30min 水冷 +670℃×30min 水冷 +570℃×30min 空冷；710℃ QLT：790℃×30min 水冷 +710℃×30min 水冷 +570℃×30min 空冷。

图 6-25a 为 QT 处理后的试样屈服强度和抗拉强度随拉伸测试温度的变化曲线。可以看出，随着温度的降低，9Ni 钢的低温屈服强度和抗拉强度在不断增大，且屈服强度和抗拉强度的变化趋势相同。图 6-25b 为 QT 工艺处理后试样的伸长率随试验温度的变化趋势。可以看出，随着温度的下降，伸长率并非出现明显的下降，而是略微的升高。当试验温度为 20℃时，其伸长率约为 24%；而当试验温度为 -100℃时，其伸长率为 25%；当试验温度为 -196℃时，其伸长率也为 25%。

为了准确地描述温度对 9Ni 钢拉伸性能的影响，对测试数据非线性拟合，得到 QT 处

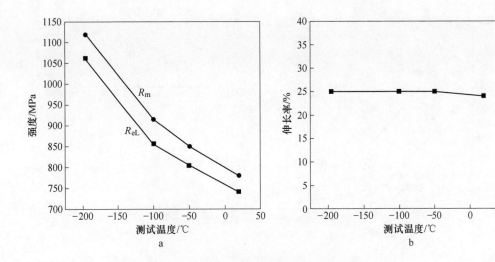

图 6-25　测试温度对 QT 处理后 9Ni 钢拉伸性能的影响
a—屈服强度和抗拉强度；b—伸长率

理后试验钢的屈服强度、抗拉强度和伸长率与测试温度之间的关系，如式（6-1）～式（6-3）所示。式中，Y_1 为屈服强度，MPa；Y_2 为抗拉强度，MPa；Y_3 为伸长率，%；X 为试验温度，℃。式（6-1）～式（6-3）的拟合相关系数分别为 96.3%、93.6% 和 97.3%。

$$Y_1 = 744.30917 - 0.76995X + 0.00425X^2 \tag{6-1}$$

$$Y_2 = 782.68784 - 1.02582X + 0.00352X^2 \tag{6-2}$$

$$Y_3 = 24.32277 - 0.01305X - 4.96213 \times 10^{-5}X^2 \tag{6-3}$$

670℃ QLT 工艺处理后，试验钢的低温拉伸性能如图 6-26 所示。可以看出，随着测试温度的降低，屈服强度和抗拉强度逐渐增大，在 -196℃ 时达到最大值，分别为 980MPa 和 1170MPa。随着温度的下降，伸长率变化较小。试验温度为 20℃ 时，伸长率为 25%；试验温度为 -196℃ 时，伸长率为 26%，伸长率不随试验温度的降低而变化。屈服强度、抗拉强度及伸长率与测试温度之间的关系分别如式（6-4）～式（6-6）所示。式中，Y_1 为屈服强度，MPa；Y_2 为抗拉强度，MPa；Y_3 为伸长率，%；X 为试验温度，℃。式（6-4）～式（6-6）的拟合相关系数分别为 95.8%、97.9% 和 98.6%。

$$Y_1 = 721.70797 + 0.22517X + 0.00784X^2 \tag{6-4}$$

$$Y_2 = 787.64469 - 0.7717X + 0.00604X^2 \tag{6-5}$$

$$Y_3 = 25.04247 - 0.00725X - 1.04181 \times 10^{-5}X^2 \tag{6-6}$$

710℃ QLT 工艺处理后，试验钢的低温拉伸性能如图 6-27 所示。可以看出，随着试验温度的降低，屈服强度和抗拉强度增大。在 -196℃ 时，其屈服强度和抗拉强度分别为 1060MPa 和 1120MPa，与 QT 工艺的性能相当。随着试验温度的降低，伸长率变化很小，当试验温度为 -196℃，其伸长率为 24%。屈服强度、抗拉强度和伸长率与测试温度的关系分别用式（6-7）～式（6-9）表示。式中，Y_1 为屈服强度，MPa；Y_2 为抗拉强度，MPa；

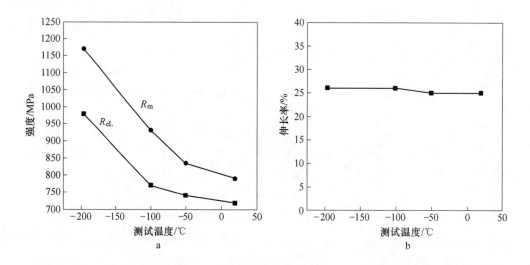

图 6-26   测试温度对 670℃ QLT 处理后 9Ni 钢拉伸性能的影响

a—屈服强度和抗拉强度；b—伸长率

Y_3 为伸长率,% ; X 为试验温度,℃。式（6-7）~ 式（6-9）的拟合相关系数分别为 94.3% 、99.1%和95.9%。

$$Y_1 = 741.90479 - 0.5994X + 0.0052X^2 \tag{6-7}$$

$$Y_2 = 779.46323 - 0.84564X + 0.00451X^2 \tag{6-8}$$

$$Y_3 = 23.41438 - 0.02319X - 1.01648 \times 10^{-4}X^2 \tag{6-9}$$

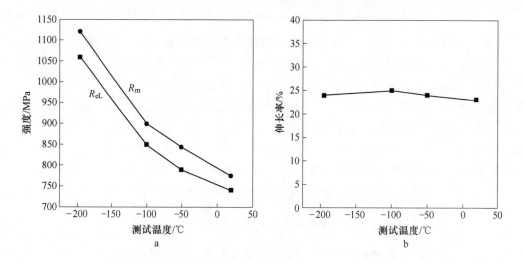

图 6-27   测试温度对 710℃ QLT 处理后 9Ni 钢拉伸性能的影响

a—屈服强度和抗拉强度；b—伸长率

QT、670℃ QLT 和 710℃ QLT 处理后 9Ni 钢的低温拉伸性能随测试温度的变化都表明：随着试验温度的降低，屈服强度、抗拉强度在不断升高，伸长率变化很小，基本保持不变。3 种工艺处理后的 9Ni 钢在不同温度下的强塑积如表 6-13 所示。可以看出，QT、670℃ QLT

和710℃ QLT 处理的 9Ni 钢的强塑积均在 -196℃时达到了最高值，分别为31920MPa·%、32760MPa·% 和36400MPa·%。这主要是由于在低温和拉力双重作用下，钢中的部分奥氏体发生了马氏体相变，由于马氏体相变需要吸收能量，发生应力松弛效应使得材料发生了软化，亦即 TRIP 效应在起作用。这也就解释了为什么在低温下钢的伸长率没有明显的下降。

表 6-13　不同工艺处理的 9Ni 钢在不同试验温度下的强塑积　　（MPa·%）

处理工艺	20℃	-50℃	-100℃	-196℃
QT	18330	22100	26535	31920
670QLT	19625	21710	25110	32760
710QLT	18720	21970	22050	36400

670℃ QLT 处理后 9Ni 钢低温拉伸断口形貌如图 6-28 所示。由图可见，20℃、-50℃、-100℃的拉伸断口均呈现出大小不一的韧窝状，为韧性断裂特征；而当拉伸温度为低至 -196℃时，断面上的韧窝不明显，韧窝较浅，整个断面较平整，部分区域出现了脆性断裂的特征。

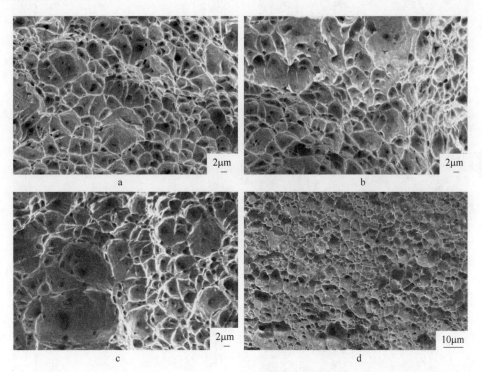

图 6-28　670℃ QLT 处理后 9Ni 钢的低温拉伸断口形貌
a—20℃；b— -50℃；c— -100℃；d— -196℃

在靠近拉伸断口处切样，进行 EBSD 分析，结果如图 6-29 所示。从图 6-29a、c、e、g 的 OIM 晶界重构图中可以看出，在晶界上和晶粒内部分布着很多细小的块状物，晶粒有明显拉长的特征，整体上看，晶粒和晶界杂乱无章。同时，对小角度晶界的分布进行了统计和分析，如图 6-29b、d、f、g 所示。可以看出，在 0℃进行拉伸时，小角度晶界的数量约为 75%；而在 -50℃拉伸时，小角度晶界所占的比例约为 77%；在 -100℃拉伸时，小角

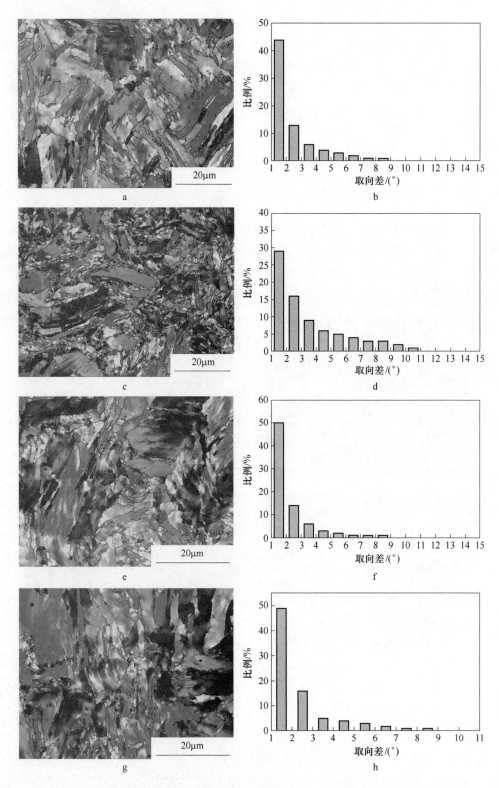

图 6-29 670℃ QLT 处理后 9Ni 钢在不同温度下 OIM 晶界重构和晶界分布图

a，b—0℃；c，d——50℃；e，f——100℃；g，h——196℃

度晶界所占的比例约为 76%；在 -196℃拉伸时，小角度晶界所占的比例约为 79%。

在 4 个测试温度下的小角度晶界所占的比例大体相同，都较高，这主要是由于在拉伸过程中，位错在外力的作用下开启，不断运动，从而使测试区域内小角度晶界的比例很高。

6.3.4 9Ni 钢的低温断裂机理

9Ni 钢经 QLT 工艺处理后其综合力学性能特别是低温韧性显著优化。研究表明，逆转变奥氏体是优化 9Ni 钢的低温韧性的重要因素，作为韧化相的逆转变奥氏体分布在板条状马氏体或者板条状贝氏体基体上。原因是裂纹在 9Ni 钢基体内萌生并扩展的过程中，逆转变奥氏体能够有效地钝化裂纹尖端，缓解裂纹尖端的应力集中，使得裂纹在继续扩展的过程中消耗更多的能量，从而使 9Ni 钢的低温韧性得到优化。然而，9Ni 钢中逆转变奥氏体和淬火马氏体在基体上均表现为"亮衬区"形貌，在光镜和电镜下难以将其区分，逆转变奥氏体对低温韧性的作用机制因此而成为研究难点。

本节对 9Ni 钢中的逆转变奥氏体对基体中裂纹形核和扩展过程中的作用进行研究，利用"示波冲击实验"将冲击功分解为裂纹形核功和裂纹扩展功，从而研究逆转变奥氏体对裂纹形核功和裂纹扩展功的影响；同时，利用原位拉伸实验，对基体中裂纹形成和扩展的全过程进行实时观察，揭示逆转变奥氏体在裂纹形成特别是裂纹扩展过程中所起到的作用。

所用试验钢实际成分如表 6-11 所示。热处理工艺分别为：QT：790℃×30min 水冷 + 570℃×30min 空冷；670℃ QLT：790℃×30min 水冷 +670℃×30min 水冷 +570℃×30min 空冷；710℃ QLT：790℃×30min 水冷 +710℃×30min 水冷 +570℃×30min 空冷。

图 6-30 为 QT 工艺处理后 9Ni 钢的示波冲击曲线。从图 6-30b 中的能量和位移曲线中可以看出，调质处理后的低温冲击功为 80J。图 6-30a 给出了其位移和力的变化曲线，其中，力的最高点的数值为 F_{max}，按照规定，F_{max} 和左边的曲线所包围的面积定义为裂纹形核功，而 F_{max} 与右边的曲线所包围的面积定义为裂纹扩展功。可见 QT 处理后 9Ni 钢的裂纹扩展功高于裂纹形核功。

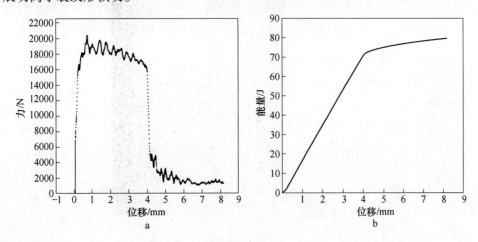

图 6-30　QT 工艺处理的试样示波冲击曲线
a—位移-力；b—位移-能量

由于 QT 处理后基体中的逆转变奥氏体数量较少，塑性较差，在载荷的作用下切口根部和侧面只能产生较小的塑性变形，使应力集中得不到有效的松弛，促进了裂纹的形核与扩展。

670℃ QLT 处理后 9Ni 钢的示波冲击曲线如图 6-31 所示。可以看出，低温冲击功为130J，高于 QT 处理的 80J。同时，对比图 6-30a 和图 6-31a 可以看出，670℃ QLT 处理后试样的裂纹形核功高于 QT 处理后试样的裂纹形核功。

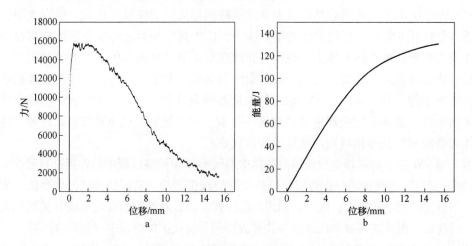

图 6-31　670℃ QLT 工艺处理的试样示波冲击曲线
a—位移-力；b—位移-能量

670℃ QLT 处理后的 9Ni 钢中的逆转变奥氏体含量较多，同时，由于其富集了大量的 C、N 等杂质原子，不但提高了自身的稳定性，而且也有效地"净化"了基体，而体心立方金属的脆性对这类杂质原子极其敏感，因而基体的韧性和塑性提高，延缓了裂纹的形核与扩展；同时，当逆转变奥氏体位于裂纹扩展的路径上时，在裂纹尖端扩展时，其尖端的应力集中可以通过奥氏体的"TRIP"效应而得到松弛，使裂纹尖端"钝化"，使扩展功增加。

图 6-32 为 710℃ QLT 处理后 9Ni 钢的示波曲线，图 6-32b 所示的位移和能量的变化曲

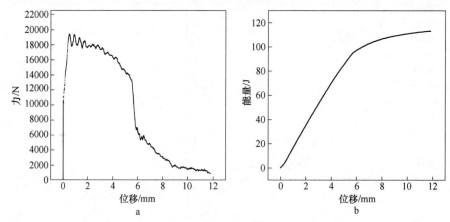

图 6-32　710℃ QLT 工艺处理的试样示波冲击曲线
a—位移-力；b—位移-能量

线中可以看出，其低温冲击功为 116J，高于 QT 处理的 80J，但是低于 670℃ QLT 处理后的 130J。710℃ QLT 处理后试样的裂纹形核功要大于 QT 处理后试样的裂纹形核功。

以上结果表明，QLT 工艺处理后，9Ni 钢中相对较多的逆转变奥氏体通过"净化基体"作用、"TRIP"作用和"钝化裂纹尖端"作用，增大了基体上裂纹的形核功，使得试样的低温韧性高于 QT 处理后的对应值。可见逆转变奥氏体显著影响着 9Ni 钢的低温韧性。为对逆转变奥氏体在裂纹形成和扩展过程中所起到的作用进行直观的观察，将 QT 工艺和 670℃ QLT 工艺处理后的试样进行原位拉伸试验。

QT 处理后试样原位拉伸过程中的组织变化如图 6-33 所示。随着载荷的增加，缺口附近的形貌变化可以被清楚地观察到。在加载的开始阶段，首先在缺口的某一不规则处产生应力集中（图 6-33a 中箭头所指），随着变形的增大，该处的应力集中越发明显，并最终产生裂纹，其方向为最大切应力方向，与拉伸方向呈 45°。同时在其前端产生非常明显的变形带，原来无规则分布的板条束逐渐发生"倾转"，最终与拉伸方向接近平行。因此，加载过程中晶界上的逆转变奥氏体与基体之间需要相互协调，产生的变形较大，促进了相变的发生；而板条间的逆转变奥氏体则受到周围板条的"保护"，产生的变形较小，延缓相变的发生，这也是板条间的逆转变奥氏体具有更高稳定性的原因之一。

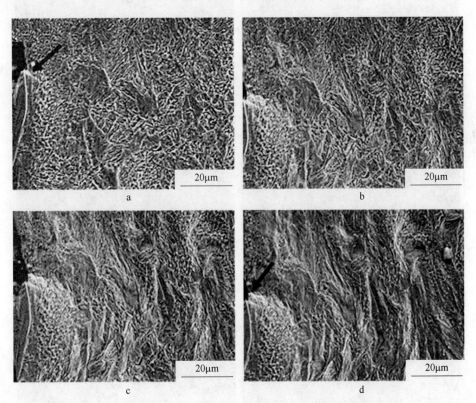

图 6-33　QT 处理后的组织在拉伸过程中的变化

a ~ d—拉伸过程

QT 处理后试样原位拉伸过程中裂纹的扩展如图 6-34 所示。在加载过程中，试样中的裂纹扩展路径曲折，随着载荷的增加，在径向力的作用下试样沿轴向发生断裂，特别是在裂纹前端的"薄弱"区域产生微孔，进而形成二次裂纹，二次裂纹的产生及开裂降低了试样承载面积，使应力得到了松弛，促进了连接主裂纹和前端微裂纹部分应力状态的软化，利于试样发生剪切变形滑动，形成"Z"字形的扩展路径，其扩展过程包括了剪切断裂和微孔聚合断裂两种机制，属韧性断裂，如图6-34a～c所示。同时，也可以看出裂纹沿塑性应变集中的方向扩展，与拉伸方向呈30°。

裂纹前端的形貌见图6-34d～f。由图可见，一定范围内的板条束"倾转"并与拉伸方向平行，而与裂纹的扩展方向近乎垂直，在这种情况下裂纹发生偏转而"钝化"所需的条件非常苛刻，因此基本为穿过板条束扩展。

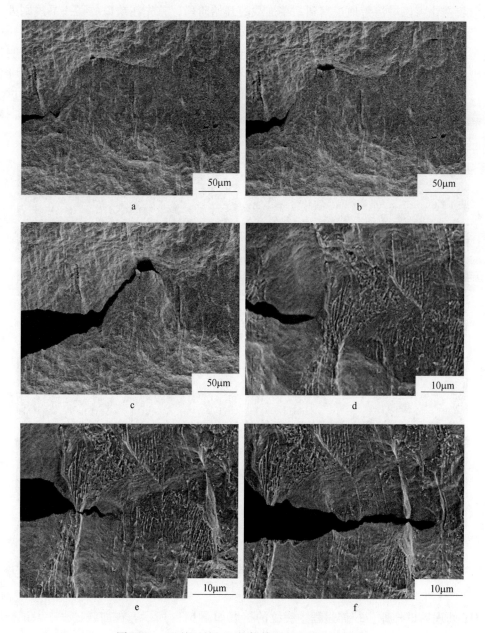

图6-34　QT处理的9Ni钢拉伸过程中裂纹的扩展

670℃ QLT 处理后 9Ni 钢中裂纹在拉伸过程中的形成和变化情况如图 6-35 所示。从图中可以看出，随着两端加载拉力的不断增大，在某些区域中出现了应力集中，如图 6-35a 中的箭头所示。同时，基体中的组织在拉力的作用下伸长变形。随着拉力的继续增大，裂纹逐渐向内部扩展，并出现了潜在的裂纹扩展的路径，如图 6-35d 中的虚线箭头所示，与 QT 工艺中裂纹扩展的方式相同，都为穿过板条束的方式扩展。

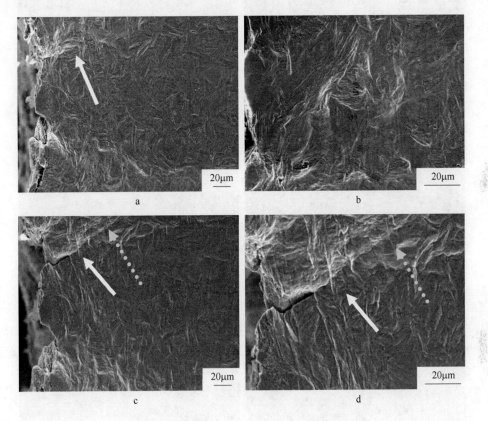

图 6-35　QLT 处理的 9Ni 钢拉伸过程中裂纹的形成
a ~ d—拉伸过程

图 6-36 为 QLT 处理后 9Ni 钢中的裂纹在基体内部的扩展过程。可以看出，裂纹尖端的形状与图 6-34 中的形状有所不同，图 6-34 中裂纹前端呈尖锐的"锐角"形状，加剧了应力的集中，裂纹前端只发生了很小的塑性变形就发生了破断，而图 6-36f 中则清楚地显示裂纹前端呈现"钝角"形状，这可以显著降低裂纹尖端处的应力集中，释放应力，从而使裂纹继续扩展需要消耗更多的能量，从而使基体能够承受更大的塑性变形，这表明逆转变奥氏体的存在能够使基体的塑性显著提高，从而使裂纹前端的应力集中得到松弛，延缓了裂纹的扩展。

由此可见，当组织中逆转变奥氏体量较少时，基体抵抗裂纹扩展的能力较差，裂纹前端呈"尖锐"状，而当逆转变奥氏体较多时，钢的韧塑性较高，裂纹在扩展过程中产生的应力集中得到了明显的松弛，抵抗裂纹扩展的能力提高。同时，根据观察到的结果来看，逆转变奥氏体不会对此类裂纹的扩展产生直接影响，但其形成却使基体的塑性明显改善，间接影响了裂纹的扩展。

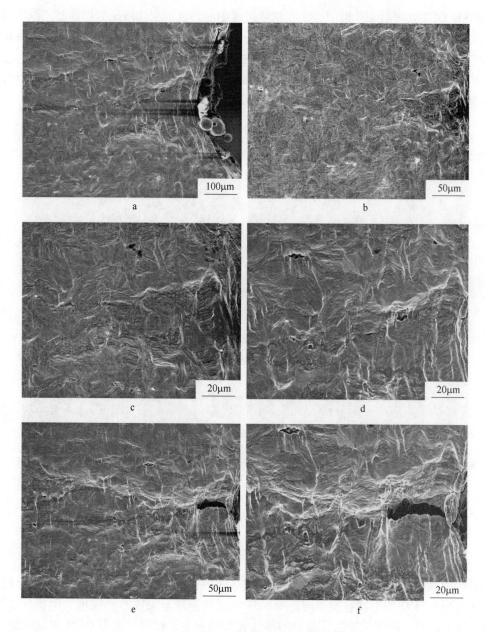

图 6-36   QLT 处理的 9Ni 钢拉伸过程中裂纹的扩展

a～f—拉伸过程

参 考 文 献

[1] 陈晓，秦晓钟. 高性能压力容器和压力钢管用钢[M]. 北京：机械工业出版社，2007.

[2] 贺秀丽，关小军，徐洪庆，周家娟，王连杰. 大型石油储罐用钢板的特征及开发现状[J]. 山东冶金，2006(6)：61～63.

[3] 章小浒，李晓燕. 大焊接线能量储罐用钢的开发与应用[J]. 压力容器，2003(1)：16～19.

[4] 余圣甫, 雷毅, 黄立国. 氧化物冶金技术及其应用[J]. 材料导报, 2004, 18(8): 50~52.

[5] 潘涛, 杨志刚, 白秉哲. 钢中夹杂物与奥氏体基体热膨胀系数差异导致的热应力和应变能研究[J]. 金属学报, 2003, 39(10): 1037~1042.

[6] Shinichi S. High tensile strength steel plates for shipbuilding with excellent HAZ toughness [J]. JFE Tech. Rep, 2004(5): 19~24.

[7] Tatsumi K. High tensile strength steel plates and welding consumables for architectural construction with excellent toughness in welded joints [J]. JFE Tech. Rep, 2004(5): 38~44.

[8] Kojima A. Super high HAZ toughness technology with fine microstructure iMParted by fine particles [J]. Nippon Steel Bulletin, 2004(380): 225.

[9] Lehner J, 李咸伟. 去除电炉烟气中二噁英的低成本解决方案[J]. 世界钢铁, 2004(2): 260~262.

[10] 赵素华, 潘秀兰, 王艳红, 等. 氧化物冶金工艺的新进展及其发展趋势[J]. 炼钢, 2009, 25(2): 66~69.

[11] Al Haijeri K F. Particle-stimulated nucleation of ferrite in heavy steel section[J]. ISIJ Int, 2006, 46(8): 1233~1240.

[12] EN10028-4: 2003. Flat products made of steels for pressure purposes—Part4: Nickel alloy steels with specified low temperature properties [S].

[13] ASTM A353/A353M-04. Standard Specification for Pressure Vessel Plates, Alloy Steel, 9% Nickel, Double-Normalized and Tempered [S].

[14] ASTM A553/A553M-06. Standard Specification for Pressure Vessel Plates Alloy Steel, Quenched and Tempered 8% and 9% Nickel [S].

[15] Kubo T, Ohmori A, Tanigawa O. Properties of High Toughness 9% Ni Heavy Section Steel Plate and Its Applicability to 200000kl LNG Storage Tanks [J]. Kawsaki Steel Technical Report, 1999, 40(4): 72~79.

[16] Furukimi O, Saito Y. The Effects of Grain Boundary Phosphorus Segregation and Heat Treatment on Toughness of 9% Ni Steel and Its Welded Joint [J]. ISIJ International, 1990, 30(5): 390~396.

[17] Jacques P, Furnemont Q, Pardoen T. On the role of martensitic transformation on damage andcracking resistance in TRIP-assisted multiphase steels [J]. Acta Materialia, 2001, 49(1): 139~152.

[18] Fultz B, Morris J W. The Mechanical Stability of Precipitated Austenite in 9Ni Steel [J]. Metallurgical Transactions A, 1985, 16(12): 2251~2256.

[19] 张弗天, 楼志飞. Ni9 钢的显微组织在变形-断裂过程中的行为[J]. 金属学报, 1994, 30(6): 239~246.

[20] 张向葵, 蔡庆伍. 超低碳贝氏体钢形变奥氏体再结晶规律的研究[J]. 上海金属, 2005, 27(2): 14~17.

[21] 张红梅, 刘相华, 王国栋, 等. 低碳贝氏体钢形变奥氏体的连续冷却相变研究[J]. 金属热处理学报, 2000, 21(4): 35~40.

[22] Bai D Q, Yue S, Maccagno T. Effect of deformation and cooling rate on the microstructure of low carbon Nb-B steel [J]. ISIJ International, 1998, 38(4): 371~379.

[23] Manohar P A, Chandra T. Continuous cooling transformation behavior of high stength microalloyed steels for linepipe application [J]. ISIJ International, 1998, 38(4): 766~772.

[24] Bai D Q, Yue S, Maccagno T. Continuous cooling trasformation temperature determined by compression tests in low carbon bainite grades [J]. Metallurgical Transactions A, 1998, 29(3): 989~992.

[25] 赵四新, 王巍, 毛大立. 钢中贝氏体相变研究新进展[J]. 材料热处理学报, 2006, 27(4): 1~6.

[26] 符中欣, 周勇, 石凯, 等. Ni9 钢的热处理和焊接[J]. 热加工工艺, 2006, 35(23): 78~81.

[27] 9% Ni Steel with High Brittle Crack Arrestability [J]. JFE Technical Report, 2008, 11: 29~31.

［28］ 王酒生，刘振宇，谢章龙. 9Ni 钢在线热处理工艺开发［J］. 太原科技大学学报，2008，29（5）：377～379.

［29］ 谢章龙. 超低温用 9Ni 钢厚板生产工艺的开发［D］. 沈阳：东北大学，2008.

［30］ Kim K J, Schwartz L H. Effects of intercritical tempering on the impact energy of Fe-9Ni-0. 1C ［J］. Materials Science and Engineering A, 1978, 33（8）：5～20.

［31］ Strife J R, Passoja D E. The Effect of Heat Treatment on Microstructure and Cryogenic Fracture Properties in 5Ni and 9Ni Steel ［J］. Metallurgical Transactions A, 1980, 11（8）：1341～1350.

［32］ Fultz B, Morris J W. A Mössbauer Spectrometry Study of the Mechanical Transformation of Precipitated Austenite in 6Ni Steel ［J］. Metallurgical and Materials Transactions A, 1985, 16：173～177.

［33］ Guo Z, Morris J W. Martensite variants generated by the mechanical transformation of precipitated interlath austenite ［J］. Scripta Materialia, 2005, 53：933～936.

［34］ Fultz B, Kim J I, Kim Y H, et al. The Stability of Precipitated Austenite and the Toughness of 9Ni Steel ［J］. Metallurgical Transactions A, 1985, 16（12）：2237～2250.

［35］ Syn C K, Fultz B, Morris J W. Mechanical Stability of Retained Austenite in Tempered 9Ni Steel［J］. Metallurgical Transactions A, 1978, 9（11）：1635～1640.

7 高性能桥梁钢

7.1 桥梁用钢的发展概况

桥梁建设技术快速进步和桥梁事业的蓬勃发展带动了我国桥梁用钢的飞速发展。目前，我国采用的最新桥梁用钢标准为 GB/T 714—2015。新中国桥梁钢的研发始于 20 世纪 60 年代末。当时我国处在计划经济时期，只能建设铁路钢桥，各时期铁路钢桥和钢桥用钢的发展概况见表 7-1。武汉长江大桥使用的是钢号为 CT.3 的低碳钢；南京长江大桥原设计是由前苏联提供桥梁用钢，但由于某种原因中途停止了供应，此时，鞍钢接手研发 Q345(16Mn)钢，经过钢种优化，成功研制了 16Mnq；15MnVNq 的研制与投入使用，也经过了几番波折，最初为枝江长江大桥研发桥梁钢（1966 年），出于对桥梁焊接结构和新研制的桥梁用钢的疑虑，该桥由原来的栓焊结构改回了铆接结构（1968 年），依旧使用 16Mnq；1976 年，在栓焊结构的白河大桥上成功应用了 15MnVNq 后，最终在栓焊结构的九江长江大桥上成功地得到了应用。但是，在实际应用中发现，16Mnq 和 15MnVNq 的韧性指标与焊接性能比较差，并且随着钢板板厚的增加，16Mnq 的强度与韧性大大降低，该钢在大桥设计建设上应用的最大厚度仅为 32mm。但是，大跨度桥梁的桥梁用钢板厚一般为 40~50mm，甚至更厚，因此 16Mnq 不能满足大跨度钢桥的实际设计与制造的需求。武钢分析了国内外桥梁钢的生产与应用后，研制开发了屈服强度大于 370MPa、冲击功（-40℃）大于 120J、最大厚度为 50mm 的 14MnNbq 桥梁用钢。14MnNbq 是在 16Mnq 的基础上研发出来的，通过降低碳和磷、硫的含量，并控制夹杂物形态和添加元素铌形成碳氮化物析出物研制而成。通过铌的沉淀强化和晶粒细化效果，14MnNbq 与 16Mnq 相比，虽然碳当量下降，但是却得到了更好的强韧性。近年来，针对高速铁路大跨度桥梁的特点，总结该类桥梁用系列高性能结构钢的研发与应用。武钢采用低碳多元微合金化的成分设计、TMCP工艺，在京沪高速铁路南京大胜关长江大桥上研发应用了 Q420qE 高性能结构钢，钢种晶粒细化、软相铁素体和硬相贝氏体组织适度，结构钢具有较高的强度、良好的低温韧性和焊接性能。采用类似的技术路线，在沪通长江大桥上研发应用了 Q500qE 高性能结构钢。

表 7-1　我国钢桥用钢发展概况

钢材牌号	桥名与建成时间
CT.3	武汉长江大桥（1957 年）
16Mnq	湘桂线浪江桥（1964 年）、南京长江大桥（1968 年）、宜宾金沙江大桥（1968 年）、三堆子金沙江桥（1968 年）、迎水河桥（1970 年）、枝城长江大桥（1971 年）、西陵长江大桥（1996 年）、下牢溪大桥（1997 年）、虎门大桥（1997 年）、武汉白沙洲大桥（2000 年）、鹅公岩长江大桥（2001 年）、南京长江二桥（2001 年）、重庆长寿大桥（2009 年）
15MnVNq	沙通线白河桥（1977 年）、九江长江大桥（1992 年）
StE355	上海南浦大桥（1911 年）、上海杨浦大桥（1993 年）、上海徐浦大桥（1996 年）、上海卢浦大桥（2003 年）

钢材牌号	桥名与建成时间
16Mn	万县长江大桥(1992 年)、南海紫洞大桥(1996 年)、厦门海沧大桥(1999 年)、广州丫髻沙大桥(2000 年)、重庆忠县长江大桥(2001 年)、万州长江二桥(2004 年)
SM490C	孙口黄河大桥(1995 年)、汕头礐石大桥(1998 年)
14MnNbq	长东黄河特大二桥(1999 年)、芜湖长江大桥(2000 年)、粤海铁路大桥(2002 年)、佳木斯松花江大桥(2002 年)、宜万铁路万州长江大桥(2005 年)、武汉天心洲长江大桥(2006 年)、重庆长寿大桥(2009 年)
Q345E	宜昌长江大桥(2001 年)、天津塘沽海河大桥(2001 年)
Q345D	贵州北盘江大桥(2001 年)、舟山桃夭门大桥(2003 年)、润扬长江大桥北汊大桥(2005 年)、安庆长江大桥(2005 年)、润扬长江公路大桥南汊悬索桥(2005 年)、南京长江三桥(2005 年)、阳逻长江大桥(2007 年)
Q345C	武汉军山长江大桥(2001 年)、巫峡长江大桥(2005 年)、深圳湾公路大桥(2005 年)、芜湖临江桥(2007 年)、南宁大桥(2009 年)
Q390E	哈尔滨松花江斜拉桥(2003 年)
Q420E	哈尔滨松花江斜拉桥(2003 年)
Q345qD	上海东海大桥(2005 年)、上海长江大桥(2008 年)、苏通长江公路大桥(2008 年)
Q345qC	新光大桥(2005 年)、湛江海湾大桥(2006 年)
Q370qD	南京长江三桥(2005 年)、苏通长江公路大桥(2008 年)
Q370qE	南京大胜关高速铁路桥(2010 年)、武汉天兴洲公铁两用斜拉桥(2009 年)、郑州黄河公铁两用桥(在建)、广东东莞东江大桥(2009 年)、安庆长江铁路桥(斜拉桥方案)
Q420qE	深圳湾公路大桥(2005 年)、南京大胜关高速铁路桥(2010 年)、广东东莞东江大桥(2009 年)、安庆长江铁路桥(斜拉桥方案)
Q420qD	重庆朝天门长江大桥(2009 年)、江苏泰州长江大桥(三塔悬索桥方案)
Q500qE	沪通长江大桥(在建,斜拉桥方案)

　　现代钢桥技术以大跨度和全焊接结构为主,对钢桥结构的安全可靠性与使用寿命的要求越来越高,因此对桥梁钢的性能有更高的要求。桥梁钢不仅要具有高强度以满足钢桥结构轻量化要求,还要具有良好的低温冲击韧性、可焊性、耐腐蚀性和抗疲劳性等,这样才能满足现代钢结构的安全可靠性与长寿命等要求。为此,欧美及日本均投入了大量人力物力来开发高性能桥梁用钢,且得到了良好的经济及社会收益。

　　JFE 公司和日本新日铁开发了 BHS500 与 BHS700 系列高性能桥梁结构用钢,以下主要介绍新日铁公司生产的高性能桥梁钢的研发概况。

　　新日铁公司的研发人员对钢桥的最佳屈服强度进行了研究,从图 7-1 中可以得到桥梁钢的屈服强度与板梁桥主梁重量之间的关系,随着桥梁钢屈服强度的升高,其重量比在下降。但是,当桥梁钢的屈服强度超过 500MPa 时,由于设计板梁桥的控制因素成为交变载荷产生的疲劳极限,继续增加桥梁钢的屈服强度也不能降低其重量比。对斜拉桥和悬索桥而言,减少桥梁结构的自身重量能够大大减少桥梁的成本。因此,屈服强度为 700MPa 的高性能桥梁用钢对斜拉桥和悬索桥的减重效果最显著。而实际建设过程中桥梁类型大多为梁式桥,因此,高性能桥梁钢最基本的强度值为 500MPa。

　　就 BHS500/500W 的焊接热输入来说,已经从 SM570 的每道焊接能量上限 7kJ/mm 增

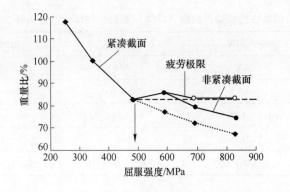

试验中所用的单跨
为33m的板梁桥

图 7-1 板梁桥钢板屈服强度和重量比的关系

加到了 SM490 的 10kJ/mm。而由于实际情况的不同，焊接能量上限最多可以增加到 15kJ/mm。高的夏比冲击吸收功保证了冷弯成型的冷弯半径可以更小。在高性能桥梁钢的研制过程中，厚度方向的性能必须要兼顾，为了改善钢的抗层状撕裂性，高性能桥梁钢的 S 含量要小于 0.006%，且《钢板及扁钢的厚度方向特性规范》(JIS G3119) 规定的最高水平 Z35 是高性能桥梁钢 Z 向性能的预期水平。与此同时，桥梁钢的耐候性也是必须要考虑的，新日铁公司高性能桥梁钢的性能指标见表 7-2。

表 7-2 新日铁公司高性能桥梁用钢的性能指标

品 种	钢板厚度 /mm	屈服强度 /MPa	抗拉强度 /MPa	夏比冲击功 /J	焊接裂纹敏感因子 P_{cm}/%	预热温度 /℃	焊接输入能量 /kJ·mm^{-1}
BHS500、BHS500W	6≤t≤100	最小 500	570~720	100(-5℃)	0.20	无须预热	最大 10
BHS700	6≤t≤50、50≤t≤100	最小 700	780~970	100(-40℃)	0.30、0.32	50	最大 5

美国生产的桥梁钢主要有三个标准系列：AASHTO M270、ASTMA709 和类似于 ASTM 牌号系列的桥梁钢。20 世纪 90 年代至今，由美国海军、美国公路管理署、美国钢铁学会和米塔尔美国公司共同研发高性能桥梁钢，先后开发了 HPS50W、HPS70W 和 HPS100W 系列钢种。

桥梁建设选用 HPS70W 高性能桥梁用钢板，其成本平均可降低 5%~10%，最高可达 18%。钢种的化学成分和力学性能指标见表 7-3 和表 7-4。

表 7-3 米塔尔美国公司高性能桥梁用钢板（HPS）系列品种化学成分　　　　　（%）

品 种	C	Mn	P	S	Si	N
HPS50W HPS70W	≤0.11	1.10~1.35	≤0.02	≤0.006	0.30~0.50	≤0.015
HPS100W	≤0.08	0.95~1.50	≤0.015	≤0.006	0.15~0.35	≤0.015

品 种	Cu	Ni	Cr	Mo	V	Nb
HPS50W HPS70W	0.25~0.40	0.25~0.40	0.45~0.70	0.02~0.08	0.04~0.08	
HPS100W	0.90~1.20	0.65~1.00	0.40~0.65	0.40~0.65	0.04~0.08	0.01~0.03

表 7-4　米塔尔美国公司高性能桥梁用钢板（HPS）系列品种部分性能指标

项　　目	HPS50W	HPS70W	HPS100W
屈服强度/MPa	345	485	690
抗拉强度/MPa	485	585 ~ 760	760 ~ 895
夏比冲击功/J	41（-12℃）	48（-23℃）	48（-34℃）
50mm 厚板的最小伸长率/%	21	19	18
金相组织	铁素体 + 贝氏体	铁素体 + 贝氏体	铁素体 + 贝氏体

合理的化学成分设计使得 HPS70W 碳含量比传统的 70W 钢大大降低，P_{cm} < 0.18%，焊接预热温度可小于 50℃，同时桥梁钢的耐候性得到了提升，无须涂装即可投入应用。同时轧制过程中使用了 TMCP（热机械控制轧制）工艺，桥梁钢的力学性能也得到了改善。

而欧洲并没有建立关于桥梁钢的专门标准，其桥梁建设所用钢材绝大部分为微合金钢，并包含于结构钢热轧产品的欧洲标准 EN 10025 所规定的范围之内。

欧洲钢铁工业为桥梁制造业提供了不同种类的厚板材料。目前桥梁建设最常用的钢种仍为 S235、S275 及 S355。欧洲桥梁钢部分常用种类及性能要求见表 7-5。与美国或日本耐候桥梁钢的大规模使用相比，欧洲在桥梁建设过程中较少采用耐候钢，其耐候桥梁钢的比重不足 1%。

表 7-5　欧洲桥梁用钢部分常用种类及性能要求

品　种	标　准	处理状态	屈服强度/MPa	抗拉强度/MPa	夏比冲击功/J	试验温度/℃
S355M	EN 10025	TM	355	450 ~ 610	40	-20
S355ML	EN 10025	TM	355	450 ~ 610	27	-50
S420M	EN 10025	TM	420	500 ~ 600	40	-20
S420ML	EN 10025	TM	420	500 ~ 600	27	-50
S460M	EN 10025	TM	460	530 ~ 720	40	-20
S460ML	EN 10025	TM	460	530 ~ 720	27	-50
S690Q	EN 10025	QT	690	770 ~ 940	30	-20
S690QL	EN 10025	QT	690	770 ~ 940	30	-40
S690QL1	EN 10025	QT	690	770 ~ 940	30	-60

研发纵向变截面钢板主要是为了降低桥梁结构的静载荷和钢结构的体积。长度方向上厚度连续变化的纵向变截面钢板可以通过轧制过程中精确控制轧辊辊缝得到。欧洲可供货的变截面钢板宽度在 4300mm 以内，厚度大于 20mm，交货状态为非处理（U）或正火态（N）。这类钢板使钢结构中的板厚与实际载荷达到最佳配合，同时还可以减少制造成本和焊接时间。

随着桥梁设计理念的转变以及对桥梁制造周期等方面的要求日益提高，传统的结构钢板已不能完全满足桥梁设计及施工要求，开发强度、断裂韧性、焊接性、耐蚀性以及加工性能等方面均优于传统钢铁材料的高性能桥梁用钢十分必要。在国外，高性能桥梁用钢已成为桥梁钢发展的一个新方向。在高性能桥梁用钢的研发方面，日本、美国及欧洲各有其特点，并以日本开发的高性能桥梁用钢性能指标最为先进。

7.2 Q500qE 桥梁钢的成分设计及组织调控技术

7.2.1 Q500qE 桥梁钢的实验室研制

根据桥梁钢国家标准 GB/T 714—2015 中对 Q500qE 级别桥梁钢的各项力学性能的规定（表7-6），以针状铁素体钢为目标首先进行了实验室研制。

表 7-6　Q500qE 桥梁钢的力学性能指标

质量级别	屈服强度/MPa		抗拉强度/MPa	伸长率/%	冲击功/J	
	50mm	50~100mm				
D	>500	>480	>600	>16	−20℃	>47
E					−40℃	

以低碳微合金为设计思路，将碳含量控制在0.05%以内，使钢在高温奥氏体化以及热变形后，在以大于5℃/s的冷速冷却时不再发生奥氏体向铁素体和渗碳体的两相分解，直接转变为各种形态的铁素体并留下少量富碳的残余奥氏体，使韧性得到保证的同时，还具有良好的可焊接性能。同时，超低碳的设计对中厚板组织均匀性还起到十分重要的作用。由于碳含量很低，钢板心部不再容易产生偏析而使性能恶化，低的碳含量也使中厚板在轧制过程中对冷速不再敏感，在很宽的冷速范围区间内都能得到相同组织，使钢板在厚度方向组织均匀，各项性能沿厚度方向保持稳定。

为了保证钢的强度和贝氏体转变后的淬透性良好，还应该适量添加其他微合金元素：Mn、Nb、V、Ti、Cu 等元素都可以产生析出强化或沉淀强化的作用，弥补钢由于低碳而损失的强度，形成的细小析出物对疲劳裂纹的扩展有阻碍作用，可以改善钢的疲劳性能；Mo 和 Ni 综合作用扩大贝氏体转变相区，稳定钢的低温韧性和冲击韧性。综合各方面性能设计的 Q500qE 桥梁钢化学成分如表7-7所示。

表 7-7　Q500qE 桥梁钢化学成分（质量分数）　　　　（%）

元　素	C	Si	Mn	Mo	B	Cr
范　围	0.03~0.05	0.2~0.5	1.4~1.8	0.15~0.25	0.001~0.003	0.3~0.5
目　标	0.03	0.3	1.6	0.2	0.002	0.4
元　素	Nb	Ti	Ni	Al	Cu	Ce
范　围	0.03~0.05	0.008~0.02	0.2~0.4	0.04~0.06	0.1~0.3	0.1~0.3
目　标	0.04	0.01	0.3	0.05	0.2	0.2

Q500qE 桥梁钢的轧制工艺参数为：7 道次轧制，开轧厚度100mm，终轧厚度20mm；加热保温温度1250℃，保温2h；粗轧开轧温度1180℃，终轧温度1000℃以上；精轧开轧温度880℃，终轧温度810℃；空气中弛豫20s，然后水冷至350~550℃，最后空冷至室

温。对实验室条件下轧制得到的钢进行力学性能测试，所得结果如表 7-8 所示，达到了国标中对 Q500qE 桥梁钢的强度要求。

表 7-8　试验钢力学性能测试结果

屈服强度/MPa	抗拉强度/MPa	伸长率/%	−40℃冲击功/J
535	625	27	355
545	655	23	288

显微组织观察结果如图 7-2 所示。从图中可以看出，组织主要为粒状贝氏体 + 针状铁素体，晶粒细小，尺寸在 5 ~ 10μm 之间。

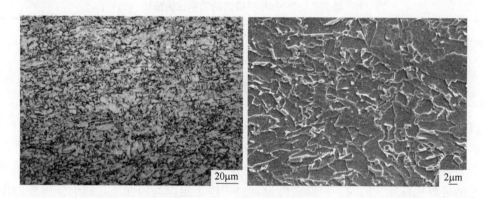

图 7-2　试验钢的金相组织

7.2.2　Q500qE 的韧脆转变温度

材料的韧脆转变温度决定了材料的低温韧性，是衡量材料韧脆性转变倾向的重要指标，它直接影响材料的应用范围，尤其在开发新的钢种时准确地确定其韧脆转变温度是非常必要的。在 Q500qE 桥梁钢热轧板上沿 45°方向取样，并机加工成 10mm × 10mm × 55mm 夏比 V 形缺口的标准冲击试样。采用无水乙醇中加入液氮来逐步降低试验温度，用低温热电偶来测量温度，控制过冷度在 2 ~ 4℃，然后在 JB-30B 型冲击试验机上进行冲击试验，并记录冲击功。

试验温度从 −40℃ 开始，每降低 20℃ 为一个测试点，试样在低温槽内各个试验温度的保温时间大于 5min。试验温度最低采用 −140℃，并补充 −110℃测试点，共 7 个测试点，每个测试点取三个试样的平均值。

从图 7-3 中可以看出，当冲击试验温度在 −100℃ 以上时，冲击功均在 300J 以上，并随着冲击温度的升高而逐渐增加。当冲击试验温度在 −100 ~ −120℃时，冲击功开始发生分散，变得不稳定。当冲击试验温度低于 −120℃时，冲击功降低到 30J 左右，发生

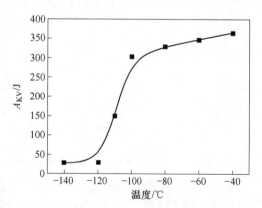

图 7-3　Q500qE 桥梁钢的韧脆转变曲线

脆性断裂。由此可见，Q500qE 桥梁钢的韧脆转变温度在 −110℃左右。

7.2.3 回火温度对 Q500qE 桥梁钢力学性能的影响

图 7-4 和图 7-5 为 400 ~ 750℃回火后强韧性的变化曲线，回火温度在 400 ~ 500℃时，无论是强度还是冲击韧性（−60℃ A_{KV}）均无明显变化，比 TMCP 状态稍高一些；回火温度大于 500℃后，抗拉强度缓慢升高，而屈服强度快速升高，都在 650℃达到峰值，与此同时，冲击韧性也在 650℃达到峰值；回火温度超过 650℃时，强度和韧性均表现出明显的下降趋势；回火温度达到 750℃时，屈服强度和冲击韧性陡然降低，而抗拉强度仍然保持较高水平。由此可得 Q500qE 桥梁钢的最佳回火温度为 650℃，屈服强度为 603MPa，抗拉强度为 674MPa，伸长率为 27%，−60℃冲击功为 214J。

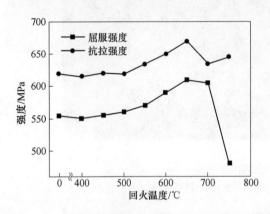

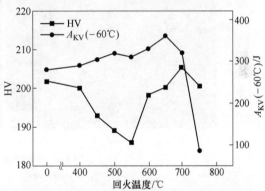

图 7-4 回火温度对 Q500qE 桥梁钢强度的影响   图 7-5 回火温度对 Q500qE 桥梁钢韧性的影响

7.2.4 回火温度对组织结构的影响

不同回火温度试样的金相组织形貌如图 7-6 所示。轧态时的组织为多边形铁素体和针状铁素体，多边形铁素体组织分布不均匀（图 7-6a）；500℃回火时的组织与轧态时基本相似，多边形铁素体分布较轧态均匀（图 7-6b）；在 650℃回火时，组织中出现了一定数量的多边形铁素体（图 7-6c）；在 750℃回火时，组织以多边形铁素体为主（图 7-6d）。

图 7-7 为不同回火温度下微观组织 SEM 照片。轧态时，在铁素体基体上分布有少量的 M/A（马氏体/奥氏体）岛（图 7-7a）。500℃回火时，组织与 TMCP 状态时基本接近，只是针状铁素体组织逐渐多边形化（图 7-7b），这种趋势在 650℃回火时更为明显（图 7-7c）。在 750℃回火时，基体组织变为多边形，在晶界上分布有大量尺寸为 1 ~ 4μm 的白色富碳相岛状组织（图 7-7d）。

图 7-8 为不同回火温度试样的 TEM 照片。轧态时的组织主要为针状铁素体基体和少量 M/A 岛，针状铁素体基体板条特征明显，板条宽度 200 ~ 500nm（图 7-8a）；500℃回火时的组织与轧态基本相似（图 7-8b）；650℃回火时，部分铁素体已经出现多边形化现象，板条长度变短，板条宽度扩展约 1μm（图 7-8c）；750℃回火时，大多数铁素体出现多边形化特征，板条明显合并展宽为 1μm 以上（图 7-8d）。

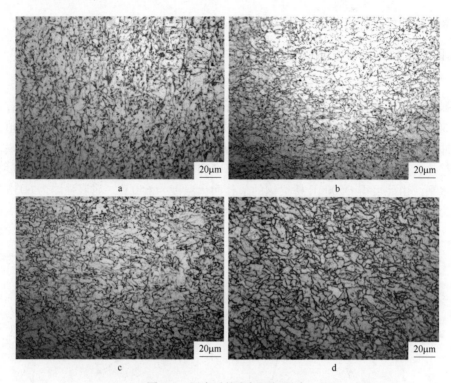

图 7-6　回火后的金相组织照片

a—轧态；b—500℃回火；c—650℃回火；d—750℃回火

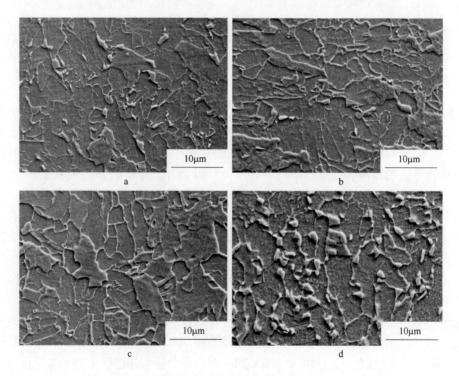

图 7-7　回火后的 SEM 照片

a—轧态；b—500℃回火；c—650℃回火；d—750℃回火

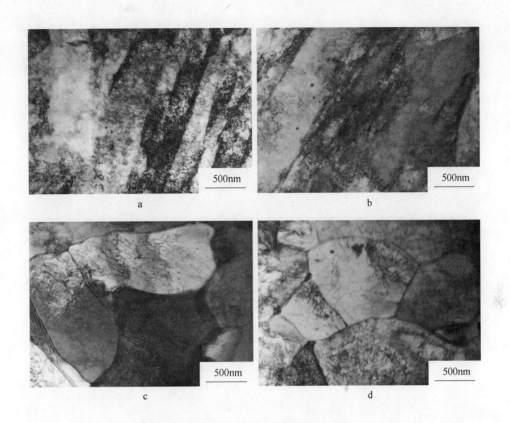

图 7-8 回火后的 TEM 照片

a—轧态；b—500℃回火；c—650℃回火；d—750℃回火

　　轧态时，在 Q500qE 桥梁钢的基体上没有观察到明显的析出物，如图 7-9c 所示。当 650℃回火时，铁素体基体上出现尺寸为 20~40nm 的 Nb（C，N），如图 7-9d 和图 7-9e 所示，其能谱分析见图 7-9g。且在铁素体基体上可以观察到大量弥散分布着 10nm 以下的细小析出物，可能为 ε-Cu 析出物，如图 7-9a 和图 7-9b 所示。在 750℃回火时，在铁素体的基体上可见 Nb（C，N）数量增多，尺寸为 30~50nm，如图 7-9f 所示，其能谱分析见图 7-9h。

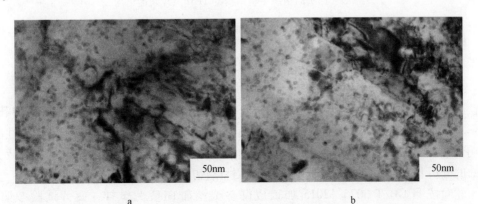

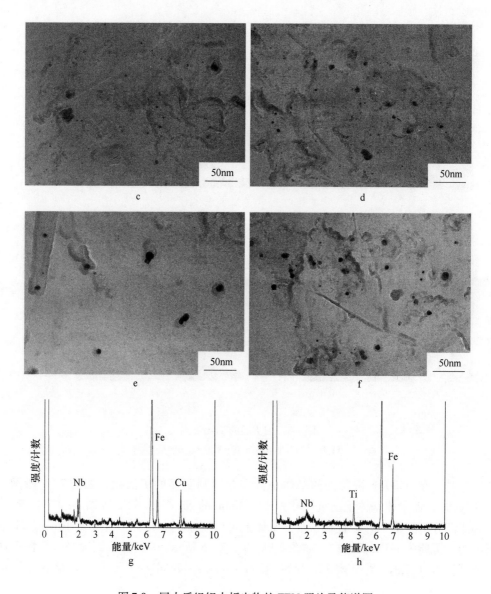

图 7-9　回火后组织中析出物的 TEM 照片及能谱图

7.3　桥梁钢的疲劳行为

7.3.1　Q500qE 桥梁钢的高周疲劳行为研究

　　铁路钢桥在列车高速度、大载重的冲击下，各部位钢结构都会受到不断变化的载荷，加上列车通行密度的不断加大，对桥梁钢的疲劳性能就有了越来越高的要求。疲劳性能直接影响着钢桥的使用寿命，已经成为桥梁钢的重要性能之一。因此，对桥梁钢进行疲劳断裂失效的分析和研究，对保障运输安全和提高桥梁使用寿命都有十分重要的意义。

　　沿轧向按照 GB/T 3075—2015 加工成漏斗光滑轴向疲劳试样，疲劳试验参照 GB 3075—2015 标准。试验在 Amsler HFP 5000 试验机上进行，加载波形为正弦波，加载形式为轴向加载，应力比 $R=0.1$，频率为 100~110Hz。试验条件均为室温、大气环境。条件疲劳极限采用升降法测定，把经历 10^7 次循环仍未失效时的最大应力作为条件疲劳极限 σ_R。首先选取 0.8 作为最大循环应力进行加载，如果失效则降低一个应力水平加载，反之升高应力水平。依次对 13 根或以上的疲劳试样进行试验后可得出条件疲劳极限。

应力-寿命曲线（S-N 曲线）的测定采用成组法，对 525MPa、550MPa、575MPa、600MPa 和 630MPa 五级应力水平进行试验，每级至少 3 个试样，如果结果分散，可增加试样数量，最后由最小二乘法拟合出曲线和方程。试样疲劳断口采用 ZEISS ULTRA 55 热场发射扫描电镜（SEM）进行观察，从疲劳裂纹稳定扩展阶段卸载的试样上裂纹处切取 3mm×3mm×3mm 小块试样，经机械打磨后电解抛光，在裂纹尖端处进行电子背散射衍射（EBSD）观察。

通过对 13 个试样的试验，得到 10 个有效数据，作出升降图谱如图 7-10 所示，其中"○"表示未断裂，"×"表示断裂。应力水平为 525MPa 及以下的试样在经历 10^7 次循环后都没有发生断裂；应力水平为 550MPa 的试样中，有两个分别经历 5.55×10^5 和 4.74×10^5 次循环后断裂，其余 3 个没有断裂；应力水平为 575MPa 及以上的试样全部断裂。由式（7-1）计算得出 $\sigma_R=552.5$MPa。

$$\Sigma R(N) = \frac{1}{m}\sum_{i=0}^{n} \qquad (7-1)$$

式中，m 为有效数据个数；n 为应力水平级数；N 为第 i 级应力水平下试验次数；R 为第 i 级应力水平。

S-N 曲线选取了 525MPa、550MPa、575MPa、600MPa 和 630MPa 五个应力水平，总共对 27 个试样进行了试验，各个试样的应力和寿命关系可从拟合出的 S-N 曲线上反映出来，如图 7-11 所示。应力-寿命拟合回归方程为：

$$\lg N_f = 7.8747 - 1.5932\lg(\sigma_{max} - 548.9372) \qquad (7-2)$$

相关系数 $r=0.9972$。

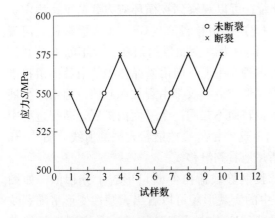

图 7-10　高周疲劳试验升降图谱

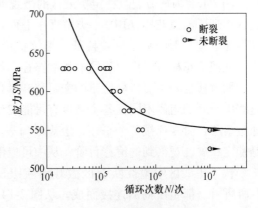

图 7-11　试验材料的 S-N 曲线

从 S-N 曲线可以看出，疲劳曲线总体呈现为一条平缓下降的曲线，循环应力 600MPa 以上时疲劳寿命随应力降低的增大幅度比 600MPa 以下时小，630~600MPa 范围内中值疲

劳寿命升高了 1.1×10^5 次, $600 \sim 575$MPa 范围内中值疲劳寿命升高了 1.9×10^5 次, 在 575MPa 到条件疲劳极限范围内曲线下降趋势明显减小, 中值疲劳寿命升高了 9.6×10^6 次, 表明循环应力在接近条件疲劳极限附近时, 疲劳寿命受循环应力大小影响相对较小。 在应力稍低于条件疲劳极限的 550MPa 时, 试样仍然存在断裂的情况, 表明并不存在传统 意义上的无限寿命, 用 10^7 周次对疲劳构件进行疲劳强度设计是危险的。

传统的典型高周疲劳断口可明显地分为 3 个具有不同形貌特征的区域, 即疲劳源区、 疲劳裂纹扩展区和瞬时断裂区, 它们分别代表了疲劳破坏的不同历程。与传统的疲劳断口 不同, 试验钢疲劳断口出现了一个明显的塑性变形区, 该区域由于发生塑性变形而伸长形 成凸起, 并且离疲劳源区越远, 塑性变形量越大, 如图 7-12 所示, 图中 A 是疲劳源区, B 是稳定扩展区, C 是快速扩展区, D 是瞬断区。从宏观断口可以看出, A 区和 B 区部分并 没有发生明显的塑性变形, 而 C 区和 D 区发生了明显的塑性变形和颈缩现象。

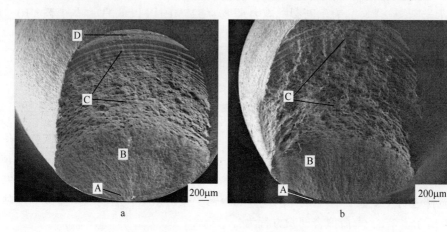

图 7-12　疲劳断口的宏观形貌

a—$S = 575$MPa, $N = 2.72 \times 10^5$; b—$S = 600$MPa, $N = 2.22 \times 10^5$

图 7-13a 为疲劳裂纹稳定扩展区的微观形貌, 可以观察到在循环应力载荷下, 稳定扩 展区出现了河流花样 (RP)、类解理小平面 (CP) 和滑移台阶 (GS) 等表面特征。河流 花样是解理断裂的常见形貌特征, 裂纹扩展过程中为减少能量的消耗, 会不断地合并汇 集, 从河流花样可以推出裂纹的扩展路径。类解理小平面一般沿着晶体中的滑移面滑移产 生, 而滑移台阶主要依靠位错的交滑移和攀移来形成。裂纹都由裂纹源起始, 但由于扩展 过程中受到的阻碍不同, 各个裂纹有可能发生偏转而不在同一个平面内扩展, 断裂过程中 通过滑移台阶来连接各个平面, 宏观断口表面上这些台阶呈放射状光亮的射线。图 7-13b 是稳定扩展区观察到的滑移台阶, 从中可以清楚地看到滑移线。

快速扩展区中塑性断裂区微观形貌跟试验钢静载荷拉伸断口形貌十分相似, 如图 7-14 所示, 都是由韧窝连接而成。从图 7-14 中的宏观形貌可以看出, 塑性变形量随裂纹 长度增大而增大, 说明整个 C 区在断开前受到的应力或承载时间呈一个梯度增加的趋 势。快速扩展区中脆性断裂区形貌如图 7-15 所示, 表面有撕裂棱, 而且可以看到疲劳 条带, 是在裂纹尖端应力强度因子大于材料断裂韧性时, 出现的这种脆性断裂表面 特征。

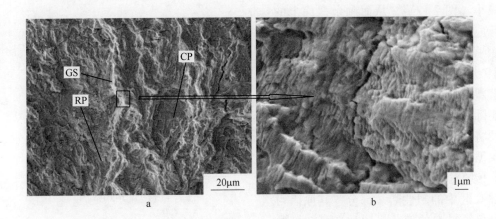

图 7-13　裂纹稳定扩展区微观形貌
$(S = 575\text{MPa}, N = 5.89 \times 10^5)$
a—河流花样、类解理小平面；b—滑移台阶

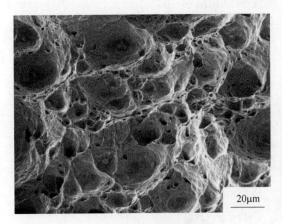

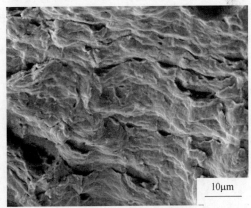

图 7-14　快速扩展区塑性断裂微观形貌
$(S = 575\text{MPa}, N = 2.72 \times 10^5)$

图 7-15　快速扩展区脆性断裂微观形貌
$(S = 575\text{MPa}, N = 2.72 \times 10^5)$

　　材料抵抗裂纹扩展的能力称为材料的断裂韧性，对于拉伸张开型裂纹，即 Ⅰ 型裂纹，用 K_{IC} 表示。在一定条件下，K_{IC} 是材料的固有常数，是抵抗裂纹扩展能力的标志。当裂纹尖端应力场强度因子 K_{I} 达到 K_{IC} 值时，材料将发生瞬时脆性断裂。K_{I} 与名义应力 σ 和裂纹长度 a 存在如下关系：

$$K_{\text{I}} = Y\sigma \sqrt{\pi a} \tag{7-3}$$

式中，Y 表示试样形状系数，该试验中取为 1.2。

　　疲劳试样在进行疲劳拉伸过程中，裂纹首先经历一个较长的萌生过程，之后开始向试样心部方向扩展。当裂纹尖端扩展到 B 和 C 区域分界处时，不同应力状态下的 K_{I} 可以通过式（7-3）计算出，从图 7-16 可以看到，随着循环应力的增大，稳定扩展区的临界裂纹长度在减小，但是处在临界位置处裂纹尖端的应力强度因子 K_{I} 大小几乎相等，因此可以推断，此时的 K_{I} 近似为材料的断裂韧性 K_{IC}。当裂纹尖端应力强度因子达到 K_{IC} 时，裂纹发生失稳扩展，B 区域内的主裂纹和分支裂纹开始通过滑移台阶连通，使试样截面受力面积减小（图 7-17a），从而剩余截面上的实际应力升高，当平均应力超过材料的屈服强度时，便会发生塑性拉伸变形（图 7-17b），形成 C 区中的塑性断裂区。随着塑性断裂区不断增大，剩余截面上的实际应力也越来越大，在一定条件下断裂将呈现出脆性特征，并且在最后一周次循环应力下发生瞬时断裂。

传统意义上的高周疲劳断口并没有出现 C 区中的塑性断裂部分，其原因可能是传统材料的疲劳极限比较低，裂纹尖端应力强度因子 K_I 达到材料的断裂韧性 K_{IC} 需要较大的裂纹长度，在裂纹发生

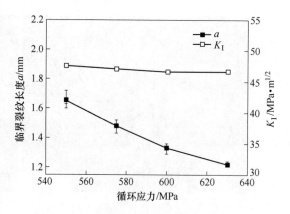

图 7-16　不同循环应力下稳定扩展区的临界裂纹长度及对应的 K_I

失稳扩展后，剩余的截面很小，将直接发生脆性断裂和最后的瞬时断裂。综合以上分析，形成塑性断裂区最根本的原因是材料较高的疲劳极限，是材料疲劳性能良好的一种宏观表现。

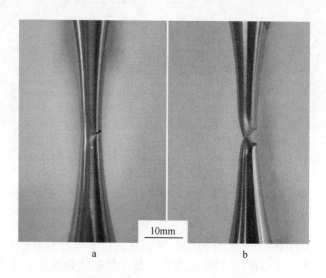

图 7-17　不同加载阶段的试样侧表面照片（$S = 600MPa$）
a—裂纹扩展阶段卸载；b—快速扩展区形成之后卸载

当疲劳裂纹源形成之后，在循环载荷作用下裂纹开始从裂纹源处向材料内部扩展。对试验钢疲劳裂纹进行 EBSD 观察，结果如图 7-18 所示，疲劳裂纹总体沿垂直加载方向呈典型的"Z"字形扩展。裂纹在扩展过程中偏折较多，偏折角度一般在 40°~50°，且偏折的地方多出现裂纹的分叉，原裂纹扩展方向上的裂纹在继续扩展很短距离后止裂，扩展方式主要为沿晶界扩展。图中黑色粗实线表示取向差大于 15°的大角度晶界，灰色细实线表示取向差在 3°~15°之间的小角度晶界或引起晶粒位相差的滑移带，可以看出，裂纹扩展路径附近的晶粒中灰色细实线明显比其他地方密集，其中大部分为开动的滑移带。Elber 在

图 7-18 疲劳裂纹扩展路径上的 EBSD 形貌

早期的研究中发现，疲劳裂纹顶端的后部存在一个残余延伸变形区，它使裂纹张开位移减小，对裂纹扩展表现为驱动力下降。图中裂纹附近密集的灰色细实线表明，裂纹尖端张开过程中局部的塑性变形引起了大量的滑移带开动，形成永久的残余拉伸位移，当裂纹顶端穿过早先形成的塑性区后，该区域的两裂纹面在应力强度较低时提前接触，使裂纹短时间闭合，产生塑性诱导裂纹闭合（PICC）效应，对裂纹的扩展产生瞬态阻滞作用。

针状铁素体中的大角度晶界以及 M/A 岛都会使裂纹改变扩展方向而产生偏折，裂纹在扩展过程中遇到大角度晶界时，可能会同时存在沿原扩展方向穿过晶界和产生偏折沿晶界扩展两种趋势，穿过晶界的裂纹尖端产生的应力场与针状铁素体晶粒内高密度的位错交互作用，使裂纹尖端钝化而止裂，从而主裂纹选择偏折沿晶界继续扩展（图 7-18）。裂纹的偏折和分叉会使有效应力强度因子降低，同时还会使裂纹表面粗糙度增加，提高粗糙度诱导裂纹闭合（RICC）水平，使裂纹在偏折处容易产生闭合效应，降低裂纹扩展速率，延长材料的疲劳寿命。

7.3.2 Q500qE 桥梁钢的低周疲劳行为研究

疲劳实验在 MTS809-100kN 电液伺服材料试验机上进行，实验温度为室温，实验环境为静态空气介质，以总应变作为控制参数和受检参数，应变比为 $R = -1$，加载波形为三角波，所有试样加载频率为 0.2Hz，应变幅分别采用 0.2%、0.25%、0.3%、0.35%、0.4%、0.5% 和 0.6% 一共 7 个级别，各个实验都进行到试样断裂为止。然后在 ZEISS ULTRA 55 热场发射扫描电镜下观察试样的疲劳断口，以确定疲劳裂纹的萌生和扩展模式。最后将透射电镜样品电解双喷减薄至穿孔，在 JEM-200CX 透射电镜下观察精细组织的形貌。

材料的循环应力-应变性能是低周疲劳研究的一个重要方面，反映了材料在低周疲劳条件下的真实应力-应变特性，通常用循环应力-应变曲线表示。图 7-19 是 500MPa 级针状铁素体钢的循环应力-应变关系曲线，此曲线可用下式表示：

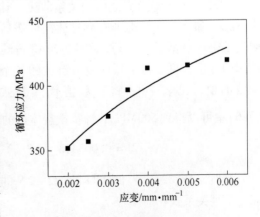

图 7-19 实验钢的循环应力-应变曲线

$$\Delta\sigma/2 = K'(\Delta\varepsilon_p/2)^{n'} \tag{7-4}$$

式中，$\Delta\sigma/2$ 为循环应力幅；$\Delta\varepsilon_p/2$ 为塑性应变幅；K' 为循环强度系数；n' 为循环应变强化指数。$\Delta\sigma/2$ 与 $\Delta\varepsilon_p/2$ 均由半寿命时的循环滞后回线求得。对图 7-19 中的实验数据进行线性回归分析，可以得到实验钢在低周疲劳加载条件下的应变疲劳参数 K' 和 n' 的具体数值，分别为 1062.68MPa 和 0.1776，见表 7-9，将参数值代入公式（7-4）中可以得到 500MPa 级针状铁素体钢的循环应力-应变曲线方程和应变-寿命曲线方程为：

$$\Delta\sigma/2 = 1062.68 \times (\Delta\varepsilon_p/2)^{0.1776} \tag{7-5}$$

表 7-9   实验钢的低周疲劳参数

循环强度系数 K'/MPa	循环应变强化指数 n'	疲劳延性系数 ε_f'	疲劳延性指数 c	疲劳强度系数 σ_f'/MPa	疲劳强度指数 b
1062.68	0.1776	6.1489	−0.4462	649	−0.05984

施加在实验钢上的总应变幅（$\Delta\varepsilon_t/2$）分别为 0.2%、0.25%、0.3%、0.35%、0.4%、0.5%、0.6% 时，实验钢的低周疲劳寿命（N_f）分别为 21950 次、13035 次、5139 次、2732 次、1033 次、720 次、254 次，可知，随着总应变幅的增加，实验钢的疲劳寿命逐渐降低。对于总应变控制的低周疲劳实验，材料的应变疲劳寿命常用 Coffin-Manson 公式来表达，即：

$$\Delta\varepsilon_t/2 = \Delta\varepsilon_e/2 + \Delta\varepsilon_p/2 = \frac{\sigma_f'}{E}(2N_f)^b + \varepsilon_f'(2N_f)^c \tag{7-6}$$

式中，$\Delta\varepsilon_t/2$ 和 $\Delta\varepsilon_e/2$ 分别代表总应变幅和弹性应变幅；$2N_f$ 代表材料断裂时已发生的循环反向次数；σ_f' 为疲劳强度系数；b 为疲劳强度指数；ε_f' 为疲劳延性系数；c 为疲劳延性指数；E 为实验钢的杨氏模量。

图 7-20 为实验钢的总应变幅（$\Delta\varepsilon_t/2$）、弹性应变幅（$\Delta\varepsilon_e/2$）和塑性应变幅（$\Delta\varepsilon_p/2$）与载荷反向周次 $2N_f$ 之间的关系曲线，其中 $\Delta\varepsilon_e/2$ 和 $\Delta\varepsilon_p/2$ 均由半寿命时的循环滞后回线求得。根据式（7-6）对图 7-20 进行线性回归分析，可以得出低周疲劳有关的各个参数的值，见表 7-9，将参数值代入公式

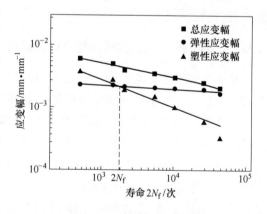

图 7-20   实验钢的应变幅-寿命曲线
（$\Delta\varepsilon/2 - 2N_f$）

（7-6）中可以得到 500MPa 级针状铁素体钢的应变-寿命曲线方程为：

$$\Delta\varepsilon_t/2 = 0.003413 \times (2N_f)^{-0.05984} + 6.1489 \times (2N_f)^{-0.4462} \tag{7-7}$$

显然，$\Delta\varepsilon_e/2 - 2N_f$ 曲线与 $\Delta\varepsilon_e/2 - 2N_f$ 曲线有交点，说明存在疲劳过度寿命 $2N_t$，$2N_t$ 满足下列关系式：

$$2N_t = (\varepsilon_f'E/\sigma_f')^{1/(b-c)} \tag{7-8}$$

经过计算可得，$2N_t$ 为1778周，N_t 为889周。疲劳过度寿命是低周疲劳性能的关键指标之一，它主要取决于材料的强度与延性，对疲劳设计有非常重要的意义。当失效反向数 $2N_f$ 大于疲劳过度寿命 $2N_t$ 时，弹性应变幅对疲劳寿命的贡献远大于塑性应变幅，材料的强度对寿命起决定性作用；当失效反向数 $2N_f$ 小于疲劳过度寿命 $2N_t$ 时，塑性应变幅对疲劳寿命的贡献大于弹性应变幅，此时材料的疲劳寿命不但取决于其强度，更主要取决于其塑性。

图 7-21 为实验钢在不同应变幅下的循环应力响应曲线。图 7-22 为 Q500qE 桥梁钢低周疲劳的 7 种应变幅 0.2%、0.25%、0.3%、0.35%、0.4%、0.5%、0.6% 控制下的滞后回线。回线的宽度由式（7-9）来表示，宽度越大，则应变滞后也越大。

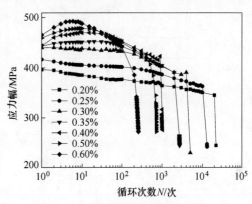

$$W = AN^{-q} \qquad (7-9)$$

式中，W 为回线宽度，mm；N 为恒应力下循环次数；A 为常数；q 为表征硬化速率的量。

图 7-21　实验钢在不同应变幅下的循环应力响应曲线

从图 7-22 中可以看出，Q500qE 桥梁钢滞后回线的宽度在应变幅一定时与循环周次并无明显的关系，但是却与应变幅的大小相关。当应变幅在 0.2% ~ 0.6% 范围内变化时，随应变幅的增加，滞后回线的宽度在增加，滞后回线的面积也相应增加。

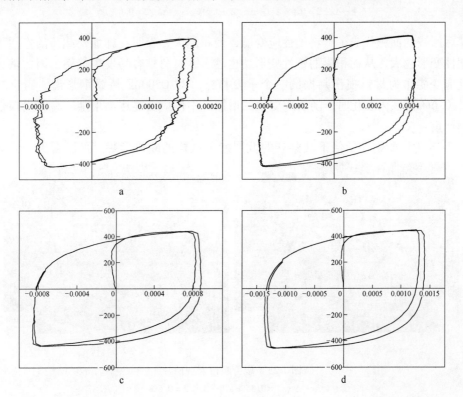

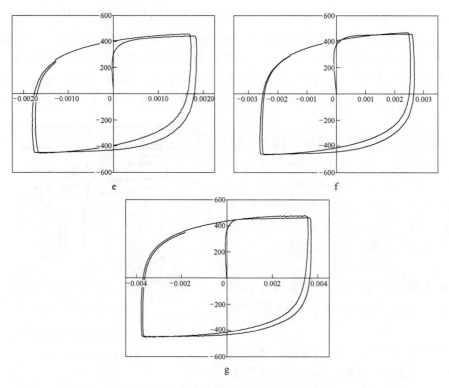

图 7-22 不同应变幅下实验钢的力学滞后

a—$\Delta\varepsilon_t/2 = 0.2\%$；b—$\Delta\varepsilon_t/2 = 0.25\%$；c—$\Delta\varepsilon_t/2 = 0.3\%$；d—$\Delta\varepsilon_t/2 = 0.35\%$；

e—$\Delta\varepsilon_t/2 = 0.4\%$；f—$\Delta\varepsilon_t/2 = 0.5\%$；g—$\Delta\varepsilon_t/2 = 0.6\%$

滞后回线的面积代表了材料塑性应变能，面积越大，表明在施加外载荷的作用下，材料的塑性变形越大，从而积累的塑性变形功也越多，材料越容易发生损伤，因此常将材料的塑性应变能作为材料损伤判据的一个重要指标。对 Q500qE 桥梁钢来说，当应变幅在 0.2%~0.6% 范围内变化时，随着应变幅的增加，塑性应变能逐渐增加，材料受损伤的情况也越严重。

图 7-23 为试验钢在低倍下观察到的低周疲劳试样的断口形貌。可以看出，低周疲劳

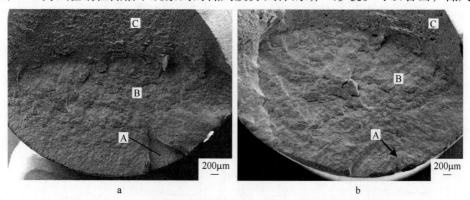

图 7-23 疲劳断口宏观照片

a—$\Delta\varepsilon_t/2 = 0.35\%$；b—$\Delta\varepsilon_t/2 = 0.6\%$

断口可以分为三个区域：裂纹萌生区 A、裂纹稳定扩展区 B 和瞬时断裂区 C。

观察裂纹萌生区（图 7-24），可以看到疲劳裂纹多在试样的一侧靠近表面处萌生，具有多源性，对比图 7-24a、b 可以发现，应变幅越大，裂纹萌生区面积越大，破坏程度越大，应变幅为 0.6% 的断口上裂纹源区还出现有大量的二次裂纹。试样在机加工时产生的划痕或者表面缺陷，是疲劳裂纹源产生的主要原因。

图 7-24　裂纹萌生区的微观形貌

a—$\Delta\varepsilon_t/2 = 0.2\%$；b—$\Delta\varepsilon_t/2 = 0.6\%$

观察图 7-25 中的裂纹稳定扩展区，可以清晰地观察到疲劳辉纹，疲劳辉纹垂直于裂

图 7-25　裂纹扩展区的微观形貌

a—$\Delta\varepsilon_t/2 = 0.2\%$；b—$\Delta\varepsilon_t/2 = 0.35\%$；c—$\Delta\varepsilon_t/2 = 0.6\%$

纹扩展方向，通常一条辉纹代表了一次循环加载，随应变幅增大，辉纹宽度也增大，说明应变幅越大，裂纹扩展速率越大。

图 7-26 为瞬时断裂区，可以看到典型的韧窝特征，这是金属材料延性断裂的主要微观特征。应变幅从 0.2% 增大到 0.6%，瞬时断裂区中韧窝的深度越来越浅，表明随着应变幅的增大，瞬断过程越趋于脆性断裂。

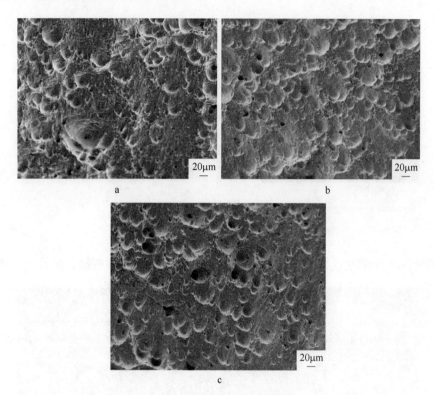

图 7-26　断裂区的微观形貌

a—$\Delta\varepsilon_t/2 = 0.2\%$；b—$\Delta\varepsilon_t/2 = 0.35\%$；c—$\Delta\varepsilon_t/2 = 0.6\%$

参 考 文 献

[1] 易伦雄，高宗余，陈维雄. 沪通长江大桥高性能结构钢的研发与应用[J]. 桥梁建设，2015，45(6)：36～40.

[2] Yanping Liu, Chuanyao Chen, Guoqing Li. Study on the Surface Crack Growth Behavior in 14MnNbq Bridge Steel[J]. Acta Mechanica Solida Sinica, 2010, 23(4): 361～369.

[3] 袁伟刚. 日本 JFE 公司高性能中厚板生产技术介绍[J]. 冶金管理，2006(10)：49～51.

[4] Wei F I. Atmospheric corrosion of carbon steels and weathering steels in Taiwan[J]. Corrosion, 1991, 26(3): 209～215.

[5] Hideya Okada, Yuzo Hosoi, Kenichi Yukawa, et al. Structure of the rust formed on low alloy steels in atmospheric corrosion[J]. Tetsu to Hagane, 1969, 55(5): 355～365.

[6] Kowaka Masamichi. Development of new materials and its problems[J]. Journal of the Society of Materials Science Japan, 1994, 43(494): 1385～1386.

［7］ Prasad S N. Thermomechanical treatment of Nb ~ microalloyed weather resistant steel［C］. AIST Steel Properties and Applications Conference Proceedings, Combined with Ms and T'07, Materials Science and Technology, Beijing, 2007: 815 ~ 829.

［8］ Prasad S N, Sarma D S. Influence of thermomechanical treatment on microstructure and mechanical properties of a microalloyed (Nb + V) weather ~ resistant steel［J］. Materials Science and Engineering A, 2005, 399 (1 ~ 2): 161 ~ 172.

［9］ He K, Crowther D N, Baker T N. Complex Zr ~ bearing carbonitrides in Zr ~ Nb microalloyed HSLA steels ［C］. THERMEC'97, International Conference on Thermo ~ mechanical Processing of Steels and Other Materials, Warrendale, 1997: 925 ~ 930.

［10］ Naohiro F, Yasushi F, Fumio Y, et al. New steels to reduce bridge ~ related lifecycle costs［J］. Kobe Steel Engineering Reports, 2003, 53(1): 47 ~ 52.

［11］ 黄桂桥，郁春娟. 金属材料在海洋飞溅区的腐蚀［J］. 金属防护，1999，32(2)：28 ~ 35.

［12］ Graville B A. Cold Cracking in Welds in HSLA Steels［C］. Proceedings on welding of HSLA (microalloyed) Structural Steels, Rome, 1978: 85 ~ 101.

［13］ Yang J R, Huang C Y, Wang S C. The Development of Ultra ~ low Carbon Bainitic Steels［J］. Materials and Design, 1992, 13(6): 335 ~ 338.

［14］ Eric M. Ultra low carbon bainitic weathering steel. USA, US6315946.

［15］ Naasimha R. Ultra ~ high strength steels with excellent cryogenic temperature toughness. USA, W09932672.

［16］ Andrew B. Ultra low carbon boron steels for applications requiring extreme drawability and/or cold formability. USA, US1292672.

［17］ Hitoshi A. Ultra ~ high strength weldable steels with excellent cryogenic temperature toughness. USA, US6264760.

［18］ Naasimha B. Ultra ~ high strength ausaged steels with excellent cryogenic temperature toughness. USA, W09932670.

［19］ Wang Yikang, et al. Controlled Rolling and Micro ~ alloying of weather Steel［C］. Proceedings of Accelerated Cooling/Direct Quenching of Steel Conference from Materials Solutions, Indianapolis, 1997: 185 ~ 189.

［20］ Shim I O, et al. Effect of alloy chemistry on mechanical properties of copper bearing HSLA steels and weld heat attected zone evaluation［C］. Proceedings of HSLA, Beijing, 1995: 565 ~ 570.

［21］ Garcia C I, Lis A K, Pytel S M, et al. Ultra ~ low carbon bainitic steel plate steels［J］. Processings of microstructure and properties, Transactions of the Iron & Steel Society of AIME, 1992: 103 ~ 112.

［22］ Mishra S K, Ranganathan S, Das S K, et al. Investigation on Precipitation characteristies in a high strength low alloy (HSLA) steel［J］, Scripta Materialia, 1998, 39(2): 253 ~ 259.

［23］ 周桂峰，文幕冰，李平和，贺信莱. Cu、B 含量对 ULCB 钢热变形温度下 Nb (C, N) 应变诱导析出的影响［J］. 金属学报，2000，13 (2)：623 ~ 628.

［24］ 李曼云，孙本荣. 钢的控制轧制与控制冷却技术手册［M］. 北京：冶金工业出版社，1998.

［25］ Plumbridge W J, Stanley M. Low cycle fatigue of a titanium 829 alloy［J］. International Journal of Fatigue, 1986, 8(4): 209 ~ 216.

［26］ Singh V, Raju P V S S, Namboodhiri T K G, et al. Low-cycle fatigue behaviour of a low-alloy high-strength steel［J］. International Journal of Fatigue, 1990, 12(4): 289 ~ 292.

［27］ Chen W Z, Song X P, Qian K W, et al. Low cycle fatigue behaviour of γ-based Ti-48Al-2Mn-2Nb alloy produced by centrifugal spray deposition［J］. International Journal of Fatigue, 1998, 20(5): 359 ~ 364.

［28］ Schweizer C, Seifert T, Nieweg B. Mechanisms and modelling of fatigue crack growth under combined low and high cycle fatigue loading［J］. International Journal of Fatigue, 2011, 33(2): 194 ~ 202.

［29］ Zhang Q, Chen D L. A model for the low cycle fatigue life prediction of discontinuously reinforced MMCs ［J］. International Journal of Fatigue, 2005, 27(4): 417~427.

［30］ Srivatsan T S. The low-cycle fatigue behaviour of an aluminium alloy ceramic particle composite ［J］. International Journal of Fatigue, 1992, 14(3): 173~182.

［31］ Charles Fouret, Suzanne Degallaix. Experimental and numerical study of the low-cycle fatigue behaviour of a cast metal matrix composite Al-SiCp［J］. International Journal of Fatigue, 2002, 24(2): 223~232.

［32］ Shijie Zhu, Yohei Kaneko, Yasuo Ochi. Low cycle fatigue behavior in an orthogonal three-dimensional woven Tyranno fiber reinforced Si-Ti-C-O matrix composite［J］. International Journal of Fatigue, 2004, 26 (10): 1069~1074.

［33］ Schneider Y, Soppa E, Kohler C. Numerical and experimental investigations of the global and local behaviour of an Al (6061) /Al_2O_3 metal matrix composite under low cycle fatigue［J］. Procedia Engineering, 2011, 10: 1515~1520.

［34］ 张丽娜, 董建新, 张麦仓. 固溶温度和稳定化工艺对 GH864 合金疲劳裂纹扩展特征的影响［J］. 北京科技大学学报, 2011, 33(11): 1366~1372.

［35］ 陈立佳, 王鑫, 智莹, 等. 挤压变形 Mg-x% Al-3% Ni 合金的低周疲劳行为［J］. 金属学报, 2009, 45(7): 856~860.

［36］ 宋凤明, 温东辉, 李陈, 等. 极低屈服点钢低周疲劳特性［J］. 2010, 22 (5): 37~40.

［37］ Chapetti M D, Tagawa T. Ultra-long cycle fatigue of high-strength carbon steels part I: review and analysis of the mechanism of failure［J］, Materials Science and Engineering, 2003: 227~232.

［38］ Mayer H, Haydn W. Very high cycle fatigue properties of bainitic high carbon-chromium steel［J］. International Journal of Fatigue, 2009: 242~244.

［39］ 龚士弘, 盛光敏. 微钒钛高抗震建筑结构钢低周疲劳性能［C］. 热轧新螺纹钢筋论文集, 全国螺纹钢筋技术交流暨新Ⅲ级钢筋推广应用研讨会, 2002: 359~362.

［40］ 束德林. 金属力学性能［M］. 北京: 机械工业出版社, 1995.

［41］ 王仁智, 吴培远. 疲劳失效分析［M］. 北京: 机械工业出版社, 1987: 265~266.

［42］ Nishijima S, Kanazawa K. Stepwise S-N curve and fisheye failure in gigacycle fatigue［J］. Fatigue & Fracture of Engineering Materials & Structures, 1999, 22: 601~607.

8 塑料模具钢

8.1 模具钢概述

模具钢大致可分为：冷轧模具钢、热轧模具钢和塑料模具钢三类，用于锻造、冲压、切型、压铸等。由于各种模具用途不同，工作条件复杂，因此对模具用钢，按其所制造模具的工作条件，应具有高的硬度、强度、耐磨性，足够的韧性，以及高的淬透性、淬硬性和其他工艺性能。

冷作模具钢，按其所制造模具的工作条件，应具有高的硬度、强度、耐磨性，足够的韧性，以及高的淬透性、淬硬性和其他工艺性能。用于这类用途的合金工具钢一般属于高碳合金钢，碳的质量分数在 0.80% 以上，同时铬是这类钢的重要合金元素，其质量分数通常不大于 5%。但对于一些耐磨性要求很高、淬火后变形很小的模具钢，铬的质量分数最高可达 13%，并且为了形成大量碳化物，钢中碳的质量分数也很高，最高可达 2.0% ~ 2.3%。冷作模具钢的碳含量较高，其组织大部分属于过共析钢或莱氏体钢。常用的钢类有高碳低合金钢、高碳高铬钢、铬钼钢、中碳铬钨钏钢等。

热变形模具在工作中除要承受巨大的机械应力外，还要承受反复受热和冷却的作用，因而引起很大的热应力。热作模具钢除应具有高的硬度、强度、红硬性、耐磨性和韧性外，还应具有良好的高温强度、热疲劳稳定性、导热性和耐蚀性，此外还要求具有较高的淬透性，以保证整个截面具有一致的力学性能。对于压铸模用钢，还应具有表面层经反复受热和冷却不产生裂纹，以及经受液态金属流的冲击和侵蚀的性能。这类钢一般属于中碳合金钢，碳的质量分数在 0.30% ~0.60%，属于亚共析钢，也有一部分钢由于加入较多的合金元素（如钨、钼、钒等）而成为共析或过共析钢。常用的钢类有铬锰钢、铬镍钢、铬钨钢等。

塑料模具包括热塑性塑料模具和热固性塑料模具。塑料模具钢要求具有一定的强度、硬度、耐磨性、热稳定性和耐蚀性等性能。此外，还要求具有良好的工艺性，如热处理变形小、加工性能好、耐蚀性好、研磨和抛光性能好、补焊性能好、粗糙度高、导热性好和工作条件尺寸与形状稳定等。一般情况下，注射成型或挤压成型模具可选用热作模具钢；热固性成型和要求高耐磨、高强度的模具可选用冷作模具钢。

8.1.1 塑料模具钢国内外发展概况

目前广泛采用的预硬型塑料模具钢，成分一般是在美国 P20 钢基础上发展的。为了改善这类钢的淬透性，适应大截面模具热处理的要求，在 P20 钢的基础上添加适量的 Ni 或提高 Mn、Mo 含量，如德国 SAARSTAHI 公司的 2311 和 2738、德胜集团的 THYROPLAST 2311 和 2711、瑞典 UDDEHOLM 公司的 718 和 2738、大同特殊钢公司的 PDS3、日立金属公司的 HPM7 等。为改善钢的切削加工性能，在这类钢中添加一些易切削元素，以此来发展成易切削预硬型塑料模具钢，如德国 SAARSTAHI 公司的 2312、德胜集团的 THYROPLAST2312、瑞典 UDDEHOLM 公司的 RAMAX2、日立金属公司的 HPM2、大同特殊钢公司的 PDS5 等。

近年来瑞典开发出较传统预硬型塑料模具钢韧性、焊接性能更好的 TOOLOX33 钢，法国和德国通过降低碳含量，提高钼含量，分别开发出具有良好加工性能和焊接性能的 SP200 钢和 THURHARD SUPREME 钢。国外部分预硬型塑料模具钢化学成分如表 8-1 所示。

表 8-1　国外部分预硬型塑料模具钢化学成分（质量分数）　　（%）

钢　号	C	Si	Mn	Cr	Ni	Mo	V	S
P20（美国）	0.34	0.50	0.80	1.70	—	0.25	—	0.008
718（瑞典）	0.37	0.30	1.40	2.00	1.00	0.20	—	0.008
TOOLOX33（瑞典）	0.24	1.10	0.70	1.30	0.10	0.80	0.11	0.001
2311（德国）	0.40	0.30	1.45	1.95	0.20	0.20	0.08	0.001
2312（德国）	0.40	0.30	1.50	2.00	0.20	0.20	0.08	0.060
2738（德国）	0.40	0.30	1.45	1.95	1.05	0.20	—	0.001
THYRHARD SUPRREME（德国）	0.26	0.10	1.45	1.25	1.05	0.50	0.10	0.001

为了满足大截面尺寸塑料的使用需要，在原来 P20 钢的基础上降低碳含量，提高 Ni、Mn、Mo 的含量，从而提高预硬型塑料模具钢的淬透性，是目前国外预硬型塑料模具钢的发展趋势。

20 世纪 80 年代，我国绝大部分塑料模具均采用碳素结构钢制造，模具的使用寿命短、质量差，压制的塑料制品质量不高。为此我国引入了通用性好的美国塑料模具钢 P20 钢，并将其正式纳入国家标准（GB 1299—85）。之后又在 GB/T 1299—2000 中加入了 P20 改进型钢种，相当于瑞典 718 钢。我国部分预硬型塑料模具钢的牌号及化学成分如表 8-2 所示。

表 8-2　我国部分塑料模具钢牌号及化学成分（质量分数）　　（%）

钢　号	C	Si	Mn	Cr	Ni	Mo	其　他
3Cr2Mo	0.28 ~ 0.40	0.20 ~ 0.80	0.60 ~ 1.00	1.40 ~ 2.00	≤0.25	0.30 ~ 0.50	S≤0.03
3Cr2MnNiMo	0.32 ~ 0.42	0.20 ~ 0.80	1.00 ~ 1.50	1.40 ~ 2.00	0.80 ~ 1.20	0.30 ~ 0.55	S≤0.03
40Cr	0.37 ~ 0.45	0.17 ~ 0.37	0.50 ~ 0.80	0.80 ~ 1.10	≤0.25	—	S≤0.03
42CrMo	0.38 ~ 0.45	0.17 ~ 0.37	0.50 ~ 0.80	0.90 ~ 1.20	≤0.30	0.15 ~ 0.25	S≤0.03
5CrMnMo	0.50 ~ 0.60	0.25 ~ 0.60	1.20 ~ 1.60	0.60 ~ 0.90	—	0.15 ~ 0.30	S≤0.03
5CrNiMo	0.50 ~ 0.56	≤0.40	0.50 ~ 0.80	0.50 ~ 0.80	1.40 ~ 1.80	0.15 ~ 0.30	S≤0.03
5CrNiMnMo VSCa	0.50 ~ 0.60	≤0.40	0.80 ~ 1.20	0.80 ~ 1.20	0.08 ~ 1.20	0.30 ~ 0.60	0.06 ~ 0.15S 0.002 ~ 0.008Ca
8Cr2MnW MoVS	0.75 ~ 0.85	≤0.40	1.00 ~ 1.50	2.30 ~ 2.60	—	0.50 ~ 0.80	0.08 ~ 0.15S 0.50 ~ 0.80Ca

此外，我国在 P20 钢基础上还自主研发了一系列衍生钢种，如 P20SRE 和 P20BSCa 等。为了增加淬透性，在 P20 钢的基础上加入 0.001% ~ 0.003% 硼；为了使硫与锰形成硫化锰夹杂破坏钢的基体连续性，达到易切削效果，加入 0.08% 左右的硫；加入 0.002% ~ 0.01% 钙采用微量的硫-钙复合作为易切削元素，钙可对硫化锰夹杂的形态进行变质处理，

使其变为纺锤状或短条状，并均匀分布，以此改善钢的等向性能；适量的稀土能使钢净化、减少偏析，并使夹杂细化和分散均匀。

为了适应我国对塑料模具钢的需求，20世纪90年代后期，上海宝钢股份有限公司针对不同的应用领域开发出B系列非调质塑料模具钢。其中B30M、B30H应用于型腔，属于贝氏体型非调质钢，硬度分别在28～32HRC和33～37HRC；而B20、B20H应用于模架，是铁素体-珠光体型非调质钢，硬度分别在20～23HRC和24～27HRC，均具有好的切削加工性能和焊接性能。我国部分非调质预硬型塑料模具钢化学成分如表8-3所示。

表8-3　我国非调质预硬型塑料模具钢化学成分（质量分数）　　　　（%）

钢　号	C	Si	Mn	Cr	Ni	Mo	V	其　他
FT	0.18～0.24	0.20～0.80	1.80～2.20	0.9～1.2	—	—	0.10	0.06～0.10S 0.005～0.010Ca
S 82	0.50～0.60	0.50	1.80～3.00	0.50～0.80	—	0.15～0.30	—	S≤0.08
Y82	0.50～0.60	1.10	1.80～3.00	0.50～0.80	—	0.15～0.30	—	S≤0.08
B20	0.30～0.40	0.20～0.60	1.20	0.30	—	—	0.05	S≤0.08
B 30PH	0.10～0.20	0.20～0.60	1.40	1.00	0.1	0.20	0.05	S≤0.08
B 30H	0.10～0.20	0.20～0.60	1.50	1.50	1.0	0.20	0.05	S≤0.08

8.1.2　预硬型塑料模具钢的分类

工业发达国家的塑料模具钢有一个专用系列，其中包括碳素塑料模具钢、预硬型塑料模具钢、易切削型塑料模具钢、耐蚀型塑料模具钢、时效硬化型塑料模具钢、非调质型塑料模具钢、高耐磨型塑料模具钢、渗碳型塑料模具钢和无磁模具钢等。由于塑料模具钢的种类繁多，划分也不尽相同，对于大截面塑料模具钢主要包括以下几类：

（1）调质预硬型塑料模具钢。该钢一般经过充分锻打后制成模块，预先热处理得到了模具所要求的硬度和使用性能；模具制造商得到材料后，直接加工成模具，不需再进行淬火、回火处理，因此可避免模具加工后在热处理过程中造成的变形、开裂和脱碳等缺陷。预硬型塑料模具钢的推广和应用，目的就是省去用户热处理，从而避免了因热处理给模具制造者带来的种种麻烦。模具制造商只需要根据塑料模具的性能需要，选择合适硬度的预硬型塑料模具钢即可。这类钢是在含0.3%～0.5%C的基础上加入适当的Cr、Mn、Ni、Mo、V等元素制成的，预硬型塑料模具钢的使用硬度一般为28～42HRC，预硬化处理时采用淬火后进行高温回火。代表性钢号有P20和718，P20钢最初由美国提出，用作预硬型塑料模具的专用钢，是一种低杂质含量的合金结构钢，P20系列钢种具有使用性能稳定、加工性能良好、经渗碳和氮化处理后表面粗糙度低等优点，所以在各种塑料模具钢中实用性较强。为改善其性能和适应模具尺寸规格日益增大的需求，钢中的C、Mn、Cr、Mo的含量进一步提高。P20钢的淬火温度为830～870℃，回火温度为550～600℃，预硬至30～35RHC。目前，P20已列入中国合金工具钢标准（即3Cr2Mo钢），并已广泛为一些工厂所采用。718较P20有更高的淬透性，调质后可在大截面尺寸保持硬度均匀一致。同时它对耐塑料制品腐蚀性有好处，是一种通用性很强的优质塑料模具钢，更适宜制作形状复杂的大、中型精密塑料模具。过去要求预硬硬度为29～35HRC，近年提高至36～

40HRC(718HH)。一些工厂使用这些钢时，有时将预硬硬度降至28HRC左右，以克服切削加工上的困难。一些典型的预硬型塑料模具钢的化学成分见表8-4。

表8-4 预硬型塑料模具钢的化学成分（质量分数） （%）

钢 号	C	Mn	Si	Cr	Ni	Mo	V
P20	0.34	0.80	0.50	1.70	—	0.42	
718	0.36	0.70	0.30	1.80	1.00	0.30	
SKT4	0.55	0.80	≥0.35	0.85	1.65	0.35	0.20
H13	0.35	0.50	1.00	5.00	—	1.50	1.00

（2）易切削预硬塑料模具钢。为了改善预硬型塑料模具钢的切削性能，往往在成分中有意加入易切削元素。美国、日本、德国都发展了一系列易切削预硬钢。国外易切削预硬钢主要是S系和S-Se系，但Se价格较贵。S系易切削钢在低、中速切削条件下具有良好的被切削性，但增加了钢材的各向异性，显著降低钢的横向塑性和韧性，在截面增大时，硫化物的偏析比较严重，因此，德国开发了钙处理的塑料模具钢，但其被切削性能不如含硫钢。我国研制了一些含硫易切削预硬塑料模具钢，如8Cr2MnWMoVS和5-Ca复合易切削塑料模具钢、5CrNiMnMoVSCa(简称5NiSCa)。表8-5为一些易切削预硬塑料模具钢的化学成分。5NiSCa钢有高的淬透性，研究表明硫化物夹杂不影响钢的镜面抛光性，该钢经860~900℃淬火和575~650℃回火后，硬度为35~45HRC，可方便地进行各种加工，用于制作大、中、小型塑料模。P20BSCa钢的性能与5NiSCa相近，可用于制作各种尺寸的注塑模，特别是大型注塑模。

表8-5 部分易切削塑料模具钢的化学成分（质量分数） （%）

钢 号	C	Mn	Si	Cr	Ni	Mo	V	S	其 他
PMF(日本)	0.52	1.00	0.25	1.05	2.00	0.30	<0.20	0.05~0.20	
DKA-F(日本)	0.38	0.80	<0.50	5.00	—	1.10	0.60	0.08~0.13	0.10~0.15Se
PFG(日本)	0.38	0.65	1.00	5.25	—	1.35	1.00	0.10~0.15	
40CrMnMoS86(德国)	0.40	1.50	0.30	1.90	—	0.20		0.05~0.10	
40CrMnMo7(德国)	0.40	1.50	0.30	1.90	—	0.20		—	0.002Ca
8CrMnWMoVS	0.80	1.50	≤0.40	2.45	—	0.65	0.18	0.08~0.15	0.9W
5NiSCa	0.55	1.00	≤0.40	1.00	1.00	0.45	0.22	0.060.15	0.002~0.008Ca
P20BSCa	0.40	1.40	0.50	1.40	—	0.20	0.10	0.10	0.008Ca,0.002B

（3）非调质塑料模具钢。调质态预硬化模具钢的硬度均匀、加工性能及力学性能较好、模具变形小，然而具有工艺复杂、能耗高等弊端。非调质塑料模具钢不经调质处理，锻、轧后可达到预硬硬度，性能与调质钢相近，有利于节约能源、降低成本、缩短生产周期。近年来国内宝钢开发出B系列非调质贝氏体型大截面塑料模具钢，其中B20、B20H应用于模架，是铁素体-珠光体型非调质钢，而B30M、B30H应用于型腔，属于贝氏体型非调质钢，硬度分别在28~32HRC和33~37HRC，均具有好的切削加工性能和焊接性能。我国部分非调质预硬型塑料模具钢化学成分参见表8-3。

8.1.3 预硬型塑料模具钢性能要求

按照塑料制品的成型方式，可将塑料分为热塑性塑料和热固性塑料。热固性塑料都是在加工、加压下进行压制成型的。模具承受周期性压力，并在 150～200℃ 温度下持续受热。热塑性塑料则通常采用注射成型，塑料是单独加热后以软化态注射到较冷的塑料型腔中，施加压力，从而使之冷却成型。注射模的工作温度为 120～260℃，工作时对模具型腔进行通水冷却，故受热、受力及受磨损程度较轻。

由于塑料模具的型腔复杂，对尺寸精度和表面粗糙度等的要求比较严格，而且正向大型化发展，所以塑料模具钢应具备的基本性能主要有：（1）高的淬透性；（2）截面硬度分布均匀，并具有良好的耐磨性；（3）良好的切削加工性，镜面抛磨性，花纹蚀刻性；（4）良好的耐腐蚀性。

影响这些性能的因素是多方面的。首先是合金化因素。Ni、Cr、Mo、Mn 等合金元素可以提高钢的淬透性，有助于改善大模块硬度均匀性。对于切削加工性而言，不同的合金元素影响不同。增加硫含量有助于提高可切削性，但当钢中硫含量增加时，其腐蚀不均匀性增大，会造成花纹刻蚀性变差。而 Ni、Cr 等元素的加入对材料的可切削性不利。其次，要考虑显微组织的影响。组织的均匀性直接关系到模块的硬度分布和加工性能情况。大模块中的带状偏析会恶化其性能。钢中非金属夹杂物的存在对加工性能影响显著，如钢中存在硬而脆的非金属夹杂物会降低钢材的抛光性能。

此外，塑料模具在 100～300℃ 温度范围内服役，注塑模注入加热软化的塑料，如尼龙、聚甲醛、聚乙烯等，含有氯、氟及其化合物的腐蚀气体的产生会对模具型腔产生一定的腐蚀作用。因此，塑料模具钢一般也要具备良好的耐蚀性，有利于保证模具的质量。

8.1.4 预硬型塑料模具钢组织

预硬型塑料模具钢包括各种组织：铁素体-珠光体、贝氏体、粒状贝氏体。考虑到预硬型塑料模具钢的使用条件，在实际生产中主要考虑其截面硬度均匀性和切削加工性，而要保持截面硬度均匀性则必须要保持塑料模具钢内外组织均匀性。此外从节约成本与微合金的锻后控制冷却代替普通淬回火处理的关系方面考虑，中碳直冷的非调质微合金锻钢代替淬回火钢日益受到重视。一般来说预硬型塑料模具钢的尺寸相对较大，由于在较大截面下冷却时冷速较慢，不易得到马氏体组织，因此硬度不均匀影响模具钢性能，且马氏体硬度虽高但脆性较大，此外还有一个问题是，马氏体转变温度较低，更容易引起内应力，且由于大型塑料构件形状复杂，对模具要求相对苛刻，为后续加工带来不便，因此缓慢冷却下钢的组织形成及性能也成为需要解决的问题。塑料模具钢一般要求其组织硬度在 35～42HRC 之间，这个硬度范围正好在中低碳钢贝氏体硬度范围之内，且由于贝氏体钢在较大界面上性能比较均匀，综合加工性能及耐磨性能各个方面考虑，贝氏体组织为比较理想的组织。因此如何获得全贝氏体组织成为了研究重点。

8.2 合金元素对预硬型塑料模具钢的影响

为研究不同合金元素对预硬型塑料模具钢的影响，设计不同成分新钢种，并进行组织性能研究。

B 是提高低、中碳钢淬透性最有效的微量元素，微量的 B 即可提高钢的淬透性，B 的加入量一般在 0.001% ~ 0.003% 之间。因此对 1 号钢加入适量的 B 元素获得新钢种，其化学成分如表 8-6 所示。

表 8-6   1 号钢化学成分（质量分数）（%）

成　分	C	Si	Mn	Ni	Cr	Mo	Ti	B	Fe
1 号钢	0.36	0.31	1.51	0.48	2.03	0.21	0.028	0.0028	余量

将 1 号钢样品在不同温度保温 10min 后以不同冷速冷却到室温的组织如图 8-1 所示，冷速在 0.02℃/s 时出现珠光体，B 元素的添加使钢具有较高的淬透性。为了分析 Ti、Nb 对组织转变的影响，同时也测试 Ti、Nb 的固氮能力，分别对实验所用材料进行组织对比，除上述 1 号钢外，另外两种钢的化学成分如表 8-7 所示，编号为 2 号、3 号。

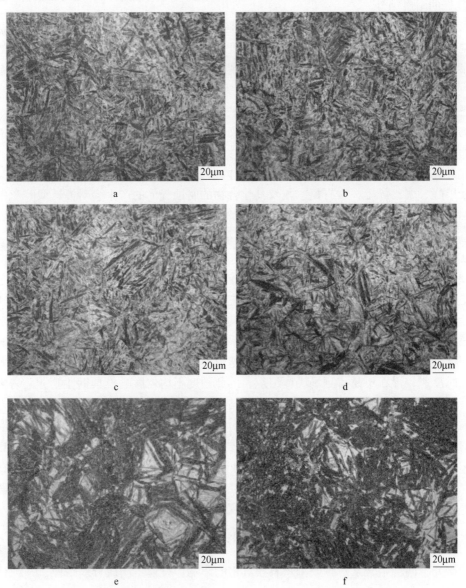

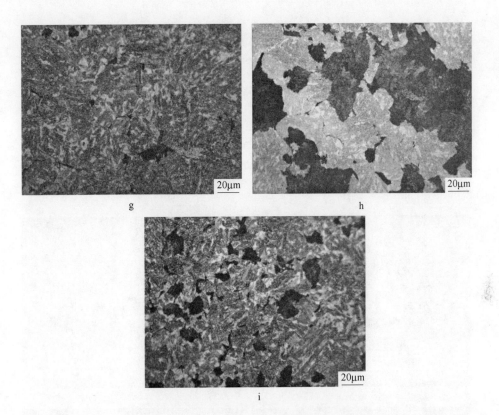

图 8-1 1号钢不同保温时间不同冷速下组织

a—920℃, 2℃/s; b—920℃, 1℃/s; c—920℃, 0.5℃/s; d—920℃, 0.2℃/s; e—1000℃, 0.1℃/s;
f—1000℃, 0.05℃/s; g—1000℃, 0.02℃/s; h—1000℃, 0.015℃/s; i—920℃, 0.02℃/s

表 8-7 2号、3号钢化学成分（质量分数） （%）

成 分	C	Si	Mn	Ni	Cr	Mo	Nb	Ti	B	Fe
2号钢	0.35	0.30	1.49	0.48	2.16	0.20	0.036		0.0025	余量
3号钢	0.34	0.28	1.45	0.48	2.18	0.20	0.034	0.010	0.0027	余量

　　为了与1号钢形成对比，从而分析 Ti、Nb 等元素对预硬型塑料模具钢组织转变的影响，将2号钢和3号钢试样在 1000℃ 保温 10min，然后以 0.015℃/s 的冷速冷却到室温，得到组织如图 8-2 所示。

　　通过对比可以看出，在同时加入 Nb、Ti 后珠光体含量略有减少。但总的来说，Ti、Nb 的加入对贝氏体转变影响较小，因为 Ti、Nb 元素在基体中的固溶温度较高，而试验所选用温度为 1000℃，且基体中 Ti、Nb 元素含量较低，使得固溶难以充分发挥，Ti、Nb 在钢中仅作为 N、O 等元素的化合物形成元素，不能从本质上改变组织的转变性能。

　　由于 B 的淬透性系数随着碳含量升高而降低，同时研究发现，在试验用钢组织内部出现珠光体而并没有出现铁素体，要想消除组织内部的珠光体，最直接的方法是降低钢中的碳含量。在1号钢的基础上，将碳含量降至 0.25%，设计出4号钢，其化学成分如表 8-8 所示。

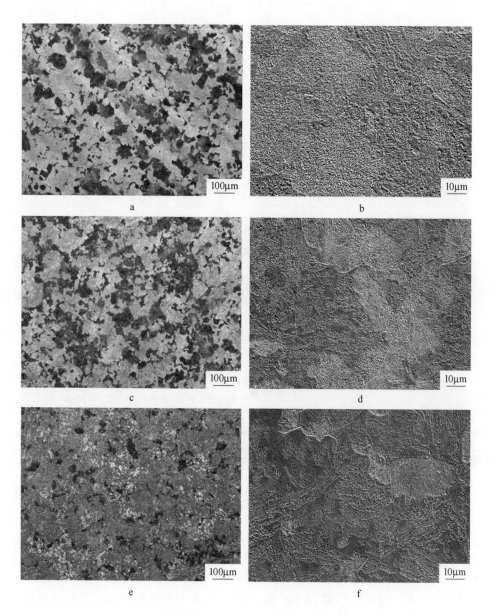

图 8-2   1~3 号钢光学及 SEM 组织
a, b—1 号；c, d—2 号；e, f—3 号

表 8-8   4 号钢化学成分（质量分数）   （%）

成 分	C	Si	Mn	Ni	Cr	Mo	Ti	B	Fe
4 号钢	0.23	0.28	1.72	0.53	2.02	0.23	0.027	0.0030	余量

将试样以 0.5℃/s 冷速冷却至 730℃，然后以 0.01℃/s 冷速冷却至 200℃或 500℃，再以 0.5℃/s 冷速冷却至室温。机械抛光后用 4%硝酸酒精溶液浸蚀，为了得到原始奥氏体组织，对不同保温温度下的试样在 60℃±10℃进行蒸馏水饱和苦味酸浸蚀，对组织进行光镜（OM）、扫描电镜（SEM）和透射电镜（TEM）观察。试样在 920℃保温 10min，不同

冷速下得到的组织如图 8-3 所示。

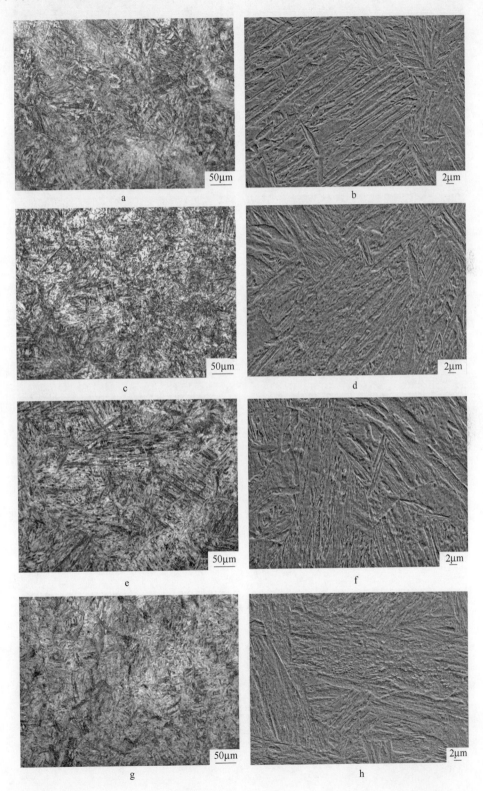

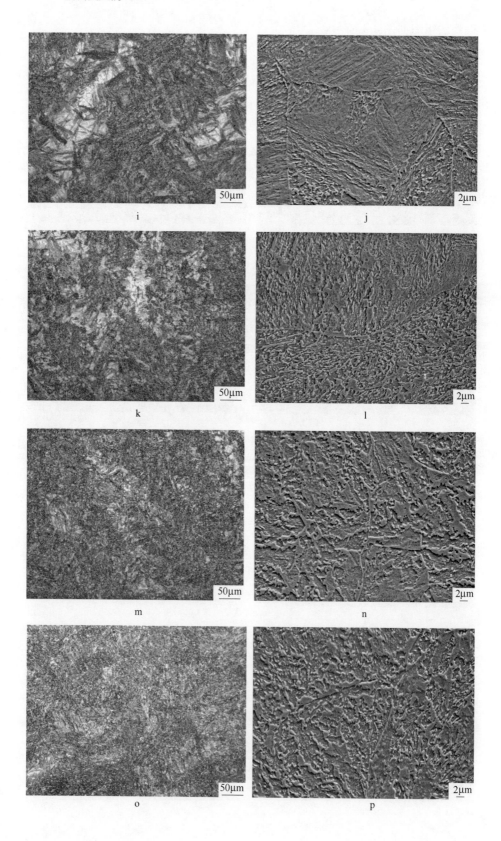

i

j

k

l

m

n

o

p

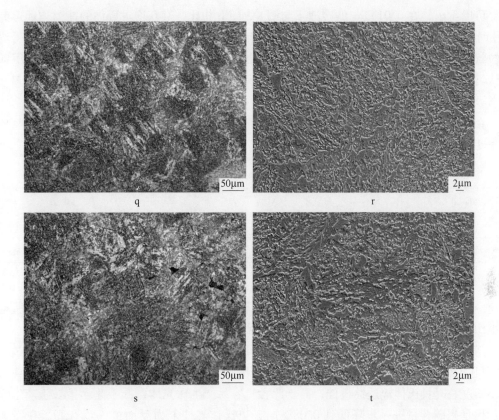

图 8-3 4 号钢不同冷速下光学及 SEM 组织

a, b—5℃/s; c, d—2℃/s; e, f—1℃/s; g, h—0.5℃/s; i, j—0.2℃/s; k, l—0.1℃/s;

m, n—0.05℃/s; o, p—0.02℃/s; q, r—0.015℃/s; s, t—0.01℃/s

通过对组织观察可以发现，当冷速为 0.015℃/s 时，试验用钢组织中依然为全贝氏体组织，在冷速不大于 0.1℃/s 时，组织即为粒状贝氏体，这可以更好地实现在一个较宽的冷速范围内组织均匀性的要求。为了更好地做对比，并且也为了对比保温温度对组织转变的影响，分别在 1000℃保温，用相同工艺冷却得到组织如图 8-4 所示。

图 8-4 4 号钢 1000℃保温冷速为 0.01℃/s

下光学（a）及 SEM（b）组织

可以看出，在 0.01℃/s 的冷速下与图 8-3a、b 相比，其获得贝氏体的能力均远远高于 1 号钢，表明在降低碳含量后，贝氏体转变能力明显提高，可在较低冷却速度下获得均匀的粒状贝氏体组织，并且由图 8-4 也可以看出，当冷速在低于 0.1℃/s 时获得的组织即为粒状贝氏体，而这种在较宽冷速下获得的组织正好满足大截面预硬型模具钢硬度均匀性的要求。

在 4 号钢的基础上将碳含量降低至 0.18% 和 0.08%，编号分别为 5 号和 6 号，其成分如表 8-9 所示。

表 8-9　5 号、6 号钢化学成分（质量分数）　　　　　　　　　　　　（%）

成　分	C	Si	Mn	Ni	Cr	Mo	Ti	B	Fe
5 号钢	0.19	0.32	1.56	0.49	2.12	0.22	0.024	0.0030	余量
6 号钢	0.08	0.29	1.49	0.54	2.01	0.23	0.019	0.0030	余量

分别在 1000℃ 保温 10min，为保证各组织转变温度在所需冷却速度范围内，以 0.5℃/s 冷速冷却至 730℃，然后以不同冷却速度冷却至 200℃，再以 0.5℃/s 冷却至室温。所得金相组织及 SEM 组织如图 8-5 所示。

随着碳含量的降低，珠光体逐渐减少，贝氏体转变能力先升高后下降，但是通过组织观察可以发现，当碳含量在 0.18% 时，开始出现铁素体，贝氏体淬透性降低。碳含量在 0.25% 左右时贝氏体淬透性最佳，高于此含量容易产生珠光体，低于此含量易于产生铁素体。但是当碳含量进一步降低到 0.08% 时，贝氏体转变能力反而进一步升高，在冷速为

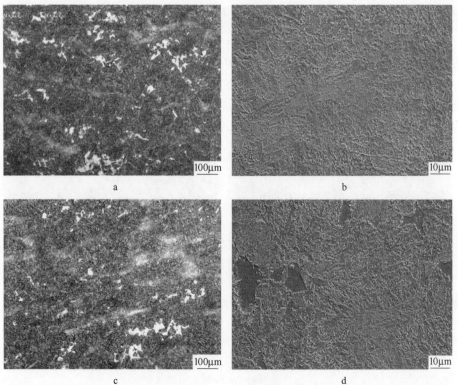

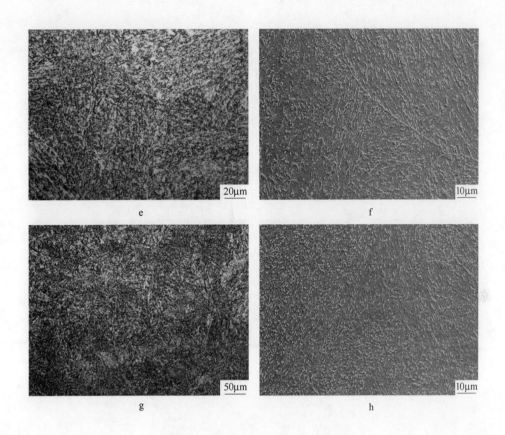

图 8-5 不同冷速下光学及 SEM 组织

a，b—5 号，0.01℃/s；c，d—5 号，0.008℃/s；e，f—6 号，0.015℃/s；g，h—6 号，0.01℃/s

0.01℃/s 时，可获得全贝氏体组织。

关于 Cr、Mo 对组织转变的影响问题，存在不同的观点。Mo 对预硬型塑料模具钢组织转变的影响大于 Cr，在较低温度下淬火时 Cr 含量增多容易在晶界处诱发铁素体生成。为了降低 Cr 对预硬型塑料模具钢的不利影响，尝试通过降低 Cr 含量，提高 Mo 含量来改善组织性能。设计成分将 Cr 含量降低 0.5%，Mo 含量提高 0.2%，其余成分不变，设定其编号为 7 号（25C-1.5Cr-0.4Mo），成分如表 8-10 所示。

表 8-10 7 号钢化学成分（质量分数）　　　　　　　　　　（%）

成　分	C	Si	Mn	Ni	Cr	Mo	Ti	B	Fe
7 号钢	0.26	0.31	1.54	0.53	1.57	0.41	0.028	0.0030	余量

试样在 920℃ 保温后从 730℃ 开始以 0.01℃/s 冷却至 200℃ 试样组织如图 8-6 所示。

可以看出，在降低 Cr 含量而增加 Mo 含量后，试样获得全贝氏体的能力提高。而 Cr、Mo 都为提高淬透性元素，表明 Mo 可以很好地抑制珠光体的产生。因此就对珠光体的抑制方面来说，7 号要优于 4 号。

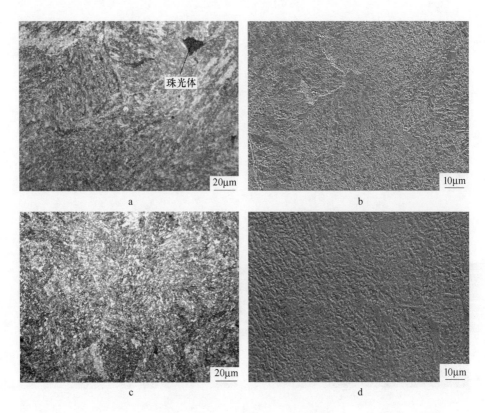

图 8-6　4 号、7 号光学及 SEM 组织

a，b—4 号；c，d—7 号

8.3　预硬型塑料模具钢工艺优化

　　将 4 号试样以 0.5℃/s 冷却至 730℃，然后以 0.01℃/s 冷却至 200℃或 500℃，再以 0.5℃/s 冷却至室温。对不同保温温度下的试样在 60℃ ±10℃进行蒸馏水饱和苦味酸浸蚀，对组织进行金相观察并分析。

　　先对试验用材料在 920℃保温 10min 然后以 0.01℃/s 冷速冷却。另选试样进行两次淬火，保温温度分别为 880℃和 860℃，保温时间为 5min，冷速为 5℃/s，然后在 920℃保温 5min，以 0.01℃/s 冷却，对上述两种工艺的试验用钢进行原奥氏体晶粒侵蚀，获得组织分别如图 8-7 和图 8-8 所示。

　　通过对组织进行观察可以看出，未淬火试样在 0.01℃/s 时，只有少量的珠光体产生。在经历过两次淬火后 0.01℃/s 冷速冷却时，原奥氏体晶粒组织有了明显的细化。组织中珠光体仅仅略有增加。一般认为晶粒尺寸增加，淬透性降低。关于奥氏体晶粒尺寸对贝氏体钢淬透性的影响，有分析认为，由于贝氏体可以在整个晶粒内成核，晶粒尺寸的变化对贝氏体淬透性的影响理应比对珠光体淬透性的影响要小；随着钢中碳含量的增加，奥氏体晶粒度影响淬透性的作用随之减小，且合金化过程越复杂，其作用越小，但是贝氏体的形核位置和形核温度仅仅决定贝氏体的形态，而决定淬透性高低的珠光体和铁素体易于在晶界处形核，晶粒度的增加将为珠光体及铁素体生成提供更大的几率，这是晶粒细化后珠光

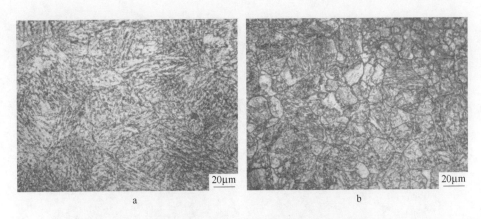

图 8-7　920℃保温 0.01℃/s 冷速冷却原始奥氏体组织
a—淬火前；b—淬火后

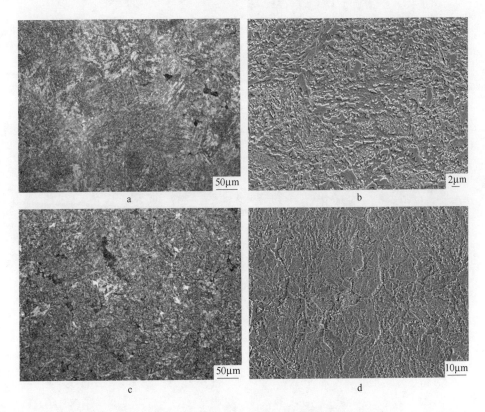

图 8-8　920℃保温 0.01℃/s 冷速冷却光学及 SEM 组织
a，b—淬火前；c，d—淬火后

体略有增加的原因。

　　分别对 4 号、7 号 880℃保温，730~500℃以 0.01℃/s 冷速冷却试样的淬火及未淬火组织进行原奥氏体晶粒观察，如图 8-9 和图 8-10 所示。

　　通过对原奥氏体晶粒观察发现，未淬火试样 880℃保温 10min 和 30min 原奥氏体晶粒几乎没有变化，晶粒度较小。淬火后保温 5min 试样原奥氏体晶粒明显细化，由于珠光体

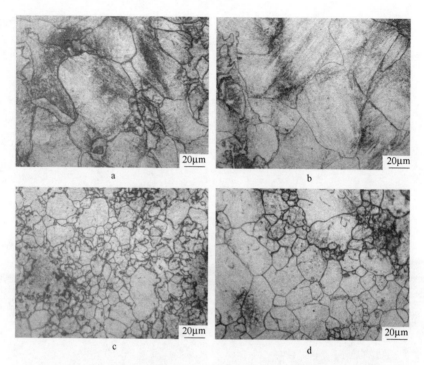

图 8-9　4 号钢 880℃保温 730～500℃0.01℃/s 冷却原奥氏体组织
a—淬火前保温 10min；b—淬火前保温 30min；c—淬火后保温 5min；d—淬火后保温 30min

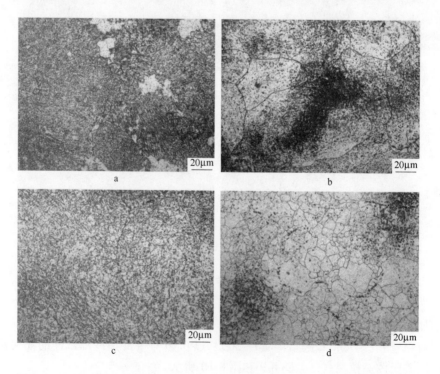

图 8-10　7 号钢不同工艺下 880℃保温 730～500℃0.01℃/s 冷却时原奥氏体组织
a—保温 10min；b—保温 30min；c—二次淬火后保温 5min；d—二次淬火后保温 30min

组织相对更难以看到其原奥氏体形貌，图中没有明显形成奥氏体晶粒的部分应为珠光体组织，而铁素体组织一般都有明显的晶界，原奥氏体组织中在晶界上沿晶界形成细长的部分应为沿晶界生成的铁素体。铁素体沿着晶界分布，虽然不能明显看出原奥氏体大小，但是也可以看出原奥的基本形貌。淬火后保温 30min，晶粒尺寸略微增加，但贝氏体淬透性明显提高。840℃二次淬火 880℃保温 30min 试样与在 860℃二次淬火后 920℃保温 5min 试样原始奥氏体晶粒相当，但有更多的铁素体生成，尤其是 9 号二次淬火后 880℃保温冷却时其铁素体含量更少，这更进一步表明在贝氏体淬透性较高的预硬型塑料模具钢中，晶粒度并不是影响贝氏体淬透性的决定性因素，甚至可以忽略不计。当贝氏体淬透性达到极限时，晶粒度对淬透性有一定影响，细化晶粒后可以增加铁素体或者珠光体的数量，但是并不能明显降低贝氏体淬透性，影响最大的依然是 B 元素及其所生成的碳化物。在试样达不到贝氏体淬透性极限的情况下，铁素体或者珠光体的产生主要由碳化物诱发产生，因而多产生多边形铁素体。在达到贝氏体淬透性极限的情况下，淬透性由碳化物跟晶界形核共同产生，因而多边形铁素体与晶界铁素体共同产生。

8.4 预硬型塑料模具钢应用性能研究

对于厚度尺寸在 500mm 以上的大截面预硬型塑料模具钢来说，由于其尺寸大的缘故，温度变化难以准确地测量，而在研发过程中，对温度变化的预测和测量都十分重要。大厚度尺寸的模具钢温度场更多的是基于传热学原理求解得到。采用数值模拟及物理模拟方法对实际生产条件下非调质预硬型塑料模具钢的温度场进行研究。

8.4.1 温度场数值模拟分析

以大型塑料模具钢（4 号钢）实际生产尺寸为依据建立模型，为方便对比和计算，设定模拟模块尺寸为：$3000mm \times 1000mm \times h$，其中 h 为模拟试样厚度（500mm、600mm、700mm、800mm、900mm 和 1000mm）。

边界条件为空冷时辐射率为 0.6，对流换热系数为 $7W/(m^2 \cdot ℃)$；风冷时辐射率为 0.6，对流换热系数为 $29W/(m^2 \cdot ℃)$。

热物性参数是由材料本身决定的，包括导热系数 λ、密度 ρ、比定压热容 c_p 等。热物性参数随材料的组织状态和温度变化而变化。在数值模拟计算过程中，热物性参数是随时间变化而变化的。模拟中用到的热物性参数可以由手册查得或通过实验确定。表 8-11 为 4 号钢不同温度下的密度。

表 8-11　不同温度点下实验钢的密度

温度/℃	25	200	400	600	800	900
密度/$g \cdot m^{-3}$	7.81	7.75	7.70	7.65	7.62	7.60

表 8-12 为实测 4 号钢材料热物性参数。由于这些参数是实测值，有相当的准确性，本模型可以直接读取这些参数进行计算，故可确保计算精度。只有这些参数的准确可靠才能确保整个模型预测的准确性。

表 8-12 不同温度点下实验钢的比热容及导热系数

试验温度/℃	25	550	650	750	850	950
比热容/J·(kg·K)$^{-1}$	448	575.5	826.2	738.1	598.3	612.1
导热系数/W·(m·K)$^{-1}$	40	23.9	28.3	23.9	24.4	26.0

由于大模块冷却过程中会发生固态相变，因此还要考虑相变潜热。焓值的变化 ΔH 可描述为密度、比热容以及温度的函数，并存在如下关系式：

$$\Delta H = \int \rho c(T) \, dT \tag{8-1}$$

可见，ΔH 是密度与比热容乘积对温度的积分，其单位为 J/m^3。利用公式（8-1）求得 6 号钢不同温度点的相对焓值，如表 8-13 所示。

表 8-13 不同温度点下实验钢的相对焓值

温度/℃	25	550	650	750	850	950
焓值/J·m^{-3}	0	2.31×10^9	2.95×10^9	3.51×10^9	3.96×10^9	4.43×10^9

对大型非调质模具钢模块进行瞬态以及相变热分析模拟，以 800mm 厚度模块进行空冷热模拟为例，初始温度为 920℃。温度场模拟计算结果如图 8-11 所示。从图中可以看

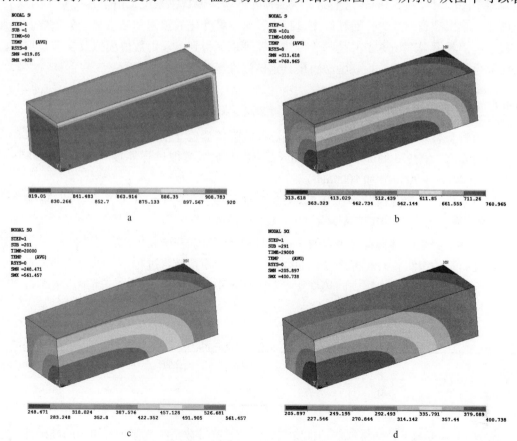

图 8-11 不同时刻时温度场分布

a—50s；b—10000s；c—20000s；d—29000s

出，运行29000s后，模块心部的温度已经降到了400℃。

图8-12为空冷时不同厚度模具钢模块温度场有限元模拟计算结果。从图中可以看出，厚度越大，模块从920℃冷却至500℃时的时间越长。

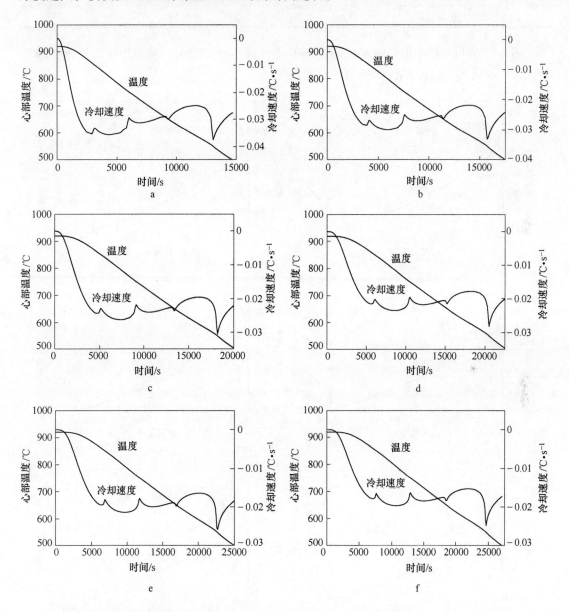

图8-12 模块空冷时心部温度及冷却速度

a—h = 500mm；b—h = 600mm；c—h = 700mm；d—h = 800mm；e—h = 900mm；f—h = 1000mm

表8-14为不同厚度模块空冷时的心部冷却速度。在实验过程中，获得全部是贝氏体组织的最低冷却速度为0.01℃/s。从表8-14中可以看出，厚度为500~1000mm，其最小冷却速度均大于0.01℃/s。由此可知，空冷时厚度为500~1000mm时，均可获得全贝氏体组织。

表 8-14　不同厚度模块空冷时心部冷却速度

空冷模块厚度/mm	500	600	700	800	900	1000
550~850℃最低冷速/℃·s^{-1}	0.025	0.022	0.020	0.017	0.016	0.015
最低冷速发生温度/℃	590	591	594	592	594	596

图 8-13 为风冷时不同厚度模块温度场有限元模拟计算结果。从图中可以看出，厚度越大，模块从 875℃冷却至 300℃时的时间越长。

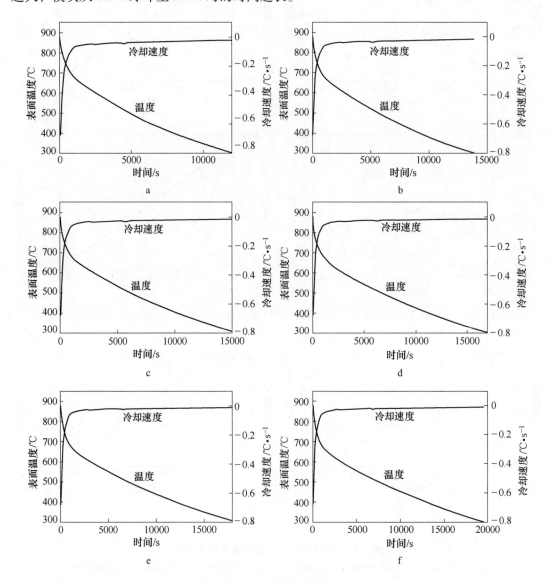

图 8-13　模块风冷时表面温度及冷却速度

a—h = 500mm；b—h = 600mm；c—h = 700mm；d—h = 800mm；e—h = 900mm；f—h = 1000mm

　　因贝氏体相变一般产生在 300~550℃这个温度区间内，故求出不同厚度尺寸工件在 300~550℃的最大冷却速度，如表 8-15 所示。以 h = 800mm 的模块为列，求得在 300~

550℃这个温度区间的最大冷速为 0.030℃/s，温度在 514℃，故若实验钢在高于该速度的冷却速度下依然能避免生成马氏体而获得贝氏体组织，那么该实验钢就能够在相应大厚度模块表面获得全贝氏体组织。

表 8-15　不同厚度模块风冷时表面冷却速度

风冷模块厚度/mm	500	600	700	800	900	1000
550～300℃最高冷速/℃·s⁻¹	0.044	0.038	0.034	0.030	0.027	0.025
最高冷速发生温度/℃	512	512	513	514	514	514

至此，通过数值模拟方法获得了不同厚度尺寸大模块实验钢板坯在空冷时心部的冷却速度以及风冷时表面的冷却速度，进而确定了实际工件非调质生产时的冷却速度范围，为指导贝氏体非调质预硬型塑料模具钢的合金元素设计提供了依据，也为后期实验钢的开发提供了验证条件。仍然以 $h = 800\text{mm}$ 的模块为例，只要设计的实验钢在 0.017～0.030℃/s 这个冷却速度范围内只发生贝氏体相变，则实验钢在实际非调质生产时，即锻造后空冷或风冷时就能在整个截面上获得全贝氏体组织，保持整个截面上的硬度均匀性。

为了测试在如此低的冷速下多大规格的钢能够获得贝氏体组织，通过有限单元法模拟 1200mm 厚度钢板的心部空冷时其冷却速度。模拟结果如图 8-14 所示。

可以看出，在 880℃以下温度的冷却速度最低时也在 0.01℃/s 以上，而在主要的铁素体及珠光体转变区域内的最低冷速都在 0.011℃/s 以上，从这方面表明，实验所采用成分完全可以作为 1200mm 厚度规格的预硬型塑料模具钢使用，而不用担心其出现铁素体及珠光

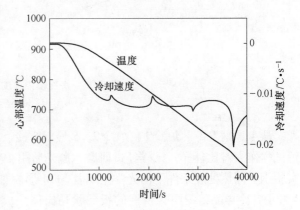

图 8-14　空冷条件下心部温度及冷却速度

体的转变。为避免有限元模拟所带来的误差，将 7 号试样作为 1200mm 厚度塑料模具钢的备用成分。

从另一层面看出，保温温度的升高可以提高贝氏体转变能力，保温温度越高，可以避开起始冷却时的低冷速区域，在铁素体及珠光体转变区域内的冷速较高，因而有更少的转变成铁素体和珠光体的机会。

8.4.2　实验室冷却物理模拟

为了真实体现大厚度尺寸预硬型塑料模具钢模块生产时模块中层（即模块中心厚度 1/4 处）以及模块心部（即模块中心厚度 1/2 处）的冷却状态，及其冷却过程中的温度变化，在 4 号钢空冷锻坯上取两块料，然后在热处理炉中加热至 920℃，保温 2h 后随炉密封冷却，使坯料的冷却速度尽量小，并进行温度实时采集。由于大模块中层和心部的冷却速度不同，即要求两块坯料的冷却速度不同，故选择把两块坯料分别放入两个保温性能不相

同的热处理炉进行炉冷来实现，分为炉冷 1（模块中层）和炉冷 2（模块心部），而在 4 号钢空冷锻坯上直接取料近似模拟大模块表层部分。

图 8-15a 为 4 号钢炉冷过程中采集的温度数据变化曲线，可以从中看出 4 号钢炉冷 1 和炉冷 2 在 500℃以上冷速相差不多，大概都在 10000s 左右时降到 500℃，但在这之后炉冷 2 的冷速就明显比炉冷 1 的冷速慢得多，同样冷到 300℃，炉冷 1 大概用了 18000s，而炉冷 2 则大概用了 27000s，相差将近 10000s。

作为一个参照，对 5 号钢也进行一次炉冷 1 处理，图 8-15b 即是 5 号钢炉冷 1 的温度采集数据，由于采用的是同一个热处理炉，故其冷却规律基本与 4 号钢炉冷 1 一致。

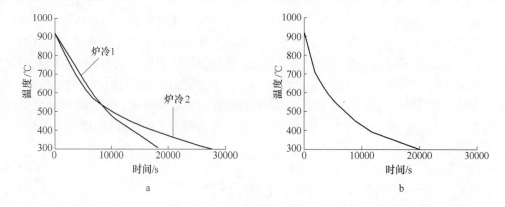

图 8-15　炉冷模拟温度实测曲线
a—4 号钢；b—5 号钢

从 4 号钢空冷、炉冷 1、炉冷 2，5 号钢空冷、炉冷 1 坯料上切取试样，并以调质 P20 钢试样作为对比标样，试样经过研磨，抛光后用 4%的硝酸酒精进行浸蚀，观察金相组织。实验钢不同热处理条件下的光学组织及 SEM 形貌如图 8-16 所示。从金相照片中可以看出 4 号钢空冷样品组织中有少许的板条状马氏体生成，这是由于空冷样品冷速稍大造成的，而从上一节模拟结果可知，由于模块内部热的向外传输，实际大模块钢空冷表面的冷速要比实验室小模块钢锻后空冷的样品冷速慢得多（模拟结果：厚度 500mm→1000mm，表面冷速 0.044℃/s→0.025℃/s），4 号钢冷速为 0.1℃/s 时组织已成为均匀的粒状贝氏体，故在实际生产中大模块钢表面不会生成马氏体组织。炉冷 1 和炉冷 2 样品中无马氏体组织产生，更没有块状铁素体出现，是典型的粒状贝氏体组织，只是炉冷 2 样品中的贝氏体组织显得更加均匀，这也符合大厚度模块钢在空冷情况下的一般规律，越靠近心部冷速越慢，贝氏体组织越均匀。这点也能从 SEM 照片中得到印证，可以看出 4 号钢的三种样品中贝氏体组织均由铁素体基体与岛状相组成。

从 5 号钢的金相照片中可以看出，由于冷速相对较高，空冷态样品组织中有一些不规则的白色区域与贝氏体组织混合在一起，经过对白色区域的显微硬度测定，硬度都在 500HV 左右，所以可推断此白色区域为马氏体组织，而周围的贝氏体组织显微硬度都在 410HV 左右；而在炉冷态样品组织都是比较均匀的贝氏体组织，显微硬度都在 400HV 左右，这点也能从它的 SEM 形貌中得到印证。

由于实验用 P20 钢是经过调质处理的预硬型塑料模具钢，故其金相显微组织主要为回

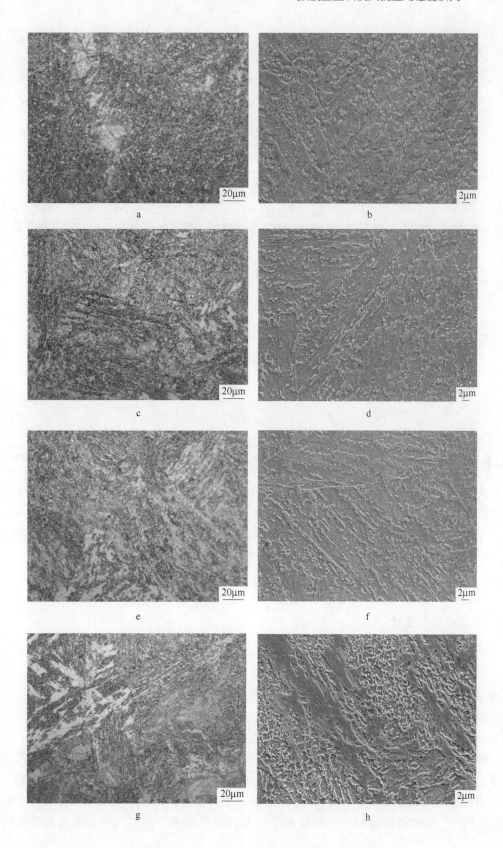

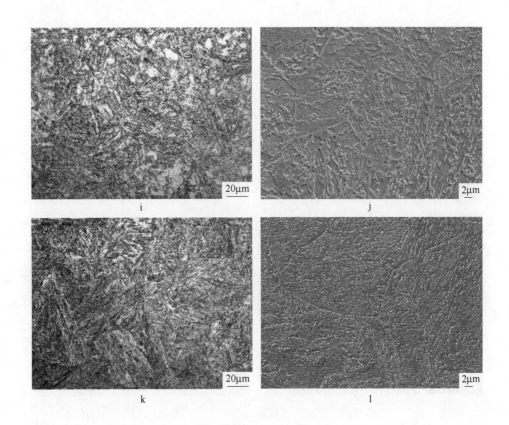

图 8-16　实验钢与标样的金相组织

a, b—4 号空冷；c, d—4 号炉冷 1；e, f—4 号炉冷 2；g, h—5 号空冷；i, j—5 号炉冷 1；k, l—调质 P20

火贝氏体，且分布相对均匀；而从扫描照片中也可看出其贝氏体基体上分布有均匀细小弥散的碳化物，是典型的回火组织。

至此，4 号和 5 号实验钢锻造后一部分直接空冷，一部分进行炉冷模拟心部及中层，从而近似实现了大断面预硬型塑料模具钢模块表层、中层和心部的冷却状况。

8.5　预硬型塑料模具钢耐磨性试验研究

8.5.1　摩擦磨损试验

为使新型非调质预硬型塑料模具钢的磨损性能具有可比性，选择调质预硬型塑料模具钢 P20 作为标样，且都在 HT-600 型磨损试验机上进行。HT-600 型摩擦磨损试验机的工作原理如图 8-17 所示，对磨球为 45 号钢，被测试样为 6 号钢空冷、炉冷 1、炉冷 2，7 号钢空冷、炉冷 1 样品，以调质 P20 钢试样作为标样。磨损实验的实验参数为：载荷 10N，转速 560r/min，半径 2mm，时间 15min，根据试验要求，选取试验温度为室温。

磨损完毕后，用丙酮清洗，试样用 HSR200-3 型金刚石触针电感式轮廓仪（二维采样长度为 4.000000mm；采样间隔为 0.002500mm；采样段数为 1；数据点数为 1600）测量出磨痕圈槽截面的宽度及深度，然后根据以下列出的计算公式分步计算出磨损路程、磨损圈槽截面面积、磨损圈槽体积，最后计算出样品的磨损率来分析不同样品在耐磨性上的差

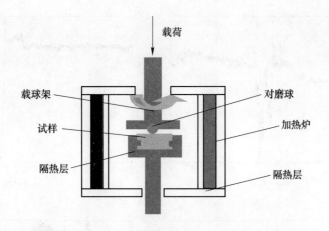

图 8-17　HT-600 型摩擦磨损试验机工作原理示意图

异，并在 LEO1450 型扫描电镜上观察磨损圈槽的形貌。

磨损路程：
$$L = 2\pi NTR \tag{8-2}$$

圈槽截面面积：
$$S = 0.5\pi ab \tag{8-3}$$

圈槽体积：
$$V = 2\pi RS \tag{8-4}$$

样品磨损率：
$$\tau = \frac{V}{FL} \tag{8-5}$$

式中，F 为磨损载荷；R 为磨损圈槽半径；N 为磨损转速；T 为磨损时间；a 为圈槽宽度；b 为圈槽深度。

为了能测算出磨损圈槽的体积来计算磨损率，使用了轮廓仪来测量圈槽截面的宽度和深度，图 8-18 是这 6 种模具钢样品磨损圈槽的截面轮廓图。

从以上各种样品磨损圈槽的截面轮廓图中可以看出，圈槽轮廓线比较乱，不光滑，故经过综合估量，近似测得磨损圈槽的宽度及深度，见表 8-16。

表 8-16　样品磨损圈槽宽度、深度及磨损量

项　　目	4 号空冷	4 号炉冷 1	4 号炉冷 2	5 号空冷	5 号炉冷 1	P20
宽度/μm	300	220	460	480	430	600
深度/μm	0.90	1.25	0.86	1.40	1.60	0.76
磨损量/μm^2	270	275	395.6	672	688	456

实验条件为：磨损载荷 $F = 10$N，磨损圈槽半径 $R = 2$mm，磨损转速 $N = 560$r/min，磨损时间 $T = 15$min，并设定圈槽宽度为 a，圈槽深度为 b。

因此磨损路程为：

$$L = N \times T \times 2\pi R = 560\text{r/min} \times 15\text{min} \times 2 \times 3.14 \times 2\text{mm} = 105.5\text{m}$$

经计算各个试样的磨损率如表 8-17 所示。

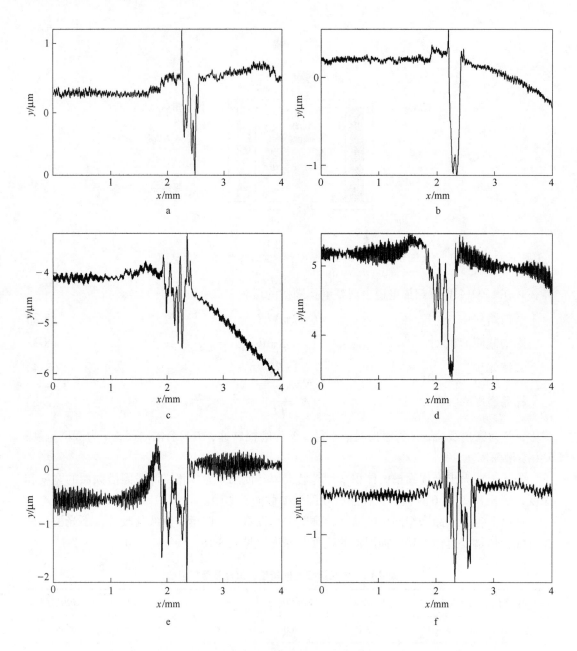

图 8-18　预硬型塑料模具钢样品磨损圈槽的截面轮廓图
a—4 号空冷；b—4 号炉冷 1；c—4 号炉冷 2；d—5 号空冷；e—5 号炉冷 1；f—调质 P20

表 8-17　样品磨损率

4 号空冷	4 号炉冷 1	4 号炉冷 2	5 号空冷	5 号炉冷 1	P20
50.5	51.4	73.9	126	129	85.2

从表 8-17 所示不同样品的磨损率可以看出，4 号钢中空冷的磨损率最小，其次是炉冷 1，炉冷 2 的磨损率最大，即表示这三种热处理方式下实验钢的耐磨性能由好到坏的

顺序为：空冷 > 炉冷 1 > 炉冷 2。可以看出，4 号钢空冷样品组织中有少许的马氏体生成，而炉冷 1 和炉冷 2 样品组织为粒状贝氏体，无马氏体组织产生，只是炉冷 2 样品中的贝氏体组织显得更加均匀，这也符合大厚度模块钢在空冷情况下的一般规律，越靠近心部的部位冷速越慢，贝氏体组织越均匀，硬度越低，进而耐磨性越差。5 号钢的两个样品磨损率是最大的，可以看出耐磨性比 P20 钢差得多，模具钢的耐磨性主要由模具钢中碳化物数量、形貌、分布、大小所决定，碳化物数量越多，尺寸越大，分布越均匀，形貌越圆整，其耐磨性越高，5 号钢碳含量低，导致硬质碳化物稀少，且基体中有块状铁素体形成，硬度低，故耐磨性最差。调质 P20 钢则是典型的回火组织，最重要的是 4 号钢三种样品的磨损率都小于 P20 钢的磨损率，故可推断 4 号钢的耐磨性能要好于标准调质 P20 钢。

8.5.2 磨损形貌分析

图 8-19 为预硬型塑料模具钢样品根据试验要求在载荷为 10N、转速为 560r/min、半径为 2mm、时间为 15min 的常温干滑动磨损条件下放大 100 倍时的磨损形貌电镜照片。图 8-19a ～ c 是 4 号实验钢分别在热处理条件为空冷、炉冷 1、炉冷 2 时的磨损形貌照片，可以看出图 8-19a 和 b 的磨损面上有轻度的擦划，但图 8-19a 没有明显的剥落坑，图 8-19b 有些许比较明显的剥落坑，而图 8-19c 中的擦划则比较严重，磨损圈槽也较图 8-19a 和 b 宽，剥落坑也相较图 8-19a 和 b 明显，并且图 8-19c 在磨损面上出现了白色的花样，这是因为表面在磨损过程中发生了氧化，主要是摩擦磨损导致表面温度升高使反应容易发生，基体中生成各种氧化物的结果。

图 8-19d 和 e 是 5 号实验钢分别在热处理条件为空冷和炉冷 1 时的磨损形貌照片，可以看出图 8-19d 和 e 的磨损圈槽与图 8-19c 的宽度差不多，但这两个样品的剥落坑非常明显且剥落现象非常严重，用肉眼和轮廓仪测量结果可以明显判断出图 8-19d 和 e 的磨损圈槽比图 8-19a ～ c 的深得多，可见其磨损程度比较严重。因为槽的深度很深，电镜的景深有限，所以槽里面的具体形貌无法清晰分辨，说明 5 号钢的耐磨性远不如 4 号钢，这点也验证了磨损率计算所得的结果。

图 8-19f 是标样调质 P20 钢的磨损形貌照片，可以看出磨损表面圈槽相比之前 5 个样品更宽，至于圈槽深度和剥落现象严重程度与图 8-19c 差不多，但相比图 8-19d 和 e 则情况要明显好得多。

8.5.3 摩擦磨损系数分析

滑动摩擦力的大小和彼此相互接触物体的正压力成正比，即 $f = \mu N$，其中 μ 为滑动摩擦系数，它是一个没有单位的数值。滑动摩擦系数与接触物体的材料、表面光滑程度、干湿程度、表面温度、相对运动速度等都有关系。从整个公式看来，滑动摩擦力对于两个给定的表面，和接触表面面积无关。

摩擦磨损是一个系统，需要全面讨论配副材料、环境、载荷、温度等因素。一般情况下，材料的硬度越高，其耐磨性越好。提高耐磨性可以根据材料的特性、加工工艺和产品使用工况来选择。对相同的摩擦副来说摩擦系数越小越耐磨，对不同的摩擦副来说，比如汽车中的离合器片、制动器片、摩擦系数很大又很耐磨。

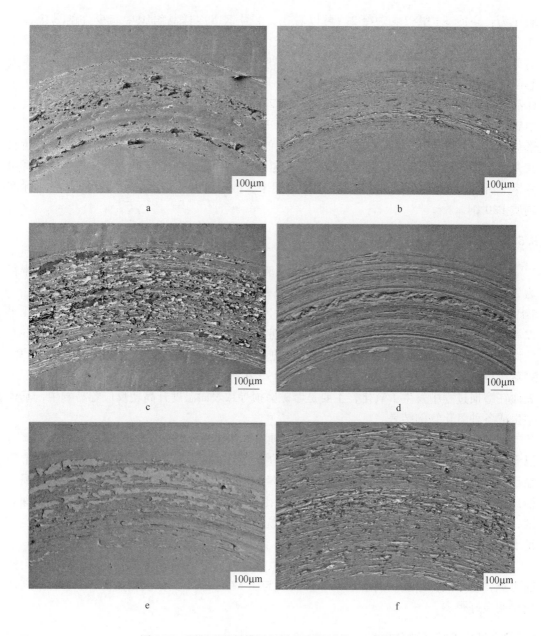

图 8-19　预硬型塑料模具钢样品磨损后的 SEM 形貌

a—4 号空冷；b—4 号炉冷 1；c—4 号炉冷 2；d—5 号空冷；e—5 号炉冷 1；f—调质 P20

　　图 8-20 为预硬型塑料模具钢样品根据试验要求在载荷为 10N、转速为 560r/min、半径为 2mm、时间为 15min 的常温干滑动磨损条件下的磨损系数与时间的关系曲线对比。图 8-20a 所示 4 号钢空冷样品的摩擦系数围绕在 0.3 上下一个很小的范围内波动；而图 8-20b 所示 4 号钢炉冷 1 样品的摩擦系数起初在 0.33 周围波动，但稳中有升最后稳定在 0.35 周围小幅度波动；图 8-20c 所示 4 号钢炉冷 2 样品的摩擦系数在试验前期波动幅度较大，在 0.27 ~ 0.38 之间振荡，可能是因为样品表层中一些硬物质（如碳化物）的分布不均匀造成的摩擦系数的波动，但在试验的后期，其摩擦系数有渐渐趋近于围绕 0.3 小幅度波动的

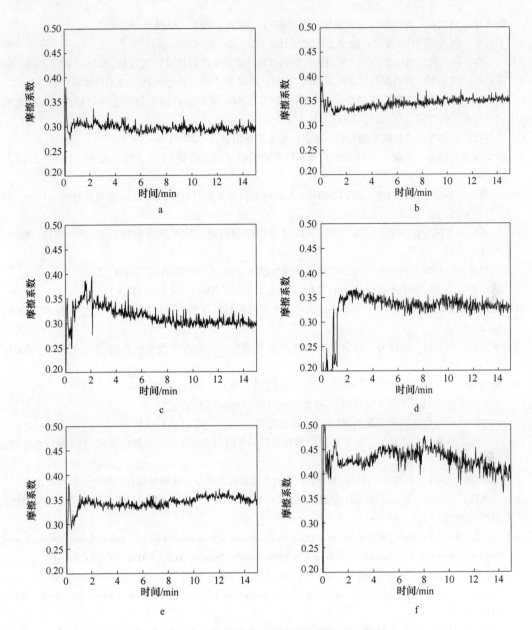

图 8-20 样品摩擦系数与时间的关系曲线

a—4 号空冷；b—4 号炉冷 1；c—4 号炉冷 2；d—5 号空冷；e—5 号炉冷 1；f—调质 P20

稳定趋势，这可能是样品表层较深处各种物质变均匀导致摩擦系数趋向于稳定，且磨屑在基体磨损面和磨球之间成为了磨损的润滑剂，也起到了一定的减磨的作用，故摩擦系数在后期较炉冷 1 样品小。

参 考 文 献

[1] 马党参，陈再枝，刘建华. 我国模具钢的发展机遇与挑战[J]. 金属加工，2008，8：71～75.

[2] 张洪奎，徐明华. 浅谈我国模具钢的发展空间[J]. 热处理，2008，23(5)：7～16.

[3] 陈再枝, 马党参. 我国模具钢的发展战略分析[J]. 钢铁, 2006, 41(4): 5~9.

[4] 姜祖赓. 模具钢[M]. 北京: 冶金工业出版社, 1988: 2~5.

[5] 马党参, 陈再枝, 刘建华, 等. 国内模具钢的市场前景及生产现状[J]. 宽厚板, 2004, 10(1): 1~6.

[6] 段志祥, 高余顺. 塑料模具钢的发展和应用[C]. 2002 年中国工程塑料加工应用技术研讨会, 2002.

[7] 王淼辉. 模具钢在中国的现状及未来发展战略[C]. 2006 年中国机械工程学会年会暨中国工程院机械与运载工程学部首届年会, 2006.

[8] 陈再枝, 蓝德年. 模具钢手册[M]. 北京: 冶金工业出版社, 2002: 5~30.

[9] 娄德春, 吴晓春, 崔崑, 等. P20SRE 塑料模具钢的热处理及性能[J]. 金属热处理, 1996, 21(6): 27~30.

[10] 赵建生, 乔学亮, 孙培祯, 等. P20BSCa 大截面塑料模具钢淬透性研究[J]. 金属热处理, 1994, 19(7): 3~7.

[11] 杨志刚, 方鸿生, 王家军, 等. 新型贝氏体易切削塑料模具钢中夹杂物的研究[J]. 钢铁, 1994, 29(12): 42~46.

[12] 陈思联, 兰德年, 刘正东, 等. 高品质特殊钢技术开发[J]. 世界钢铁, 2009, 2.

[13] 徐祖耀. 应力对钢中贝氏体相变的影响[J]. 金属学报, 2004, 40(2): 113~119.

[14] 江来珠, 王习顺, 王建会. 非调质贝氏体型大截面塑料模具钢的研究和开发[J]. 宝钢技术, 1999, 6: 2~8.

[15] 宋新莉, 郭爱民, 袁泽喜. 铜含量对超高强度低碳贝氏体钢力学性能的影响[J]. 特殊钢, 2007, 28(1): 19~20.

[16] 赵昌盛. 模具材料及热处理[M]. 北京: 机械工业出版社, 2008: 492~493.

[17] 崔崑. 中国模具钢现状及发展[J]. 机械工程材料, 2001, 25(2): 1~4.

[18] 崔崑. 国内外模具用钢发展概况[J]. 金属热处理, 2007, 32(1): 1~11.

[19] 王鸣华, 张伟民, 陈乃录, 等. 预硬型塑料模具 718 钢回火硬度变化规律的研究[J]. 金属热处理, 2005, 30(增刊): 107~110.

[20] 陈秀云, 方鸿生. 易切削贝氏体塑料模具钢中合金元素的作用[J]. 金属热处理, 1999, 24(3): 2~4.

[21] 江来珠, 孙培祯, 崔崑. 易切削塑料模具钢 5CrNiMnMoVSCa 中夹杂物的组成及形貌[J]. 材料科学进展, 1990, 4(1): 43~47.

[22] Luo Yi, Wu Xiao chun, Min Yong an, et al. Development of non-quenched prehardened steel for large section plastic mould[J]. Journal of Iron and Steel Research, International, 2009, 16(2): 61~67.

[23] Luo Yi, Wu Xiao chun, Wang Hong bin, et al. A comparative study on non- quenched and quenched prehardened steel for large section plastic mould[J]. Journal of Materials Processing Technology, 2009, 209: 5437~5442.

[24] 罗毅, 吴晓春. 预硬型塑料模具钢的研究发展[J]. 金属热处理, 2007, 32(12): 22~25.

[25] 李书常. 新编工模具钢 660 种[M]. 北京: 化学工业出版社, 2008: 20~21.

[26] 何燕霖. 高性能预硬型塑料模具钢的计算机合金设计[D]. 上海: 上海大学, 2004.

[27] Matlock D K, Krauss G, Speer J G. Microstructure and properties of direct-cooled microalloy forging steels [J]. Journal of Materials Processing Technology, 2001, 117: 324~328.

[28] Bramfitt B L, Speer J G. A perspective on the morphology of bainite[J]. Metallurgical Transactions A, 1990, 21A: 817~829.

[29] Lawrynowicz Z. Transition from upper to lower bainite in Fe-C-Cr steel[J]. Materials Science and Technology, 2004, 20(11): 1447~1454.

[30] Takahashi M, Bhadeshia H K D H. Model for transition from upper to lower bainite[J]. Materials Science and Technology, 1990, 6(7): 592~603.

［31］ Seok-Jae Lee，June-Soo Parkb，Young-Kook Leeb. Effect of austenite grain size on the transformation kinetics of upper and lower bainite in a low-alloy steel［J］. Scripta Materialia，2008，59(3)：87～90.

［32］ Chang L C. Microstructures and reaction kinetics of bainite transformation in Si-rich steels［J］. Materials Science and Engineering A，2004，368：175～182.

［33］ 徐洲，赵连城. 金属固态相变原理［M］. 北京：科学出版社，2004：109～124.

［34］ 陈铭谟. 贝氏体的转变机制和高强度贝氏体钢设计［M］. 北京：国防工业出版社，1989：10～31.

［35］ 王勇围. 低碳 Mn 系空冷贝氏体钢的强韧性优化研究［D］. 北京：清华大学，2008.

［36］ Qiaoa Z X，Liua Y C，Yua L M，et al. Formation mechanism of granular bainite in a 30CrNi3MoV steel ［J］. Journal of Alloys and Compounds，2009，475：560～564.

［37］ Habraken L. Bainitic Transformation of Steels ［J］. Revue de Metallurgie，1956，53(2)：930.

［38］ FENG Chun ，FANG Hong-sheng，ZHENG Yan-kang，et al. Mn-Series Low- Carbon Air-Cooled Bainitic Steel Containing Niobium of 0. 02%［J］. Journal of Iron and Steel Research，International，2010，17(4)：53～58.

［39］ 康煜平. 金属固态相变及应用［M］. 北京：化学工业出版社，2007：187～209.

［40］ Abdollah-Zadeh A，Salemi A，Assadi H. Mechanical behavior of CrMo steel with tempered martensite and ferrite-bainite-martensite microstructure［J］. Materials Science and Engineering A，2008，483～484：325～328.

9 高强 ERW 的套管用钢

9.1 ERW 套管钢的国内外发展概况

9.1.1 ERW 石油套管钢发展概况

目前，国际上生产的石油套管有两种：焊接套管和无缝套管。焊接石油套管中大部分采用 ERW 焊接成型。ERW 焊管是利用高频电流的集肤效应和临近效应将管坯边缘迅速加热到焊接温度后进行挤压、焊接而制成的。高频焊根据馈电方式的不同分为高频接触焊和高频感应焊。ERW 套管因其诸多优点而在油气开采及运输等领域开始代替无缝管。可以通过提高焊接质量调整热处理工艺而实现套管的母材和 ERW 焊缝等强度、等韧性匹配。所以 ERW 钢管已不仅可以做表层套管，而且可以做技术套管和油层套管。

在工业发达国家，已经用 ERW 焊接套管取代了 J55、N80、L80 以及 P110 钢级的无缝钢管并有日益扩大的趋势，国外 ERW 套管制造水平较高的厂商有美国 LongStar，日本新日铁名古屋制铁所、住友金属和歌山制铁所等。我国直缝焊套管的生产开始于 20 世纪 90 年代初，随着纯净钢、微合金钢控轧控冷等技术的快速发展，我国在焊管用材料的研制能力和装备水平上与先进国家的差距大大缩短。

随着世界经济的发展对能源需求和石油需求的增加，石油工业的发展对石油套管的需求与日俱增。随着石油天然气开采技术的发展，以及目前国内油田预防和修复套损井与建设深井的需求，对 Q125 钢级套管的需求越来越多，Q125 钢级套管具有管体强度高、抗挤毁强、冲击韧性好等优点。

高频直缝焊钢管是由热轧卷板成型焊接而成的，受现场焊接、热处理和轧制工艺的影响，Q125 钢级的套管不能由 Q125 钢板直接焊接而成，要获得 Q125 钢级的套管就需要能够通过调质达到 Q125 性能的钢带，而钢带的化学成分热处理调质的性能起着决定性的作用，改变其化学成分可以改变钢带的力学性能、淬透性等重要指标。

淬透性是衡量钢带能否成功地制造出 Q125 钢级的重要因素，获得较高的力学性能需要提高套管管体的淬透性，影响管体淬透性的主要因素有：原材料的化学成分、淬火加热温度、冷却介质的特性、冷却的方式方法以及加热方式等。钢的淬透性主要取决于临界冷却速度，临界冷却速度越小，钢的淬透性就越好，在合金元素中，Ni、V、Ti、Cr、Mo、Mn 等都有提高淬透性的作用。在水淬前提下，应保证整体壁厚淬透，同时为减少淬火裂纹倾向，将 C 含量控制在不大于 0.30%。

9.1.2 石油套管钢标准要求

国内外普遍采用美国石油协会（API）公布的套管和油管规范（API Spec 5CT）标准来生产石油套管。按 API Spec 5CT 所规定，石油套管按强度级别依次为 K55、J55、N80、

C90、P110、Q125，其中 Q125 级石油套管强度级别最高。石油套管钢的力学性能、制造方法和化学成分的标准要求如表9-1～表9-3所示。

表9-1 石油套管钢的力学性能（API Spec 5CT）

钢级	加载下的总伸长率/%	屈服强度/MPa		抗拉强度/MPa（最小值）	硬度		规定壁厚/mm	允许硬度变化 HRC
		最小值	最大值		HRC	HBW		
K55	0.5	379	552	655	—	—	—	—
J55	0.50	379	552	517	—	—	—	—
N80	0.5	552	758	689	—	—	—	—
C90	0.5	621	724	689	25.4	255	≤12.70	3.0
C90	0.5	621	724	689	25.4	255	12.71～19.04	4.0
C90	0.5	621	724	689	25.4	255	19.05～25.39	5.0
C90	0.5	621	724	689	25.4	255	≥25.40	6.0
P110	0.5	758	965	862	—	—	—	—
Q125	0.5	862	1034	931	—	—	≤12.70	3.0
Q125	0.6	862	1034	931	—	—	12.71～19.04	4.0
Q125	0.65	862	1034	931	—	—	≥19.05	5.0

表9-2 石油套管钢的制造方法和热处理工艺（API Spec 5CT）

钢 级	热处制造方法	热处理工艺	最低回火温度/℃
K55	S 或 EW	Q&T	—
J55	S 或 EW	Q&T	—
N80	S 或 EW	分级淬火	—
C90	S	Q&T	621
P110	S 或 EW	Q&T	—
Q125	S 或 EW	Q&T	—

注：S—无缝工艺；EW—电焊工艺；Q&T—淬火和回火。

表9-3 石油套管钢的化学成分（质量分数）要求（API Spec 5CT） （%）

钢 级	碳		锰		钼		铬		镍	铜	磷	硫
最小值	最小值	最大值	最小值	最大值	最小值	最大值	最小值	最大值	最大值	最大值	最大值	最大值
K55	—	—	—	—	—	—	—	—	—	—	0.030	0.030
J55	—	—	—	—	—	—	—	—	—	—	0.030	0.030
N80	—	—	—	—	—	—	—	—	—	—	0.030	0.030
C90（1 类）	—	0.35	—	1.20	0.25[1]	0.85	—	1.50	0.99	—	0.020	0.010
P110	—	—	—	—	—	—	—	—	—	—	0.030[2]	0.030[2]
Q125	—	0.35	—	1.35	—	0.85	—	1.50	0.99	—	0.020	0.010

① 若壁厚小于17.78mm，则 C90 钢级 1 类的钼含量无下限规定；

② 对于 P110 钢级电焊管，磷含量的最大值应该是 0.020%，硫含量的最大值应该是 0.010%。

9.2 Q125 级 ERW 石油套管钢成分设计及相变规律研究

9.2.1 成分设计及制备

实验室设计的 3 种钢成分见表 9-4，并将其分别命名为 1 号、2 号和 3 号钢。

表 9-4 Q125 实验钢成分（标准成分）（质量分数） （%）

钢种	C	Si	Mn	P	S	Cr	V	Nb	Ti	Als	Mo	Ni	Cu
1 号	0.25	0.30	1.2	0.008	0.005	0.40	0.05	0.02	0.02	0.06	0.10	—	—
2 号	0.09	0.25	1.9	0.008	0.005	0.45	—	0.07	0.04	0.06	0.30	0.25	0.3
3 号	0.20	0.30	1.8	0.008	0.005	0.30	—	0.07	0.02	0.06	0.10	0.25	0.3

9.2.2 相变规律研究

采用膨胀法结合金相法测定钢的 CCT 曲线：首先在 DIL805A 膨胀仪上测定试样的膨胀曲线。将试样以 15℃/s 的速度升温到 1100℃，保温 5min，分别以 0.5℃/s、1℃/s、3℃/s、5℃/s、7℃/s、10℃/s、15℃/s、20℃/s、25℃/s、30℃/s、35℃/s、40℃/s 和 50℃/s 等 13 种冷速将试样冷却，获得其膨胀曲线。根据膨胀曲线确定相变温度，并利用金相显微镜对显微组织进行观察。

9.2.2.1 1 号钢

1 号钢的静态 CCT 曲线如图 9-1 所示，1 号钢的临界点的测定结果为 $A_{c1} = 720℃$，$A_{c3} = 820℃$，1 号钢的 CCT 曲线呈扁平状，由珠光体转变区、铁素体转变区、贝氏体转变区和马氏体转变区组成。

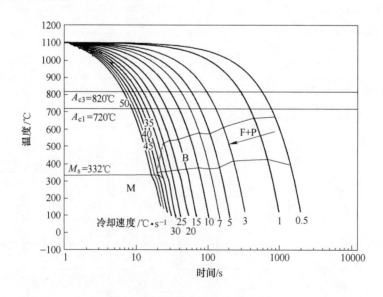

图 9-1 1 号钢的静态 CCT 曲线

不同冷却速度下得到的转变产物的显微组织如图 9-2 所示，当冷却速度为 0.5℃/s 时，转变产物为铁素体和珠光体，铁素体为等轴晶粒；冷速为 1℃/s 时，珠光体几乎全部消失，且有少量的粒状贝氏体出现，铁素体晶粒仍为等轴状；随着冷却速度的增加，铁素体含量逐渐减少，粒状贝氏体含量逐渐增加；当冷速达到 10℃/s 时，仅有少量铁素体存在，而且铁素体以长条状密集的组织形态出现；冷速进一步增加，粒状贝氏体的含量逐渐降低，条片状贝氏体含量逐渐增加，冷速增加到 30℃/s 时，贝氏体消失，转变产物为马氏体；直接水淬得到的显微组织全部为马氏体。可以看到，冷却速度在 1～30℃/s 范围内均可以得到贝氏体，且随着冷却速度的增加，贝氏体的形态发生变化，由粒状贝氏体逐渐转变为条片状贝氏体。

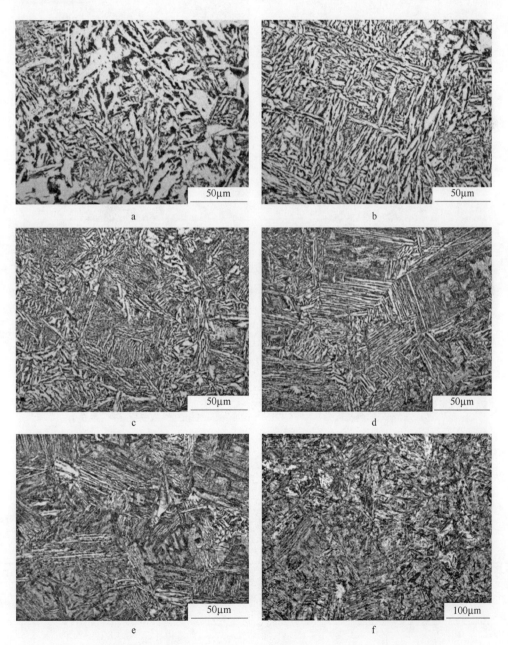

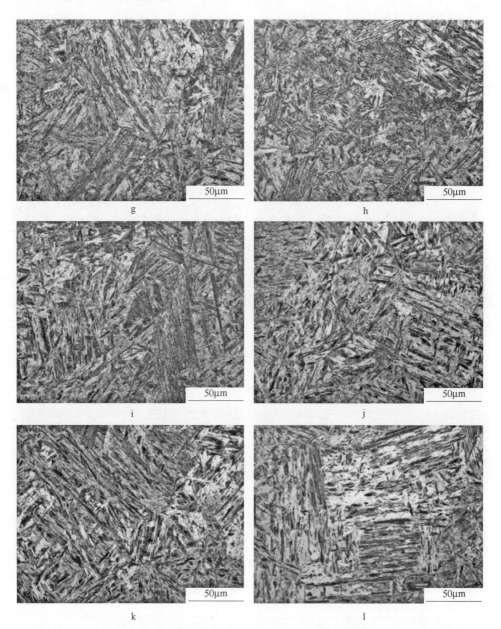

图 9-2 1 号钢奥氏体连续转变后的室温金相组织

a—0.5℃/s；b—1℃/s；c—3℃/s；d—5℃/s；e—7℃/s；f—10℃/s；
g—15℃/s；h—20℃/s；i—25℃/s；j—30℃/s；k—40℃/s；l—50℃/s

1 号钢奥氏体连续转变后的室温金相组织及硬度见表 9-5。

表 9-5 1 号钢奥氏体连续转变后的室温金相组织及硬度

序号	冷却速度/℃·s^{-1}	组　织	显微硬度 HV	序号	冷却速度/℃·s^{-1}	组　织	显微硬度 HV
1	0.5	F + P	251.6	4	5	F + B	273.4
2	1	F + B + P	241.9	5	7	F + B	280
3	3	F + B	256.3	6	10	F + B + M	376

续表 9-5

序号	冷却速度/℃·s⁻¹	组　织	显微硬度 HV	序号	冷却速度/℃·s⁻¹	组　织	显微硬度 HV
7	15	F + B + M	394	11	35	M	455
8	20	B + M	453	12	40	M	456
9	25	B + M	440	13	45	M	460
10	30	B + M	455	14	50	M	472

9.2.2.2　2 号钢

2 号钢的静态 CCT 曲线如图 9-3 所示，2 号钢的临界点的测定结果为 $A_{c1} = 717℃$，$A_{c3} = 827℃$，如图 9-3 所示，2 号钢的 CCT 曲线呈扁平状，由铁素体转变区、贝氏体转变区和马氏体转变区组成。

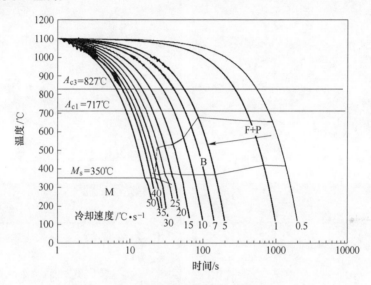

图 9-3　2 号钢的静态 CCT 曲线

2 号钢在不同冷却速度下得到的转变产物的显微组织如图 9-4 所示，当冷却速度为 0.5℃/s 时，转变产物为粒状贝氏体、准多边形铁素体和少量珠光体；冷速为 1℃/s 时，珠光体几乎全部消失，多边形铁素体出现，且铁素体的晶粒尺寸增大；随着冷却速度的增加，铁素体含量逐渐减少，粒状贝氏体含量逐渐增加；当冷速达到 10℃/s 时，仅有少量铁素体存在，大量贝氏体生成；冷速进一步增加，粒状贝氏体的含量逐渐降低，条片状贝氏体含量逐渐增加，冷速增加到 35℃/s 时，贝氏体消失，转变产物全部为马氏体；直接水淬得到的显微组织全部为马氏体。可以看到，冷却速度在 0.5 ~ 30℃/s 范围内均可以得到贝氏体，且随着冷却速度的增加，贝氏体的形态发生变化，由粒状贝氏体逐渐转变为条片状贝氏体。

2 号钢奥氏体连续转变后的室温金相组织及硬度见表 9-6。

表 9-6　2 号钢奥氏体连续转变后的室温金相组织及硬度

序号	冷却速度/℃·s⁻¹	组　织	显微硬度 HV	序号	冷却速度/℃·s⁻¹	组　织	显微硬度 HV
1	0.5	F + B	238.17	4	5	F + B	266
2	1	F + B	251.67	5	10	F + B + M	343
3	3	F + B	261.36	6	15	B + M	340

续表9-6

序号	冷却速度/℃·s⁻¹	组　织	显微硬度 HV	序号	冷却速度/℃·s⁻¹	组　织	显微硬度 HV
7	20	B + M	350	11	40	M	376
8	25	B + M	367	12	45	M	380
9	30	B + M	387	13	50	M	381
10	35	M	372				

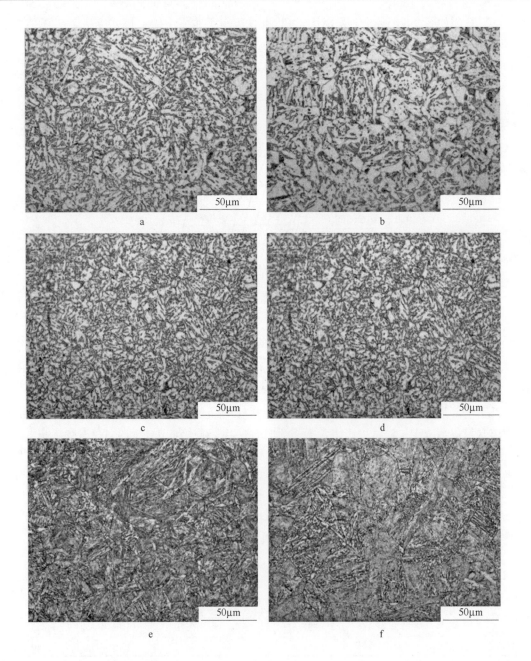

a

b

c

d

e

f

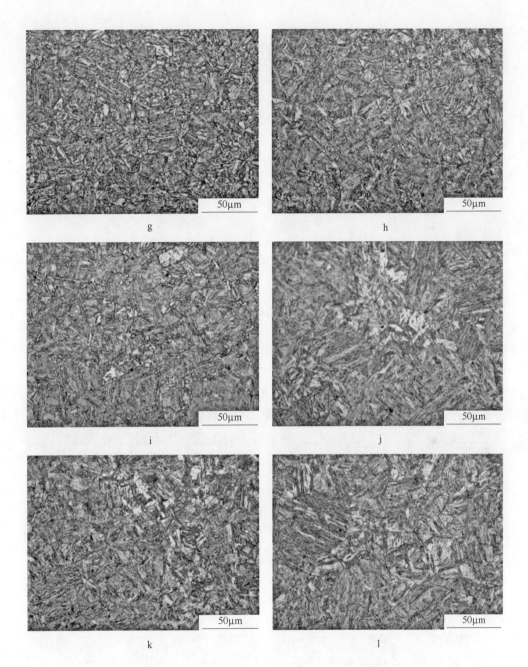

图 9-4　2 号钢奥氏体连续转变后的室温金相组织

a—0.5℃/s；b—1℃/s；c—5℃/s；d—7℃/s；e—10℃/s；f—15℃/s；
g—20℃/s；h—25℃/s；i—30℃/s；j—35℃/s；k—40℃/s；l—50℃/s

9.2.2.3　3 号钢

3 号钢的静态 CCT 曲线如图 9-5 所示，3 号钢的临界点的测定结果为 $A_{c1} = 714℃$，$A_{c3} = 853℃$，如图 9-5 所示，3 号钢的 CCT 曲线呈扁平状，由珠光体转变区、铁素体转变区、贝氏体转变区和马氏体转变区组成。

3 号钢在不同冷却速度下得到的转变产物的显微组织如图 9-6 所示，当冷却速度为

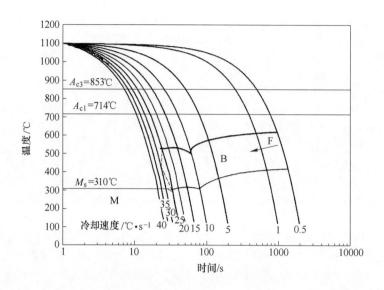

图 9-5　3 号钢静态 CCT 曲线

0.5℃/s 时，转变产物为粒状贝氏体、准多边形铁素体和少量珠光体；冷速为 1℃/s 时，珠光体几乎全部消失，多边形铁素体出现，粒状贝氏体的含量增加；随着冷却速度的增加，铁素体含量逐渐减少，粒状贝氏体含量逐渐增加；当冷速达到 10℃/s 时，仅有少量铁素体存在，大量贝氏体生成；冷速进一步增加，粒状贝氏体的含量逐渐降低，条片状贝

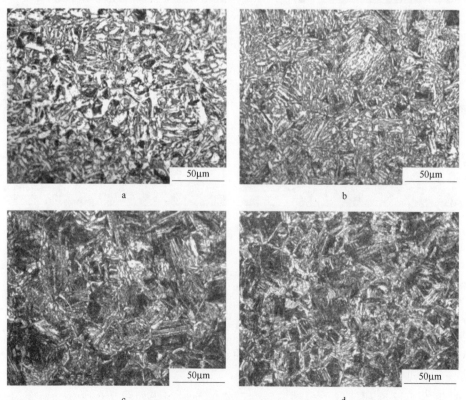

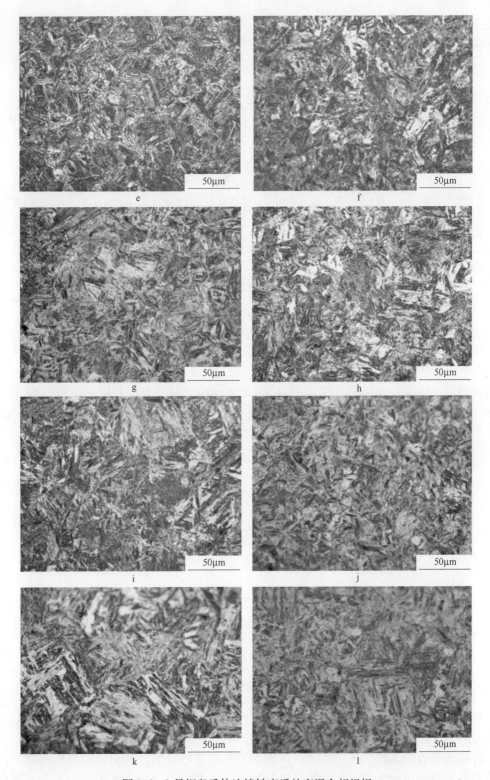

图 9-6　3 号钢奥氏体连续转变后的室温金相组织

a—0.5℃/s；b—1℃/s；c—5℃/s；d—7℃/s；e—10℃/s；f—15℃/s；
g—20℃/s；h—25℃/s；i—30℃/s；j—35℃/s；k—40℃/s；l—50℃/s

氏体含量逐渐增加, 冷速增加到 30℃/s 时, 贝氏体消失, 转变产物全部为马氏体; 直接水淬得到的显微组织全部为马氏体。

3 号钢奥氏体连续转变后的室温金相组织及硬度见表 9-7。

表 9-7   3 号钢奥氏体连续转变后的室温金相组织及硬度

序号	冷却速度/℃·s⁻¹	组 织	显微硬度 HV	序号	冷却速度/℃·s⁻¹	组 织	显微硬度 HV
1	0.5	F + P + B	265	8	25	B + M	363
2	1	F + B	268	9	30	B + M	367
4	5	F + B	336	10	35	M	372
5	10	F + B + M	340	11	40	M	376
6	15	B + M	343	12	45	M	380
7	20	B + M	340	13	50	M	389

9.3   热处理对 Q125 级 ERW 石油套管钢组织和性能的影响

9.3.1   热处理实验过程及结果

根据各钢种 CCT 曲线的测定结果, 为保证淬火后得到马氏体组织以及保温过程中奥氏体化完全, 应选定合理淬火温度和适当的冷却速度, 从而确定合理的热处理工艺。对所有的钢号采用水淬热处理, 淬火温度选择 870℃ 和 920℃ 两个温度, 回火温度选择 450℃、480℃、500℃ 和 530℃, 淬火保温时间和回火保温时间均选择 1h, 热处理工艺图如图 9-7 所示。

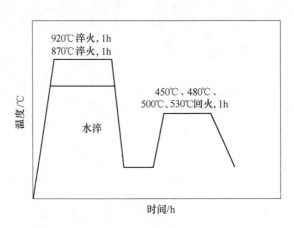

图 9-7   Q125 钢热处理工艺图

热处理实验的具体编号和工艺参数如表 9-8 所示, 将热处理后的试样进行室温拉伸、冲击等力学性能测试, 从而确定各钢种的最佳热处理工艺。

将热处理后的试样, 按照 API 的标准在实验室进行力学性能测试、金相观察、扫描电镜观察和透射电镜观察。1 号钢调质热处理后的力学性能如表 9-9 所示。在调质热处理后, 1 号钢的力学性能发生了显著的变化, 即随淬火温度和回火温度的变化出现了有规律的变化, 热处理工艺为 620℃ 卷取 + 870℃ 淬火 + 500℃ 回火的 1-3 号试样和 550℃

卷取 +870℃淬火 +500℃回火的 5-3 试样的力学性能达到了 API 标准对 Q125 级套管钢的要求，但相比较而言，620℃卷取 +870℃淬火 +500℃回火的热处理工艺下钢的综合力学性能更优异。

表 9-8　Q125 钢热处理工艺参数

卷取温度/℃	钢 号	编 号	淬火介质	淬火温度/℃	淬火时间/h	回火温度/℃	回火时间/h
620	1 号 2 号 3 号	1 2 3 4	水淬	870	1	450 480 500 530	1
550		5 6 7 8	水淬	920	1	450 480 500 530	1

表 9-9　1 号钢热处理后的力学性能

卷取温度 /℃	标号	淬火温度 /℃	回火温度 /℃	抗拉强度 R_m/MPa	屈服强度 R_{eL}/MPa	伸长率 A/%	0℃冲击功 A_K/J
API 标准中 Q125 的力学性能				≥961	862≤R_{eL}≤1034	≥14	41
620	1-1	870	450	1140	1090	17.2	54
	1-2		480	1065	1042	17.0	55
	1-3		500	985	950	18.2	58
	1-4		530	929	880	18.3	58
	1-5	920	450	1205	1125	12.8	44
	1-6		480	1011	944	14.0	44.5
	1-7		500	1010	940	16.0	45
	1-8		530	920	875	18.2	52
550	5-1	870	450	1100	1040	16.1	50
	5-2		480	1024	991	18.1	51
	5-3		500	965	925	18.3	54
	5-4		530	917	871	18.8	55
	5-5	920	450	1115	965	14.4	56
	5-6		480	1028	1013	17.5	59
	5-7		500	865	800	20.5	64
	5-8		530	780	720	22.3	69

　　2 号钢调质热处理后的力学性能如表 9-10 所示，同样，2 号钢的力学性能发生了显著的改变，并随淬火温度和回火温度的变化出现了有规律的变化。卷取温度为 620℃时，870℃淬火 +450℃回火，920℃淬火 +480℃回火或 500℃回火工艺下实验钢的力学性能完全达到了 API 标准中对 Q125 钢级的力学性能要求。通过对比，2 号钢的最优热处理工艺是：620℃卷取 +920℃淬火 +500℃回火，在此工艺下实验钢的综合力学性能最优。

表 9-10　2 号钢热处理后的力学性能

卷取温度 /℃	标号	淬火温度 /℃	回火温度 /℃	抗拉强度 R_m/MPa	屈服强度 R_{eL}/MPa	伸长率 A/%	0℃冲击功 A_K/J
API 标准中 Q125 的力学性能				≥961	862≤R_{eL}≤1034	≥14	41
620	2-1	870	450	970	935	14.6	45
	2-2		480	934	898	15.1	47
	2-3		500	820	780	15.8	52
	2-4		530	795	684	19.0	61
	2-5	920	450	1070	1005	13.4	39
	2-6		480	1016	980	14.2	41
	2-7		500	990	975	14.8	45
	2-8		530	950	922	15.4	51
550	6-1	870	450	960	910	13.8	50
	6-2		480	946	908	14.2	54
	6-3		500	915	890	14.8	55
	6-4		530	846	754	19.4	61
	6-5	920	450	1040	977	13.7	33
	6-6		480	1010	965	14.0	39
	6-7		500	900	885	17.0	58
	6-8		530	778	667	19.2	57

　　3 号调质热处理后的力学性能如表 9-11 所示,在调质热处理后力学性能显著提高,并随淬火温度和回火温度的变化出现有规律的变化,标号为 7-7 的试样力学性能达到了 API 标准的要求,3 号钢的最优热处理工艺是:550℃卷取,920℃淬火 +500℃回火。

表 9-11　3 号钢热处理后的力学性能

卷取温度 /℃	标号	淬火温度 /℃	回火温度 /℃	抗拉强度 R_m/MPa	屈服强度 R_{eL}/MPa	伸长率 A/%	0℃冲击功 A_K/J
API 标准中 Q125 的力学性能				≥961	862≤R_{eL}≤1034	≥14	41
620	3-1	870	450	970	910	13.6	44
	3-2		480	948	891	14.2	44
	3-3		500	870	800	15.0	46
	3-4		530	800	730	15.3	49
	3-5	920	450	1155	1135	11.2	32
	3-6		480	1072	1050	11.6	35
	3-7		500	1060	1038	12.1	36
	3-8		530	934	892	15.4	49
550	7-1	870	450	1040	1020	13.0	38
	7-2		480	1059	956	13.5	45
	7-3		500	935	865	15.4	62
	7-4		530	906	818	15.8	61
	7-5	920	450	1095	1075	12.4	36
	7-6		480	1052	1044	12.6	40
	7-7		500	965	925	15.4	55
	7-8		530	930	874	16.0	59

综述所述，热处理实验结果为：

（1）1 号钢的最优热处理工艺参数为：卷取温度 620℃，淬火温度为 870℃，回火温度为 500℃。

（2）2 号钢的最优热处理工艺参数为：卷取温度 620℃，淬火温度为 920℃，回火温度为 500℃。

（3）3 号钢的最优热处理工艺参数为：卷取温度 550℃，淬火温度为 920℃，回火温度为 500℃。

9.3.2 工艺参数对性能的影响

对热轧钢板轧态的组织性能进行分析，拉伸试验结果如表 9-12 所示，从表中可见，随卷曲温度的降低，1 号钢和 3 号钢的抗拉强度和屈服强度升高，伸长率降低；随卷曲温度的降低，2 号钢的抗拉强度和屈服强度降低。

表 9-12　Q125 钢热轧后的力学性能

钢号	卷曲温度/℃	屈服强度 R_{eL}/MPa	抗拉强度 R_m/MPa	伸长率 A/%	0℃冲击功 A_K/J
1 号	550	475	625	25	53
	620	447	618	29.33	45.5
2 号	550	475	770	17.5	25.5
	620	504	810	19.57	23.5
3 号	550	585	770	18.86	25
	620	568	704	24.43	32

从图 9-8 可分析得出，1 号钢试样的轧态组织是铁素体和珠光体的混合组织，珠光体含量过半，550℃卷曲时铁素体晶粒比 620℃卷曲时铁素体晶粒更细小。

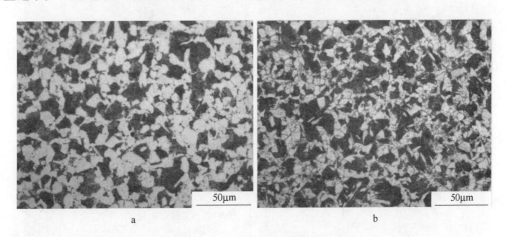

图 9-8　Q125 轧态金相组织

a—1 号钢，620℃卷曲；b—1 号钢，550℃卷曲

实验钢经 620℃卷取、920℃淬火后的力学性能和扫描电镜组织如图 9-9 和图 9-10 所示。由图 9-9 可见，3 种成分钢在淬火后力学性能都发生了显著的变化，3 种钢的抗拉强

度和屈服强度都得到了显著的提升。1 号、2 号和 3 号钢的抗拉强度分别达到 1607MPa、1163MPa 和 1497MPa，屈服强度分别达到 1151MPa、946MPa 和 1123MPa；而伸长率和冲击功都显著降低，1 号、2 号和 3 号钢的断后伸长率分别为 13.2%、13.52% 和 15.28%，0℃ 冲击功分别为 25J、37J 和 27.5J。

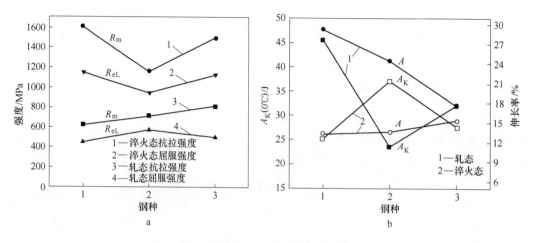

图 9-9　实验钢的淬火态力学性能

a—强度变化；b—伸长率和冲击值变化

如图 9-10a 所示，1 号钢在经 920℃淬火后组织为典型的板条状马氏体组织，并能看到

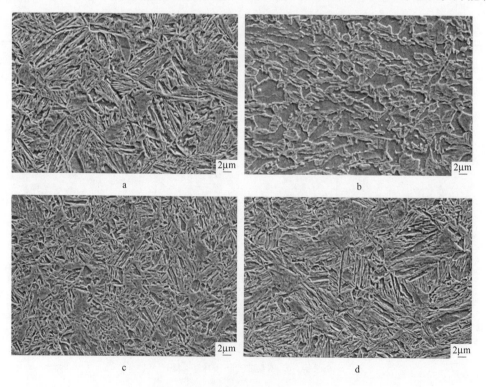

图 9-10　Q125 钢轧态和淬火态的 SEM 组织

a—1 号，920℃淬火；b—2 号，870℃淬火；c—2 号，920℃淬火；d—3 号，920℃淬火

典型的奥氏体晶粒边界，这种组织保证了其抗拉强度达到了 1607MPa，屈服强度达到了 1151MPa，却降低了韧性值，其伸长率为 13.2%，0℃ 冲击功为 45.5J。

如图 9-10b、c 所示，2 号钢经 870℃ 和 920℃ 淬火后的组织中马氏体的形貌各异，870℃ 淬火后，样品组织是块状的马氏体和多边形铁素体的混合组织，其中铁素体占 30% 左右；920℃ 淬火后样品组织中几乎全是典型板条状马氏体，并可见原始奥氏体边界；可见，随着淬火温度的升高，难溶微合金元素固溶更加充分，样品奥氏体化更加充分，最终马氏体转变也越充分。

如图 9-10d 所示，3 号钢经 920℃ 淬火后的组织也是为典型的马氏体组织，马氏体的板条尺寸相对于 2 号钢来说更加细小，板条更加清晰，从中也可以解释 3 号钢 920℃ 淬火后的屈服强度和抗拉强度明显比 2 号钢淬火后高。

1 号钢经不同调质工艺处理后的力学性能如图 9-11 所示。由图可见，随回火温度的升高，两种淬火温度得到的钢板的屈服强度和抗拉强度均呈现单调下降的趋势，而伸长率和冲击值呈现较缓慢的上升趋势，两种样品均存在最佳的回火温度使其性能指标满足 API 对 Q125 套管钢的性能要求，其中 870℃ 淬火的样品经过 500℃ 回火后，屈服强度达到 950MPa，抗拉强度达到 985MPa，伸长率大于 18%，0℃ 冲击韧性为 58J；经 920℃ 淬火，480℃ 或 500℃ 回火的样品，钢的屈服强度分别为 944MPa 和 940MPa，抗拉强度分别为 1011MPa 和 1010MPa，伸长率分别为 14% 和 16%，0℃ 冲击韧性仅为 44.5J 和 45J。同一淬火温度条件下，低于最佳温度回火后，屈服强度就会超标，而高于最佳回火温度后，抗拉强度就会低于标准要求。从综合力学性能来看，1 号钢的最优调质工艺为：870℃ 淬火保温 1h + 500℃ 回火保温 1h。

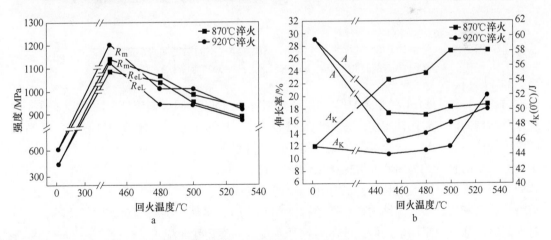

图 9-11 回火温度对 1 号中碳 Q125 级套管用钢性能的影响
a—强度变化；b—伸长率和冲击值变化

调质热处理前的 1 号钢轧制试样的显微组织见图 9-12a，可见其组织为多边形铁素体和珠光体组织，其中珠光体占 40% 左右。从图 9-12b ~ d 可以看出，样品经 870℃ 淬火不同温度回火后的组织均为典型的回火索氏体组织，组织中存在明显的原奥氏体晶界，在晶粒内部弥散分布着大量白色细小的碳化物颗粒。随着回火温度的升高，碳化物的弥散度降低，马氏体中析出的细小粒状渗碳体易于向马氏体晶界聚集，粒状渗碳体开始球化和聚集长大，对位错运动的阻碍作用明显减弱，加上 α 相固溶体因回复、再结晶所引起的晶内的板条粗化现象，是钢强度下降而伸长率和韧性增加的主要原因。

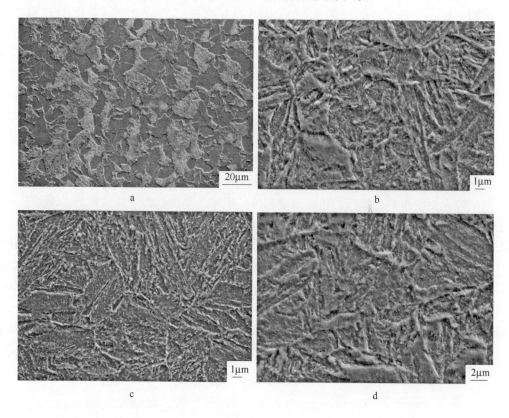

图 9-12　1 号中碳 Q125 级石油套管用钢在 870℃淬火不同温度回火前后的显微组织
a—调质热处理前的组织结构；b—480℃回火；c—500℃回火；d—530℃回火

由图 9-13a 可见，1 号中碳 Q125 钢经 870℃淬火 + 500℃回火调质处理后得到了具有典型板条结构的回火索氏体组织，板条的宽度在 100 ~ 150nm 之间。板条内部具有两类高密度位错的位错亚结构，一类亚结构是位错在回火过程中通过回复、多边形化的过程，形成了较为完整的直径约为 400nm 的胞状结构（图 9-13b）。已有研究表明，该类亚结构能缓和局部应力集中，同时对裂纹扩展存在一定的抑制作用，从而有利于提高钢的韧性。另一类为具有高密度、相互缠结的位错亚结构（图 9-13c），虽然此类结构对韧性贡献不大，但对提高钢的强度效果明显，因此使 1 号钢具有良好的强韧性匹配。

金属材料的力学性能受其化学成分、显微组织、晶粒尺寸和晶体缺陷类型与密度的显著影响。在这些影响因素中，以晶粒尺寸（即大角度界面）对力学性能的影响最为强烈。

细晶强化用 Hall-Petch 公式描述：$\sigma_g = k_y d^{-1/2}$。其中，k_y 为系数，对于大角度晶界一般为 15.1 ~ 18.1N/mm$^{3/2}$。EBSD 在区分大角度晶界和小角度晶界、测量有效晶粒尺寸以及区分不同取向方面具有独特的优势。如图 9-14 所示为 1 号中碳 Q125 钢板经 870℃淬火 + 500℃回火调质前后的 EBSD 取向图（图中黑线表示晶界取向差大于 15°的大角度晶界）。经测量，调质前后对应的大角度晶粒的平均晶粒尺寸分别为 5.25μm 和 2.38μm。可见调质处理后实验钢的晶粒平均尺寸明显细化，单从晶粒细化角度调质处理后可以使屈服强度提高 100～120MPa。

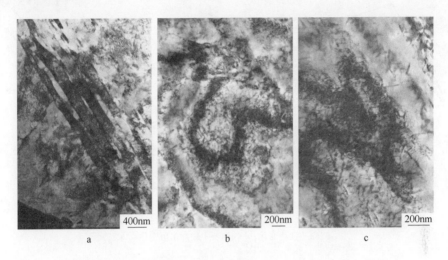

图 9-13　1 号中碳 Q125 实验钢板条状马氏体组织及位错亚结构
a—板条状马氏体；b—位错胞状结构；c—位错团

图 9-14　调质热处理前后试样的 EBSD 取向照片
a—调质前试样；b—调质后试样

　　本节使用的实验数据是 2 号钢在卷取温度为 620℃，不同淬火温度和回火温度下得到的。2 号低碳 Q125 钢经不同调质工艺处理后的力学性能如图 9-15 所示。由图可见，随回火温度的升高，两种淬火温度下得到的钢板，屈服强度和抗拉强度均呈现单调下降的趋势，而伸长率和冲击值呈现较缓慢的上升趋势，试样经 920℃淬火调质后强度明显比870℃淬火调质后高，且回火温度越高强度差别越大，最大强度差别可达 300MPa。

　　两种样品均存在最佳的回火温度使其性能指标满足 API 对 Q125 套管的性能要求，其中 870℃淬火的样品经过 450℃回火后，屈服强度达到 935MPa，抗拉强度达到970MPa，伸长率为 14.6%，0℃冲击韧性为 45J；经 920℃淬火，450℃、480℃、500℃和 530℃回火的样品，钢的屈服强度分别为 1005MPa、980MPa、975MPa 和 922MPa，抗

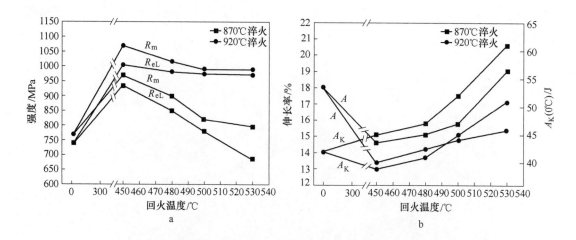

图 9-15　回火温度对 2 号低 C 含量 Q125 级套管用钢性能的影响
a—强度变化；b—伸长率和冲击值变化

拉强度分别为 1070MPa、1016MPa、990MPa 和 950MPa，伸长率分别为 13.4%、14.2%、14.8%、15.4%，0℃冲击韧性分别为 39J、41J、45J 和 51J，其强度力学性能都达到了 API 规定的 Q125 套管的性能要求，但考虑到伸长率和 0℃冲击韧性过低，只有 920℃淬火 +500℃回火处理过的样品的伸长率和 0℃冲击韧性达到了规定。同一淬火温度条件下，低于最佳温度回火后，屈服强度就会超标，而高于最佳回火温度后，抗拉强度就会低于标准要求。从综合力学性能来看，Q125 钢的最优调质工艺为：920℃淬火保温 1h +500℃回火保温 1h。

　　2 号钢调质热处理前的轧制试样的显微组织见图 9-16a，可见其组织为多边形铁素体和珠光体组织，由于本钢种 C 含量为 0.09%，故珠光体仅占 10% 左右的比例。从图 9-16b、c 可以看出，样品经 870℃和 920℃淬火后的组织中马氏体的形貌各异，870℃淬火后，样品组织是块状的马氏体和多边形铁素体的混合组织，其中铁素体占 30% 左右，与成分设计中 Mo 含量高有关；920℃淬火后样品组织中几乎全是典型的板条状马氏体，并可见原始奥氏体边界；可见，随着淬火温度的升高，难溶微合金元素固溶得更加充分，样品奥氏体化更加充分，最终马氏体转变也越充分，从中也可以解释 920℃淬火调质后钢的屈服强度和抗拉强度明显比 870℃淬火后的高。

　　从图 9-16e、f 可以看出，在 920℃淬火不同温度回火后的组织均为典型的回火索氏体组织，组织中存在明显的原奥氏体晶界，在晶粒内部弥散分布着白色细小的碳化物颗粒，但数量比较少。随着回火温度的升高，碳化物的弥散度降低，马氏体中析出的细小粒状渗碳体易于向马氏体晶界聚集，粒状渗碳体开始球化和聚集长大，对位错运动的阻碍作用明显减弱，加上 α 相固溶体因回火、再结晶所引起的晶内的板条粗化现象，是钢强度下降而伸长率和韧性增加的主要原因。

　　由图 9-17a、b 可见，Q125 钢经 920℃淬火 +500℃回火调质处理后得到了两种具有典型板条结构的马氏体组织，分别呈束状排列（图 9-17a）和交错排列（图 9-17b），板条的宽度在 100 ~ 150nm 之间。马氏体板条内部具有高密度位错的位错胞状亚结构，是位错在回火过程中通过回复、多边形化的过程，形成了较为完整的直径约为 400nm 胞状结构

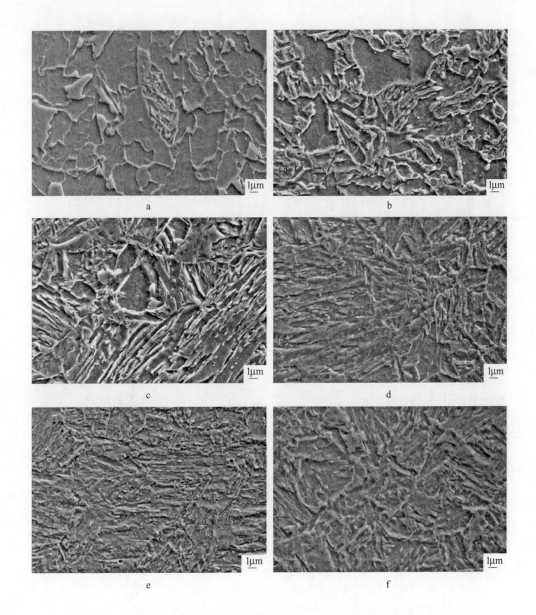

图 9-16　2 号石油套管用钢淬火及 920℃淬火 + 不同温度回火前后的显微组织

a—轧制态组织；b—870℃淬火；c—920℃淬火；d—920℃淬火 + 480℃回火；
e—920℃淬火 + 500℃回火；f—920℃淬火 + 530℃回火

（图 9-17c），该类亚结构能缓和局部应力集中，同时对裂纹扩展存在一定的抑制作用，从而有利于提高钢的韧性，使得 Q125 钢具有良好的强韧性匹配。

　　如图 9-18 所示为 2 号低碳钢 920℃淬火 + 500℃回火调质前后的 EBSD 取向图（图中黑线表示晶界取向差大于 15°的大角度晶界）。从图 9-18b 中可以看到大量小角度晶界的存在。

　　经 Image-Pro Plus 软件测量，调质前后对应的大角度晶粒的平均晶粒尺寸分别为 8.46μm 和 5.24μm。可见调质处理后实验钢的晶粒平均尺寸明显细化，单从晶粒细化角度

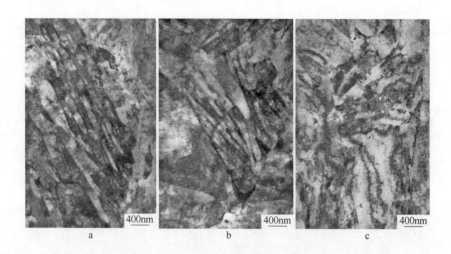

图 9-17　2 号低碳 Q125 实验钢的板条状马氏体组织及位错亚结构

a—板条状马氏体；b—交错板条状马氏体；c—位错胞状结构

图 9-18　调质热处理前后试样的 EBSD 取向照片

a—调质前试样；b—调质后试样

调质处理后可以使屈服强度提高 60 ~ 90MPa。

　　3 号中碳钢经不同调质工艺处理后的力学性能如图 9-19 所示。由图可见，随回火温度的升高，两种淬火温度得到的钢板的屈服强度和抗拉强度均呈现单调下降的趋势，而伸长率和冲击值呈现波动上升趋势。经 920℃ 淬火 + 500℃ 回火的样品，钢的屈服强度为 925MPa，抗拉强度为 960MPa，伸长率为 15.4%，0℃ 冲击韧性为 55J，该工艺下所得的实验钢的性能指标满足 API 对 Q125 级套管钢的性能要求。而 870℃ 淬火的样品经过 500℃ 回火后，屈服强度达到 865MPa，抗拉强度达到 935MPa，伸长率为 15.3%，0℃ 冲击韧性为 62J，可见，920℃ 淬火后的强度性能要优于 870℃ 淬火的强度性能。同一淬火温度条件下，低于最佳温度回火后，屈服强度就会超标，而高于最佳回火温度后，抗拉强度就会低于标准要求。从综合力学性能来看，3 号钢的最优调质工艺为：920℃ 淬火保温 1h + 500℃ 回火保温 1h。

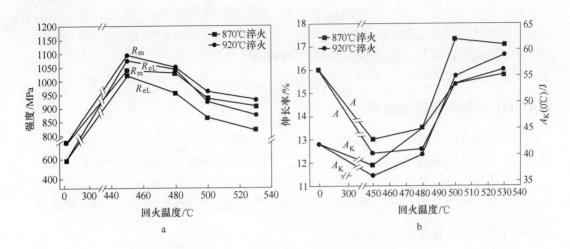

a

b

图 9-19 回火温度对 3 号中碳 Q125 级套管用钢性能的影响

a—强度变化；b—伸长率和冲击值变化

　　3 号钢经 920℃淬火后的显微组织见图 9-20a，为典型的马氏体组织，马氏体板条清晰可见，并相互交叉，并能观察到部分原始奥氏体晶界；920℃淬火不同温度回火后的显微组织见图 9-20b ~ d，均为典型的回火索氏体组织，在晶粒内部弥散分布着白色细小的碳化

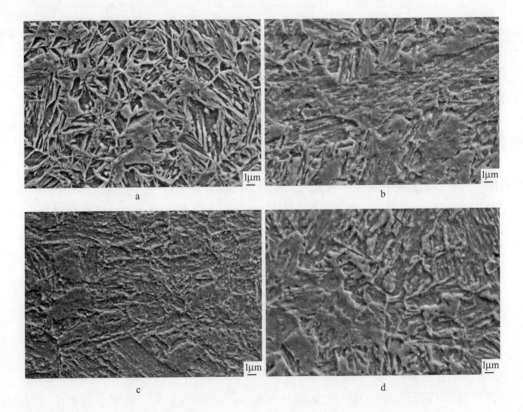

a

b

c

d

图 9-20 3 号石油套管用钢淬火及 920℃淬火 + 不同温度回火前后的显微组织

a—920℃淬火；b—480℃回火；c—500℃回火；d—530℃回火

物颗粒，但数量比较少。随着回火温度的升高，碳化物的弥散度降低，马氏体中析出的细小粒状渗碳体易于向马氏体晶界聚集，粒状渗碳体开始球化和聚集长大，对位错运动的阻碍作用明显减弱，加上 α 相固溶体因回复、再结晶所引起的晶内的板条粗化现象，是钢强度下降而伸长率和韧性增加的主要原因。

9.4　Q125 钢的包辛格效应

石油套管在服役过程中承受内外压力，主要服役强度为钢管的横向（周向）抗拉强度。ERW 用 Q125 级钢管在焊接制管过程中，钢板或热轧卷板在弯曲变形、扩径（减径）、拉伸试样压平的过程中承受复杂的抗拉变形，包辛格效应使得钢管内表层圆周方向（钢管横向）的拉伸屈服强度下降，导致套管的屈服强度往往与所用钢板的屈服强度有所差异。

9.4.1　Q125 钢轧制态包辛格效应

由于包辛格效应的测量要求精度较高，试样为非标试样，其形状和主要尺寸见图 9-21。为了尽量反映全厚度方向的力学性能，选用肩部直径为 12mm 的圆棒试样。

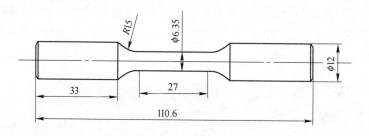

图 9-21　取样示意图

实验按照 API 相关标准进行，屈服强度以 0.5% 残余应变的抗拉强度计量，实验均在 MTS810 材料实验机（250kN）上进行，拉伸速率为 1mm/min，实验温度为室温。

在制管过程中，要精确地描述管体断面上每个点的变形历史是非常困难的。因此，选取断面最内表面和最外表面代表管体内层壁厚和外层壁厚的应变历史。设其外径为 D，壁厚为 t。由于口径与壁厚之比很大，可以认为中性面在厚度的中心处，则钢板内外表面承受的最大应变可估算如下：

内表面：

$$\varepsilon_i = \frac{\pi(D-t) - \pi(D-2t)}{\pi(D-t)} = \frac{t}{D-t} \tag{9-1}$$

外表面：

$$\varepsilon_u = \frac{\pi D - \pi(D-t)}{\pi(D-t)} = \frac{t}{D-t} \tag{9-2}$$

式中，D 为钢管的外径；t 为钢管壁厚。

Q125 级 ERW 石油套管的口径为 500~900mm，壁厚为 9mm，在制管过程中，内外表面所承受的最大变形量为 1.83%。为了研究压缩变形对屈服强度的影响，将试样先进行一定变形量的压缩，卸载后再进行拉伸确定其屈服强度，并计算包辛格效应值。具体的预压缩变形量见表 9-13，每次实验选取两个试样，对实验结果取平均值。

表 9-13 实验方案

钢 号	预压缩变形量/%			
	1	2	3	4
1 号	0	0.75	1.40	1.75
2 号	0	0.75	1.40	1.75
3 号	0	0.75	1.40	1.75

如图 9-22 所示，1 号、2 号和 3 号钢的单向拉伸应力-应变曲线都没有明显的屈服平台，由于棒状试样去掉了上下表面的硬化层，因此强度略低。高 C 低合金成分设计的 1 号钢的屈服强度最低，初始屈服强度平均值为 433MPa；低 C + Nb 成分设计的 2 号钢的屈服强度最高，初始屈服强度平均值为 588MPa；高 C + Nb 成分设计的 3 号钢的初始屈服强度平均值为 572MPa。

从图 9-23 所示的 3 种钢的不同预变形的应力-应变曲线可以得出压缩—卸载—拉伸的屈服强度，包辛格效应带来的强度下降值随预应变量的变化趋势见图 9-23d。

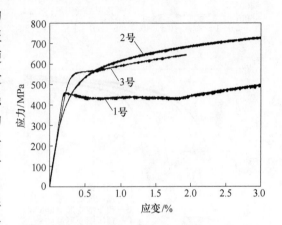

图 9-22　无预变形的应力-应变曲线

1 号钢单向拉伸的应力-应变曲线中没有明显的屈服平台，其屈服强度 $R_{t0.5} = 433MPa$；预压缩 0.75% 的应力-应变曲线，其屈服强度 $R_{t0.5} = 427MPa$，包辛格效应值为 -8MPa；预压缩 1.40% 的应力-应变曲线，其屈服强度 $R_{t0.5} = 414MPa$，包辛格效应值为 -19MPa；预压缩 1.75% 的应力-应变曲线，其屈服强度 $R_{t0.5} = 400MPa$，包辛格效应值为 -33MPa。

2 号钢单向拉伸的应力-应变曲线中没有明显的屈服平台，屈服强度 $R_{t0.5} = 588MPa$；由图 9-23b 可看出，预压缩 0.75% 的应力-应变曲线，其屈服强度 $R_{t0.5} = 582MPa$，包辛格效应值为 -6MPa；预压缩 1.40% 的应力-应变曲线，其屈服强度 $R_{t0.5} = 565MPa$，包辛格效应值为 -23MPa；预压缩 1.75% 的应力-应变曲线，其屈服强度 $R_{t0.5} = 534MPa$，包辛格效应值为 -54MPa。

3 号钢的单向拉伸应力-应变曲线中没有明显的屈服平台，屈服强度 $R_{t0.5} = 572MPa$；由图 9-23c 可以看出，预压缩 1.40% 的应力-应变曲线，其屈服强度 $R_{t0.5} = 529MPa$，包辛格效应值为 -43MPa；预压缩 1.75% 的应力-应变曲线，其屈服强度 $R_{t0.5} = 510MPa$，包辛格效应值为 -62MPa。

由实验结果可以发现：（1）随着预压缩变形量的增大，Q125 级 ERW 石油套管用钢在单轴—拉伸变形过程中的屈服强度均发生了明显的下降，1 号、2 号和 3 号套管用钢的屈服强度下降的最大值分别达到了 33MPa、54MPa 和 62MPa。（2）随着预压缩应变的增加，1 号石油套管用钢在 1.45% 的预压缩应变后趋于饱和，而 2 号和 3 号石油套管用钢在 2% 应变范围内的包辛格效应绝对值持续增大，如图 9-23d 所示。（3）相同变形条件下，3 个

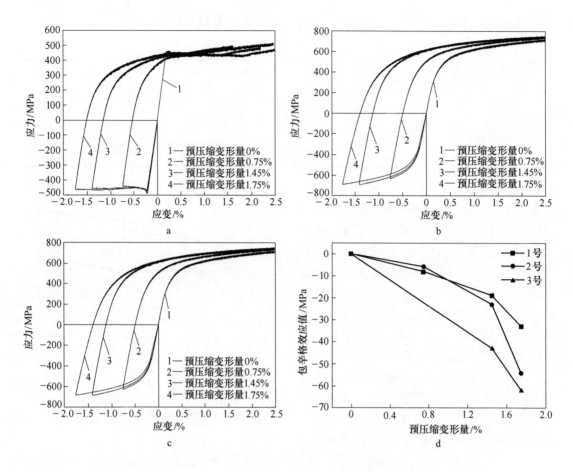

图 9-23　不同预变形的应力-应变曲线及包辛格效应值的变化曲线

a—1 号钢；b—2 号钢；c—3 号钢；d—预压缩变形量和屈服强度减少值（包辛格效应值）的关系

实验用钢的包辛格效应值之间有较大差异。相比之下，高 Nb 成分设计的 2 号和 3 号钢的包辛格效应值明显高于 1 号钢，而高 C 成分设计的 3 号钢又高于低 C 成分设计的 2 号钢，在 1.40% 附近的预压缩变形时三者的差别最大，达到了将近 25MPa，这与三者的初始强度差别呈现了良好的对应关系，即初始强度越高，表现出的包辛格效应越明显。

　　试样经预压缩变形后（第一次应变）卸载，再反向加载（第二次应变）所得的曲线放入第一象限与没有预压缩变形的拉伸曲线对比，示于图 9-24。由图 9-24 看出：对于 1 号钢，当应变量小于 0.75% 时，两次应力-应变曲线都位于原始应力-应变曲线的下方；当应变量大于 0.75% 后，反向应力-应变曲线逐渐超过原始材料的应力-应变曲线，即形变抗拉逐渐超过原始材料。对于 3 号钢，当应变量小于 1.5% 时，二次应力-应变曲线都位于原始应力-应变曲线的下方；当应变量大于 1.5% 后，反向应力-应变曲线逐渐超过原始材料的应力-应变曲线，即形变抗拉逐渐超过原始材料。与 1 号钢和 3 号钢不同的是，2 号钢的二次应力-应变曲线始终是位于原始拉伸曲线的下面，即发生了明显的永久软化。

　　包辛格效应和循环变形过程中产生的背应力有关，背应力是指变形引入变形材料内的平均长程应力。Feaugas 和 Gaudin 把背应力分成两部分，即晶内背应力和晶间背应力。晶

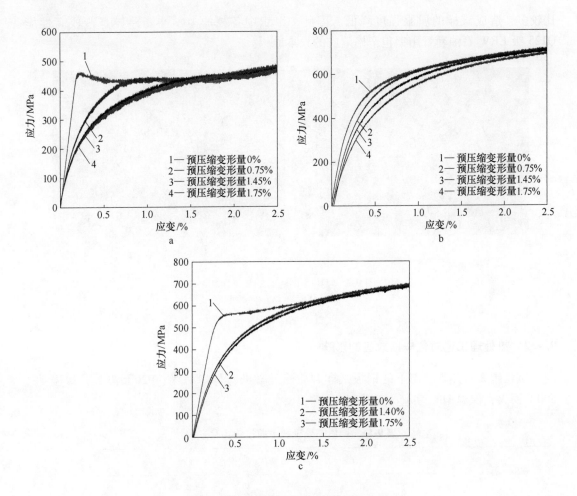

图 9-24 预变形前后的应力-应变曲线对比

a—1 号钢；b—2 号钢；c—3 号钢

间背应力源于晶粒之间的塑性应变的不相容性。晶内背应力起源于晶粒内部的位错组态，可通过"复合模型"（其中，晶体被认为是由高度局部位错密度的硬位错墙和少数局部位错密度的软位错墙复合而成的）得以解释。其微观过程是经过正向应变后，晶内位错在阻碍处受阻并聚集，使该处位错密度增高，阻碍了位错的进一步运动，即产生了应力，而在位错受阻的反方向，形成了低密度位错区，应变增加时位错密度增加，背应力也增加，一旦反向应变，位错很容易克服低密度位错区的障碍，从而表现出了软化。

Q125 钢轧态的显微组织如图 9-25 所示，由铁素体、珠光体和渗碳体等多相组织组成，而其中的各相由于形成温度、合金成分及形态的不同，其微观力学性能也不尽相同。相对而言，珠光体铁素体基体中的位错密度较低，而在晶界、二相粒子及渗碳体前塞积的位错密度远远高于基体。相对于其他相，硬度较高的渗碳体相成为了 Q125 钢变形过程中背应力的主要来源。本实验的加载过程中，随着预压缩变形量的增加，塞积在晶界、二相粒状前的可动位错越来越多，但又来不及形成稳定的位错亚结构。因此在卸载后反向拉伸时，会促进塞积的位错加速弛豫，反向运动的可动位错比较多，同时还有可能开动的次滑移也比较多，造成试样的屈服强度降低。因此，组织中各相的力学性能差异是造成高性能 Q125 级 ERW 石油套管用钢包辛格效应的根本原因。

图 9-25　Q125 钢轧态的显微组织

a—1 号钢；b—2 号钢

9.4.2　热处理工艺对包辛格效应的影响

试验用 2 号热轧状态下的钢板试样调质热处理的具体参数为：920℃淬火，保温 1h，500℃回火，保温 1h。实验方案见表 9-14。

表 9-14　调质热处理和单向拉伸实验方案

钢　号	预压缩变形量/%			
	1	2	3	4
2 号	0	0.75	1.40	1.75

如图 9-26 所示，2 号钢调质热处理后的单向拉伸应力-应变曲线都没有明显的屈服平台，由于棒状试样去掉了上下表面的硬化层，因此强度略低。低 C + Nb 成分设计的 2 号钢的屈服强度较高，初始屈服强度平均值为 908MPa。

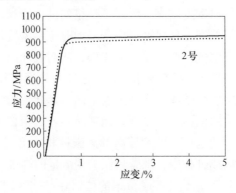

图 9-26　无预变形的应力-应变曲线

图 9-27 所示是 2 号钢在不同预变形下的应力-应变曲线，可以得出压缩—卸载—拉伸的屈服强度，包辛格效应带来的强度下降值随预应变量的变化趋势见图 9-28。

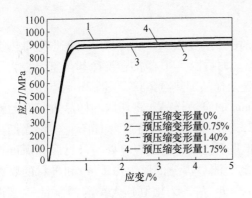

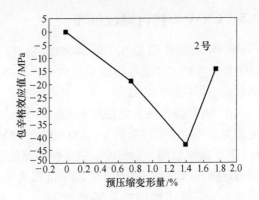

图 9-27　热处理后的包辛格效应值

图 9-28　预压缩变形量和屈服强度减少值（包辛格效应值）的关系

2 号钢经压缩—热处理—拉伸后的应力-应变曲线如图 9-27 所示，预压缩 0.75% 的应力-应变曲线，其屈服强度 $R_{t0.5} = 889\text{MPa}$，包辛格效应值为 −19MPa；预压缩 1.40% 的应力-应变曲线，其屈服强度 $R_{t0.5} = 865\text{MPa}$，包辛格效应值为 −43MPa；预压缩 1.75% 的应力-应变曲线，其屈服强度 $R_{t0.5} = 894\text{MPa}$，包辛格效应值为 −14MPa；可见随着预压缩变形量的增加，包辛格效应值分别为 −19MPa、−43MPa 和 −14MPa。

由实验结果可以发现：（1）随着预压缩变形量的增大，Q125 级 ERW 石油套管用钢在单轴—拉伸变形过程中的屈服强度均发生了下降，2 号套管用钢的屈服强度下降的最大值分别达到了 −43MPa。（2）试样的预压缩变形量小于 1.4% 时，包辛格效应值随预压缩变形量的增加而增大，在预压缩变形量等于 1.4% 的情况下，钢板的包辛格效应值即屈服强度的减少值最大，达到了 43MPa，当预压变形量在 1.4% ~ 1.75% 时，包辛格效应不再随预压变形量的增加而增大，相反，随预压变形量的增加而减小。（3）由图 9-27 可知，热处理后，2 号钢的二次应力-应变曲线始终是位于原始拉伸曲线的下面，即发生了明显的永久软化。

金属材料的结构决定了其受力变形时位错滑移的本质特征，然而金属材料的显微组织中的晶粒大小、晶粒取向、晶界、第二相、第二相粒子、固溶原子以及材料中的原始可动位错状态也对位错的滑移产生重要的影响，这些最终都反映到材料的宏观性能上。

当预压变形量小于 1.4% 时，在这一阶段，随着预压变形量的增加，塞积在晶界、二相粒子前的可动位错越来越多，但又来不及形成稳定的位错亚结构，而此阶段在晶界前沿因位错塞集而产生的应力集中还未能使基体发生屈服。因此，卸载后，反向拉伸时，会促进塞积的位错加速弛豫，反向运动的可动位错比较多，同时还有可能开动的次滑移也比较多，造成试样的屈服强度越来越低。因此，当预压变形量小于 1.4% 时，试样的加工硬化小于反向拉伸时的软化，造成试样的屈服强度随着预压变形量的增加而降低。当预压变形量大于 1.4%，小于 1.75% 时，试样的加工硬化大于反向拉伸时的软化，造成试样的屈服强度随着预压变形量的增加而增加。

当预变形量在 1.4% 时，包辛格效应最大，即屈服强度下降值最大，约为 43MPa，相对于本钢种轧制状态下的情况，热处理后包辛格效应有所改善。

9.5 ERW 焊接区腐蚀机理

ERW 焊接热模拟在 Gleeble3500 上进行，其工艺过程为：以 20℃/s 的速度加热至 1400℃，并对试样两端施加 1kN 的力，保持 20s，而后以 50℃/s 的速度冷却至室温。为了尽量减小焊接接头的残余应力，再将焊接好的整个样品加热至 200℃ 保温 2h 后空冷。

在 ERW 焊接接头处切取 10mm×10mm×5mm 的腐蚀样品。将切取的样品进行腐蚀性能检测，环境参数设置如下：CO_2 分压为 1MPa，温度为 60℃，流速为 1m/s，实验周期为 1 个月。截至目前，沟槽腐蚀敏感性的评价标准并不统一，通过焊缝处与母材腐蚀深度比进行评价。示意图见图 9-29。用厚度损失法和剖面测量焊缝的腐蚀深度 h_2 和母材的腐蚀深度 h_1，焊缝沟槽腐蚀敏感系数 α 定义为：$\alpha = h_2/h_1$，α 数值越大，沟槽腐蚀敏感性越高。

通过厚度损失法测量腐蚀前后表面的损失情况。实验钢母材区腐蚀前后厚度损失 240μm，试样的焊缝处沟槽腐蚀呈 V 字形，V 形口处宽度约 200μm，沟槽深度尺寸约 150μm。根据测量结果计算出实验钢的沟槽腐蚀敏感系数 α 为 1.63，表明试样焊缝处的腐蚀速率高于母材区，即焊缝耐腐蚀性能较差。图 9-30 为焊接接头腐蚀后，沟槽腐蚀截面的宏观形貌。以往的研究报道中，沟槽腐蚀敏感性的评价实验均在 3.5% 的 NaCl 中性水溶液中进行，且 ERW 焊接接头在此溶液中呈现沟槽腐蚀现象十分普遍。而本研究在通有 CO_2 气体的腐蚀介质中进行，焊接接头的沟槽腐蚀现象依旧十分明显。

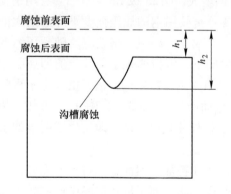

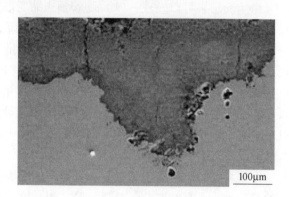

图 9-29　沟槽腐蚀敏感性示意图　　　　　图 9-30　沟槽腐蚀截面的宏观形貌

对于同种材料而言，影响 ERW 焊接接头处 3 个区域的腐蚀性能的因素主要包括残余应力、组织类型及缺陷状态。

（1）残余应力分析。残余应力状况通常是影响沟槽腐蚀的重要因素之一。对焊缝区、热影响区和母材区的残余应力检测结果表明，焊缝区残余应力值最大，约 116MPa，然而热影响区处的残余应力值约为 82MPa，母材区的残余应力值最小，约 45MPa。可见，所有试样的焊缝区、母材和热影响区的残余应力值均为正值，即焊接接头各个区域处于拉应力状态。一般来讲，拉应力会提高金属的电化学腐蚀活性，促进腐蚀过程。根据残余应力检测结果，焊缝区处的残余应力值最大，母材和热影响区应力值较小，按应力值越大腐蚀越严重的规律，沟槽腐蚀容易发生在焊缝处。但是，就检测结果的数值而言，3 个区的残余应力值并不明显，由残余应力所导致的腐蚀活性的差异将会十分微小，不足以对腐蚀过程产生影响。因此，可以断定残余应力不是 Q125 级套管钢 ERW 焊接接头产生沟槽腐蚀的原因。

（2）夹杂物分析。图 9-31 为焊缝处显微结构方向分布的数量较多的夹杂物形貌。通过扫描电镜对其成分进行能谱分析（EDS），发现夹杂物主要为 MnS，如图 9-32 所示。同时，采用电子探针对焊缝区进行 S 和 Mn 元素分布形态检测，结果如图 9-33 所示。由图 9-33可以看出，S 元素和 Mn 元素在绝大部分区域是均匀分布的，但偶尔在同一部位发生聚集，浓度明显高于其他部位，因此可以进一步验证夹杂物确实为 MnS。由图 9-31 可见，在焊缝处存在明显的 MnS 夹杂物，并沿着 ERW 焊的焊缝分布。在 CO_2 腐蚀过程中，MnS 夹杂物主要起到两方面的作用。一方面，在腐蚀过程中，这些 MnS 夹杂物相对于钢基材为阴极相，同时与周围铁基之间形成微电池，因而易引发局部点腐蚀，产生点蚀坑。诸多点蚀坑沿着焊缝产生并彼此相连，即导致焊缝区沟槽腐蚀的发生。另一方面，在 CO_2 腐蚀过程

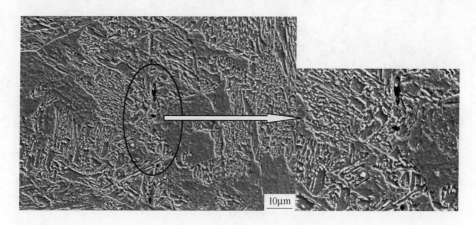

图 9-31　焊缝处的夹杂物形貌

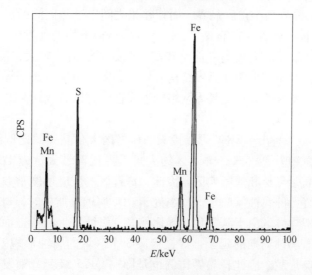

图 9-32　夹杂物能谱图

中，钢表面在阳极极化条件下会形成钝化膜，膜的连续性与完整性则由于 MnS 夹杂物在表面的露头而遭到破坏。在 MnS 夹杂物与钢基体界面处，基体原子的活动系数较大，处于高能状态，其热力学稳定性较差，离子化趋势强。溶液中侵蚀性的 Cl⁻ 在 MnS 夹杂物与钢基体界面处吸附，聚集的氯离子与氧化膜作用，形成铁的可溶性氯化物，表面膜局部溶解，钢基体表面局部活化。同时，腐蚀溶解将沿着夹杂物与钢基体界面这一能量高的区域向纵深方向发展，形成小的腐蚀沟，铁离子的水解酸化及 Cl⁻ 在电场作用下涌入，使该部位形成最活化的闭塞区，进而形成闭塞电池。此外，夹杂物周边的酸化会导致一些 MnS 的溶解，由此产生的 S^{2-} 和 HS^- 可使 Fe 活化，会催化夹杂物周围钢基体的腐蚀，从而进一步加速腐蚀过程。因此，MnS 夹杂物在焊缝区的形成是导致 ERW 焊管沟槽腐蚀的重要原因之一。

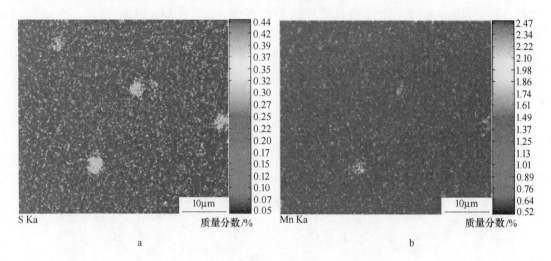

图 9-33　焊缝处硫和锰元素分布图

a—S 元素分布；b—Mn 元素分布

（3）组织分析。图 9-34 为 3 种实验钢的取向成像显微图。在钢的微观组织中，角度大于 3°而小于 15°的晶界为小角度晶界，而相邻相之间以及晶区间的界面大多为大角度晶界（大于 15°）。腐蚀一般容易在晶界、位错等表面结构不均匀处发生。而在各种晶界中，大角晶界的耐腐蚀性最差。大角晶界能量较高，此处原子活性较大，反应速度常数较大，使基体金属反应速度增加。小角度晶界结构有序度高，自由体积小，界面能量低，具有较强的晶界失效抗力，能打断大角度晶界网络的连通性，可以有效地阻断材料沿大角度晶界腐蚀行为的连续扩展。

从图 9-34 统计结果看出，ERW 焊接接头的母材区大角晶界的比例约为 40.8%，热影响区的大角晶界比例约为 36.4%，焊缝区的大角晶界比例最大，为 47.2%。可见，焊缝区的大角晶界比例高于母材和热影响区。因此，焊缝区的反应速度常数高于母材和热影响区，这样就使得焊缝区的腐蚀倾向较大。当处于 CO_2 腐蚀介质中时，母材、热影响区和焊缝同时发生腐蚀，但焊缝区由于其大角晶界比例高，腐蚀发生的覆盖面较大，因此腐蚀的扩散速度较快。随着腐蚀周期的延长，焊接接头 3 个区域的腐蚀形貌差异将越来越明显，进而形成沟槽腐蚀的形貌。因此，晶界比例也是影响 Q125 级套管钢发生沟槽腐蚀的一个重要原因。

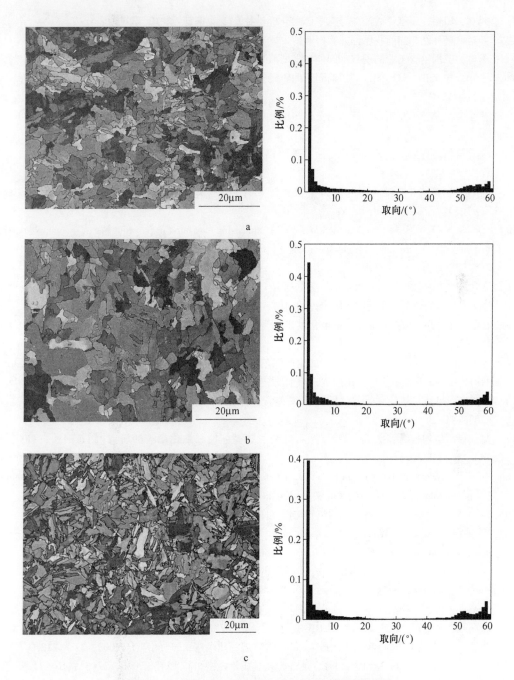

图 9-34　不同区域的取向成像显微图及取向差分布图
a—母材；b—热影响区；c—焊缝

参 考 文 献

[1] 曾义金，刘建立. 深井超深井钻井技术现状和发展趋势[J]. 石油钻探技术，2005(5)：23～30.

[2] 马开华，刘修善. 深井超深井钻井新技术[M]. 北京：中国石化出版社，2005.

［3］ 李鹤林，田伟，邝献任. 油井管工序形式分析与对策［J］. 钢管，2010，39（1）：1～7.

［4］ 李鹤林，韩礼红. 当前我国油井管产业的发展方向［J］. 焊管，2009，32（4）：5～10.

［5］ 杨秀琴. 我国钢管工业的现状、问题与发展前景（上）［J］. 钢管，2008（1）：1217.

［6］ 李平全，史交齐，赵国仙，等. 油套管的服役条件及产品研制开发现状（上）［J］. 钢管，2008，37（4）：6～12.

［7］ 李平全，史交齐，赵国仙，等. 油套管的服役条件及产品研制开发现状（下）［J］. 钢管，2008，37（5）：11～14.

［8］ 牟昊，陈妍，齐殿威，等. 高强度油井管用钢专利技术的现状及发展趋势［J］. 特殊钢，2012，33（5）：19～24.

［9］ 李鹤林，冯耀荣. 石油管材与装备失效分析案例集（一）［C］. 北京：石油工业出版社，2006：352～365.

［10］ Gokhale S，Ellis S. API specification 5CT N80 grade casing may burst or part unexpectedly if supplementary metallurgical requirements are not specified［A］. SPE/IADC Drilling Conference，Amsterdam Netherlands，2005 SPE92431-MS.

［11］ 马勇. 转炉冶炼 N80 油井管用钢工艺的研究与应用［D］. 鞍山：鞍山科技大学，2006.

［12］ 陈蕴博. 强韧微合金非调质钢的研究动向［J］. 材料导报，2000（8）：3～7.

［13］ 方伟，许晓锋，徐婷. 油井管标准化及非 API 油井管标准体系［J］. 石油工业技术监督，2010（6）：20～23.

［14］ 曹勇，穆东，韩会全. 焊接油套管的生产工艺及发展［J］. 钢铁技术，2012（1）：18～23.

［15］ 刘照. 包钢180机组生产非调质 N80 套管工艺优化的实验研究［D］. 北京：北京科技大学，2006.

［16］ 陈树杰，赵薇，刘依强，等. 国外连续油管技术最新研究进展［J］. 国外油田工程，2010，11（26）：44～50.

［17］ 贺景春，姜均普，郭兆成，等. J55 石油套管提高韧性和细化晶粒的研究［J］. 钢铁，2000，35（4）：106～112.

［18］ Kubo H，Nakamura K，Farjami S，et al. Characterization of Fe-Mn-Si-Cr shape memoryalloys containing VN precipitates［J］. Materials Science and Engineering，2004，A378：343～348.

［19］ （英）F. 布赖恩·皮克林. 钢的组织与性能［M］. 刘嘉禾，译. 北京：科学出版社，1999.

［20］ Yang Y，Yang Z B，Wang F M，et al. Effect of inclusion on formation of acicular ferrite in Ti-bearing non-quenched and temped steels［J］. Iron and Steel，2005，40：244～249.

［21］ Wang A D，Liu G Q，Liu S X，et al. Thermodynamic calculations of carbonitrides in V-Ti-N microalloyed steels for non-quenched and tempered oil well tubes［J］. Iron and Steel，2005，40（1）：283～291.

［22］ 牛靖，董俊明，薛锦，等. 石油套管钢 N80 的显微组织分析［J］. 焊管，2002，25（1）：15～17.

［23］ 张居勤，丁晓军，田小龙，等. ERW 直焊缝套管的开发和应用［J］. 焊管，2007，23（4）：1～8.

［24］ 彭在美，窦树柏. 试论我国高品质 ERW 焊管发展的技术路线［J］. 钢管，2008，3：8～12.

［25］ 介升旗，刘永平. 国内 ERW 焊管发展现状及其质量控制［J］. 焊管，2006，29（6）：10～11.

［26］ 刘法涛. 由新日铁 ERW 套管看我国高钢级 ERW 套管的发展［J］. 焊管，2006，29（2）：3～13.

［27］ 张始伟. ERW 石油套管的应用及市场分析［J］. 焊管，2008，31（1）：12～15.

［28］ 张志刚，刘乐. 钢板中夹杂物对高频电阻焊管质量影响浅析［J］. 无损检测，2006（6）：330～331.

［29］ 冯耀荣. ERW 钢管焊缝灰斑缺陷及其预防，日本 ERW 钢管生产技术考察报告［J］. 石油专用管，1993（2）：56～59.

［30］ American Petroleum Institute Specification 5CT. Casing and Tubing，Version 8，2005.

［31］ Kermani M B，Morshed A. Carbon dioxide corrosion in oil and gas production-A compendium［J］. Corrosion，2003，59（8）：659～683.

[32] 路民旭，白真权，赵新伟，等. 油气采集储运中的腐蚀现状及典型案例[J]. 腐蚀与防护，2002，23(3)：105~113.

[33] 安海静，唐泉，颜东洲，等. 高含硫和二氧化碳油田钻具的腐蚀与防腐蚀措施[J]. 全面腐蚀与控制，2011，25(11)：6~10.

[34] Masamura K, Hashizume S, Sakai J. Polarization behavior of high-alloy OCTG in CO_2 environment as affected by chlorides and sulfides[J]. Corrosion, 1987, 43(6)：359~368.

[35] Srinivasan S, Kane R D. Experiment simulation of multiphase CO_2/H_2S system[J]. Corrosion, 1999, 14：1168~1182.

[36] Fierro G, Ingo G, Mancla F. XPS-investigation on the corrosion behavior of 13Cr martensitic stainless steel in CO_2-H_2S-Cl-environment[J]. Corrosion, 1989, 10：814~821.

[37] 李鹤林，白真权，刘道新，等. 模拟油田 H_2S/CO_2 环境中 N80 钢的腐蚀及影响因素研究[J]. 材料保护，2003，36(4)：32~34.

[38] 李鹤林，白真权，李鹏亮，等. 模拟 CO_2/H_2S 环境中 API N80 钢的腐蚀影响因素研究[C]//中国腐蚀与防护学会，中国石油学会，中国金属学会. 第二届石油石化工业用材研究会论文集. 成都，2001：101~104.

[39] 宋开红，李春福，崔世华，等. CO_2 对 H_2S/CO_2 环境中 P110 钢应力腐蚀的影响研究[J]. 腐蚀科学与防护技术，2012，24(1)：25~31.

[40] Gao M, Pang X, Gao K. The growth mechanism of CO_2 corrosion product films[J]. Corrosion Science, 2011, 53：557~568.

[41] Gao K, Yu F, Pang X, et al. Mechanical properties of CO_2 corrosion product scales and their relationship to corrosion rates[J]. Corrosion Science, 2008, 50：2796~2803.

[42] 王成达，严密林，赵新伟，等. 油气田开发中 H_2S/CO_2 腐蚀研究进展[J]. 西安石油大学学报（自然科学版），2005，5(20)：66~70.

[43] De Waard C, Milliams D E. Carbonic acid corrosion of steel[J]. Corrosion, 1975, 31(5)：177~181.

[44] Davies D H, Burstein G T. The effects of bicarbonate on the corrosion and passivation of iron[J]. Corrosion, 1980, 36 (8)：416~422.

[45] Schmitt G. Fundamental aspects of CO_2 corrosion[C]//Advances in CO_2 corrosion. Houston：NACE, 1984：10~19.

[46] Palacios C A, Shadley J R. CO_2 corrosion of N-80 steel at 71℃ in a two-phase flow system[J]. Corrosion, 1993, 49(8)：686~693.

[47] Ogundele G I, White W E. Some observations on corrosion of carbon steel in aqueous environments containing carbon dioxide[J]. Corrosion, 1986, 42(2)：71~78.

[48] Nesic S, Postlethwaite J, Olsen S. An electrochemical model for prediction of corrosion of mild steel in aqueous carbon dioxide solutions[J]. Corrosion, 1996, 52(4)：280~294.

10 核 电 用 钢

10.1 核电用钢国内外发展概况

10.1.1 裂变核电用钢的发展

核电用钢主要指用于核岛设备的钢材,主要包括反应堆压力容器用钢、堆内构件用钢、蒸汽发生器和稳压器用钢、蒸汽发生器传热管等。

根据反应堆设计参数及结构特征,反应堆的壳体材料除了要承受高温、高压,还处在强烈的中子辐照下,因此,对反应堆压力容器用钢需全面考虑材料的强度、韧性、焊接性能、壁厚全截面性能和抗中子辐照脆化等5个方面。为满足上述综合性能,对反应堆压力容器用钢的研究和改进一直在进行。反应堆压力容器用钢最初选用的是抗拉强度较小的碳钢 SA201B,但很快被淘汰,以美国和欧洲为代表的国家在压水堆压力容器上首先使用了焊接性较好、强度稍高的碳素锅炉钢板 SA212B,但 SA212B 的强度较低,且厚钢板的冲击韧性较低,淬透性和高温性能也较差,作为第一代压水堆压力容器用钢的 SA212B 不久就被淘汰了。为改善反应堆压力容器用钢的力学性能和断裂韧性,压水堆压力容器用钢改用抗拉强度 550MPa 的锰钼系低合金高强度钢 SA302B,这是第二代反应堆压力容器用钢。随着核电站向大型化方向发展,压力容器也随之增大增厚。为了保证厚截面钢的淬透性,使强度与韧性有良好的配合,在 SA302 中添加了 Ni(0.40%~1.00%Ni),使之成为改进型的 SA302B,加入 Ni 的 SA302B 分为两个品级:SA533B(含 Ni 为 0.40%~0.70%)和 SA533C(含 Ni 为 0.70%~1.00%),后来将原 SA302B 钢号改为 SA533A。从 1965 年起,压力容器用钢采用具有较高强度和较高韧性的钢种 SA533B,并以钢包精炼、真空浇铸等先进炼钢技术,提高钢的纯净度,减少杂质偏聚,同时,将热处理由常化热处理改为调质热处理,使组织细化,以获得强度、塑性和韧性良好匹配的综合性能。在反应堆压力容器的制造上,美国曾倾向于采用 SA533B 钢板,制定过 300mm 大截面厚板的制造计划,但由于面对活性区的纵向焊缝的附着性能差,所以将压力容器由板焊结构改为锻焊容器,锻造牌号为 SA508Ⅱ,除加入少量 Cr 外,成分基本与 SA533B 相同,由于 SA508Ⅱ 堆焊层下发现再热裂纹,故通过减少硬化元素 C、Cr、Mo 的含量,提高 Mn 的含量以增加强度和淬透性,并减少偏析元素 P、S 的含量,发展出 SA508Ⅲ。各牌号钢的化学成分如表 10-1 所示。

10.1.2 聚变核电用钢的发展

ITER(International Thermonuclear Experimental Reactor)是国际热核实验反应堆的简称,它是一个验证是否可以最终将聚变能用于商用发电的关键研究装置。结构示意图如图 10-1 所示,主要包括中央螺线管、环形场线圈、极向场线圈、偏滤器、第一壁/包层以及由第一壁构成的等离子体室等部件。低活化铁素体/马氏体钢将用于 ITER 的实验包层模块（TBM）和下一代聚变商用示范堆（DEMO）的第一壁/包层。

表 10-1 压水堆压力容器用低合金钢的标准化学成分（质量分数） （%）

牌　号	C	Mn	Mo	Ni	Cr	Si	S	P
SA212B	≤0.31	0.85～1.20	—	—	—	0.15～0.30	≤0.040	≤0.035
SA533A	≤0.25	1.15～1.50	0.45～0.60	—	—	0.15～0.30	≤0.040	≤0.035
SA533B	≤0.25	1.15～1.50	0.45～0.60	0.40～0.70	—	0.15～0.30	≤0.040	≤0.035
SA533C	≤0.25	1.15～1.50	0.45～0.60	0.70～1.00	—	0.15～0.30	≤0.040	≤0.035
SA508 Ⅱ	≤0.27	0.50～0.90	0.55～0.70	0.50～1.00	0.25～0.45	0.15～0.35	≤0.025	≤0.025
SA508 Ⅲ	0.15～0.25	1.20～1.50	0.45～0.60	0.40～1.00	≤0.25	0.15～0.35	≤0.025	≤0.025

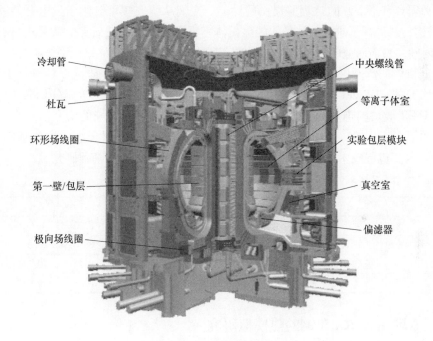

图 10-1 ITER 装置的概念图

目前，聚变研究的重点仍在托马克磁约束概念上。聚变堆的主要结构部件主要包括：（1）第一壁，它直接面向等离子体形成等离子体室；（2）偏滤器，除灰与杂质控制部件；（3）包层，将聚变能转换成热能和生产氚的系统；（4）屏蔽部件，提供磁系统的损伤保护；（5）真空容器；（6）磁场系统；（7）加料与等离子体加热等系统。

第一壁是聚变堆中离等离子体最近的部件。氘-氚反应产生的 14MeV 中子、电磁辐射、带电的或中性的粒子直接作用在第一壁表面，构成对第一壁的能量沉积、中子辐照损伤以及其他等离子体与壁相互作用的过程。

第一壁材料在使用中应能在聚变堆的严酷的辐照、热、化学和应力工况下体现出机械完整性和尺寸稳定性。这些材料必须有较好的抗辐射损伤性能，能在高温高应力状态下运行，与面向等离子体材料和其他材料相容，与氢等离子体相容，能提高表面热负荷。为了降低温度和应力梯度，较低的线膨胀系数、高热导率和低的弹性模量是重要的物理性质。

高温抗拉强度和蠕变强度是重要的性能指标。结构应保持一定的塑性以承受通常和瞬态负荷条件下的热应变和机械应变。过度的辐照或蠕变能导致尺寸变化，最后引起失效，疲劳和裂纹生长在应用中也很重要。

除此以外，以氘-氚为燃料的聚变反应本身并不产生放射性物质。要使聚变能成为比较干净的能源，具有安全和环境影响方面的优势，聚变堆材料应选择或开发那些低中子活化和不产生长寿命放射性同位素的材料。保证反应堆具有低的放射性衰变余热，减少有害的生物效应和对环境的影响。

由于第一壁/包层的工作环境非常严酷，对材料的要求十分苛刻，因此需要材料具有足够的强度和韧性、与液态金属有很好的相容性、较低的线膨胀系数、良好的传热性、加工性能优越，最关键的是由于核聚变反应产生的14MeV的中子对材料有非常强的损伤作用，因此所选材料必须具有非常好的抗辐照损伤的性能。人们从研究核聚变用于发电开始就对第一壁/包层结构材料进行了研究，从最初的奥氏体不锈钢到现在正在研究的低活化材料经历了数十年的时间。目前研究的材料正在越来越接近聚变反应堆对第一壁/包层材料的要求。

国际上目前广泛开展的RAFM钢主要集中在以下几种：日本研制的F82H、JLF系列；欧洲正在研究的EUROFER97；美国研究的9Cr2WVTa钢等，其化学成分如表10-2所示。中国作为ITER成员国担负着建设和研究的责任。中国在聚变领域的研究已经有几十年的历史，积累了不少经验，但对结构材料的研究非常有限，只局限于小试样的基础研究上，要想与国际聚变包层技术及材料研究同步，需要注重结构材料的基础研究。

表 10-2　几种典型低活化铁素体/马氏体钢化学成分（质量分数）　（%）

RAFM	Cr	W	V	Ta	Mn	Si	C	N	B
F82H	8.0	2.0	0.2	0.04	0.5	0.2	0.10	<0.01	0.003
JLF-1	9.0	2.0	0.20	0.07	0.45	0.08	0.10	0.05	
EUROFER97	8.5	1.1	0.2	0.1	0.4	0.05	0.12	0.02	<0.001
9Cr2WVTa	9.0	2.0	0.25	0.07	0.4	0.30	0.10	0.02	

10.2　裂变堆用 SA533B 钢的热模拟研究

10.2.1　SA533B 钢的变形抗力

SA533B钢是核岛设备的主要承压材料，用于一级设备压力容器壳体及构件，根据性能要求，设计的SA533B实验钢的化学成分如表10-3所示。

表 10-3　实验钢的实测化学成分（质量分数）　（%）

编　号	C	Si	Mn	Mo	Ni	Nb	Cr
SA533B	0.19	0.32	1.50	0.54	0.51	0.024	0.22

对于核电压力容器用钢来说，变形抗力的意义不仅表现在对轧制过程中轧制力和扭矩的预测上，更重要的是由于核电压力容器用钢的厚度较大，温度梯度的存在而造成心部和表面的变形抗力不同，从而造成变形不均匀，导致核电压力容器用钢在整个横截面上出现组织和性能不同的问题。在应用过程中，这种力学性能的差异将导致对核电压力容器安全性评估及设计上的困难。因此，对核电压力容器用钢的变形抗力的研究就显得尤其重要

了。本章实验采用 ϕ10mm×15mm 的热模拟圆柱形试样，长度和直径之比使得在高温变形时产生单鼓形的效果，最大限度地模拟轧制的实际变形抗力形态。

金属变形抗力的大小与金属变形时的工艺条件存在定量的关系。通过热模拟实验得到 SA533B 的变形抗力与应变速率、变形程度以及变形温度之间的内在关系。热模拟工艺如图 10-2 所示。

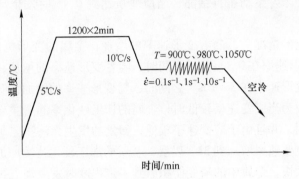

图 10-2　热模拟工艺

当变形速率一定时，金属的变形抗力随变形温度的升高而降低，而且变形抗力下降的幅度较大，如图 10-3 所示。在变形程度较小时，变形抗力较低；变形程度较大时，相对

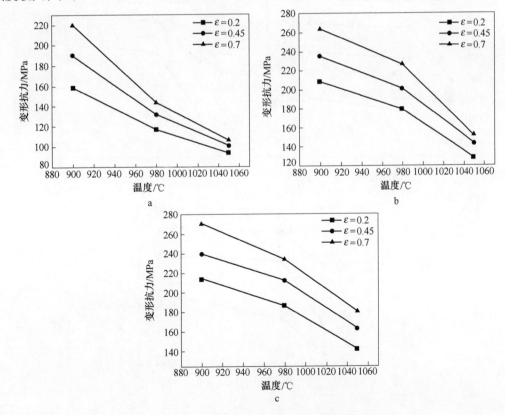

图 10-3　不同变形速率条件下变形抗力与温度的关系

a—$\dot{\varepsilon}=0.1\mathrm{s}^{-1}$；b—$\dot{\varepsilon}=3\mathrm{s}^{-1}$；c—$\dot{\varepsilon}=10\mathrm{s}^{-1}$

变形抗力较高。在变形程度和变形温度一定的情况下，随着变形速率的增加，变形抗力也相应增加。在图 10-3 中，$\dot{\varepsilon}=0.1s^{-1}$ 时的曲线与 $\dot{\varepsilon}=3s^{-1}$、$\dot{\varepsilon}=10s^{-1}$ 时的曲线中的变形抗力随温度变化的趋势不同，$\dot{\varepsilon}=0.1s^{-1}$ 的曲线中 $\varepsilon=0.2$ 时变形抗力较高，当 $\varepsilon=0.45$ 时变形抗力大幅下降，$\varepsilon=0.7$ 时变形抗力的下降幅度较小，主要原因是应变量为 0.2 时软化方式主要以回复为主，未发生动态再结晶，当应变量达到 0.45 时发生动态再结晶，软化率大幅增加。

在变形温度一定的情况下，随着变形速率的增加，金属的变形抗力也随之相应增加，如图 10-4 所示。变形速率在 $0.1\sim3s^{-1}$ 之间时，随着变形速率的增加，金属的变形抗力有比较明显的增加，变形速率在 $3\sim10s^{-1}$ 之间时，随变形速率的增加，金属的变形抗力的增加比较缓慢。这是因为当应变速率较低时，金属的加工硬化率起着主导作用，硬化作用远大于回复的软化作用，并且由于应变速率较低，回复的发生无法积累足够的畸变能使之发生动态再结晶；当应变速率增加到 $3s^{-1}$ 以后，金属的加工硬化持续增加，回复速率也随之增加，但由于变形太快，金属中的畸变能积累到一定程度时发生动态再结晶，动态再结晶的软化作用与加工硬化作用达到动态平衡后，变形抗力曲线便进入稳定阶段了。动态再结晶属于不完全软化，金属材料一旦进入动态再结晶阶段，便会出现变形抗力曲线的拐点，应变速率再增加时，变形抗力还是会有增加。

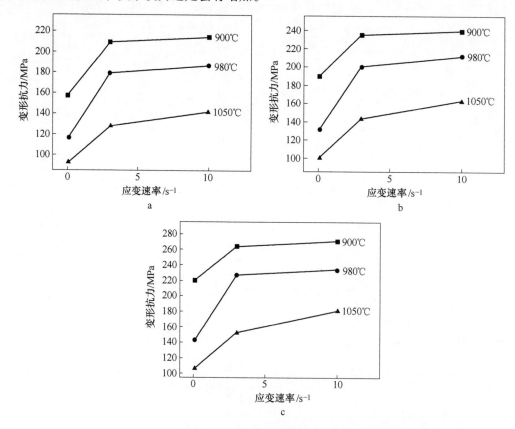

图 10-4　不同变形量条件下变形抗力与应变速率的关系

a—$\varepsilon=0.2$；b—$\varepsilon=0.45$；c—$\varepsilon=0.7$

从整体趋势来看，不同变形速率下，变形抗力均随变形程度的增加而增加，但变形速率较高时，变形抗力增加的幅度较大，如图 10-5 所示。与变形温度较高时的变形抗力曲线相比，变形温度较低时的变形抗力随温度的增加而增加的幅度就较为明显。也就是说，变形速率越高，变形温度越低，变形抗力增加的幅度就越大。

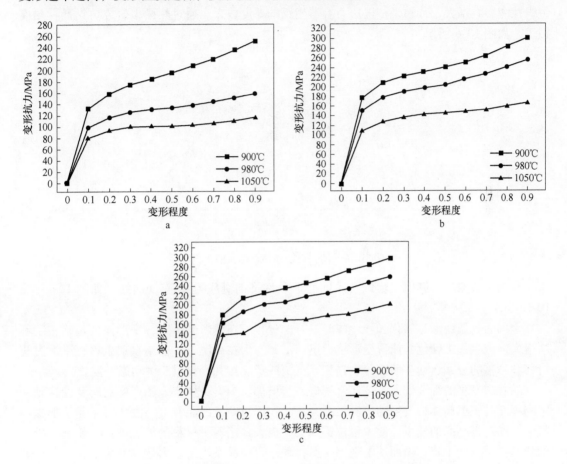

图 10-5　不同应变速率条件下变形程度与变形抗力的关系

a—$\dot{\varepsilon} = 0.1\mathrm{s}^{-1}$；b—$\dot{\varepsilon} = 3\mathrm{s}^{-1}$；c—$\dot{\varepsilon} = 10\mathrm{s}^{-1}$

金属变形抗力的大小取决于金属的组织成分、变形温度、变形速率、变形程度以及加工过程的加工硬化、回复、动态再结晶等因素。

本文中选用的数学模型简单地考虑了 t、ε 之间的交互作用，可由式（10-1）表示：

$$\sigma = a_1 \varepsilon^{a_2} \dot{\varepsilon}^{a_3} \exp(a_4 T + a_5 \varepsilon) \tag{10-1}$$

式中，σ 为变形抗力，MPa；ε 为变形程度；$\dot{\varepsilon}$ 为变形速率，s^{-1}；T 为变形温度，℃；a_i 为和钢种有关的系数。

将实验得到的不同变形温度、变形速率和变形程度下的变形抗力进行非线性回归，得出变形抗力的数学模型公式如式（10-2）所示：

$$\sigma = 4311.322584 \times \varepsilon^{0.098} \dot{\varepsilon}^{0.0874} \exp(-0.0034T + 0.2813\varepsilon) \tag{10-2}$$

将变形抗力模型的预测值与实际值进行比对，总体上吻合良好。

10.2.2　SA533B 钢的动态再结晶规律研究

核电压力容器用钢高温变形时发生的奥氏体动态再结晶，对随后的相变行为和最终的组织性能影响很大，特别是核电压力容器用钢的厚度较大。通过热模拟研究再结晶，热模拟工艺如图 10-6 所示。

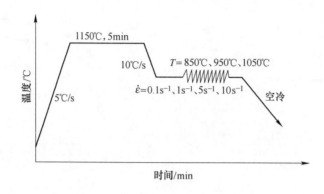

图 10-6　动态再结晶热模拟实验工艺

根据实验数据绘制出实验钢在不同变形条件下的真应力-真应变曲线，如图 10-7 ~ 图 10-10 所示。

金属的高温变形是软化和硬化同时进行的过程。在变形开始时，变形体内位错密度不断增大，产生加工硬化，使得变形抗力迅速上升。但在高温下，位错在加工过程中通过交滑移和攀移的方式运动，使部分位错相互抵消或重新排列，材料产生动态回复。

随着应变量的继续增大，位错密度进一步增加。当奥氏体应力场产生的畸变能达到一定的程度时，奥氏体将发生动态再结晶，此时在严重畸变的晶粒上将发生再结晶的形核与长大。动态再结晶的发生，使大量位错消失，极大地削弱了材料的加工硬化，使得奥氏体的变形抗力开始下降。因而从宏观上来看，动态再结晶发生于应力达到峰值之前。与应力峰值相对应的应变量 ε_p 是描述材料变形状态的重要参数。随着变形的继续进行，动态再

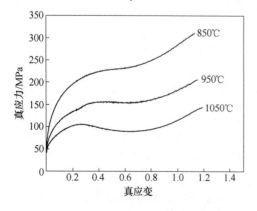

图 10-7　应变速率为 $0.1s^{-1}$ 时实验钢的
真应力-真应变曲线

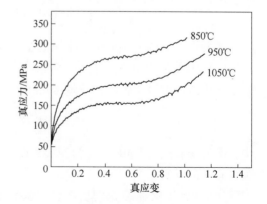

图 10-8　应变速率为 $1s^{-1}$ 时实验钢的
真应力-真应变曲线

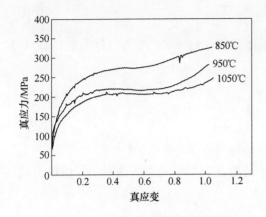

图 10-9 应变速率为 5s⁻¹ 时实验钢的
真应力-真应变曲线

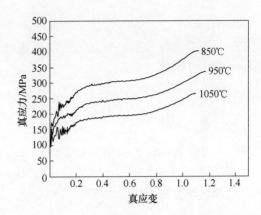

图 10-10 应变速率为 10s⁻¹ 时实验钢的
真应力-真应变曲线

结晶将继续进行，奥氏体的变形抗力将进一步下降，直到加工硬化和动态软化效应达到动态平衡，应力便达到稳定值。动态再结晶发生的条件是要有足够的位错畸变能，因而应变量必须达到或超过某一临界值。

发生动态再结晶时，峰值应力 σ_p 对应的应变称为峰值应变 ε_p，通常开始发生动态再结晶的临界应变 ε_c 约等于 $0.83\varepsilon_p$，应力稳定时对应的应变称为稳定应变 ε_s，对应为发生完全动态再结晶的应变。由图 10-7 ~ 图 10-10 得到上述各参数，并将其列于表 10-4 中。

表 10-4 实验钢在不同变形条件下的峰值应力、临界应变

应变速率/s⁻¹	温度/℃	峰值应力 σ_p/MPa	峰值应变 ε_p	临界应变 ε_c	稳定应变 ε_s
0.1	850	—	—	—	—
	950	157.7	0.33	0.27	0.70
	1050	105.8	0.29	0.24	0.65
1	850	—	—	—	—
	950	202.1	0.41	0.34	0.72
	1050	154.8	0.35	0.29	0.72
5	850	275.1	0.47	0.39	—
	950	212.7	0.38	0.32	0.77
	1050	29.9	0.35	0.29	0.73
10	850	—	—	—	—
	950	—	—	—	—
	1050	194.1	0.42	0.35	—

对比图 10-7 ~ 图 10-10 可知，随变形温度的升高，动态再结晶曲线峰值应力下降，峰值应变减小。在应变速率相同时，随变形温度的下降，真应力-真应变曲线由动态再结晶型转变为加工硬化型。

动态再结晶是一个由热激活控制的过程，流变应力和变形条件之间的关系通常用 Zener-Hollomon 因子 Z 来表示：

$$Z = \dot{\varepsilon} \exp\left[Q_{\text{def}} / (RT)\right] \tag{10-3}$$

式中，$\dot{\varepsilon}$ 为变形速率，s^{-1}；Q_{def} 为动态再结晶激活能，kJ/mol；R 为气体常数，8.314J/(mol·K)；T 为温度，K。

Z 因子与 σ_p 的关系可以表示为：

$$Z = A\sigma_p^n \tag{10-4}$$

式中，A 为常数；σ_p 为峰值应力，MPa；n 为材料热变形常数。

通过式（10-3）和式（10-4）对表 10-4 中的数据进行多元非线性回归，可以得到动态再结晶数学模型表达式如下：

$$Z = \dot{\varepsilon} \exp\left[1.91 \times 10^5 / (RT)\right] \tag{10-5}$$

$$Z = 1.51 \times 10^{-9} \sigma_p^{7.47} \tag{10-6}$$

当 Z 参数一定时，随变形量的增大，材料组织发生由加工硬化到动态回复再到部分再结晶乃至完全动态再结晶的变化。开始发生动态再结晶的临界应变为 ε_c，发生完全动态再结晶的临界变形量对应的应变为 ε_s。当 Z 参数增大时，ε_c 和 ε_s 都增大。

Z 参数与 ε_c 和 ε_s 之间的关系见下式：

$$Z = Ae^{B\varepsilon_c} = Ce^{D\varepsilon_s} \tag{10-7}$$

两边取对数后线性回归，可以得出：

$$Z = 20.2874 \exp(50\varepsilon_c) \tag{10-8}$$

$$Z = 2.8403 \times 10^{-6} \exp(42.8\varepsilon_s) \tag{10-9}$$

结合式（10-5）和式（10-8）、式（10-9），利用 Origin 软件绘制出相应的曲面和区域图，其中图 10-11 为临界应变曲面图，图 10-12 为稳定应变曲面图，图 10-13 为实验钢的动态再结晶区域图。

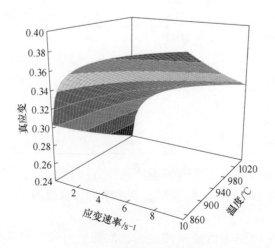

图 10-11　临界应变曲面图

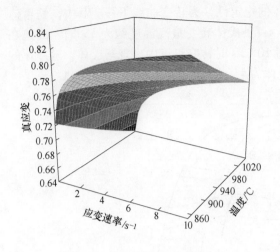

图 10-12 稳定应变曲面图

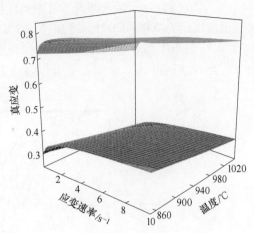

图 10-13 动态再结晶区域图

10.2.3 SA533B 钢的相变规律研究

核电压力容器用钢的组织以调质状态交货，需要经过严格的热处理工艺。生产中发现，钢中粗大的奥氏体晶粒具有组织遗传性，这种组织遗传性的产生与过冷奥氏体冷却过程密切相关；同时后续热处理过程中加热和冷却方式的不同，是影响组织和性能的关键因素。因此对核电压力容器用钢的过冷奥氏体冷却转变曲线的绘制至关重要，它描述了不同冷速下过冷奥氏体的组织转变及其形貌特征，随冷速的变化，会得到不同类型的显微组织，这对核电压力容器用钢的轧后冷却制度和调质工艺的制定有重要的指导意义。

相变临界点 A_{c1}、A_{c3}、M_s 温度的理论计算：化学成分、奥氏体化温度和保温时间对连续冷却曲线的形状均有影响。其中，热处理制度对临界点的影响可以通过标准化加以消除。这样，化学成分就成为影响临界点的主要因素。

根据经验计算公式：

$$A_{c1} = 751 - 26.6w(\mathrm{C}) + 17.6w(\mathrm{Si}) - 11.6w(\mathrm{Mn}) + 22.5w(\mathrm{Mo}) -$$
$$23w(\mathrm{Ni}) + 233w(\mathrm{Nb}) - 5.7w(\mathrm{Ti})$$

$$A_{c3} = 937 - 476.5w(\mathrm{C}) + 56w(\mathrm{Si}) - 19.7w(\mathrm{Mn}) + 38.1w(\mathrm{Mo}) - 26.6w(\mathrm{Ni}) -$$
$$19w(\mathrm{Nb}) + 136.3w(\mathrm{Ti})$$

$$M_{\mathrm{s}} = 561 - 474w(\mathrm{C}) - 33w(\mathrm{Mn}) - 21w(\mathrm{Mo}) - 17w(\mathrm{Ni})$$

实验钢相变临界温度的计算结果如表 10-5 所示。

表 10-5 实验钢相变临界温度的计算结果

编　号	$A_{c1}/℃$	$A_{c3}/℃$	$M_{\mathrm{s}}/℃$
SA533B	730	854	412

采用热膨胀法绘制 SA533B 实验钢的静态 CCT 曲线，如图 10-14 所示。根据热膨胀曲线的统计结果，A_{c1} 和 A_{c3} 分别为 736℃ 和 832℃，与计算结果较为接近。SA533B 钢中含有

Mn、Mo、Ni 等合金元素，增大了过冷奥氏体的稳定性，为转变曲线下移。其中，铁素体转变温度区间为 700～620℃，冷速小于 1℃/s；贝氏体转变最高温度约为 550℃，冷速在 1～10℃/s 的组织基本全是贝氏体；冷速超过 10℃/s 时转变组织中出现马氏体，随冷速的增加，当冷速达到 20℃/s 时转变组织以马氏体为主，转变温度区间在 370～300℃。

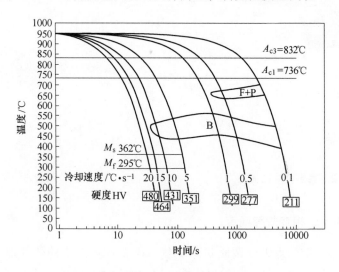

图 10-14   SA533B 的静态 CCT 曲线

10.2.4   热处理工艺对 SA533B 钢组织性能的影响

图 10-15 为不同回火温度下的光学显微组织照片。通常在 400～600℃回火会发生第四类回火转变，α 相发生回复、再结晶，随保温时间延长，碳化物将聚集长大并进一步球化，转变产物为回火索氏体。在回火温度为 520℃时，如图 10-15a 所示，回火后的组织中依然保留有部分回火马氏体及贝氏体的形态，由于回复过程的发生，板条内出现多边形化亚结构，即由于位错结构的重新排列，形成小角度晶界，出现亚晶结构，此时的 α 固溶体仍保持细板条状，这种细板条是由二维位错网络分割而成的亚晶粒所组成的。当回火温度升高到 600℃时，如图 10-15b 所示，由二维位错网络分割的亚晶结构更加清晰，这种二维位错网络相互聚集或连接成环状，由于位错在晶界附近的聚集，晶粒的边界逐渐清晰起来，多边形化的趋势明显。回火温度到达 680℃时，如图 10-15c 所示，回火马氏体和贝氏体的板条形态基本消失，除位错进一步聚集及多边形化外，还可由局部较纯净的球状 α 固溶体推测发生了 α 固溶体的再结晶。

回火温度不同而发生的 4 类回火转变过程中，α 基体中过饱和 C 的脱溶、残余奥氏体分解及微合金元素的偏聚都影响着回火过程的析出。制取金属碳萃取复型试样，在 JEM-2000FX 透射电子显微镜下对 520℃、600℃、680℃回火试样的析出物进行了分析，析出粒子的形貌如图 10-16 所示。由图中可以看出，在 520℃的回火温度下，除个别粒子外，大多数析出以细小形貌弥散分布，尺寸在 10nm 左右；当回火温度升高到 600℃时，尺寸在 10～25nm 的析出物较为弥散地分布在基体各处；当回火温度进一步升高到 680℃时，可以发现析出粒子大量聚集并长大，并且在碳膜上可以观察到大量尺寸在 5～20nm 的析出物。

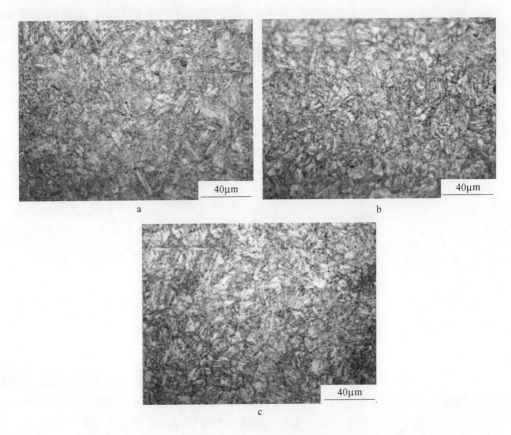

图 10-15　回火试样的显微组织
a—520℃；b—600℃；c—680℃

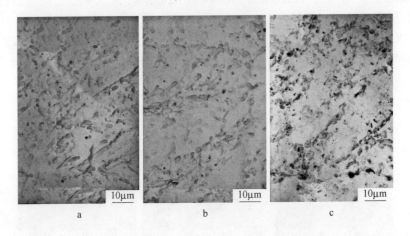

图 10-16　不同回火温度下的析出物形态及分布
a—520℃；b—600℃；c—680℃

　　析出过程一般包括合金元素偏聚、析出相的形核、长大和粗化四个阶段。520℃回火析出物的细小弥散分布表明该阶段主要是析出过程的形核阶段，大量的析出在基体弥散形核；600℃回火时，析出的形核和长大同时进行，但长大并不明显；680℃回火时，温度较高，析出物除长大外，开始大量偏聚，另外由于合金元素扩散更加容易，析出的形核率大幅增加。

图 10-17 显示了不同回火温度下屈服强度、抗拉强度、断后伸长率和 -20℃冲击韧性的变化情况。

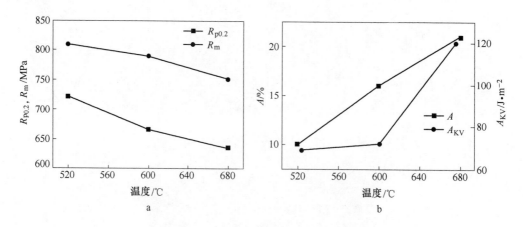

图 10-17　回火温度对 SA533B 力学性能的影响
a—抗拉强度；b—伸长率、冲击功

从图 10-17 中可以看出，高温回火对冲击韧性影响较大，随回火温度的不同，力学性能也有较大变化。520℃回火 60min 后屈服强度和抗拉强度分别为 720MPa 和 810MPa，伸长率为 10%，-20℃的冲击功 69J；当回火温度为 600℃时，屈服强度下降 55MPa，抗拉强度降低 20MPa，伸长率上升到 16%，冲击功为 72J；当回火温度上升到 680℃时，屈服强度和抗拉强度进一步下降，分别为 635MPa 和 750MPa，伸长率进一步提高到 21%，冲击功大幅上升到 120J。

图 10-18 为实验钢各回火温度的 TEM 组织。在 520℃的回火温度下，如图 10-18a 所示，可观察到大量的贝氏体铁素体由许多细小的铁素体针片组成，铁素体针片内具有高密

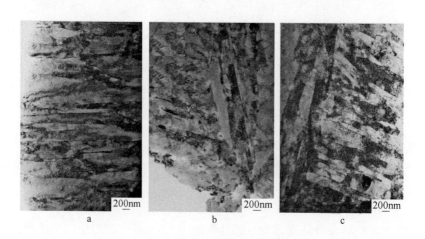

图 10-18　不同回火温度下的显微组织
a—520℃；b—600℃；c—680℃

度的位错，在针片之间可观察到较薄的黑色片层状碳化物。

当回火温度到 600℃时，实验钢的屈服强度下降，一方面是由于回火温度的升高使得回复进行得更加完全，位错密度下降，另一方面，如图 10-18b 所示，铁素体片层之间的片层状碳化物的形态向椭球状转变。回火温度到 680℃时铁素体片层之间的片层状碳化物完全消失，屈服强度进一步降低，伸长率和冲击韧性大幅度提高。

10.2.5　SA533B 钢的高温拉伸组织性能

SA533B 钢应用于核岛部分，为一回路承压边界，其工作温度通常保持在 350℃上下，因此对于实验钢需考察其 350℃的力学性能。选取 4 组经过轧制后的实验钢，第一组在 800℃保温 30min 水淬后，在 350℃保温 60min，编号为 03 号；第二组在 800℃保温 30min 水淬后，在 600℃保温 60min，编号为 06 号；第三组在 880℃保温 30min 水淬后，在 350℃保温 60min，编号为 83 号；第四组在 880℃保温 30min 水淬后，在 600℃保温 60min，编号为 86 号。将经过相应热处理的 4 组试样在 350℃温度下拉伸，并在拉伸断口处沿拉伸方向切开，观察其显微组织。

表 10-6 是 4 组实验钢在 350℃温度下的拉伸性能。由表 10-6 中可以看出，淬火温度为 800℃的强度低于淬火温度为 880℃的强度；与回火温度为 350℃相比，回火温度为 600℃的屈服强度和抗拉强度均有大幅下降，其中抗拉强度下降更多，屈强比上升；回火温度为 600℃的伸长率比回火温度为 350℃的伸长率有所上升。

表 10-6　实验钢在 350℃下的拉伸性能

试 样 号	屈服强度 $R_{p0.2}$/MPa	抗拉强度 R_m/MPa	屈强比	伸长率 A/%
03 号	877	1183	0.74	18.3
06 号	700	840	0.83	19.8
83 号	968	1251	0.77	16.7
86 号	734	867	0.85	18.4

在经过 350℃拉伸的试样上切取金相试样，经抛光侵蚀后的低倍金相组织如图 10-19 所示。800℃淬火试样与 880℃淬火试样对比发现，经 880℃淬火后的组织板条较长且较细，同时具有非常明显的方向性，而 800℃淬火后的组织中板条较宽而短；对比 350℃回火和 600℃回火的组织发现，经 600℃回火后的组织中存在大量细小弥散的析出，而经 350℃回火后的组织中的析出则较少。

10.3　RAFM 钢热模拟研究

10.3.1　RAFM 钢的变形抗力

RAFM 钢的成分如表 10-7 所示。

在热加工过程中，变形温度是对变形抗力影响最大的因素，选择合理的变形温度非常关键，选择最佳的轧制温度进行轧制对轧制过程能否顺利进行有着重大的影响。

图 10-19　350℃拉伸后的低倍组织

表 10-7　实验钢成分　　　　　　　　　　　　　　　（%）

C	Mn	P	S	W	V	Cr
0.1	0.45	<0.005	<0.003	1.5	0.2	9.0

Ta	Nb	Ni	Mo	B	N
0.15	<0.0008	<0.0008	<0.0008	<0.001	<0.005

由图 10-20 可知，在相同的变形条件下，每个钢种的变形温度与变形抗力之间的变化规律基本一致，都是随着变形温度的增高，变形抗力不断下降。这是因为温度升高，增大了原子热震动的振幅，降低了金属原子间的结合力，使临界切应力降低，位错滑移运动阻力减小，新的滑移系及交滑移不断产生和开动，因此变形抗力随温度的升高而降低。而且随温度的升高，在变形过程中发生动态回复和再结晶，引起金属软化，使变形抗力下降。

图 10-20e 中应变速率为 30s^{-1} 时出现明显的波浪形状，这是由于变形速率太大，形变的硬化作用与动态再结晶的软化作用相近，从而在曲线上表现出波浪形。

变形速率较大时，变形抗力随着变形速率的升高而显著增大，但是在较小的变形速率 $\dot{\varepsilon}=1s^{-1}$ 下，变形抗力的增大趋势减小，甚至趋于稳定。

在变形温度和变形程度一定的条件下，变形抗力随着变形速度的增加而增加。变形速率对变形抗力的影响主要取决于在塑性变形过程中，金属内部发生的加工硬化和动态回复、再结晶等软化机制交互作用的结果。变形速率的提高缩短了软化过程发生和发展的时

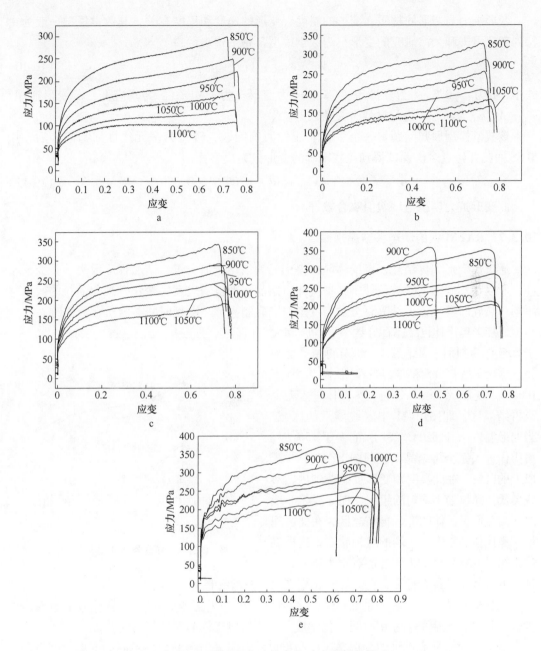

图 10-20　变形温度对真应力-应变曲线的影响

a—$\dot{\varepsilon}=0.1s^{-1}$；b—$\dot{\varepsilon}=1s^{-1}$；c—$\dot{\varepsilon}=5s^{-1}$；d—$\dot{\varepsilon}=10s^{-1}$；e—$\dot{\varepsilon}=30s^{-1}$

间，不利于软化的迅速完成，导致了变形抗力一定程度的增加。当变形速率到达一定程度时，变形抗力会出现一个峰值，而且不同的试样出现峰值的变形速率不同。达到峰值以后，随着变形程度的增加，变形抗力基本不再增加。由此可知，在峰值之前，加工硬化占主导地位，在金属中只发生部分动态再结晶，硬化作用大于软化作用。当应力达到峰值之后，由变形造成的硬化与再结晶所造成的软化达到动态平衡时，曲线进入稳定态阶段。除此之外，变形速率还可能改变摩擦系数，而对金属的变形抗力产生影响。

变形抗力与变形的材质、变形的温度、变形的速度和程度有关，其数学模型一般为由特列齐亚可夫和久津研究的变形抗力数学模型，用下式表示：

$$\sigma = A\varepsilon^a \dot{\varepsilon}^b \exp[-(cT + d\varepsilon)] \tag{10-10}$$

式中，T 为 $t + 273$，t 为变形温度，℃；σ 为变形抗力，MPa；ε 为真应变；$\dot{\varepsilon}$ 变形速率，s^{-1}；A、a、b、c、d 为与材料有关的数据。

该数学模型回归问题是一个多元非线性回归问题，转化为多元线性回归问题后，用 SPSS 回归并经过多次调试得到比较准确的变形抗力模型：

$$\sigma = e^{7.6598} \varepsilon^{0.296} \dot{\varepsilon}^{0.108} \exp(-0.002T - 0.0597\varepsilon) \tag{10-11}$$

此变形抗力模型与试验值吻合较好。

10.3.2　RAFM 钢的动态再结晶规律

通过热变形和再结晶，奥氏体晶粒得到显著细化，但由于再结晶程度取决于其变形条件，所以在不同工艺参数条件下，奥氏体再结晶程度也随之发生变化，细化晶粒的效果也不同。热轧时奥氏体再结晶百分数与变形量、轧制温度、空延时间等因素有密切的关系。

以变形奥氏体再结晶百分数小于 20% 和大于 80% 作为判别未再结晶区、部分再结晶区和完全再结晶区的标准。当变形温度小于 1000℃、变形量小于 10% 时，奥氏体进入完全未再结晶区，即图 10-21 中 a 线以下的区域。当变形温度大于 850℃、变形量大于 75% 时，奥氏体进入完全再结晶区，即图 10-21 中 b 线以上的区域，在此温度和变形量的范围内，形成奥氏体晶粒细小均匀的组织。在 a 线与 b 线之间为变形奥氏体的部分再结晶区，在此区间形成奥氏体晶粒大小不均的组织状态，这种混晶组织对 RAFM 钢的力学性能有很大影响，降低了 RAFM 钢的综合性能，在 RAFM 钢生产中应该避免混晶组织的出现。

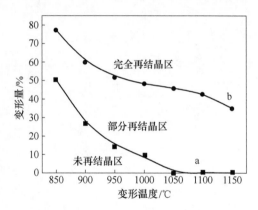

图 10-21　RAFM 钢的再结晶区域图

奥氏体在热变形过程中的组织变化受到变形参数的影响，奥氏体晶粒大小与变形温度、变形量、轧后保温停留时间、化学成分、原始奥氏体晶粒度等密切相关。

变形量对所研究钢种的变形奥氏体晶粒尺寸有明显的影响，在不同的变形温度下，变形量对 RAFM 钢变形奥氏体再结晶晶粒尺寸的影响如图 10-22 所示。从图上可以看出，在轧制温度一定的条件下，随着变形量的增加，奥氏体晶粒平均弦长均减小。当轧制温度较高，变形量较小时，随着变形量的加大，晶粒细化效果明显，当变形量达到一定值后（ε >60% 时），细化效果减弱。

变形温度对所研究钢种的变形奥氏体晶粒尺寸有明显的影响，在不同的变形量下，变形温度对 RAFM 钢变形奥氏体再结晶晶粒尺寸的影响如图 10-23 所示。从图上可以看出，在变形量一定的条件下，随着变形温度的增加，奥氏体晶粒平均弦长均增大，但温度对晶粒尺寸的影响不大，主要取决于变形量的大小。

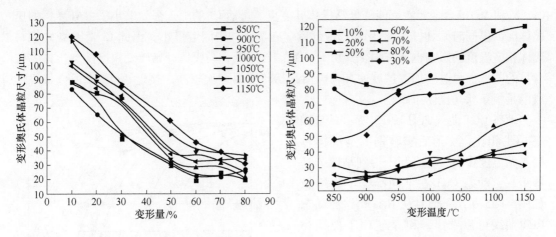

图 10-22　变形量对奥氏体晶粒尺寸的影响　　图 10-23　变形温度对奥氏体晶粒尺寸的影响

10.3.3　RAFM 钢的动态相变规律研究

将 RAFM 钢试样加热到 1000℃，升温速率为 10℃/s。保温 5min，再以 10℃/s 的速度冷却。测得相变点的结果如表 10-8 所示。

表 10-8　相变点测定结果

A_{c1}/℃	A_{c3}/℃	A_{r1}/℃	A_{r3}/℃
868	894	700	810

图 10-24 是 RAFM 钢的静态 CCT 曲线。从金相分析结果可知，RAFM 钢中合金元素如 Cr、W、V、Ta、Mn 等皆会增大过冷奥氏体的稳定性，推迟贝氏体转变，致使 CCT 图上没有贝氏体转变区。

从静态 CCT 图可以看出，RAFM 钢的马氏体开始转变温度较高。理论上 RAFM 钢中的

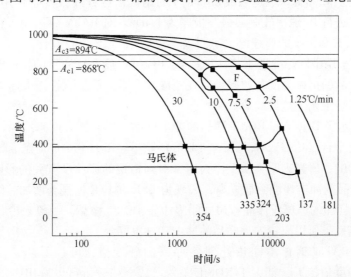

图 10-24　实验测得 RAFM 钢的静态 CCT 曲线

Cr、V 和 Mn 等合金元素都能降低马氏体转变点。虽然 Cr 的加入强烈缩小了 RAFM 钢的奥氏体区，但同时 Cr 也是强碳化物形成元素，在奥氏体中固溶量小，因此 Cr 对 RAFM 钢马氏体相变温度的影响也就有限。其次 RAFM 碳含量低，马氏体开始转变温度随奥氏体中碳含量的降低而显著增加。这就使其马氏体开始转变温度比较高，接近 400℃。所以最终形成的是板条状马氏体组织。

　　动态 CCT 曲线如图 10-25 所示，与静态 CCT 相比，变形后实验钢的马氏体转变开始温度提高，更有利于得到马氏体基体组织，动态 CCT 在不同冷速下的组织如图 10-25 所示。而且从 RAFM 钢的动态 CCT 曲线可以看出，和静态 CCT 曲线类似，同样没有贝氏体转变相区，原因如上所述，是 RAFM 钢中的合金元素如 Cr、W、V、Ta、Mn 等增大了过冷奥氏体的稳定性。动态 CCT 曲线中马氏体开始转变温度 M_s 高于静态 CCT 曲线。金属形变后会产生大量位错，同时形变还可以诱发相

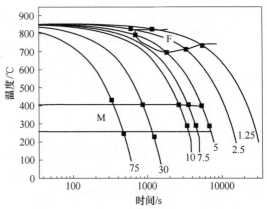

图 10-25　RAFM 钢的动态 CCT 曲线

变，这都有利于碳原子及金属合金元素的扩散，使得形变后金属析出细小、弥散分布的碳化物。同时，形变也促进马氏体的形成，根据马氏体的转变开始点与碳含量关系可知，随着奥氏体碳含量的降低，M_s 点上升。因此，在动态的 CCT 曲线中马氏体转变开始温度 M_s 点升高。RAFM 钢因其特殊的化学成分，在过冷奥氏体连续冷却过程中只存在铁素体和马氏体转变区，10℃/min 可以定为 RAFM 钢奥氏体向马氏体转变的临界冷却速度。

10.3.4　轧制和热处理工艺对 RAFM 钢力学性能和微观组织的影响

　　将钢锭加热至 1200℃，锻造制成 83mm 厚的钢板，然后再加热至 1150℃，保温 1h 后出炉去氧化铁皮进行 10 道次轧制，最终板厚为 11mm。对 RAFM 钢采用了在线淬火 + 回火（DQ&T）工艺，并和传统的离线淬火 + 回火（RQ&T）工艺进行对比。

　　图 10-26 是采用不同热处理工艺（DQ&T、RQ&T）后 RAFM 钢的拉伸性能，可以看出在线淬火回火样品的抗拉强度和屈服强度在室温和高温下都是随着淬火速率的增加先升高后降低，在喷雾冷工艺下达最大值。

　　图 10-27 显示了 DQ&T 和 RQ&T 样品的冲击韧性。尽管淬火速率不同，但 DQ&T 样品显示了相近的上平台（USE）和下平台（LSE）能量。R. L. Klueh 研究了热处理对低活化钢冲击韧性的影响，研究表明本质上淬火速率对高铬钢的韧性没有大的影响。相比 DQ&T 样品，RQ&T 样品的冲击韧性明显提高，表现为 USE 和 LSE 值显著增加。结合金相照片我们发现，RQ&T 样品的原奥氏体晶粒尺寸明显小于 DQ&T 样品。一般来说，晶粒尺寸减小可以提高冲击韧性，所以离线淬火样品的冲击韧性更好。

　　表 10-9 是 RAFM 钢在不同热处理条件下的硬度值，可以看出，淬火速率不同，DQ&T 样品的硬度值接近，都大于 RQ&T 样品。从金相分析可以看出，钢的变形奥氏体形态在淬火时被保留了下来，原奥氏体晶粒呈拉长的扁平状，同时马氏体也继承了在热

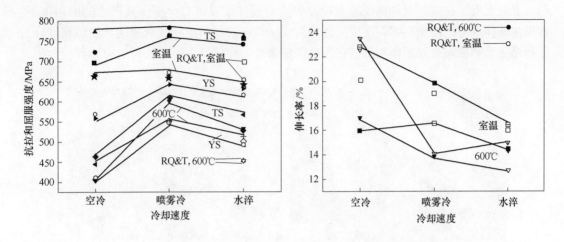

图 10-26 离线和在线淬火回火样品屈服强度、抗拉强度和伸长率

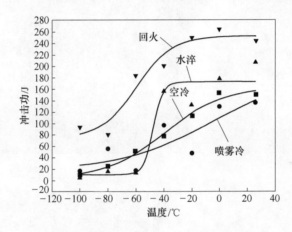

图 10-27 离线和在线淬火回火样品的冲击功

制过程中形成的形变奥氏体亚结构,从而使马氏体的位错密度增加,因此使 DQ&T 样品的硬度增加,离线淬火样品呈等轴晶,且经过完全再结晶后,位错密度小于在线样品,因此其硬度明显小于在线淬火样品。马氏体中碳含量也影响马氏体的硬度,碳含量越高马氏体硬度越大。RQ&T 样品经过重新加热淬火 + 回火,其碳含量会低于 DQ&T 样品,因此硬度也低于 DQ&T 样品。在线空冷淬火样品的硬度值最高与慢淬条件下碳原子的偏聚有关。

表 10-9 DQ&T 和 RQ&T 样品的硬度值

淬火方式	空冷	喷雾冷	水冷	离线淬火
硬度（HV）	267	255	252	217

不同热处理条件下的拉伸断口分析。

图 10-28 是 RAFM 钢在线和离线淬火回火样品在室温和 600℃下拉伸形成断口形貌的 SEM 图。

宏观上看，在线淬火和离线淬火样品的室温拉伸断口都有分层。其产生的原因如下：首先在试样颈缩区的中心部位形成一横向裂纹，横向裂纹形成纤维起裂区，然后在试样发生颈缩变形和横向裂纹的作用下，在颈缩区域中心的两侧产生一定的剪应力，剪应力促使

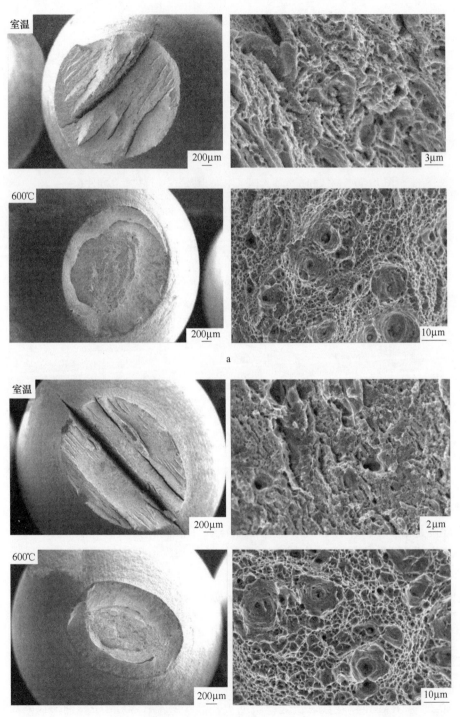

a

b

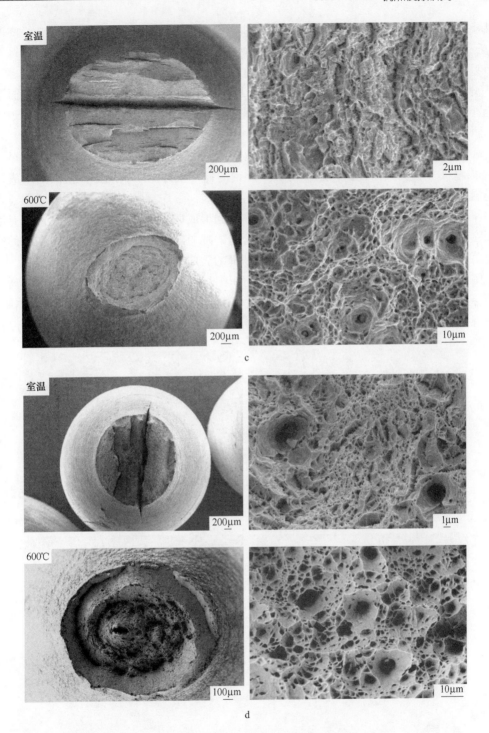

图 10-28 RAFM 钢在线和离线淬火回火样品在室温和高温拉伸试样形成断口形貌的 SEM 图
a—水冷；b—喷雾冷；c—空冷；d—离线淬火

两侧形成两个剪切裂纹。剪切唇区都很少，中心纤维区不明显，说明钢的夹杂较多。和在线淬火样品类似，离线淬火样品也是在试样颈缩区的中心部位形成一横向裂纹，横向裂纹形成纤维起裂区，然后在试样发生颈缩变形和横向裂纹的作用下，在颈缩区域中心的两侧产生一定的剪应力，剪应力促使两侧形成两个剪切裂纹。剪切唇区都很少，中心纤维区同样不明显。

600℃高温拉伸试样的断口明显分为两个区，纤维区和剪切唇区，剪切唇在断面上所占位置较大，裂纹从试样中心的纤维区向外扩展时，裂纹外侧整个区域都有很大的塑性变形，而剪切唇就在该塑性区内形成，说明材料在高温下韧性较好，变形的约束少。

微观上看，不同热处理条件下的 RAFM 钢的拉伸断口在室温和 600℃都呈现明显的韧窝断口。600℃韧窝大而且深，这说明 RAFM 钢的韧性很好。众所周知，韧窝的形成机理为空洞聚集，即显微空洞生核、长大、聚集直至断裂。首先材料内部分离形成空洞，在滑移的作用下空洞逐渐长大并和其他空洞连接在一起形成韧窝断口。在 RAFM 钢内部有第二相颗粒存在，由于第二相颗粒与基体界面聚合力的减弱或第二相颗粒的断裂，初生的空洞首先萌发在第二相颗粒附近，因而在较大的韧窝的底部可以看到第二相颗粒的存在。

图 10-29 是 DQ&T 和 RQ&T 样品的金相组织图。从图中可以看出，在线淬火回火样品尽管淬火速率不同，均可得到单相马氏体组织。离线淬火回火也得到了单相马氏体组织，未发现贝氏体组织。马氏体板条间存在碳化物析出，导致金相中有灰色的腐蚀区域。

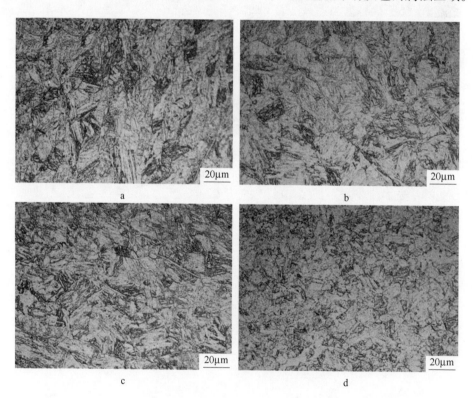

图 10-29　在线淬火回火金相组织

a—水冷；b—喷雾冷；c—空冷；d—离线淬火回火

对比 DQ&T 和 RQ&T 样品发现，马氏体的微观形貌明显不同，RQ&T 样品的马氏体板条空间上呈不规则的分布。这是由于 RQ&T 样品经热轧后空冷，然后重新加热奥氏体化，静态再结晶完全。因此微观结构比较均匀，金相显示为等轴晶。DQ&T 样品的原奥氏体晶粒呈拉长的扁平状，同时马氏体也继承了在热轧制过程中形成的形变奥氏体亚结构。样品由于热轧过程产生了大的变形，且热轧后直接淬火，导致晶粒沿轧制方向被拉长，显示出一定的择优取向。马氏体束的形态随着淬火速率的提高变得越来越不明显。

金相照片显示原奥氏体（PAG）晶界上有大量碳化物析出。RQ&T 样品的 PAG 明显小于 DQ&T 样品。这是 RAFM 钢在 1200℃预热 1h 热轧所导致的奥氏体结构粗化。

为了更好地观察样品的形貌，我们对样品进行了透射电镜观察。通过 TEM（如图 10-30a、b 所示）观察到的马氏体板条比金相显微镜观察到的板条更窄，这是因为金相显微镜的分辨率有限，相邻的多个板条在金相显微镜下常常呈现为一个板条。板条状马氏体内聚集了大量位错，大部分位错成胞状，位错线上有细小的析出物，这些细小的析出物对位错形成钉扎作用并可以通过与位错的相互作用来提高材料的强度。

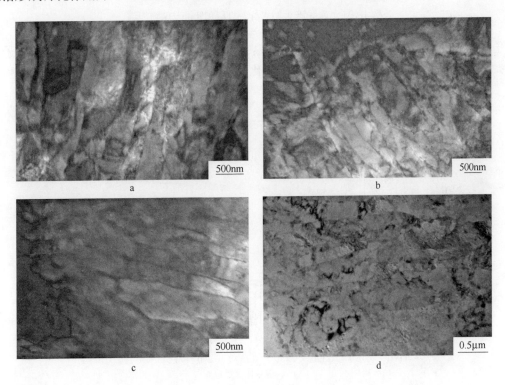

图 10-30　在线淬火回火 TEM 照片
a—水冷；b—喷雾冷；c—空冷；d—离线

从图 10-30 可见，淬火冷却速度不同，RAFM 钢的板条束直径没有明显变化，3 种不同淬火速率下的板条束宽度也没有显著变化。

离线淬火回火样品 TEM 图和碳化物能谱如图 10-31 所示。

从图 10-32 可以看出在线淬火空冷样品的碳化物尺寸比喷雾冷和空冷的都要细小。这是因为随着变形后冷却速度的增大，温度的降低，第二相沉淀析出的驱动力增大，致使第二相粒子产生快速大量析出，因此析出量随冷却速度增加逐渐增加。此外，已析出的细小

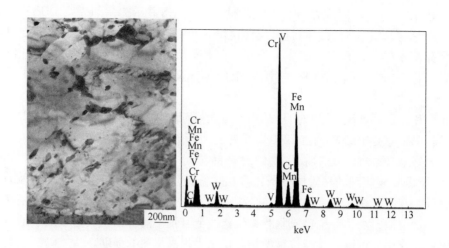

图 10-31 离线淬火回火样品 TEM 图和碳化物能谱

粒子在随后的继续冷却过程中遵循 Ostwald 熟化机制聚集长大，随着温度的降低，粒子的长大速度变慢，因此析出粒子更趋向于细小化，小尺寸的粒子更趋于增多，进一步加强了第二相的沉淀强化作用。

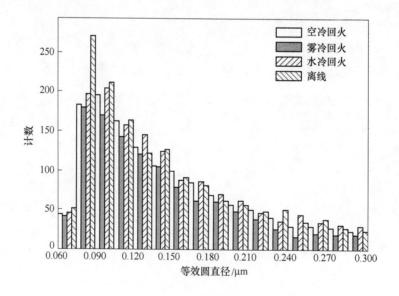

图 10-32 离线和在线淬火回火 RAFM 钢的碳化物粒径分布

RAFM 钢中第二相粒子的形成机制对最终产品的组织、性能都具有较大影响，第二相粒子析出行为首先采用化学相分析的方法确定了 RAFM 钢中存在的第二相种类；其次通过萃取复型以及减薄试样来观察析出相的形貌、尺寸以及分布。化学相分析结果见表 10-10。

从表 10-10 来看，聚变堆用 RAFM 钢主要存在两类析出相，一类是 $M_{23}C_6$，另一类是 $Ta(C,N)$，晶体结构均属于面心立方。$M_{23}C_6$ 主要为 Cr 的碳化物，而 $Ta(C,N)$ 主要为 TaC。通过透射电镜进行观察分析并进行化学相分析的验证。

表 10-10　化学相分析结果

析出相结构分析结果		
相类型	点阵常数/mm	晶系
$M_{23}C_6$	$a_0 = 1.062 \sim 1.064$	面心立方
$Ta(C,N)$	$a_0 = 0.4430 \sim 0.4440$	面心立方

$M_{23}C_6$ 相中各元素占合金的质量分数/%						
Cr	Fe	Mn	V	W	C^*	Σ
0.9051	0.4516	0.0151	0.0139	0.0009	0.0816	1.4682

$M_{23}C_6$ 相中各元素占相量的原子分数/%						
Cr	Fe	Mn	V	W	C^*	Σ
53.00	24.62	0.84	0.83	0.01	20.69	100

$M_{23}C_6$ 相的组成结构式
$(Cr_{0.668}Fe_{0.310}M_{0.011}V_{0.010}W\ 痕)_{23}C_6$

$Ta(C,N)$ 相中各元素占合金的质量分数/%					
Ta	V	Cr	C^*	N	Σ
0.0500	0.0183	0.0023	0.0052	0.0035	0.0793

$Ta(C,N)$ 相中各元素占相量的原子分数/%					
Ta	V	Cr	C	N	Σ
20.32	26.42	3.25	31.62	18.38	100

$Ta(C,N)$ 相的组成结构式
$(Ta_{0.406}V_{0.528}Cr_{0.065})(C_{0.632}N_{0.368})$

硫化物中各元素占合金的质量分数/%		
M^*	S	Σ
0.0048	0.0028	0.0076

AlN 中各元素占合金的质量分数/%		
Al	N	Σ
0.0003	0.0002	0.0005

在透射电镜下观察萃取复型得到的 RAFM 钢中第二相粒子,其形貌与分布如图 10-33 所示,可以看到大量的第二相析出粒子在晶界析出,少量的第二相粒子在晶内析出。为了进一步研究第二相粒子的具体种类和分布特征,对萃取得到的大量析出物(图 10-34)逐一进行衍射花样标定,并与 PDF 卡上所给的化合物进行对比发现:析出相主要有两大类:$Ta(C,N)$ 和大量的碳化物 $M_{23}C_6$,且发现在晶界处的粒子多为 $M_{23}C_6$,$Ta(C,N)$ 类型的第二相粒子分布在晶内,标定结果如下:

(1) TaC 的形貌和衍射花样如图 10-34a 所示,晶体结构为 fcc,截面呈圆形,尺寸为 30~50nm。对其进行了衍射花样计算,$r_1 = 27.76$nm,$r_2 = 46.29$nm,$\theta = 87.42°$,计算得到 $a = 0.4579$nm,通过与 PDF 卡片对比,以及上述化学相分析点阵常数可知,该第二相为 TaC,相应晶带轴为 [112]。

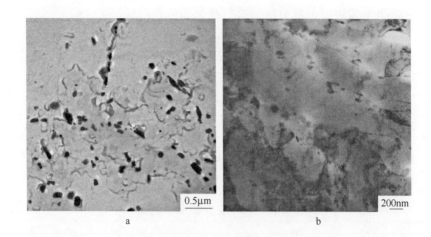

图 10-33 第二相粒子的整体形貌与分布
a—复型萃取；b—薄膜透射

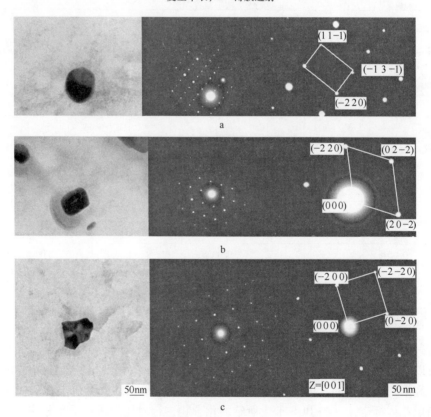

图 10-34 第二相粒子整体形貌与分布
a—复型萃取；b—薄膜透射

（2）$M_{23}C_6$ 的形貌和衍射花样如图 10-34b 所示，其形状呈多边形，尺寸在 50~70nm。对其进行了衍射花样计算，标定结果为 $r_1 = 20.4nm$，$r_2 = 22.73nm$，$\theta = 117.92°$，计算得到 $a = 1.0592nm$，相应晶带轴为 $[111]$。

（3）TaN 的形貌及衍射花样如图 10-34c 所示，形貌不规则，可能是在制样过程中磨损或是多个第二相粒子聚拢成块。对图进行标定，结果为 $r_1 = 32.54\text{nm}$，$r_2 = 32.81\text{nm}$，$\theta = 90.77°$，可计算得到 $a = 0.449\text{nm}$，相应晶带轴为 [001]。

在透射电镜下利用能谱发现了大量 Cr 等元素的碳化物即 $M_{23}C_6$ 型，同时也证实 $M_{23}C_6$ 主要分布在晶界处；发现了 Ta 的碳化物 $Ta(C,N)$，主要分布在晶内；这些析出物的尺寸均在 30nm 左右，对位错起到了钉扎作用，达到了析出强化的效果。

参 考 文 献

[1] 材料科学技术百科全书编辑委员会. 材料科学百科全书[S]. 北京：中国大百科全书出版社，1995.

[2] Druce S G, Edwards B C. Nuclear Energy[J]. 1980, 19（5）：116~127.

[3] 詹燕南. 核电压力容器用钢及其性能[J]. 大型铸锻件，1984（2）：45~53.

[4] 上海发电设备成套设计研究院. 压水堆核电站核岛主设备材料和焊接[M]. 上海：上海科学技术文献出版社，2008.

[5] Lee Woei-Shyan, Liu Chenyang, Sun Tainong. Dynamic impact response and microstructural evolution of Inconel-690 super-alloy at elevated temperatures[J]. International Journal of Impact Engineering, 2005, 32：130~136.

[6] Jae-do Kwon, Han-kyu Jeung, Il-sup Chung, et al. A study on fretting fatigue characteristics of Inconel-690 at high temperature[J]. Tribology International, 2011, 44：113~120.

[7] Jae-do Kwon, Ju-Hong Moon. C-ring stress corrosion test for Inconel-600 and Inconel-690 sleeve joint welded by Nd：YAG laser[J]. Corrosion Science, 2004, 46：81~90.

[8] Faulkner R G, Song Shenhua, Flewitt P E J, et al. Grain boundary segregation under neutron irradiation in dilute alloys[J]. Journal of Nuclear Materials, 1998, 255：78~83.

[9] 杨自新，陈景毅. 核反应压力容器用钢板的韧性[J]. 锅炉制造，1995(2)：55~63.

[10] Davies L M. A comparison of western and eastern nuclear reactor pressure vessel steels[J]. International Journal of Pressure Vessels and Piping, 1999, 76：192~206.

[11] Miller M K, Pareige P, Burke M G. Understanding pressure vessel steels[J]. Journal of Nuclear Materials, 1987, 148：133~139.

[12] 杨雪松. 中、低合金耐磨钢综述[J]. 科技创新导报，2007(34)：71.

[13] 毛卫民. 材料的晶体结构原理[M]. 北京：冶金工业出版社，2007.

[14] 张建民，姜晶. 核反应堆控制[M]. 北京：原子能出版社，2009.

[15] 费业泰，李桂华，卢荣胜. 机械热变形理论及应用[M]. 北京：国防工业出版社，2009.

[16] 赵钦新，朱丽慧. 超临界锅炉耐热钢研究[M]. 北京：机械工业出版社，2009.

[17] 吴承建，陈国良，强文江. 金属材料学[M]. 北京：冶金工业出版社，2005.

[18] 周顺深. 低合金耐热钢[M]. 上海：上海人民出版社，1976.

[19] 宋维锡. 金属学[M]. 北京：冶金工业出版社，2004.

[20] 余永宁. 材料科学基础[M]. 北京：高等教育出版社，2006.

[21] 王笑天. 金属材料学[M]. 北京：机械工业出版社，1987.

[22] 肖纪美，朱逢吾. 材料能量学[M]. 上海：上海科学技术出版社，1999.

[23] 朱日彰. 耐热钢和高温合金[M]. 北京：化学工业出版社，1996.

[24] 刘正东，程世长，包汉生，等. 钒对 T122 铁素体耐热钢组织和性能的影响[J]. 特殊钢，2006, 27（1）：56~65.

［25］ 刘健，张开坚，陆健生，等. 微合金元素钒在钢板中的强化机理及应用［J］. 四川冶金，2009（2）：15～18.

［26］ 赵杰. 耐热钢持久性能的统计分析及可靠性预测［M］. 北京：科学出版社，2011.

［27］ 等离子体物理学科发展战略研究课题组. 核聚变与低温等离子体［M］. 北京：科学出版社，2004.

［28］ 李文. 核材料导论［M］. 北京：化学工业出版社，2007.

［29］ 毛宗强. 氢能——21世纪的绿色能源［M］. 北京：化学工业出版社，2005.

［30］ 王乃彦. 聚变能及其未来［M］. 北京：清华大学出版社，2001.

［31］ 赵君煜. 国际热核聚变实验堆（ITER）计划［J］. 物理，2004，33（4）：257～260.

［32］ Aymar R. ITER R&D：executive summary：design overview［J］. Fusion Engineering and Design，2001，55：107～118.

［33］ 汪京荣. 核聚变与国际热核聚变实验堆［J］. 稀有金属快报，2002，10：1～5.

［34］ 刘建章. 核结构材料［M］. 北京：化学工业出版社，2007.

［35］ 郝嘉琨. 聚变堆材料［M］. 北京：化学工业出版社，2007.

［36］ 杨文斗. 反应堆材料学［M］. 北京：原子能出版社，2000.

［37］ Muroga T，Gasparotto M，Zinkle S J. Overview of materials research for fusion reactors［J］. Fusion Eng. & Des. ，2002，61～62：13～25.

［38］ Van der Schaaf B，Gelles D S，et al. Progess and critical issues of reduced activation ferritic/martensitic steel development［J］. Nucl. Mater. ，2000，283～287：52～59.

［39］ Yamamoto N，Murase Y，et al. Creep behavior of reduced activation martensitic steel F82H injected with a large amount of helium［J］. Nucl. Mater. ，2002，307～311：217～221.

［40］ Hasegawa T，Tomita Y，et al. Influence of tantalum and nitrogen cntents，normalizing condition and TMCP process on the mechanical properties of low-activation 9Cr-2W-0. 2V-Ta steels for fusion application［J］. Nucl. Mater，1998，258～263：1153～1157.

［41］ Kohno Y，Kohyama A. Mechanical property changes of low activation ferritic/martensitic steels after neutron irradiation［J］. Nucl. Mater. ，1999，271～272：145～150.

［42］ Sakasegawa H，Hirose T，et al. Effects of precipitation morphology on toughness of reduced activation feeritic/martensitic steels［J］. Nucl. Mater. ，2002，307～311：490～494.